Klaus Hofer

E-Mobility
Elektromobilität

Der Autor

Professor Dr.-Ing. habil. **Klaus Hofer**, geb. 1949 in Baden, studierte an der Universität Karlsruhe Elektrotechnik, wurde an der Universität Siegen promoviert und habilitierte sich an der Universität Bielefeld. Dazwischen arbeitete er einige Jahre als Entwicklungsingenieur für elektrische Antriebstechnik in einem Weltkonzern, ehe er einem Ruf nach Bielefeld folgte. Der Autor von neun Fachbüchern und drei Science-Fiction-Romanen ist Senior-Member im IEEE (USA) sowie Erfinder der binären Beobachter, Linearautos und Elektroeinräder. Seine Forschungsergebnisse trägt er regelmäßig auf nationalen und internationalen Tagungen und Konferenzen vor und macht sie in Presse, Funk und Fernsehen einer breiten Öffentlichkeit bekannt und verständlich. Privat ist Dr. Klaus Hofer stolzer Vater von 13 Adoptivkindern aus der ganzen Welt.

Prof. Dr.-Ing. habil. Klaus Hofer

E-Mobility
Elektromobilität

Elektrische Fahrzeugsysteme

2., überarbeitete Auflage

mit CD-ROM

VDE VERLAG GMBH

Titelbild: BMW i3 mit Range Extender. BMW Group, München

Bibliografische Information der Deutschen Nationalbibliothek
Die Deutsche Nationalbibliothek verzeichnet diese Publikation in der Deutschen Nationalbibliografie; detaillierte bibliografische Daten sind im Internet über http://dnb.dnb.de abrufbar.

ISBN 978-3-8007-3596-9

Druck: Beltz Bad Langensalza GmbH, Bad Langensalza
Printed in Germany 2014-12

Vorwort

Die Forschung und Entwicklung sowie die Produktion und der Einsatz von Fahrzeugen aller Art garantieren die Wettbewerbsfähigkeit eines modernen Industriestaats und damit den Wohlstand und die Mobilität eines jeden Einzelnen. Damit der Fahrzeugsektor aber auch in Zukunft der Motor einer rohstoffarmen Volkswirtschaft bleiben kann, müssen bei der Weiterentwicklung mehr und mehr dessen Folgen auf die Umwelt berücksichtigt und minimiert werden. Dies wird im gesamten Fahrzeugbau einen gewaltigen Innovationsschub hin zu den umweltfreundlicheren Elektromobilen auslösen. Insbesondere die rasante Verknappung der weltweiten Erdölreserven, die Verfügbarkeit von alltagstauglichen Brennstoffzellen und die regenerative Energieerzeugung aus Sonne, Wasser und Wind werden den Trend zu Straßenfahrzeugen mit Elektrotraktion in den nächsten Jahren und Jahrzehnten immens beschleunigen. Dabei wird die Verdrängung von Verbrennungsfahrzeugen durch Elektrofahrzeuge umso schneller vorankommen, je mehr die Anschaffungskosten, Reichweiten und Auftankzeiten sich annähern und je schneller sich die Brennstoffpreise denen der alternativen Energieträger angleichen werden. Und dies alles vor dem Hintergrund, dass auch diese nachwachsenden Energieträger importiert werden müssen, da sie in europäischen Breitengraden nicht annähernd in ausreichenden Mengen zur Verfügung stehen.

Der Übergang vom Verbrennungsantrieb zum Elektroantrieb hat mit der Abschaffung der Dampflokomotiven und der Elektrifizierung der Bahnstrecken zu Beginn des letzten Jahrhunderts begonnen. Die Vorteile der schienengebundenen Elektrotraktion sind enorm und werden sich auch auf die Straßenfahrzeuge übertragen, bieten sie nicht zuletzt auch die einmalige Chance zu einem bewussteren Umgang mit dem Rohstoff Energie. Die Substitution von Komponenten des Maschinenbaus durch solche der Elektrotechnik und Energietechnik wird die hohe Betriebssicherheit und uneingeschränkte Verfügbarkeit sowie die Bewegungsdynamik von Fahrzeugen auf allen Gebieten weiter erhöhen. Ähnlich wie im Werkzeugmaschinenbau, der Handhabungstechnik und vielen anderen Zweigen der Industrieautomation werden auch bei leistungsstarken Elektromobilen hauptsächlich die robusten Drehstromantriebe zum Einsatz kommen. Wegen des komplizierten Zusammenspiels von moderner Leistungselektronik plus Mikroelektronik, intelligenter Regelungs- und Antriebstechnik sowie elektromechanischer Energieumwandlung und mechanischer Fahrdynamik setzt der Umgang mit Elektrofahrzeugen ein breit gefächertes Fachwissen voraus. Diesen Ansprüchen wird das vorliegende Buch dadurch gerecht, dass es auf die Anwendung elektrischer Antriebstechnik in Fahrzeugen auf Rädern zugeschnitten ist und auf die Funktionsweise und die Leistungsgrenzen der einzelnen Komponenten sehr ausführlich eingeht. Der Vergleich mit anderen Antriebsformen, insbesondere dem Verbrennungsmotor und dem Muskelantrieb, zieht sich als Leitfaden durch sämtliche Abschnitte des Buchs.

Einen Schwerpunkt dieses umfassenden Werks bilden die Drehstrom-Linearantriebe für Straßenfahrzeuge, die eine interessante Weiterentwicklung des von den Hochgeschwindigkeits-Magnetschwebebahnen bekannten Linearmotorprinzips darstellen. Dazu werden die einzelnen Entwicklungsschritte von der rotierenden Drehstrommaschine über den konventionellen Linearmotor für spurgebundene Systeme bis hin zur Vollstator-Linearmaschine für Fahrzeuge auf Rädern anschaulich aufgezeigt und diskutiert. Da hierbei die Fahrzeugräder integraler Bestandteil des Antriebsystems sind, dürfen eine ganze Reihe mechanischer Komponenten entfallen, was anhand einiger praktischer Anwendungsbeispiele näher erläutert wird. Dass beim Design ökologischer Fahrzeuge dennoch innovative Transportmittel entstehen können, wird am Beispiel eines einrädrigen Elektrofahrzeugs aufgezeigt, dessen kinderleichter Gebrauch dem Benutzer ein absolut neuartiges Fahrgefühl vermittelt und dessen Energieverbrauch deutlich unter dem eines vergleichbaren Fußmarsches liegt.

Sämtliche in dieses Werk eingeflossenen Forschungsergebnisse hat der Autor auf nationalen Automatisierungskongressen des VDE/VDI und Frühjahrstagungen der Deutschen Physikalischen Gesellschaft (DPG) sowie internationalen Electric-Vehicle-Symposien (EVS) und Konferenzen des Institute of Electrical and Electronics Engineers (IEEE) weltweit vorgetragen und in Städten wie *Acapulco, Amsterdam, Athen, Baltimore, Bangkok, Blacksburg, Bogota, Bombay, Brüssel, Busan, Chicago, Colombo, Florenz, Genf, Grenoble, Helsinki, Hongkong, Honolulu, Istanbul, Johannisburg, Kalkutta, Kyoto, Las Vegas, Lausanne, Lissabon, Long Beach, London, Los Angeles, Mailand, Mexiko-Stadt, Miami, Melbourne, Moskau, New Delhi, New York City, Osaka, Oslo, Paris, Peking, Perth, Philadelphia, Rio de Janeiro, San Francisco, São Paulo, Seoul, Sidney, Singapur, Tokyo, Washington, Yokohama* etc. mit Kongressteilnehmern, Wissenschaftlern, Industrievertretern, Studenten und fachlich Interessierten ausgiebig diskutiert. Daneben wurden die entsprechenden Exponate auf unzähligen Messen und Ausstellungen sowie in zahlreichen Radio- und Fernsehbeiträgen einer breiten Öffentlichkeit zugänglich und verständlich gemacht. Alles in allem kommt diese Symbiose aus theoretischen Zusammenhängen und praktischer Umsetzung den Studierenden und Lesern als fundierte Darstellung, Analyse und Bewertung von Gesamtzusammenhängen zugute.

Dieses interdisziplinäre Fachbuch richtet sich an Studenten und Ingenieure der Elektrotechnik und des Maschinenbaus sowie an technisch Interessierte, die sich einen umfassenden Einblick in die Funktion und den Aufbau von Elektrofahrzeugen mit rotierenden und linearen Antrieben verschaffen und die Alternativen für den Einsatz in der Elektrotraktion kennenlernen und anwenden wollen. Neben Studenten und Mitarbeitern im Hochschulbereich wird es insbesondere dem in der Praxis stehenden Ingenieur wertvolle Hinweise und Hilfen geben, um mit dem rasanten Fortschritt in der Elektromobilität Schritt zu halten und die für seine Anwendungen richtigen Entscheidungen zu treffen.

Ich danke allen an diesem Werk beteiligten Studenten und Mitarbeitern der Fachhochschule Bielefeld und der Universität Bielefeld für ihren unermüdlichen Einsatz bei der Realisierung praxistauglicher Funktionsmuster und vorzeigbarer Exponate sowie dem Lektorat des VDE VERLAGs für die angenehme Zusammenarbeit bei der Umsetzung des Manuskripts in ein ansprechendes Buchformat.

Bielefeld, im Herbst 2014 *Klaus Hofer*

Inhalt

1 Entwicklungsgeschichte der Elektrotraktion

Die Bezeichnung *Elektrotraktion* steht als Oberbegriff für alle Fahrzeuge und Transportmittel, die der Beförderung von Waren und Personen dienen und deren Räder ausschließlich mit elektromechanischen Energiewandlern angetrieben werden. Darunter fallen Gabelstapler, Elektrokarren, Elektrofahrräder, Elektroroller und Elektroautos ebenso wie Elektrobusse, Straßenbahnen, Eisenbahnen und Hochgeschwindigkeitszüge. Da die Schubkraft bzw. das Drehmoment meist von mehreren elektrischen Antrieben über die Räder auf die Straße oder Schiene gebracht wird, ergeben sich im Vergleich zu Verbrennungsantrieben mit Zentralmotor wesentlich bessere Traktionseigenschaften (Traktion = Bodenhaftung).

Im Falle der Schienenfahrzeuge und Oberleitungsbusse wird die elektrische Energie direkt aus einem Fahrdraht entnommen, während bei Straßenfahrzeugen ein mobiler Energiezwischenspeicher erforderlich ist, den man in Anlehnung an seinen Verwendungszweck auch als Traktionsbatterie bezeichnet. Elektrofahrzeuge werden international als EVs (Electric Vehicle) und als ZEVs (Zero-Emission Vehicle) bezeichnet, da sie vor Ort keine Schadstoffe ausstoßen. Natürlich muss in einer Gesamtbilanz die Form der Stromerzeugung mit berücksichtigt werden. Im Falle der regenerativen (erneuerbaren) Energienutzung durch Sonne, Wind und Wasserkraft sind Elektrofahrzeuge absolut umweltneutral.

Die Entwicklungsgeschichte der batteriegetriebenen Elektromobile reicht weit zurück ins letzte Jahrhundert. Sie begann im Jahre 1860 mit der Entwicklung der ersten Bleibatterie durch den Franzosen Gaston Planté, führte über die Erfindung des Gleichstrommotors mit Elektromagneten durch Werner von Siemens im Jahre 1866 wieder zurück nach Frankreich, wo Charles Jeantaud 1881 beide Komponenten erstmals in ein Fahrzeuggestell einbaute. Das Elektromobil erfreute sich sehr schnell großer Beliebtheit, da es geräusch- und geruchlos arbeitete sowie problemlos zu bedienen war. Diese Vorteile gegenüber den konkurrierenden Verbrennungsmotoren von August Otto (1876), Gottfried Daimler (1886) und Rudolf Diesel (1897) wogen zu Beginn des 20. Jahrhunderts noch den Nachteil der geringen Reichweite auf. Insbesondere in den Städten fuhren in dieser Zeit zahlreiche Taxen, Busse und Transporter elektrisch.

Mit der Einführung von Elektrostartern durch Henry Ford (1906) wurden die Benzinkutschen ebenfalls komfortabler, sodass sie wegen der größeren Reichweite ihren Siegeszug durch das 20. Jahrhundert antreten konnten. Zählte man 1945 noch 20000 zugelassene Elektrofahrzeuge aller Art auf deutschen Straßen und Wegen, so lag deren Zahl im Jahre 2003 in der Größenordnung von 6000 Einheiten. Ihr Einsatzfeld liegt vorwiegend im innerstädtischen Bereich sowie in geschlossenen Räumen und Hallen.

Am Anfang dieses Jahrhunderts waren es in erster Linie der Luxus und Komfort, welche das Elektromobil attraktiv machten. Heute hingegen sind es die Grenzen der Umweltbelastung, die der rücksichtslose Einsatz von Verbrennungsmotoren, insbesondere in Ballungsräumen, erreicht hat. Es zeichnet sich ab, dass mit Beginn des nächsten Jahrzehnts bereits ein größerer Prozentsatz der Fahrzeuge elektrisch angetrieben und somit an der Steckdose bzw. solar betankt wird.

Dieser Trend kann durch gesetzliche Vorschriften und Auflagen, wie in Kalifornien (clean-air act) in den USA bereits geschehen, noch beschleunigt werden. Solche politischen Perspektiven haben darum auch enorme Aktivitäten in der Automobil- und Batteriebranche ausgelöst und zu ersten Serienfahrzeugen mit Elektrotraktion geführt. Dennoch, die geringen Reichweiten der elektrochemischen Energiespeicher, verbunden mit einem enormen zusätzlichen Batteriegewicht, haben sich in den letzten hundert Jahren ebenso wenig gravierend verbessert, wie die stundenlangen Ladezeiten beim Auftanken der Batterien an der Steckdose.

Da Alternativen, wie Brennstoffzellen oder UltraCaps, der Elektrotraktion kurzfristig noch nicht zur Verfügung stehen werden, führt der lange Weg vom Benzinauto zum Elektroauto notgedrungen über die sogenannten Hybridfahrzeuge als Zwischenlösung. Hybridfahrzeuge führen beide Antriebsformen mit sich, wobei der Verbrennungsmotor im optimalen Leistungsbereich einen Elektrogenerator antreibt, dessen elektrische Energie die Antriebsmotoren an den Rädern speist.

Bild 1.1 zeigt einen geregelten Elektroantrieb für Straßenfahrzeuge in allgemeiner Form. Unter Elektroantrieben versteht man funktionale Einheiten, bestehend aus elektrischen Maschinen plus Festgetriebe zur elektromagnetischen Energiewandlung, Stromrichtern zur Bereitstellung der erforderlichen Ströme und Spannungen sowie Regel- bzw. Steuereinrichtungen zur Führung und Überwachung der elektrischen und mechanischen Zustandsgrößen. Die primäre Aufgabe elektrischer Antriebe besteht darin, mit einem Minimum an elektrischer Energie die mechanischen und dynamischen Bedürfnisse auf der Antriebsseite optimal zu befriedigen. Durch den hohen Entwicklungsstand der elektrischen Antriebstechnik stehen heute sowohl Gleich- als auch Wechsel- und Drehstromantriebe zur Verfügung, die aus jedem beliebigen elektrischen Netz gespeist werden können.

Aus dem elektrischen Energiespeicher wird über den Stromrichter der elektrischen Maschine gerade so viel Leistung zugeführt, dass diese über ein Getriebe die Räder gemäß den vorgegebenen Sollwerten im Motorbetrieb antreiben kann.

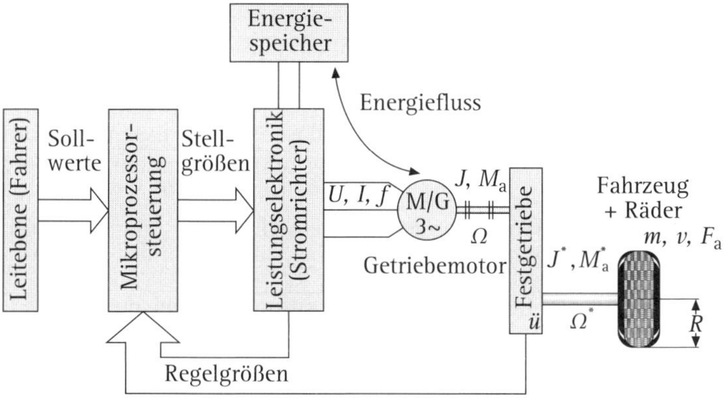

Bild 1.1 Aufbau eines elektrischen Traktionsantriebs

Selbstverständlich ist mit der Elektrotraktion eine Umkehrung des Energieflusses jederzeit möglich, sodass das Elektrofahrzeug im Generatorbetrieb auch abgebremst werden kann. Diese Energierückgewinnung (Rekuperation) erweitert den Aktionsradius eines Elektrofahrzeugs je nach Fahrzyklus um bis zu zehn Prozent. Je nach Maschinentyp muss der Stromrichter die Spannung (U), den Strom (I) und die Frequenz (f) variieren. Die Überwachung und Steuerung solcher Antriebsprozesse erfolgt heutzutage ausschließlich digital mithilfe schneller und leistungsfähiger Mikroprozessoren. Aus der Rückmeldung der gemessenen und/oder beobachteten Regelgrößen berechnet der digitale Regler die erforderlichen Stellgrößen zur Steuerung des Stromrichterstellglieds.

Der Fahrer des Fahrzeugs ist dieser reinen Antriebsregelung als Leitregler überlagert, indem er die Sollwerte für das antreibende Drehmoment (M_a) bzw. die Schubkraft (F_a) und die Kreisdrehzahl ($\Omega = 2\,\pi\,n$) bzw. Geschwindigkeit (v) vorgibt. Berücksichtigt man, dass das für Geschwindigkeitsänderungen zuständige Drehmoment sowohl positiv (beschleunigen) als auch negativ (bremsen) und die Geschwindigkeit ebenfalls positiv (vorwärts fahren) und negativ (rückwärts fahren) sein kann, so ergeben sich für elektrische Antriebe vier mögliche Betriebszustände. Man spricht deshalb auch von Vierquadrantenantrieben (s. Kapitel 3).

Um diese Gegebenheiten mathematisch formulieren zu können, sollen im Folgenden die physikalischen Zusammenhänge in Fahrzeugantrieben etwas näher erläutert werden. Für die Umrechnung der elektrischen Energie in mechanische Energie und die Umrechnung der Verluste in Wärmeenergie, aber auch für regelungstechnische Betrachtungen, verwendet man das im Jahre 1978 eingeführte Internationale Einheitensystem (SI):

$$1\ \mathrm{Ws} = 1\ \mathrm{Nm}\ = 1\ \mathrm{J} = 1\ \frac{\mathrm{kg\ m}^2}{\mathrm{s}^2} \quad \text{(SI-Einheiten der Energie).} \tag{1.1}$$

Der Vorteil des SI-Systems besteht darin, dass ein Wechsel von thermischen (Joule) zu mechanischen (Newton, Meter, Kilogramm, Sekunden) oder elektrischen Größen (Spannung, Strom, Watt) in einfachster Weise möglich ist und damit eine Gesamtenergiebilanz in Wattsekunden oder eine Leistungsbilanz in Watt bei der ganzheitlichen Betrachtung technischer Systeme erheblich vereinfacht wird.

So wandeln zum Beispiel Elektromotoren die aufgenommene elektrische Leistung (Watt) in die mechanische Leistung (Newtonmeter pro Sekunde) an der Welle plus der thermischen Verlustleistung (Joule pro Sekunde) im Eisen um, die den Motor erwärmt und seinen Wirkungsgrad bestimmt. In der Regel wählt man bei Leistungsbetrachtungen stationäre Betriebspunkte, zum Beispiel den Nennbetrieb (Index N) mit Nennspannung und Nennstrom bzw. Nennmoment und Nenndrehzahl. Dann kann die verrichtete Arbeit in Wattsekunden oder Newtonmetern oder Joule in einfacher Form aus der Leistung (P) berechnet werden.

$$W = \int P\ \mathrm{d}t = P\ t \quad \text{(stationär).} \tag{1.2}$$

Diese Arbeit entspricht dem Energieverbrauch während der Betriebszeit (t), das heißt, solange die Leistung (P) aufgenommen wird. Die verbrauchte Energiemenge hängt natürlich auch von der Betriebsweise ab, insbesondere, wenn Verbraucher unnötig eingeschaltet sind oder auf zu hohen Leistungsstufen betrieben werden.

Dies soll am Beispiel von Fahrzeugen näher erläutert werden und aufzeigen, wie allein, durch entsprechendes Fahrverhalten große Energiemengen eingespart werden können. Vernachlässigt man die Reibung, so hängt bei Fahrzeugen, ähnlich wie bei Lüftern und Pumpen, die für die Bewegung erforderliche Schubkraft/Drehmoment quadratisch von der Geschwindigkeit/Drehzahl ab (vgl. Kapitel 2). Daraus folgt für die mechanische Leistung eine kubische Abhängigkeit von der Geschwindigkeit (v) bzw. Kreisdrehzahl ($\Omega = 2\ \pi\ n$):

$$P_{\mathrm{mech}} = M\,\Omega = \frac{M_{\mathrm{N}}}{\Omega_{\mathrm{N}}^2}\,\Omega^3 = F\,v = \frac{F_{\mathrm{N}}}{v_{\mathrm{N}}^2}\ v^3. \tag{1.3}$$

Das heißt, eine Verdopplung der Geschwindigkeit bzw. Motordrehzahl lässt sich nur durch eine Verachtfachung der mechanischen Leistung erreichen. Dies kann man sehr anschaulich im Straßenverkehr nachprüfen, wo einem Personenkraftwagen in der Ebene 20 kW ausreichen, um 100 km/h schnell zu sein. Dasselbe Fahrzeug benötigt aber nach Gl. (1.3) mindestens 160 kW, um seine Geschwindigkeit auf

200 km/h erhöhen zu können. Interessant dabei ist, dass die doppelte Geschwindigkeit (v) gemäß ihrer Definition:

$$v = \frac{\mathrm{d}s}{\mathrm{d}t} = \frac{s}{t} \quad \text{(stationär)} \tag{1.4}$$

aber nur auf eine Halbierung der Fahrzeit (t) führt. Unterm Strich bedeutet die Verdopplung der Fahrzeuggeschwindigkeit schließlich eine Vervierfachung des Energieverbrauchs ($W = P\ t = Fs \sim v^2$). Das heißt, dreihundert Prozent Energie werden für die gleiche Strecke mehr benötigt. Umgekehrt kann man klar erkennen, dass eine Halbierung der Geschwindigkeit zwar eine Verdopplung der Fahrzeit bringt, dass dabei aber der Energieverbrauch auf ein Viertel zurückgeht. Das heißt, 75 % der Energie werden für die gleiche Fahrstrecke eingespart. Solche Überlegungen sind bei Elektrofahrzeugen, insbesondere im Hinblick auf die begrenzte Kapazität des Energiespeichers, besonders wichtig, um bei möglichst geringem Energieverbrauch eine größtmögliche Reichweite zu erzielen (vgl. Kapitel 2). Es sei allerdings nochmals ausdrücklich darauf hingewiesen, dass der Energieverbrauch eines Fahrzeugs absolut unabhängig ist von der gewählten Antriebsform, weshalb Geschwindigkeiten unter 100 km/h aus ökologischen Gesichtspunkten für alle Transportsysteme zu bevorzugen und rasante Beschleunigungs- und Bremsvorgänge generell zu vermeiden sind.

Mit Blick auf die biologischen Muskelantriebe von Mensch und Tier ist häufig eine Umrechnung der SI-Einheiten in Kalorien erforderlich bzw. wünschenswert, um nicht zuletzt diese natürlichste und älteste Antriebsform mit anderen Varianten realistisch vergleichen zu können. Dabei gilt der Zusammenhang:

$$1\ \text{Ws} = 1\ \text{Nm} = 1\ \text{J} = 0{,}239\ \text{cal} \quad \text{(Kalorien).} \tag{1.5}$$

Aus dieser ernährungsorientierten Definition der Energie kann man nun ebenfalls erkennen, dass die Energiemenge 1 Ws sehr, sehr klein sein muss. Denn, bei einer mittleren Nahrungsaufnahme eines normalgewichtigen Menschen von 2 500 000 cal (2 500 kcal) pro Tag entspricht der Energieinhalt von 0,239 cal weit weniger als einer winzigen Brotkrume.

Vergleicht man den Biomotor mit anderen Antriebsformen, so erscheint er auf den ersten Blick als besonders umweltfreundlich und sparsam. Doch dieser subjektive Eindruck täuscht. Selbst wenn man von den stark begrenzten Einsatzmöglichkeiten einmal absieht, so hat der Muskelantrieb vor allem einen vergleichsweise schlechten Wirkungsgrad, das heißt, von der mit der Nahrung aufgenommenen Energie kommt nur ein relativ geringer Anteil an den Muskeln an. Die Merkmale eines Biomotors und eines Elektroantriebs sind in **Bild 1.2** am Beispiel sparsamer

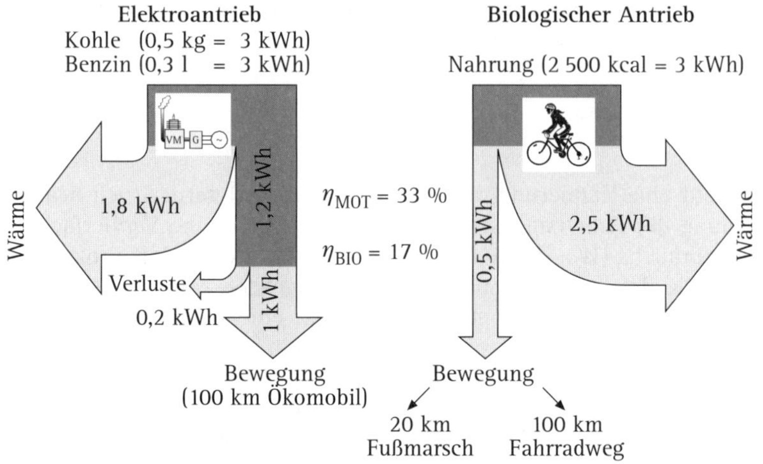

Bild 1.2 Vergleich eines Biomotors mit einem Verbrennungsantrieb

Fortbewegungsmittel einander gegenübergestellt. Gemäß Gl. (1.5) entspricht die tägliche Nahrungsenergie eines Menschen von 2 500 kcal etwa 3 kWh.

Davon gehen bereits 2,5 kWh an Abwärme verloren, um die Betriebstemperatur eines menschlichen Körpers infolge Wärmeabstrahlung (100 W) aufrechtzuerhalten. Somit bleiben lediglich 0,5 kWh für die Bewegung des Muskelapparats übrig. Der Wirkungsgrad zwischen abgegebener Muskelarbeit und aufgenommener Nahrungsenergie liegt damit bei biologischen Antrieben nur bei η = 0,5 kW/3 kW = 0,17 = 17 %.

Unter optimalen Bedingungen lassen sich mit dieser Muskelkraft 20 km Fußmarsch oder 100 km Fahrradweg zurücklegen. Bei schlechten Straßenverhältnissen, starkem Gegenwind oder bergauf natürlich deutlich weniger.

Gibt man die 3 kWh in Form von Kohle (1,5 kg) oder Benzin (0,3 l) in den Wärmekreislauf eines Kraftwerks oder Notstromaggregats, so entstehen daraus etwa 1,8 kWh Abwärme und 1,2 kWh elektrische Energie, die schließlich einer elektrischen Maschine zum Antrieb eines Elektrofahrzeugs zugeführt werden kann. Zieht man noch die Wärmeverluste des Elektromotors ab, so bleibt 1 kWh mechanische Energie an der Antriebswelle übrig, was auf einen relativ guten Gesamtwirkungsgrad von 33 % führt. Unter extrem günstigen Bedingungen kann damit ein leichter Fahrer mit einem elektrischen Moped (Ökomobil) ungefähr 100 km weit transportiert werden.

Selbstverständlich sind diese Annahmen über die Kilometerleistungen in beiden Anwendungsfällen extrem günstig und fallen in der Praxis meist deutlich geringer aus. Insbesondere muss bei den Biosystemen die Ermüdung der Muskeln ebenso berücksichtigt werden wie die Batterieverluste im Falle der Elektrotraktion. Eine weitere wichtige Größe bei der Beurteilung eines Antriebssystems ist das sogenannte Leistungsgewicht, also die Dauerleistung eines Antriebs, bezogen auf sein Gewicht.

Das äußerst geringe Leistungsgewicht der Biomotoren von weniger als 0,5 W/kg, woraus sich für einen Menschen mit 100 kg Körpergewicht eine Dauerleistung von 50 W errechnet, macht sehr schnell das Missverhältnis zu Verbrennungsmotoren (200 W/kg) und Elektroantrieben (500 W/kg) deutlich. In Zahlen ausgedrückt bedeutet dies, dass ein Kraftfahrzeug mit einer Motorleistung von 100 PS (1 PS = 735 W) einen Biomotor mit 147 t (147 000 kg), also dem 400-Fachen eines Verbrennungsmotors (368 kg) oder dem 1 000-Fachen eines Elektromotors (147 kg), benötigt.

Dieser direkte Vergleich der Leistungsgewichte zeigt sehr anschaulich, weshalb im Zuge der allgemeinen Motorisierung Anfang des letzten Jahrhunderts die Transportmittel mit Pferden und Ochsen keine Chance hatten. Hinzu kommt, dass Bioantriebe ihre Leistung nur bei geringen Geschwindigkeiten abgeben können, weshalb alle Muskelmaschinen neben einem schlechten Wirkungsgrad und einem extrem niedrigen Leistungsgewicht auch noch unverhältnismäßig langsam sind. Der mechanische Aufwand für die Heraufsetzung der Geschwindigkeit mit Getriebestufen würde in keinem vernünftigen Verhältnis mehr zum Ergebnis stehen.

2 Energiebedarf unterschiedlicher Transportsysteme

Für den Energieverbrauch eines Transportsystems sind in erster Linie die Reisegeschwindigkeit, danach das Fahrzeuggewicht und schließlich an dritter Stelle die Ausstattung an Luxus und Komfort verantwortlich. Diese von unserer alltäglichen Erfahrung bestätigten Einflussgrößen lassen sich in einer ökologischen Formel zusammenfassen, welche generell für alle mobilen Fahr- und Transportsysteme gilt:

Je sparsamer ein Fahrzeug sein soll,
desto langsamer, leichter und spartanischer muss es sein.

Dabei ist es vollkommen nebensächlich, von welchem Antriebsaggregat und Energieträger das Fahrzeug angetrieben wird. Denn der mechanische Energiebedarf an den Rädern eines beliebigen Fahrzeugs ist für Elektroantriebe, Verbrennungsantriebe, Hydraulikantriebe, Pneumatikantriebe und Muskelantriebe stets derselbe. Diese Tatsache verdeutlicht sehr anschaulich, warum der Verbrennungsmotor eines Autos bei Schrittgeschwindigkeit genauso wenig Arbeit verrichten muss, als wenn man das Auto mit seiner bescheidenen Muskelkraft anschiebt, und es macht ferner deutlich, dass auch ein Rennwagen mit Elektroantrieb dieselbe Spitzenleistung haben muss, um auf seine extrem hohen Geschwindigkeiten beschleunigen zu können.

Neben der zu überwindenden Reibungskraft (F_R) der Reifen tritt bei Fahrzeugen mit zunehmender Geschwindigkeit eine weitere bremsende Komponente hinzu, der sogenannte Luftwiderstand. Während die Reibungskraft der Räder beim Anfahren zunächst von der Haftreibung in die Rollreibung übergeht, wird mit steigender Fahrtgeschwindigkeit die Luftreibung mehr und mehr verbrauchsbestimmend (vgl. Kapitel 3.2). Die erforderliche Schubkraft zur Überwindung des Luftwiderstands errechnet sich bei allen Land- und Luftfahrzeugen unabhängig von der Antriebsform nach der physikalischen Formel:

$$F_W = \frac{1}{2}\rho \cdot c_W \cdot A \cdot v^2 \quad \text{Luftwiderstand.} \qquad (2.1)$$

Auffallend ist die bereits eingangs erwähnte quadratische Abhängigkeit der Schubkraft bzw. des Antriebsmoments von der Geschwindigkeit (v) des Fahrzeugs. Die Dichte der Luft (ρ) und die projizierte Frontfläche (A) in Gl. (2.1) sind ebenso konstante Fahrzeuggrößen wie der Luftwiderstandsbeiwert, auch kurz c_W-Wert genannt. Diese dimensionslose Formelgröße ist ein Kennwert für den aerodynamischen Widerstand, dem das Fahrzeug im Luftstrom ausgesetzt ist. Typische c_W-Werte für Lastkraftwagen, Busse und Bahnen liegen bei 0,8, für Fußgänger bei 0,78, für Zweiräder bei 0,7, für windschnittige Personenkraftwagen bei 0,25 und für Flugzeuge bei 0,08.

Mittels der aufgewendeten Schubkraft ($F_{ges} = F_R + F_W$) und dem zurückgelegten Weg (s) kann durch Multiplikation bereits sehr exakt der Energieverbrauch ($W = F_{ges} \cdot s$) eines Fahrzeugs bestimmt werden (vgl. Kapitel 3). Die Reibungskraft der Reifen liegt üblicherweise in der Größenordnung von 15 % des Fahrzeuggewichts, was wiederum erklärt, warum es einfacher ist, ein Fahrzeug zu ziehen, als es hochzuheben.

Dass Luxus und Komfort ebenfalls sehr stark in die Energiebilanz eines Fahrzeugs eingehen, kann man an der Ausstattung moderner Mittelklassewagen sehr anschaulich ablesen, deren Nebenaggregate bereits eine Summenleistung von 3 kW beanspruchen. Daraus resultiert gemäß der Energieäquivalenz zwischen den wichtigsten Energieträgern:

$$\begin{aligned} 1\ \text{l (Benzin)} \mathrel{\hat{=}} 1{,}5\ \text{kg (Kohle)} \mathrel{\hat{=}} 3\ \text{m}^3\ \text{Gas} &\mathrel{\hat{=}} 10\ \text{kWh (Wärmeenergie)}, \\ &\mathrel{\hat{=}} 4\ \text{kWh (Elektroenergie)}, \qquad \text{Gl. (2.2)} \\ &\mathrel{\hat{=}} 3\ \text{kWh (mech. Energie)}, \end{aligned}$$

bereits ein zusätzlicher Energiebedarf von ungefähr einem Liter Benzin pro Stunde. Ein weiterer markanter Faktor für den Energieverbrauch eines Fahrzeugs ist neben der Geschwindigkeit vor allen Dingen der Fahrstil. Rasante und sportliche Fahrweisen beim Beschleunigen und Bremsen können den Energieverbrauch eines Fahrzeugs pro 100 km leicht verdoppeln und lassen sich daher mit ökologischen Gesichtspunkten ebenso wenig in Einklang bringen wie das Mitführen von unnötigem Ballast im Kofferraum. Auch der Abfallberg von 14 t an Rohstoffen, der bei der Produktion eines einzigen Pkw anfällt, muss in einer ehrlichen Gesamtbilanz berücksichtigt werden. Und deshalb sollte in Diskussionen um Geschwindigkeitsbegrenzungen im Straßenverkehr immer wieder darauf hingewiesen werden, dass ungehemmter Mobilitäts-, Geschwindigkeits- und Neuheitswahn riesige Energiemengen und Ressourcen verschluckt, ungeheure Schadstoffmengen an die Luft abgibt und deshalb ein Verbrechen an der Natur und Umwelt bedeuten.

Unter diesen Gesichtspunkten ist und bleibt das Fahrrad eines der ökologischsten Fortbewegungsmittel überhaupt, da es sehr leicht, langsam und spartanisch ist. Es bietet absolut keinen Luxus, denn ein Schutz vor Witterungseinflüssen oder energiefressende Nebenaggregate sind nicht vorhanden. Eine energie- und kräfteschonende Fahrweise ergibt sich zwangsläufig aus der bescheidenen Muskelkraft des Fahrers, der deshalb weder am Tage den Lichtdynamo einschaltet oder ständig mit Volldampf fährt oder sinnlosen Ballast mit sich herumführt noch vor roten Ampeln beschleunigt und schon gar nicht bergauf bremst. Leider wird diese ökologische Fahrweise von den meisten Autofahrern konsequent auf den Kopf gestellt. Während Energieverschwendung beim Fahrradfahrer mit Muskelschmerzen verbunden ist, spürt der Autofahrer seine Energieverschwendung allenfalls an der Benzinrechnung. Doch da scheint die Schmerzgrenze sehr hoch zu liegen.

Zu den vielen positiven Eigenschaften der Elektrofahrzeuge gegenüber den Verbrennungsfahrzeugen zählen vor allem die hohen Wirkungsgrade der einzelnen Komponenten sowie die generatorische Energierückgewinnung bei jedem Bremsvorgang, was eine hohe Energieausnutzung auf dem Fahrzeug erlaubt. Denn im Gegensatz zu elektromechanischen Prozessen verläuft die Umwandlung fossiler Energieträger wie Benzin, Öl und Kohle in mechanische Energie irreversibel (nicht umkehrbar) ab, sodass bei Verbrennungsfahrzeugen die mechanische Energieausbeute nur bei 14 % bis 20 % liegt, der Rest geht als Wärme ungenutzt an die Umwelt verloren. So könnten mit der Abwärme eines einzigen Verbrennungsmotors mehrere Einfamilienhäuser beheizt werden. Diese Riesenmengen an Abwärme entstehen bei den Elektrizitätswerken, die den Strom für die Aufladung der Fahrzeugbatterien liefern, zwar auch, können aber mithilfe der sogenannten Kraft-Wärme-Kopplung in dezentralen Blockheizkraftwerken genutzt werden. Mit dieser Prozesswärme für Wohnhäuser und Industrieanlagen lassen sich Gesamtwirkungsgrade von über 70 % erreichen.

Für einen Vergleich der unterschiedlichen Transportsysteme müssen die mechanischen Energieinhalte der verschiedenen Energieträger gemäß Gl. (2.2) berücksichtigt werden. Rechnet man damit den typischen Energiebedarf eines Personen-Beförderungsmittels auf eine Person und einen Kilometer um, so erhält man bei einer mittleren Belegung der Sitzplätze von 70 % bis 80 % und der systemspezifischen Reisegeschwindigkeit Vergleichswerte, die einen Aufschluss über die Energieausbeute des jeweiligen Transportsystems geben.

In **Bild 2.1** sind die Verbrauchswerte für einige gängige Transportsysteme des mobilen Alltags aufgetragen. Einen sehr geringen Energieverbrauch von etwa 0,75 kWh pro Person und 100 km weist das Fahrrad auf. Dies liegt zum einen an dem optimalen Verhältnis von Nutz- zu Gesamtgewicht und zum anderen an den geringen Geschwindigkeiten, die gemäß Gl. (2.1) einen minimalen Leistungsbedarf (50 W...100 W) erfordern. Wie bei allen Fahrzeugen, steigen diese Werte natürlich bei Bergfahrt oder Gegenwind entsprechend an. Gemäß Gl. (2.2) lassen sich die Angaben auch in Liter Benzin/100 Personen-km umrechnen, was beim Fahrrad auf einen äquivalenten Energiebedarf von ca. 0,25 l/100 Personen-km führt, der selbstverständlich mit Gl. (1.5) auch wieder in die äquivalente Nahrungsenergie von 645 kcal/100 Personen-km umgerechnet werden kann.

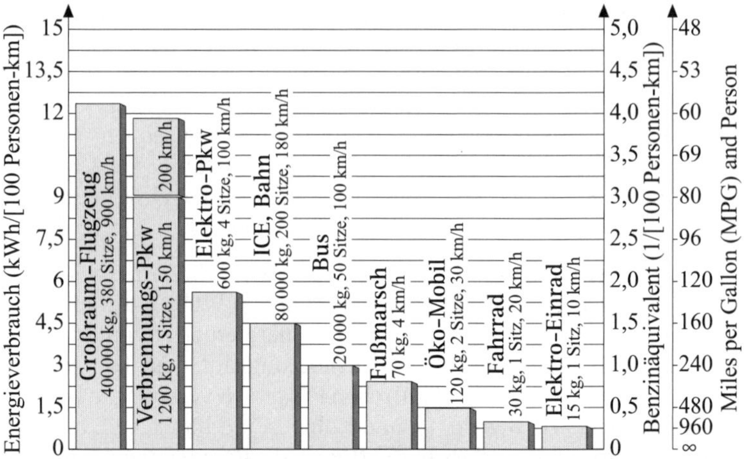

Bild 2.1 Energieverbrauch unterschiedlicher Transportsysteme

Um die Strecke von 100 km in einem gut besetzten Flugzeug zurückzulegen, steigt der Energiebedarf pro Person gegenüber dem Fahrrad etwa um das 16-Fache an. Das bedeutet, dass ein voll besetztes Großraumflugzeug, das beim Abheben in Frankfurt a. M. 400 t wiegt, nach einem elfstündigen Flug bei der Landung in Johannisburg, Tokio oder Rio de Janeiro nur noch ungefähr halb so schwer ist. Die Hauptursachen für diesen hohen Energieverbrauch von 12 kWh/100 Personen-km (4 l/100 Personen-km) sind nicht zuletzt die hohe Reisegeschwindigkeit von 900 km/h sowie das schlechte Verhältnis von Nutz-/Gesamtgewicht, das bei rund einer Tonne pro Passagier liegt. Allerdings zeichnet sich auch in der Luftfahrtindustrie durch die Verwendung sparsamerer Triebwerke und leichterer Materialien ein Verbrauch von unter 9 kWh/100 Personen-km (3 l/100 Personen-km) für die Zukunft ab.

Dass Verbrennungs-(V-)Pkw ebenfalls Energieverschwender sind, liegt im Wesentlichen am Fahrzeuggewicht von über einer Tonne und an den hohen Beschleunigungen und Geschwindigkeiten, die im Straßenverkehr anzutreffen sind. Die statistisch geringe Personenzahl pro Fahrzeug trägt natürlich ebenfalls zu einem hohen Spritverbrauch pro Person bei. Hinzu kommt noch, dass die meisten Fahrten sehr kurz sind und damit der Verbrennungsmotor seine Betriebstemperatur nicht erreicht.

Natürlich sind Elektroautos von Natur aus nicht sparsamer als Verbrennungsautos. Der in Bild 2.1 eingezeichnete Wert von 5,5 kWh/100 Personen-km resultiert aus der schwächeren Motorisierung und der damit verbundenen, geringeren Reisegeschwindigkeit. Selbstverständlich würde ein Verbrennungsauto mit diesen Leistungsmerkmalen einen ähnlich niedrigen Verbrauchswert aufweisen. Höchstwahrscheinlich sogar günstiger, da es den schweren Batteriespeicher nicht mitschleppen muss.

Infolge des optimalen Verkehrsflusses, bedingt durch gute Durchschnittsgeschwindigkeiten und wenige Bremsvorgänge, belegen die Bahnsysteme bis 200 km/h in der Energieausbeute mit 4,5 kWh/100 Personen-km einen guten Mittelplatz. Die ebenfalls spurgebundenen Hochgeschwindigkeits-Magnetschwebebahnen (vgl. Kapitel 8) mit Geschwindigkeiten über 500 km/h schneiden im Energieverbrauch pro Person auf 100 km gemäß Gl. (2.1) deutlich schlechter ab als die langsameren Schienenfahrzeuge und liegen in der Nähe von Flugzeugen.

Der Reisebus nimmt wegen seiner geringen und konstanten Reisegeschwindigkeit von 100 km/h und seinem guten Verhältnis von Nutz-/Gesamtgewicht mit 3 kWh/100 Personen-km einen Spitzenplatz unter den Personenfahrzeugen ein. Bei einem Stadtbus liegen die Verbrauchswerte infolge der vielen Brems- und Beschleunigungsvorgänge natürlich wieder deutlich darüber.

Der Energieverbrauch bei einem zügigen Fußmarsch ist mit 2,2 kWh/100 Personen-km ungefähr zwei- bis dreimal so groß wie beim Fahrradfahren und aus der alltäglichen Bewegungserfahrung leicht nachzuvollziehen. Die Ursache liegt in der permanenten Überwindung der Schwerkraft beim Gehen und Joggen, während bei der Benutzung eines Fahrrads nur die Rollreibung überwunden werden muss. Interessant beim Vergleich mit anderen Transportmitteln ist, dass der Fußmarsch nur knapp unter dem Energiebedarf eines Reisebusses liegt. Dies alles macht deutlich, dass die vorhandenen Strukturen im Transportbereich aus den Randbedingungen der einzelnen Systeme gewachsen sind, wobei die muskelbetriebenen Fuhrwerke und die dampfbetriebenen Lokomotiven sehr früh schon ausgeschieden sind.

Berücksichtigt man, dass auf der Abszisse in Bild 2.1 die Geschwindigkeit der einzelnen Transportsysteme von rechts nach links kontinuierlich zunimmt, so kann die quadratische Abhängigkeit des Energiebedarfs von der Fahrzeuggeschwindigkeit gemäß Gl. (2.1) auf der Ordinate bestätigt werden. Die im Straßenverkehr übliche Messgröße für den Energieverbrauch eines Fahrzeugs in Litern Benzin auf 100 km wurde in Bild 2.1 auf einer zweiten Ordinate der Vollständigkeit halber ebenfalls personenbezogen mit aufgetragen.

Dabei wurde berücksichtigt, dass man gemäß Gl. (2.2) zur Erzeugung von 15 kWh mechanischer Energie ungefähr 5 l Benzin benötigt. Mit dieser Darstellung verbrauchen Großraumflugzeuge 4 l, mittelschnelle Autos 3 l, Bahnsysteme 1,5 l, Reisebusse 1 l, Fußgänger äquivalent 0,75 l und Fahrräder äquivalent 0,25 l Benzin pro Person auf 100 km. Nur elektrische Aufzüge sowie die im Citybereich, in Hallen und Supermärkten einsetzbaren Elektro-Einräder liegen noch etwas unter dem günstigen Wert von Fahrrädern (vgl. Kapitel 8).

Die mit Abstand größten Energieverschwender unter den Transportsystemen sind in Bild 2.1 nicht mit eingetragen. Da sie die anderen weit übertreffen, sollen sie aber der Vollständigkeit halber wenigstens erwähnt werden. Es handelt sich dabei um die ultraschnellen Überschallflugzeuge, die bei doppelter Schallgeschwindigkeit (Mach II) mit 18 l/100 Personen-km und mehr in die Energiebilanz der Transportsysteme eingehen. Dieser hohe Verbrauchswert wird nur noch von den bemannten Weltraumraketen gebrochen, die beim senkrechten Start ins All während der ersten 200 km Höhe extreme Treibstoffmengen pro Astronaut in den Startraketen verbrennen müssen.

Neben der für die meisten Autofahrer geläufigen Einteilung in Liter Benzin pro 100 Personen-km, wurde zur internationalen Abrundung noch eine dritte Ordinate in Bild 2.1 mit eingezeichnet, welche die Verbrauchswerte nach US-Angaben wiedergibt. Im Gegensatz zu europäischen Verbrauchsangaben wird im amerikanischen Messsystem diejenige Entfernung in Meilen angegeben, die mit der Treibstoffmenge von einer Gallone erreicht wird. Diese beiden unterschiedlichen Verbrauchsangaben sind umgekehrt proportional zueinander, das heißt, ein geringer Kraftstoffverbrauch pro Strecke ergibt eine große Strecke pro Gallone Kraftstoff. Dabei entspricht ein USA-Verbrauchswert von 240 Miles per Gallon and Person (1 Meile = 1,6 km und 1 Gallone = 3,8 Liter) exakt einem EU-Verbrauch von 1 l Benzin pro 100 Personen-km. Diese Umrechnung kann selbstverständlich auch benutzt werden, um den Gesamtverbrauch eines Fahrzeugs anzugeben. Danach ist das bei uns viel diskutierte Dreiliterauto (vgl. Kapitel 9) in den USA ein 80-MPG-Fahrzeug.

Bei den personenbezogenen Verbrauchswerten in Bild 2.1 muss man allerdings beachten, dass der Verbrauch bei einem mit vier Personen besetzten Dreiliterauto nur bei 0,75 l pro 100 Personen-km liegen darf und damit unter dem eines vergleichbaren Fußmarsches liegt. Ein solches Fahrzeug könnte maximal mit einer Leistung von 10 kW motorisiert werden und dürfte keinerlei Luxus und Komfort bieten. Ein überdachtes Moped ohne Licht und Radio also, auf keinen Fall mehr.

Berücksichtigt man all die Vor- und Nachteile der einzelnen Transportsysteme, so ergeben sich feste Eigenschaften für den Entwurf eines sparsamen Personentransportmittels. Ein solches Ökomobil sollte eine Ultra-Light-Karosserie aus Aluminium haben und für zwei Personen plus einer kleinen Ladefläche ausgelegt sein. Die Endgeschwindigkeit sollte zwischen 50 km/h und 60 km/h liegen. Sämtliche betriebsmäßigen Bremsvorgänge müssen über einen Elektromotor im Generatorbetrieb durchgeführt werden. Die mechanische Bremse soll als Sicherheitsbremse ausschließlich dem Notfall vorbehalten bleiben. Energiefressende Nebenaggregate sind nicht vorhanden und rasante Fahrweisen über die Fahrzeugsteuerung unterbunden.

Das Betriebsverhalten der Elektroantriebe kann bei Elektrofahrzeugen über die Stromrichtersteuerung auf jeden beliebigen Fahrzeugtyp und Anwendungsfall programmiert werden. Dieser Vorteil war eine wesentliche Voraussetzung für den Siegeszug der elektrischen Antriebstechnik in der gesamten Automatisierungsbranche sowie in der spurgebundenen Elektrotraktion, bei Zügen und Bahnen. All diesen enormen Vorteilen und Vereinfachungen in Elektrofahrzeugen stand in der Vergangenheit der Nachteil der geringen Kapazität (Reichweite) des elektrischen Energiespeichers (Batterie) gegenüber.

Forschungs- und Testergebnisse auf dem Gebiet der Kunststoff-Brennstoffzellen plus Wasserstoffspeicher zeigen, dass mit diesen sogenannten Wasserstoff-Batterien sowohl die Reichweite als auch die Lebensdauer von Verbrennungsantrieben erreicht werden können (vgl. Kapitel 4). Dann kann das Elektrofahrzeug auf allen Anwendungsfeldern mit dem Benzinfahrzeug konkurrieren und nach seinem über hundertjährigem Schattendasein einen wichtigen Beitrag zur Reinhaltung der Luft sowie zum sparsameren Umgang mit Rohstoffen und Energie im Individualverkehr der Zukunft leisten.

3 Mechanische Antriebsgrundlagen

Antriebssysteme für den Einsatz in Straßen- und Schienenfahrzeugen müssen in der Lage sein, alle vier Quadranten der Drehzahl-Drehmoment-Ebene bzw. Geschwindigkeits-Kraft-Ebene abzudecken, damit sie das Fahrzeug vorwärts und rückwärts sowohl antreiben als auch bremsen können. Der mechanische Aufwand zur Erlangung des Vierquadrantenbetriebs variiert bei den verschiedenen Antriebsmöglichkeiten für Fahrzeuge erheblich. Verbrennungsmotoren zum Beispiel decken nur den ersten Quadranten und diesen nur äußerst unvollständig ab, sodass neben dem eigentlichen Motor eine ganze Reihe von Zusatzaggregaten, wie Anlasser, Kupplungen, Schaltgetriebe, Rückwärtsgang und Bremsen, für den vollständigen Betrieb in den einzelnen Quadranten erforderlich ist.

All dieser zusätzliche Aufwand entfällt bei Elektroantrieben praktisch vollständig, da diese generell alle vier Quadranten der Drehzahl-Drehmomenten Ebene abdecken und das maximale Drehmoment bereits bei Drehzahl null (Motoranlauf) abgeben können. Diese positiven Eigenschaften elektrischer Antriebe gegenüber anderen Antriebsformen werden in der Automatisierungstechnik bei der Positionierung von Werkzeugmaschinen und Handhabungsgeräten sowohl in Ein- als auch in Mehrmotorenanwendungen schon seit Jahrzehnten mit großem Erfolg eingesetzt. Alternativen zur elektrischen Antriebstechnik gibt es vor allem immer dann nicht, wenn elektrische Energie über das öffentliche Netz preiswert und unbegrenzt zur Verfügung steht.

3.1 Rotation und Translation

Bei der physikalischen Betrachtung von Fahrzeugen treten sowohl rotatorische (drehende) als auch translatorische (geradlinige) Bewegungsabläufe auf. Die Schnittstelle zwischen beiden Bewegungsformen bilden die Räder, welche eine Umwandlung der einen in die andere Form ermöglichen. Ähnliche Verhältnisse liegen bei Hebezeugen vor, wobei hier die Drehung des Motors über die Seiltrommel in eine lineare Bewegung umgesetzt wird. Gemäß **Bild 3.1** ist daher für die Dimensionierung des elektrischen Antriebs zunächst eine Umrechnung der linearen Bewegung des Fahrzeugs in die rotierende Bewegung der Räder durchzuführen, und anschließend muss noch die Ausgangsseite des Drehmomentenwandlers (Getriebe) auf die antreibende Motorwelle umgerechnet werden. Die von der Welle an die Fahrzeugräder abgegebene, mechanische Leistung findet sich auf der Drehstromseite als elektrische Wirkleistung wieder.

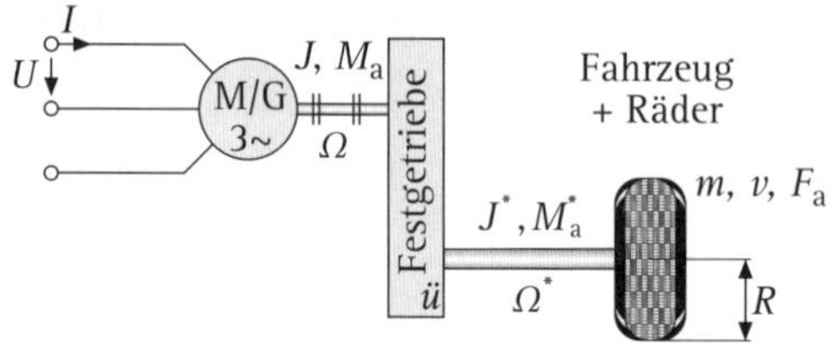

Bild 3.1 Energetische Umwandlungsstufen in der Elektrotraktion

Für eine geradlinige Bewegung (Translation) gilt, dass die Differenz aus Antriebskraft (F_a) und der Widerstandskraft (F_W) gleich der partiellen Ableitung des Bewegungsimpulses ($m\,v$) nach der Zeit ist:

$$F_b = F_a - F_W = \frac{d}{dt}(m\,v) = m\frac{dv}{dt} + v\frac{dm}{dt} \quad \text{Translation.} \tag{3.1}$$

Man bezeichnet diese Kraftdifferenz als Beschleunigungskraft (F_b). Große Massenverluste während der Beschleunigungsphase treten zum Beispiel beim Abschuss von Raketen und Weltraumfähren infolge des hohen Treibstoffverbrauchs auf.

Da bei Elektrofahrzeugen und vielen anderen Anwendungen in der Antriebs- und Automatisierungstechnik die Masse (m) während der Beschleunigung und Fahrt konstant ist, verschwindet die Ableitung der Masse nach der Zeit. In solchen Fällen gilt für die translatorische Bewegung der einfachere Zusammenhang:

$$F_b = F_a - F_W = m\frac{dv}{dt} \quad \text{Translation mit konstanter Masse.} \tag{3.2}$$

Als Widerstandskraft wirken in erster Linie die Reibung der Fahrzeugräder sowie der Luftwiderstand der Karosserie. Sind Antriebskraft und Widerstandskraft im Gleichgewicht, so wird die Beschleunigungskraft zu null; das heißt, das Fahrzeug wird mit konstanter Geschwindigkeit bewegt. Ist die Antriebskraft größer als die Widerstandskraft, spricht man von einer positiven Beschleunigung, ist sie kleiner von einer negativen Beschleunigung.

Für eine drehende Bewegung (Rotation) gilt in Analogie zu Gl. (3.1), dass die Differenz aus Antriebsmoment (M_a) und Widerstandsmoment (M_w) gleich der partiellen Ableitung des Drehimpulses ($J\,\Omega$) nach der Zeit entspricht:

$$M_b = M_a - M_W = \frac{d}{dt}(J\,\Omega) = J\frac{d\Omega}{dt} + \Omega\frac{dJ}{dt} \quad \text{Rotation.} \tag{3.3}$$

Die Differenz aus beiden Drehmomenten bildet das Beschleunigungsmoment (M_b). Große Änderungen des Massenträgheitsmoments (J) über der Zeit treten zum Beispiel in Wickelantrieben und bei zerspanenden Arbeitsgängen auf. Ist das Massenträgheitsmoment annähernd konstant, wird der zweite Differenzialquotient in Gl. (3.3) zu null, und man erhält die vereinfachte Bewegungsgleichung für rotierende Körper und Massen:

$$M_b = M_a - M_W = J \frac{d\Omega}{dt} \quad \text{Rotation mit konstanter Massenträgheit.} \qquad (3.4)$$

Dabei ist die mechanische Drehzahl (n) der Welle in der Kreisdrehzahl (Ω) enthalten; es gilt die verkürzende Schreibweise:

$$\Omega = 2\pi \cdot n \quad \text{Kreisdrehzahl.} \qquad (3.5)$$

Im technischen Sprachgebrauch bezeichnet man häufig die Kreisdrehzahl ebenfalls kurz als Drehzahl, wenn Verwechslungen ausgeschlossen sind. Bei quantitativen Angaben muss aber Gl. (3.5) unbedingt beachtet werden. Um die Bewegungsdynamik nach Gl. (3.4) an der Motorwelle anwenden zu können, müssen die Lastgrößen nun Schritt für Schritt vom Fahrzeug auf die Räder und auf die Motorwelle umgerechnet werden. So stellt sich die Reibungskraft des Fahrzeugs (F_W) auf der Ausgangsseite des Getriebes als Widerstandsmoment (M_W^*) dar und die Fahrzeugmasse (m) als Massenträgheitsmoment (J^*). Dabei ist zu beachten, dass die träge Masse des Fahrzeugs über den Straßenbelag auf die Reifenoberfläche wirkt, sodass für die Berechnung des Massenträgheitsmoments die Zusammenhänge des Hohlzylinders ($J = m\,R^2$) anzuwenden sind. Hinzu kommt noch das relativ kleine Trägheitsmoment der Felgenmasse und des Reifens ($J_{W0} = m_0\,R^2$); sodass an der Radachse und damit am Ausgang des Getriebes resultierend gilt:

$$\begin{aligned} M_a^* &= F_a R \\ \Omega^* &= \frac{v}{R} \\ J^* &= m R^2 + J_{W0} \\ \eta_{Rad} &= \frac{P_{ab}}{P_{zu}} = \frac{P_{Trans}}{P_{Rot}} = \frac{F_a v}{M_a^* \Omega^*} \end{aligned} \quad \text{Rotation/Translation.} \qquad (3.6)$$

Im Falle von Schienenfahrzeugen sind die eisernen Radfelgen hingegen in der Form von Vollzylindern ausgebildet, deren Massenträgheitsmoment ($J_{W0} = m_0\,R^2/2$) sich gegenüber einem Hohlzylinder gleicher Masse auf die Hälfte reduziert. Damit die schnell rotierende Motorwelle ihre volle Leistung an die langsamer drehenden Räderantriebswellen weitergeben kann, ist als mechanische Kraftkopplung ein Getriebe vorzusehen. Dieser Drehmomentenwandler setzt die Motordrehzahl herunter und das Motordrehmoment entsprechend herauf. Solche Kombinationen nennt man Getriebemotoren, und diese werden vorwiegend in allen Bereichen der Automatisierungstechnik eingesetzt. Der Vorteil liegt darin, dass gemäß den Wachstumsgesetzen in der Antriebstechnik die schnell laufenden Getriebemotoren ein deutlich höheres Leistungsgewicht (kW/kg) aufweisen als die getriebelosen Direktantriebe mit langsam laufenden Motoren, die entsprechend hohe Drehmomente bei kleiner Drehzahl abgeben müssen. Getriebemotoren erreichen in der Elektrotraktion Spitzenwerte in ihrem Leistungsgewicht von mehr als 1 kW/kg bei 20 000 min^{-1} (vgl. Kapitel 5).

Diese Wachstumsgesetzmäßigkeiten gelten aber auch für alle anderen Antriebsformen. So wiegt zum Beispiel ein langsam laufender Dieselmotor (400 PS) in einem Lastkraftwagen wesentlich mehr als ein kompletter hochtouriger Rennwagen (500 kg) in der Formel 1, der darüber hinaus auch noch eine deutlich größere Leistung (800 PS) hat. Aber auch ein Gewichtheber macht seine Leistung als niedertouriger Biomotor über große Kräfte und kurze Wege, was zu starken Muskeln und einem hohen Körpergewicht führt. Ein Marathonläufer hingegen setzt dieselbe Leistung als „hochtouriger" Biomotor in lange, schnelle Wege um, weshalb seine Kräfte und damit sein Gewicht gering sind. Dennoch machen Muskelantriebe ihre ohnehin kleine Leistung vorwiegend über Kraft, weshalb das Leistungsgewicht von Biomotoren unter 0,5 W/kg liegt.

Da nur die Kräfte und Drehmomente in das Gewicht eines Motors eingehen, sind die Motordrehzahlen in der Antriebstechnik immer so hoch wie möglich zu legen. Das heißt, man macht Motorleistung über Drehzahl/Geschwindigkeit und weniger über Drehmoment/Kraft. Berücksichtigt man, dass die Leistung auf der Getriebeausgangsseite infolge von Reibungsverlusten in den Lagern und Zahnkränzen etwas kleiner ist als auf der Eingangsseite, so stellt sich die Ausgangsseite eines Festgetriebes gemäß Gl. (3.6) auf der Eingangs- und Motorseite wie folgt dar:

$$\left.\begin{aligned} M_a &= \frac{1}{\ddot{u}_{\text{Getr.}}\eta_{\text{Getr.}}} M_a^* \\ J &= \frac{1}{\left(\ddot{u}_{\text{Getr.}}\right)^2} J^* \\ \ddot{u}_{\text{Getr.}} &= \frac{\Omega}{\Omega^*} = \frac{n}{n^*}. \end{aligned}\right. \qquad \text{Getriebe} \tag{3.7}$$

Den Quotienten aus Eingangsdrehzahl und Ausgangsdrehzahl nennt man das Übersetzungsverhältnis eines Getriebes η_{Getr}. Dieses Verhältnis ist bei Getriebemotoren in der Regel größer als eins, da ein Hochsetzen der Motordrehzahl keine Vorteile bringt. Der Wirkungsgrad (η_{Getr}) hängt entscheidend von der Wartung und Betriebsdauer eines Getriebes ab. Er liegt im Falle von Qualitätsgetrieben bei 95 % und kann bei einfachen Standardgetrieben bis auf 70 % und weniger sinken. Aber auch der Wirkungsgrad von Standard-Elektromotoren liegt nur zwischen 70 % und 80 %, sodass sich nach Gl. (3.12) in ungünstigen Fällen sehr schnell ein schlechter Gesamtwirkungsgrad einstellen kann.

Eine weitere wichtige Antriebsgröße ist die mechanische Leistung, die sich für stationäre Betriebspunkte als das Produkt von Drehmoment und Kreisdrehzahl an Wellen bzw. von Kraft und Geschwindigkeit an bewegten Massen berechnen lässt. Dabei ist zu beachten, dass Leistungsangaben immer künstliche Größen sind, aus denen man nicht auf die Dimensionen einer Antriebsmaschine schließen kann. Aus diesem Grund wird auf dem Typenschild von Motoren neben der mechanischen Nennleistung noch die Nenndrehzahl aufgedruckt, bei welcher die angegebene Leistung an der Welle erbracht wird. Im Fall von rotierenden oder geradlinigen Bewegungen gilt für alle Betriebszustände:

$$\begin{aligned} P_{\text{mech}} &= M_{\text{a}} \Omega && \text{Rotation,} \\ P_{\text{mech}} &= F_{\text{a}}\ v && \text{Translation.} \end{aligned} \tag{3.8}$$

Sind Drehzahl ($\Omega = 2\,\pi\,n$) und antreibendes Drehmoment an einer Welle bekannt, so ist die mit der Arbeitsmaschine ausgetauschte Leistung über das Produkt festgelegt. Für Leerlauf ($M = 0$) und Stillstand ($n = 0$) wird keine mechanische Leistung übertragen. Analoges gilt für eine Kraft (F), die einen starren Körper mit einer bestimmten Geschwindigkeit (v) bewegt. Die mechanische Leistung ist eine reine Wirkleistung und wird von den Maschinen durch eine elektromechanische Energieumwandlung bereitgestellt. Im Falle von Gleichstromantrieben tritt nur Wirkleistung (P) auf, die sich durch Multiplikation der arithmetischen Mittelwerte (Gleichanteile) von Gleichspannung (U_{d}) und Gleichstrom (I_{d}) berechnen lässt. Da es aber in Wechselstromantrieben auf der elektrischen Seite neben der Wirkleistung auch noch Blindleistung gibt, müssen diese Besonderheiten für eine gesamte Leistungsbilanz berücksichtigt werden:

$$\begin{aligned} P_{\text{el}} &= U_{\text{d}}\ I_{\text{d}} && \text{Gleichstrom,} \\ P_{\text{el}} &= U\ I \cos\varphi && \text{Wechselstrom,} \\ P_{\text{el}} &= \sqrt{3}\ U\ I \cos\ \varphi && \text{Drehstrom.} \end{aligned} \tag{3.9}$$

Während bei Wechselstromverbrauchern Verwechslungen ausgeschlossen sind, muss im Falle der Drehstromverbraucher für die Spannung in Gl. (3.9) der Effektivwert der (verketteten) Leiterspannung gemäß Bild 3.1 eingesetzt werden. Das Produkt aus den Effektivwerten von Wechselspannung (*U*) und Wechselstrom (*I*) ist die Scheinleistung (*S*), die sich wiederum in Wirkleistung (*P*) und Blindleistung (*Q*) aufteilen lässt:

$$S = U \cdot I = \sqrt{P^2 + Q^2} \quad \text{Scheinleistung,}$$

$$\cos\varphi = \frac{P}{S} \quad \text{Leistungsfaktor.} \qquad (3.10)$$

Dabei steht die elektrische Wirkleistung für Wärme, Kraft und Licht, wohingegen Blindleistung für den Aufbau der Magnetfelder in elektrischen Maschinen erforderlich ist. Der Ausdruck $\cos\varphi$ wird als Leistungsfaktor bezeichnet und gibt den Anteil der Wirkleistung an der Scheinleistung an. Den Leistungsfaktor kann man entweder mit einem analogen Zeigerinstrument ($\cos\varphi$-Messgerät) oder durch das Messen der Phasenverschiebung zwischen Spannung und Strom mit einem Oszilloskop bestimmen.

Voraussetzung für die Leistungsaufteilung gemäß Gl. (3.10) ist allerdings, dass die zeitlichen Verläufe der Spannungen und Ströme sinusförmig sind. Im Falle von nicht sinusförmigen Spannungen oder nicht sinusförmigen Strömen muss die Leistungsbilanz um entsprechende Oberschwingungsanteile (Verzerrungsleistung) erweitert werden. Die Effektivwerte von Wechselgrößen können mit Dreheisenmessinstrumenten und die arithmetischen Mittelwerte von Gleichgrößen mit Drehspulmessinstrumenten erfasst werden. Während bei Leistungsbetrachtungen meistens stationäre Betriebszustände zugrunde gelegt werden, interessieren bei der regelungstechnischen Beurteilung elektrischer Antriebe in erster Linie die dynamischen Übergänge zwischen unterschiedlichen Betriebszuständen.

Gemäß Gl. (3.9) ist auch die elektrische Leistung ein künstliches Produkt aus zwei physikalischen Größen, nämlich Strom und Spannung. Da die Höhe der Spannung nur über die Spannungsfestigkeit der Lackisolierung entscheidet, aber der Strom maßgeblich ist für die erforderliche Drahtstärke der Wicklungen, sollte bei der Auswahl eines Elektromotors immer auf eine möglichst hohe Nennspannung geachtet werden. Dies gilt insbesondere für batteriebetriebene Elektrofahrzeuge, deren Batteriespannungen im Verhältnis zu den Spannungswerten im öffentlichen Netz eher gering sind. Und so ist es nicht verwunderlich, dass zum Beispiel ein 12-V-Gleichstrommotor bei gleicher Leistung leicht das Doppelte wiegt wie ein 48-V-Motor. Zu dem bereits erwähnten mechanischen Wachstumsgesetz kommt nun noch dieses elektrische Wachstumsgesetz hinzu, weshalb bei der optimalen Motorauswahl auf eine möglichst hohe Nenndrehzahl ebenso geachtet werden sollte wie auf eine möglichst hohe Nennspannung.

3.2 Vierquadrant-Betrieb

Mit den beiden mechanischen Variablen Drehzahl (Ω bzw. n) und Drehmoment (M) lassen sich vier Betriebszustände definieren, die man auch als Vierquadrant-Diagramm oder einfach als Drehzahl-Drehmoment-Ebene bezeichnet. Elektrische Antriebe decken in der Regel alle Punkte der M, n-Ebene ab, wobei für jeden Arbeitspunkt die aktuelle Leistung nach Gl. (3.8) berechnet werden kann. Bei Nenndrehzahl (n_N) und Nennmoment (M_N) erreicht die Maschine den Typenpunkt (TP), auch Nennpunkt genannt, bei dem sie ihre Nennleistung an der Welle abgibt. Beim Betrieb im ersten Quadranten liegt antriebstechnisch der Zustand vorwärts Antreiben vor, im zweiten vorwärts Bremsen, im dritten rückwärts Antreiben und im vierten rückwärts Bremsen.

Werden elektrische Maschinen unterhalb des Typenpunkts betrieben, spricht man vom Grunddrehzahlbereich, der sich gemäß **Bild 3.2** über alle vier Quadranten in Form eines Rechtecks erstreckt. In diesem Bereich ist die abgegebene, mechanische Leistung immer kleiner, höchstens gleich der auf dem Typenschild der Maschine aufgedruckten Nennleistung, die sich aus dem Produkt von Nennmoment und Nenndrehzahl bestimmt. Die Verstellung der Drehzahl erfolgt bei Gleichstrommaschinen über die Ankerspannung und bei Drehstrommaschinen über den Effektivwert und die Frequenz der Statorspannungen; wobei der Fluss (Ψ) in der Maschine auf seinem Nennwert gehalten wird.

Für Nennwerte der elektrischen Größen (U, I, f) erreicht die Maschine ihre Nenndrehzahl. Eine Erhöhung der Drehzahl über die Nenndrehzahl hinaus kann bei elektrischen Maschinen durch Schwächung des Erregerfelds erzielt werden. Diese Möglichkeit gibt es bei allen anderen Antriebsformen nicht. Im Feldschwächbereich nimmt die Drehzahl in dem Maße zu, in dem der Fluss abnimmt. Bei fremderregten Gleichstrommaschinen wird der Feldschwächbetrieb durch Verkleinern des Erregerstroms in der separaten Feldwicklung und bei Drehstrom-Asynchronmaschinen durch Erhöhen der Frequenz bei gleichbleibendem Spannungseffektivwert eingeleitet.

Da das Drehmoment in elektrischen Maschinen linear vom magnetischen Fluss abhängt, darf im Feldschwächbereich trotz erhöhter Drehzahl lediglich die Nennleistung an der Welle abgegeben werden. Deshalb wird der Feldschwächbereich von Leistungshyperbeln ($M = \text{const.}/\Omega$) begrenzt. Reicht die Nennleistung bei Feldschwächung nicht aus, muss ein größerer Motor eingesetzt werden, vgl. Kapitel 5.

Anwendungsgebiete für die Feldschwächung finden sich überall dort, wo mit reduzierter Kraft schnell bewegt werden soll, zum Beispiel bei der Positionierung von Drehbankschlitten und Roboterarmen sowie bei schnellen Wickelantrieben.

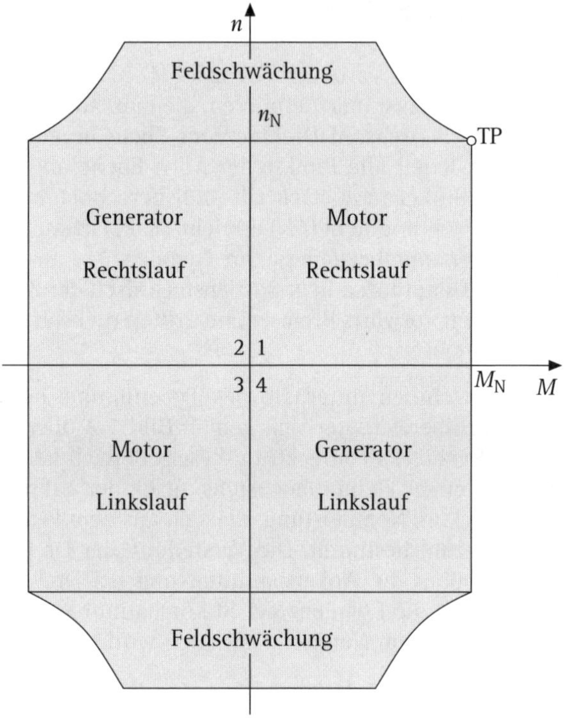

Bild 3.2 Vierquadrant-Ebene aus Drehzahl und Drehmoment

Der Vorteil der Feldschwächung liegt in der hohen Ausnutzung der Maschine über den gesamten Arbeitsbereich.

Während eine Gleichstrommaschine für negative Gleichspannungen die Drehrichtung umkehrt und den 3. und 4. Quadranten abdeckt, müssen hierfür bei Drehstrommaschinen zwei Stränge vertauscht werden. Ob eine elektrische Maschine als Motor oder als Generator arbeitet, wird immer durch die Verhältnisse an der Welle entschieden; das heißt, wird sie angetrieben, reagiert die Maschine als Generator, und wird sie belastet, als Motor. Die jeweiligen Umwandlungsmerkmale des Stromrichterstellglieds ergeben sich aus den erforderlichen Betriebsquadranten, dem Maschinentyp und der Energieeinspeisung. So muss bei batteriebetriebenen Elektrofahrzeugen ein Gleichstrommotor über einen Chopper und ein Drehstrommotor über einen Wechselrichter gespeist werden (vgl. Kapitel 6).

Die stationären Drehzahl-Drehmoment-Kennlinien der an der Welle der Maschine angekoppelten Arbeitsmaschinen können sehr unterschiedlich sein. So haben die bereits angesprochenen Hebezeuge (Fahrstuhl, Kran, Bergbahn) unter Vernachlässigung von Reibungseinflüssen und Luftwiderständen einen von der Drehzahl unabhängigen Momentenverlauf im 1. und 4. Quadranten. Bei Kalanderantrieben in der Papierherstellung hingegen steigt das Drehmoment linear mit der Drehzahl an, wohingegen Pumpen und Lüfter in Heizungs- und Klimaanlagen sowie Fahrzeuge einen parabelförmigen Momentenverlauf aufweisen. Eine hyperbolische Zunahme des Drehmoments mit fallender Drehzahl liegt bei Wickelantrieben in Textilmaschinen und großen Papierrollen vor. Selbstverständlich treten in der Praxis häufig Überlagerungen dieser Grundfälle auf. Während Kalander, Wickler, Pumpen und Lüfter in der Regel reine Einquadranten-Arbeitsmaschinen sind, werden bei Fahrzeug- und Positionierantrieben immer alle vier Quadranten durchlaufen; das heißt, es wird vorwärts und rückwärts sowohl motorisch angetrieben als auch generatorisch gebremst.

Die Anforderungen und Randbedingungen der Anwendungsseite gelten allgemein; das heißt, unabhängig von der gewählten Antriebsform müssen bei Straßenfahrzeugen alle vier Quadranten abgedeckt werden. Im Falle von Verbrennungsantrieben, pneumatischen Antrieben oder Muskelantrieben ist deshalb in Fahr- und Positionieranwendungen noch eine Reihe von Zusatzaggregaten erforderlich. **Bild 3.3** zeigt den enormen zusätzlichen Aufwand an mechanischen Komponenten, um den Verbrennungsmotor zum Vierquadrantenantrieb für einen Personenkraftwagen aufzurüsten. Auffallend ist, dass der Verbrennungsmotor nur einen schmalen Bereich des ersten Quadranten abdeckt. Um auf die Nenndrehzahl der Räder bzw. die Nenngeschwindigkeit des Fahrzeugs zu kommen, müssen Drehzahl und Drehmoment mit einem Schaltgetriebe ständig den Erfordernissen angepasst werden. Drehzahlen unter der Leerlaufdrehzahl sind prinzipiell nicht möglich, da das Drehmoment des Verbrennungsmotors dann so klein wird, dass er stehen bleibt. Aus diesem Grund muss ein Anlasser zum Starten ebenso vorgesehen werden wie eine Kupplung zum Anfahren und Anhalten des Fahrzeugs.

Da die Rückwärtsfahrt bei Straßenfahrzeugen verkehrsbedingt nur bei kleinen Geschwindigkeiten erfolgen darf, genügt bei Verbrennungsantrieben ein einzelner Rückwärtsgang, um den 3. Quadranten teilweise abdecken zu können. Für den 2. und 4. Betriebsquadranten müssen mechanische Bremssysteme vorgesehen werden, die die kinetische Energie des Fahrzeugs in Wärme umsetzen und thermisch vernichten können.

All diese Zusatzaggregate sind bei Elektrofahrzeugen für den normalen Betriebsablauf nicht erforderlich. Natürlich wird man auf mechanische Bremsen für den Notfall und als Handbremse für das Abstellen nicht völlig verzichten können. Dass Elektrofahrzeuge keine Vorzugsrichtung haben, das heißt, vorwärts und rückwärts gleich schnell fahren können, kommt insbesondere bei Zügen und Straßenbahnen vorteilhaft zum Tragen.

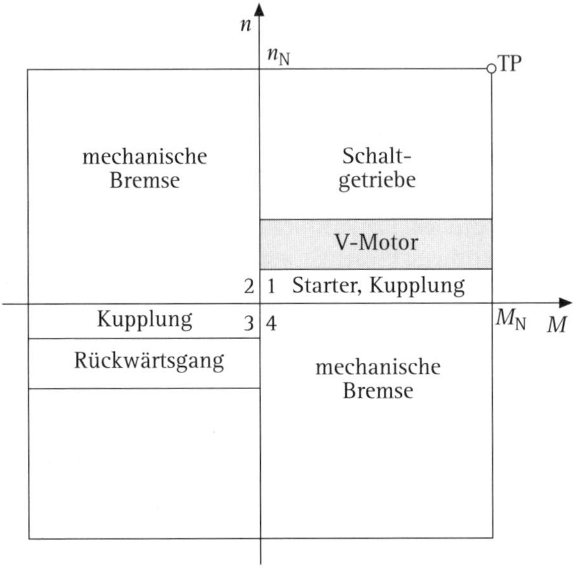

Bild 3.3 Verbrennungsmotor in der Vierquadrant-Ebene

3.3 Optimaler Hochlauf

Um die dynamischen Eigenschaften eines elektrischen Antriebs beurteilen zu können, müssen die physikalischen Grenzen als obere Messlatte angelegt werden. Diese Bestwerte ergeben sich aus den Beschleunigungsgrößen gemäß Gl. (3.2) bzw. Gl. (3.4) und sollten von einer Drehzahlregelung bzw. Geschwindigkeitsregelung möglichst gut erreicht werden. Das setzt natürlich voraus, dass unterlagerte Beschleunigungsregelkreise ebenfalls optimal arbeiten (vgl. Kapitel 7). In **Bild 3.4** sind die optimalen, physikalischen Zusammenhänge für ein gewünschtes Fahrdiagramm der Drehzahl (n) einmal über der Zeit und einmal in der Vierquadrantebene aufgetragen. Als Widerstandsmoment (M_W) soll der Einfachheit halber ein konstantes Reibmoment (M_R) an der Welle angenommen werden.

Damit der Antrieb zwischen den Zeitpunkten t_0 und t_1 linear hochlaufen kann, ist nach Gl. (3.4) ein konstantes Beschleunigungsmoment (M_b) erforderlich. Die Summe aus Widerstandsmoment und Beschleunigungsmoment entspricht dem Antriebsmoment (M_a) des Motors. Hat der Antrieb zum Zeitpunkt t_1 die Nenndrehzahl erreicht, muss das Antriebsmoment schlagartig auf das Widerstandsmoment zurückgenommen werden, damit das Beschleunigungsmoment zu null wird

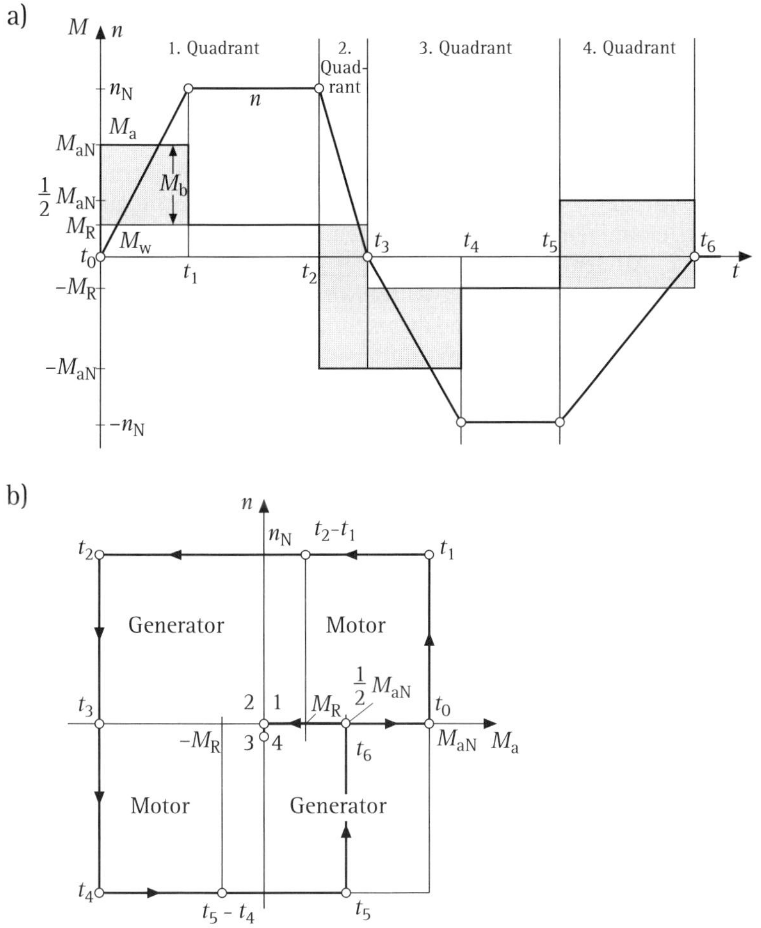

Bild 3.4 Reversiervorgang mit Lastmoment
a) Drehzahl-Drehmoment-Verlauf,
b) Vierquadrant-Darstellung

und die Drehzahl nicht weiter ansteigt. Der Antrieb arbeitet während des Hochlaufs und bei Nenndrehzahl (n_N) motorisch im 1. Quadrant.

Ab t_2 soll ein Reversiervorgang im 2. Quadranten eingeleitet werden, und zwar durch generatorisches Bremsen mit negativem Nennantriebsmoment ($-M_{aN}$). Weil die Reibung beim Abbremsen mithilft, ist das Beschleunigungsmoment entsprechend größer als das Antriebsmoment, und der Antrieb erreicht bei t_3 kurzzeitig den Stillstand. Das Reibmoment ändert jetzt sein Vorzeichen, sodass das Beschleunigungsmoment kleiner als das Antriebsmoment wird. Dies erkennt man an einem geringeren Anstieg des Drehzahlverlaufs, da gemäß Gl. (3.4) die Steigung ($\mathrm{d}n/\mathrm{d}t$) der Beschleunigung direkt proportional ist.

Um einen negativen Anstieg der Drehzahl über ihren Nennwert zu vermeiden, muss zum Zeitpunkt t_4 das Antriebsmoment wieder schlagartig auf das Reibmoment zurückgenommen werden. Der Antrieb arbeitet von t_3 bis t_5 motorisch im 3. Quadranten. Ab dem Zeitpunkt t_5 soll der Antrieb bis zum Stillstand hin abgebremst werden. Das erforderliche Antriebsmoment liegt in der Größenordnung des halben Nennmoments. Während dieses Stillsetzvorgangs arbeitet die Maschine als Generator im 4. Quadranten (Nutzbremsung).

Ist die Drehzahl zum Zeitpunkt t_6 gleich null, muss das Antriebsmoment wieder zurückgenommen werden. Die Hochlauf- oder Beschleunigungszeit liegt bei hochdynamischen Elektroantrieben und kleinen Massenträgheitsmomenten im Bereich von einigen hundert Millisekunden. Im Falle von schweren Elektrofahrzeugen erhöht sich gemäß Gl. (3.6) das Massenträgheitsmoment und damit die Hochlaufzeit (t_H) entsprechend. Allgemein gilt in Abhängigkeit von den Antriebsparametern:

$$t_\mathrm{H} = \frac{J \cdot \Omega_\mathrm{N}}{M_\mathrm{b}} = \frac{2\pi \cdot J \cdot n_\mathrm{N}}{M_\mathrm{a} - M_\mathrm{W}} \quad \text{Hochlaufzeit.} \tag{3.11}$$

Stellt man das Fahrdiagramm in einem Drehzahl-Drehmoment-Diagramm gemäß **Bild 3.4b** dar, so geht zwar die zeitliche Abhängigkeit verloren, dafür wird aber das Durchlaufen der einzelnen Quadranten deutlich sichtbar. Diese Vierquadrantendarstellung lässt sich mit einem Oszilloskop mittels externer Strahlablenkung sehr leicht demonstrieren, indem man den Drehzahl-Istwert an die y-Ablenkung und den Drehmoment-Istwert an die x-Ablenkung eines Oszilloskops anschließt. Dadurch wird der Bildschirm zur Drehzahl-Drehmoment-Ebene umfunktioniert, und die jeweiligen Momentanzustände erscheinen als wandernder Punkt durch die verschiedenen Quadranten.

In Verbindung mit Gl. (3.9) ist die mechanische Leistung im 1. und 3. Quadranten positiv, das heißt Antreiben im Motorbetrieb und im 2. und 4. Quadranten negativ, das heißt Bremsen im Generatorbetrieb. Insbesondere das generatorische Nutzbremsen ist ein Privileg elektrischer Antriebe, was diese den anderen Antriebsformen, wie Hydraulikmotoren, Verbrennungsmotoren oder Muskelantrieben, überlegen macht. Während bei Fahr- und Positionierantrieben die Quadranten in der Reihenfolge 1, 2, 3, 4 durchlaufen werden, ist dies bei Pendelantrieben genau umgekehrt der Fall.

Für die Beurteilung der Qualität eines elektrischen Antriebs gibt es neben dem linearen Hochlauf noch ein weiteres Merkmal, das man als Regel- oder Stellbereich bezeichnet. Unter dem Stellbereich versteht man das Verhältnis von minimaler Drehzahl, bei der ein Lastsprung noch sauber ausgeregelt wird, und der Nenndrehzahl. Im Falle von einfachen Standardantrieben sind Stellbereiche bis 1:10 üblich und ausreichend, bei höherwertigen Antrieben 1:100, und bei den sogenannten Servoantrieben erreichen die Stellbereiche 1:1 000 und mehr. Das heißt, bei einer langsam laufenden Maschinenwelle von einem Tausendstel der Nenndrehzahl werden Belastungsschwankungen in der Drehzahl noch voll ausgeglichen.

4 Elektrische Energiespeicher

Elektrizität ist eine der edelsten aller Energieformen, da sie beliebig umgewandelt und eingesetzt werden kann. Elektrischer Strom durchdringt alle Bereiche einer modernen Industriegesellschaft, denn er macht die gesamte Automatisierungstechnik, Kommunikationstechnik, Medizintechnik und den Mobilitätssektor auf hohem Niveau überhaupt erst möglich. Es gibt im modernen Alltag praktisch kein technisches Erzeugnis, das nicht irgendwie von elektrischer Energie abhängig ist. Beim Betrieb eines Geräts, einer Anlage oder eines Fahrzeugs am öffentlichen Netz lassen sich all die positiven Eigenschaften und Möglichkeiten der elektrischen Energie vorteilhaft und uneingeschränkt ausnutzen.

Bei mobilen Anwendungen hingegen treten gewisse Einschränkungen auf, da man elektrische Energie nur sehr schlecht speichern kann. Dieser Mobilitätsnachteil elektrischer Energiespeicherung war denn auch der Hauptgrund dafür, dass das Verbrennungsauto ungefährdet seinen Siegeszug durch das 20. Jahrhundert antreten konnte. Im Bereich der schienengebundenen Elektrotraktion hingegen war und ist der Verbrennungsmotor als Antriebsystem chancenlos, da der elektrische Strom über den Fahrdraht praktisch unbegrenzt zur Verfügung steht und dadurch die antriebstechnischen Eigenschaften und Vorteile der Elektrosysteme voll zum Tragen kommen können.

Ein ähnlicher Effekt der Verdrängung wird sich bei elektrischen Straßenfahrzeugen in absehbarer Zukunft auch einstellen, nämlich dann, wenn genügend elektrische Energie auf den Fahrzeugen zur Verfügung steht und die Anschaffungskosten der Elektromobile mit denen der Verbrennungsfahrzeuge gleichziehen. Erste Ansätze sind bei den sogenannten Hybridfahrzeugen bereits zu erkennen und werden sich mittels der Brennstoffzellentechnik auf Wasserstoffbasis weiter verstärken.

4.1 Öffentliches Netz

Elektrische Energie wird in Kraftwerken rund um die Uhr bedarfsabhängig erzeugt und über Hochspannungsleitungen und Transformatoren an die Endverbraucher verteilt. Auf der Primärseite kommen in erster Linie fossile Energieträger wie Öl, Kohle und Gas, zum Einsatz. Diese wurden von der Natur durch Verschüttung von Pflanzen und Bäumen unter hohem Druck in einem Zeitraum von 30 Millionen Jahren gebildet. Dies macht deutlich, dass diese endlichen Vorräte im Schoß

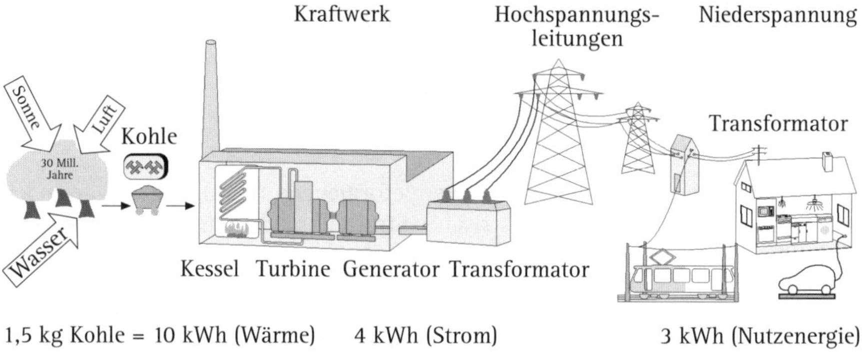

Bild 4.1 Erzeugung und Verteilung elektrischer Energie

der Erde nicht wieder erneuert werden können. Aus dem langen Entstehungsprozess von Jahrmillionen und der extrem kurzen Ausbeutungsphase von zweihundert Jahren resultiert die enorme Umweltbelastung und Umweltverschmutzung.

Bei der Verbrennung der fossilen Energieträger in großen Kesseln entsteht Wärme, die Wasser zum Verdampfen bringt, damit eine Dampfturbine angetrieben werden kann. Bei dieser Umwandlung von thermischer Energie in mechanische Energie wird physikalisch ein sogenannter Carnot-Kreisprozess durchlaufen, bei dem mindestens die Hälfte der Primärenergie als Wärme verloren geht. Auch der von der Turbine angetriebene Elektrogenerator hat gewisse Verluste, sodass aus 10 kWh Wärmeenergie lediglich 4 kWh Elektroenergie übrig bleiben (**Bild 4.1**), der Rest muss als Abwärme in die Flüsse oder über Kühltürme an die Luft abgeführt werden.

Im Falle von sogenannten Blockheizkraftwerken wird die Abwärme nicht an die Umgebung, sondern an in der Nähe liegende Endverbraucher zur Heizung von Häusern, Schwimmbädern und Fabrikationsanlagen weitergegeben. Der Gesamtwirkungsgrad solcher kleinerer Kraftwerke kann mit dieser Option auf bis zu 70 % gesteigert werden.

Die Speicherung elektrischer Energie auf Elektrofahrzeugen beruht auf elektrochemischen oder elektrolytischen Vorgängen, weshalb als elektrische Betriebsgrößen nur Gleichspannungen und Gleichströme zur Verfügung stehen. Geht man davon aus, dass die gespeicherte elektrische Energie aus Gas-, Öl- oder Kohlekraftwerken kommt, so ist die Schadstoffemission von Kohlendioxid (CO_2) etwas geringer und von Kohlenmonoxid (CO), Stickoxiden (NO_x), Kohlenwasserstoffen (HC), Schwefeldioxid (SO_2) und Staubpartikeln infolge der besseren Filtertechnik und intensiveren Abgasreinigung deutlich geringer als bei Benzin- und Dieselmotoren. Im Falle von Atomkraftwerken sowie Wasser- und Solarkraftwerken treten keine

Schadstoffemissionen auf, wobei letztere in jeder Beziehung umweltneutral sind, da sie regenerative Energieträger benutzen.

Betrachtet man die Schadstoffbelastung in den Städten und Ausfallstraßen, so ist eine Nullemission vor Ort nur mit Elektrofahrzeugen möglich. Dieser Vorteil wird bei der Güter- und Personenbeförderung in geschlossenen Räumen schon sehr lange ausgenutzt. Da elektrische Energiespeicher aggressive Stoffe enthalten, müssen sie gut geschützt in Straßenfahrzeugen eingebaut werden. Durch ihr hohes Gewicht sollten sie möglichst in das Fahrgestell integriert werden, damit der Schwerpunkt tief liegt und sich eine gute Straßenlage ergibt. Um die Verluste zwischen Energiespeicher und Elektromotor gering zu halten, sollte die elektrische Spannung möglichst hoch gewählt werden (200 V... 400 V), damit die elektrischen Ströme auch bei mittleren Leistungen unter 100 A bleiben.

4.2 Mechanische Energiespeicher

Die Speicherung von potenzieller oder kinetischer Energie in mechanische Energiespeicher, wie Federspeicher, ist massebehaftet und wegen der geringen Stellgeschwindigkeiten mit einer sehr schlechten Energiedichte von 0,01 Wh/kg und weniger verbunden. Ausnahmen bilden Schwungradspeicher, welche die quadratische Abhängigkeit der Rotationsenergie von der Drehzahl ausnutzen und bei Höchstdrehzahlen von 100 000 min^{-1} akzeptable Energiedichten bei relativ kleinen Massen erreichen können. Aufgrund des enormen Drehimpulses müssen aber immer zwei entgegengesetzt rotierende Massespeicher eingesetzt werden, damit das Fahrzeug noch gesteuert werden kann. Aufgrund der großen Zentrifugalkräfte und der damit verbundenen Gefahren sind Schwungradspeicher in der Praxis nie über das Versuchsstadium hinausgekommen.

Auch die Energiespeicherung in Form von hoch komprimierter Luft in einer Pressluftflasche ist nur mit sehr geringen Energiedichten möglich, die noch weit unter den ohnehin schon schlechten Werten von Batteriesystemen liegen. In der Regel wird die Federkraft, die Schwungkraft oder der Luftdruck mithilfe von elektrischen Antrieben aufgetankt. Selbstverständlich muss die mechanisch gespeicherte Energie vor ihrer Verwendung auf den Elektrofahrzeugen dann wieder mit einem Generator in elektrische Energie umgewandelt werden.

Bild 4.2 verdeutlicht die geringe Reichweite der mechanischen Energiespeicher im Verhältnis zu anderen Speichervarianten. Als Vergleichsgrundlage dient ein voll besetzter Personenkraftwagen der Kompaktklasse, mit einem sehr niedrigen Energiebedarf von B_E = 200 Wh/km. Wird dieses Vergleichsfahrzeug mit einem etwa 320 kg schweren Energiespeicher ausgerüstet, so gibt die dargestellte Reichweite Aufschluss über die Leistungsfähigkeit des gewählten Speichers. Als Richtschnur

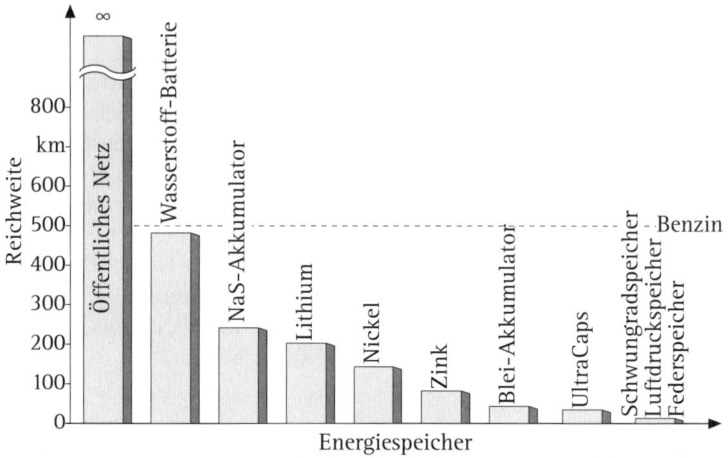

Bild 4.2 Reichweite unterschiedlicher Energiespeicher

für die Reichweite eines Straßenfahrzeugs ist der übliche Aktionsradius (500 km) eines voll betankten Benzinautos mit aufgetragen.

Der maximal erreichbare Aktionsweg (s) eines Elektrofahrzeugs kann aus der Masse des Energiespeichers (m_{Batt}) und der Energiedichte (D_{E}) des verwendeten Traktionsspeichers sowie dem Energiebedarf (B_{E}) des Fahrzeugs berechnet werden:

$$s = m_{\mathrm{Batt}} \frac{D_{\mathrm{E}}}{B_{\mathrm{E}}} \quad \text{Aktionsradius.} \tag{4.1}$$

Wie Bild 4.2 anschaulich zeigt, sind mechanische Speichersysteme, wie Federspeicher, langsam laufende Schwungradspeicher oder Luftdruckspeicher, mit einer Masse von ungefähr 320 kg allenfalls in der Lage, das Vergleichsfahrzeug wenige Kilometer weit zu bewegen.

Die höchste Energiedichte unter den elektrischen Energiespeichern weist eindeutig die Benutzung des öffentlichen Netzes auf. Das liegt daran, dass man mit der geringen Masse einer Steckverbindung oder eines Fahrdrahts auf die unbegrenzten Energiemengen des Verbundnetzes der Kraftwerke zugreifen kann, ohne dass die Elektrofahrzeuge selbst durch die enormen Kraftwerksmassen belastet werden.

4.3 Elektrostatische Energiespeicher

Kondensatoren oder Kapazitäten sind elektrostatische Energiespeicher, da sie elektrische Energie direkt in Form von elektrostatischen Feldern speichern können. Die gespeicherte Energiemenge ist proportional zur Kapazität und damit direkt abhängig von der Oberfläche der Kondensatorplatten, zwischen die in der Regel ein Elektrolyt zur Steigerung der Speicherfähigkeit eingebracht wird. Solche Elektrolyt-Kondensatoren, bei denen sich das Dielektrikum zwischen zwei gewickelten Aluminiumfolien befindet, erreichen Kapazitätswerte von einigen 1 000 µF bei einer Energiedichte von 0,01 Wh/kg. Diese geringen Werte entsprechen denen von mechanischen Speichersystemen und sind für Anwendungen in der Elektrotraktion viel zu klein.

Im Gegensatz zu den Elektrolyt-Kondensatoren lassen sich bei den sogenannten UltraCaps mithilfe von Doppelschichtstrukturen Kapazitätswerte bis zu Tausenden von Farad und Energiedichten von über 2 Wh/kg erreichen. Dazu werden im Submikrobereich Aktivkohlefasern aufgeschichtet und mit einem nichtwässrigen Elektrolyt ausgeschäumt. Mit dieser Technik können Kondensatoroberflächen von zwei Quadratmetern auf einem einzigen Kubikmillimeter untergebracht werden.

Ladevorgänge und Entladezyklen von einigen Hunderttausend sowie Entladeströme im Bereich von einigen 100 A machen UltraCaps für den Einsatz in der Elektrotraktion besonders interessant. Hinzu kommt, dass das Aufladen dieser elektrostatischen Speicher in nur wenigen Sekunden erfolgen kann. Aufgrund dieser extrem kurzen Ladezeiten sind dann allerdings Ladeleistungen im MW-Bereich erforderlich, sodass ein Auftanken an der heimischen Steckdose nicht mehr möglich ist.

Das Vergleichsfahrzeug in Bild 4.2 kann mit einem 300-kg-Powermodul aus UltraCaps zwar nur wenige Kilometer weit bewegt werden, was aber durch den Vorteil des schnellen Aufladens wieder etwas ausgeglichen wird. So könnte man zum Beispiel ein Kondensator-Fahrzeug über Schleifkontakte in den Ladestationen ohne manuellen Eingriff praktisch während der Durchfahrt immer wieder frisch aufladen.

UltraCaps werden auf jeden Fall in den Elektrofahrzeugen der Zukunft eine wichtige Rolle spielen, da nur sie in der Lage sind, die hohen Leistungsspitzen bei Brems- und Beschleunigungsvorgängen aufzufangen, um die Batterien oder Brennstoffzellen davon zu entlasten.

4.4 Elektrochemische Energiespeicher

Unter einer Batterie versteht man den betriebsmäßigen Zusammenschluss von mehreren galvanischen Elementen (Zellen). Obwohl im technischen Sinne nur Akkumulatoren wieder aufladbare Elemente haben, verwendet man doch die beiden Begriffe Batterie und Akkumulator gleichwertig nebeneinander. Nach DIN 40729 sind elektrochemische Energiespeicher als galvanische Sekundärelemente definiert, die elektrische Energie je nach Bedarf speichern oder abgeben können. Über die Höhe der Zellenspannung entscheiden die verwendeten Metallelektroden gemäß der elektrischen Spannungsreihe. Als Elektrolyt kommen elektrisch leitende Flüssigkeiten und Feststoffe zur Anwendung.

Der *Blei-Schwefelsäure-Akkumulator* ist die älteste wiederaufladbare Batterie und seit Ende des 19. Jahrhunderts in Elektrofahrzeugen im Einsatz. Die besonderen Eigenschaften sind Verfügbarkeit und Umweltverträglichkeit. Darüber hinaus sind diese Energiespeicher über viele Jahrzehnte erprobt und verbessert worden, sodass sie einen hohen technischen Stand aufweisen. Nachteile des Blei-Akkumulators sind zum einen die geringe Energiedichte von 25 Wh/kg bis 30 Wh/kg und zum anderen die Empfindlichkeit der einzelnen Zellen gegen Tiefentladung. Die Massenherstellung von Bleibatterien ist preiswert und die Rohstoffvorkommen an Bleierzen wären mehr als ausreichend, um sämtliche Straßenfahrzeuge auf der Welt mit diesem Batterietyp zu betreiben. Deshalb werden Bleibatterien in Nischenfahrzeugen mit geringen Reichweiten, wie Gabelstapler, Elektrokarren, Behindertenrollstühle und Elektroroller, auch in naher Zukunft im Einsatz bleiben.

Das in Bild 4.2 zugrunde gelegte Vergleichsfahrzeug kann von einer 320 kg schweren Bleibatterie mit D_E = 25 Wh/kg nur 40 km weit bewegt werden. Dieser kleine Aktionsradius wird sofort verständlich, wenn man den geringen Gesamtinhalt von nur 8 kWh elektrischer Energie betrachtet. Diese in der Batterie gespeicherte Energie entspricht ungefähr dem Energieinhalt von 2 l Benzin, wenn diese fossile Brennstoffmenge gemäß Gl. (2.2) in elektrischen Strom umgewandelt wird.

Wenn man außerdem berücksichtigt, dass bereits das Auftanken dieser kleinen Energiemenge etwa zehn Stunden an der Steckdose in Anspruch nimmt, kann man sehr leicht verstehen, dass in diesem elektrochemischen Speichermedium auf keinen Fall die Zukunft des Elektroautos liegen wird. Hinzu kommt, dass die einer Bleibatterie entnehmbare Energiemenge bei tiefen Temperaturen drastisch zurückgeht und damit bei hohem Energiebedarf im Winter weitere Einschränkungen hinzukommen.

Im Gegensatz zum Blei-Akkumulator verwenden *Nickel-Akkumulatoren* zwei unterschiedliche Metalle für die beiden Elektroden und einen alkalischen Elektrolyten. Gängige Kombinationen sind Nickel-Eisen-, Nickel-Cadmium- und Nickel-Hydrid-Akkumulatoren, wobei die Energiedichte von 40 Wh/kg bis 60 Wh/kg reicht. Des

Weiteren bieten sie eine hohe Lebensdauer von zweitausend Ladezyklen und die Möglichkeit der Schnellladung; das heißt, eine Traktionsbatterie auf Nickelbasis kann bereits in zwanzig Minuten auf achtzig Prozent aufgeladen werden. Dies ist besonders beim Zwischenladen von Elektrofahrzeugen während kurzer Fahrpausen interessant. Mit Gl. (4.1) errechnet sich für das Vergleichsfahrzeug eine mittlere Reichweite des Nickel-Akkumulators von etwa 80 km, weshalb dieser Akkumulatortyp in reinen Stadtautos eingesetzt wird.

Zink-Brom-Akkumulatoren arbeiten mit bipolaren Kunststoffelektroden und einer flüssigen Zinkbromidlösung als Elektrolyt. Ihre Energiedichte erreicht Werte um 85 Wh/kg, sodass für eine 320 kg schwere Zink-Batterie mit obigem Vergleichsfahrzeug eine Reichweite von 140 km zu erwarten ist, vgl. Bild 4.2. Diese günstigen Werte ergeben sich aus der Tatsache, dass Zink wesentlich leichter ist als Blei. Weitere Vorteile des Zink-Brom-Energiespeichers sind seine Robustheit gegenüber Tiefentladung sowie die nicht vorhandene Selbstentladung im abgeschalteten Zustand. Zink-Batterien enthalten keine giftigen Substanzen und sind preiswerter herzustellen als Bleiakkumulatoren.

Lithium-Akkumulatoren verwenden Kohlenstoff- und Lithiumelektroden, wobei das zykleninstabile Lithium nicht in Metallform, sondern in Metalloxidform eingesetzt wird. Die Lithium-Batterie zeichnet sich durch eine hohe Zellenspannung von über 3 V aus und erreicht eine galvanische Energiedichte von 100 Wh/kg und darüber. Diese elektrochemische Speicherkapazität bewegt das in Bild 4.2 zugrunde gelegte Vergleichsfahrzeug ungefähr 200 km weit und eröffnet diesem Batterietyp ein weites Anwendungsfeld innerhalb der Elektrotraktion in Straßenfahrzeugen.

Während die chemischen Prozesse in Traktionsbatterien auf Blei-, Nickel-, Zink- und Lithiumbasis bei Umgebungstemperaturen ablaufen, treten die gewünschten Reaktionen beim *Natrium-Schwefel-(NaS-)Akkumulator* erst im Temperaturbereich von 300 °C bis 350 °C ein, weshalb man auch von Hochtemperatur-Batterien spricht. Die Elektroden bestehen aus flüssigem Natrium (Kathode) und flüssigem Schwefel (Anode). Als Elektrolyt dient festes Aluminiumoxid, das gleichzeitig die beiden flüssigen Elektroden voneinander trennt. Bedingt durch die hohe Arbeitstemperatur des NaS-Akkumulators ist ein geregeltes Heizungssystem sowie eine hochwertige Vakuum-Wärmeisolation des Batterieblocks erforderlich. Wegen seiner hohen Energiedichte von über 120 Wh/kg bezeichnet man diesen Batterietyp auch als Hochenergiespeicherzelle. Weitere positive Eigenschaften dieses Batterietyps sind, dass seine Zellen keine elektrische Selbstentladung aufweisen und dass ein Überladen, wie bei Bleibatterien, nicht möglich ist. Die Spannung einer NaS-Zelle liegt bei 2 V; wobei durch eine Reihen- und Parallelschaltung beliebig vieler Zellen jede gewünschte Spannung und Leistung problemlos realisiert werden kann. Für das Vergleichsfahrzeug gemäß Bild 4.2 errechnet sich mit Gl. (4.1) eine mittlere Reichweite von 240 km. Beim direkten Vergleich der

Energiedichten schneidet der Natrium-Schwefel-Akkumulator allerdings immer noch um den Faktor 15 schlechter ab als Benzin.

Betrachtet man die Lebensdauer bzw. Laufleistung elektrochemischer Energiespeicher, so liegt diese beim Blei-Akkumulator bei ungefähr 60 000 km und steigert sich über die in Bild 4.2 aufgeführten Batterietypen bis auf 200 000 km beim NaS-Akkumulator. Eine weitere, beachtliche Steigerung der Energiedichte und Laufleistung ist bei elektrochemischen Energiespeichern nicht mehr zu erwarten. Der große Sprung auf das Niveau von Verbrennungsantrieben lässt sich deshalb nur mit anderen Speicherkonzepten, wie den Brennstoffzellen, erreichen.

4.5 Brennstoffzellen

Brennstoffzellen sind elektrochemische Energiewandler, die das bekannte Prinzip der Elektrolyse umkehren. Während bei der Elektrolyse mithilfe eines Gleichstroms Wasser in seine gasförmigen Bestandteile Wasserstoff und Sauerstoff zerlegt wird, wandeln Brennstoffzellen die im Wasserstoff gespeicherte chemische Energie durch eine kalte Verbrennung (Oxidation) direkt in elektrische Energie um. Brennstoffzellen werden in der Raumfahrt schon seit vielen Jahren erfolgreich als Energielieferanten eingesetzt. Als terrestrische (erdgebundene) Anwendung kommen Brennstoffzellen seit einigen Jahren in elektrochemischen Kraftwerken im Megawatt-Bereich zur Strom-Wärme-Erzeugung zum Einsatz.

Eine Brennstoffzelle besteht im Wesentlichen aus zwei porösen Elektroden, die mit Platin-Katalysatoren beschichtet sind, wobei der Kathode Wasserstoff und der Anode Sauerstoff zugeführt wird. Die Elektroden tauchen in einen alkalischen Elektrolyten, in dem die chemischen Reaktionen ablaufen. Dabei entsteht neben dem elektrischen Strom noch Wärme und Wasser. Um ein Verdünnen des Elektrolyten im Betrieb zu verhindern, ist ein Rekonzentrator erforderlich. Der elektrochemische Wirkungsgrad von Brennstoffzellen liegt in der Größenordnung von 60 %, die Zellspannung bei 1,1 V. Während der Wasserstoff in hochdrucksicheren Gastanks mitgeführt werden muss, kann der Sauerstoff direkt aus der stickstoffhaltigen Luft entnommen werden. Eine andere Möglichkeit besteht darin, dass der Wasserstoff in Metallhydridtanks gespeichert wird, wobei das Wasserstoffgas in die Kristallstruktur des Metallpulvers eingelagert und durch Zuführung von Wärme wieder freigesetzt wird.

Brennstoffzellen lassen sich mit einem geringen Mehraufwand auch im Elektrolysemodus betreiben. Dabei wird der energiereiche Wasserstoff im Tank gespeichert, und der Sauerstoff entweicht in die Atmosphäre. Elektrolysefähige Brennstoffzellen sind als elektrische Energiespeicher für Elektrofahrzeuge besonders geeignet, da sie dieselben Funktionsmerkmale wie Batterien aufweisen. Man bezeichnet solche Speicheraggregate deshalb auch als Wasserstoff-Batterien, die entweder an der Steckdose über Nacht wiederaufgeladen werden können oder an einer Wasserstoffzapfsäule in wenigen Minuten zu betanken sind. Darüber hinaus reiht sich dieses Speicheraggregat nahtlos in das Energiebereitstellungskonzept der Zukunft auf Solar/Wind/Wasserkraft-Wasserstoff-Basis ein.

Die Energiedichte von Brennstoffzellen plus Wasserstofftank kann Werte von 500 Wh/kg und mehr erreichen, weshalb das Vergleichsfahrzeug nach Bild 4.2 eine Fahrstrecke von knapp 500 km mit einer Batterieladung zurücklegen kann. Solche Reichweiten in Verbindung mit der Möglichkeit des schnellen Auftankens beheben den bisherigen Langstreckennachteil des Elektroautos gegenüber dem Verbrennungsfahrzeug, sodass mit der Verfügbarkeit von preiswerten Brennstoffzellensystemen einem breiten Einsatz des umweltfreundlichen Elektromobils nichts mehr im Wege steht.

Welcher Batterietyp für ein bestimmtes Straßenfahrzeug jedoch am besten geeignet ist, hängt nicht nur von der Reichweite ab, sondern auch von den gewünschten Fahreigenschaften, der Wirtschaftlichkeit, der Sicherheit, der Recyclingfähigkeit und nicht zuletzt von der Verfügbarkeit. Die noch relativ hohen Herstellungskosten der einzelnen Batterietypen werden sich bei Serienproduktion und hohen Stückzahlen auf einem Niveau einpendeln, das Elektroautos in die Preisklasse der Verbrennungsfahrzeuge bringt.

4.6 Solarzellen

Eine unerschöpfliche und absolut umweltfreundliche Energiequelle sind die Lichtstrahlen der Sonne, die in fünfzehn Minuten so viel Wärmeenergie auf die Erde abstrahlt, dass der Energiebedarf der gesamten Menschheit für ein Jahr gedeckt werden könnte. Die direkte Umwandlung der Lichtenergie in elektrische Energie ist mit Solarzellen, die schon seit vielen Jahrzehnten in der Raumfahrt eingesetzt werden, möglich. Wegen der schadstofffreien Energieumwandlung sind Solarzellen der wichtigste Faktor für die zukünftige Bereitstellung von Primärenergie auf Wasserstoffbasis.

Im Prinzip bestehen Solarzellen aus pn-Übergängen, in denen durch absorbierte Photonen des Lichts Elektronen freigesetzt werden. Als Halbleitermaterial kommt vorwiegend Silizium zum Einsatz, wobei die einkristalline Form einen hohen optoelektrischen Wirkungsgrad aufweist. Wegen der hohen Herstellungskosten von monokristallinen Solarflächen kommt jedoch bei terrestrischen Anwendungen hauptsächlich polykristallines Silizium mit amorphen Strukturen zum Einsatz. Die Spannung von Solarzellen liegt in der Größenordnung von 0,6 V und hängt etwas von der Zellenfläche ab.

Der Zellenstrom hingegen wächst proportional zur Zellenfläche, wobei sich ein Maximalwert von 30 mA/cm^2 bei einer optimalen Bestrahlungsstärke von 100 mW/cm^2 einstellt. Ähnlich wie bei den Batteriezellen kann auch bei Solarzellen jede gewünschte Spannung durch die Reihenschaltung vieler Einzelzellen und jeder gewünschte Strom durch Parallelschaltung realisiert werden. Man spricht dann von Solarmodulen, die es einsatzfertig im Fachhandel gibt. Sehr große Solarflächen von 100 000 m^2 und mehr findet man in Solarkraftwerken bzw. Solarfarmen, die eine elektrische Spitzenleistung von 1 MW und mehr abgeben können.

Berücksichtigt man, dass die Strahlungsenergie der Sonne bei senkrechter Einstrahlung maximal 1 kW/m^2 beträgt, so ergeben sich unter realistischen Betriebsbedingungen und einem optoelektrischen Wirkungsgrad für Solarzellen, der zwischen 10 % und 15 % liegt, eine Ausgangsleistung von höchstens 100 W/m^2 bis 150 W/m^2. Für ein Elektrofahrzeug mit nur ganzen 10 kW Antriebsleistung wäre demnach bereits eine Solarfläche von etwa 100 m^2 erforderlich. Vergleicht man diese große Kollektorfläche mit den zwei bis drei zur Verfügung stehenden Quadratmetern des Fahrzeugdachs plus Motorhaube, so wird klar, dass ein reines optoelektrisches Sonnenauto nicht realisierbar ist. Hinzu kämen ja auch noch Energiereserven für das Aufladen einer Batterie, welche die fehlende Strahlungsenergie während der Nachtstunden überbrücken müsste.

Damit sind Solarzellen für Elektrofahrzeuge nur indirekt einsetzbar, indem zum Beispiel Solarmodule auf dem Garagendach oder große Solarkraftwerke den elektrischen Strom für das Laden der Traktionsbatterie liefern oder durch Elektrolyse den Wasserstoff für Brennstoffzellen erzeugen. Die Herstellung von Wasserstoff durch regenerative Energien aus Solarstrom, Windkraft und Wasserkraft ist absolut umweltneutral und wird umso schneller die fossilen Energieträger ablösen, je schneller deren Vorräte knapp werden, und die Wasserstofftechnologie wirtschaftlich interessant machen.

5 Elektrische Maschinen

Elektrische Maschinen wurden früher auch als elektromechanische Wandler bezeichnet, weil sie die an den Klemmen zugeführte elektrische Energie in mechanische Energie an der Welle umwandeln können und umgekehrt. Dazu haben sie im Ständer elektrische Spulen, die in einem geschlossenen Eisenkreis ein Magnetfeld erzeugen, das über den Luftspalt in den Läuferwicklungen Spannungen induziert, die wiederum einen läuferseitigen Stromfluss zur Folge haben. Diese stromdurchflossenen Leiterspulen im Läufer erfahren in Verbindung mit dem Magnetfeld des Ständers (Stator) eine Kraft, die zu einer Drehung des Läufers (Rotor) führt.

Prinzipiell unterscheidet man zwischen Gleichstrommaschinen und Drehstrommaschinen, welche wiederum als Drehstrom-Asynchronmaschinen oder Drehstrom-Synchronmaschinen ausgeführt sein können. Natürlich gibt es im Bereich kleinerer Antriebsleistungen noch eine Reihe von Sonderbauformen, wie Einphasenmotoren, Reluktanzmotoren oder Spaltpolmotoren, die aber in der Elektrotraktion keine besondere Rolle spielen.

Um elektrischen Antrieben ein hohes Leistungsgewicht zu verleihen, wählt man die Drehzahl der Antriebsmaschine möglichst hoch und flanscht ein Festgetriebe auf die Motorwelle, das die Drehzahl herunter- und das Drehmoment heraufsetzt (Getriebemotor). Auch bei der Festlegung der elektrischen Größen sollte man die Spannung so hoch als möglich wählen, damit die Drahtquerschnitte und damit das Volumen der Maschine klein bleiben.

Im Gegensatz zu nicht elektrischen Antriebsformen, zum Beispiel dem Verbrennungsmotor, dem biologischen Muskelmotor oder den pneumatischen und hydraulischen Verstellmotoren, spricht man in der elektrischen Energietechnik meistens nicht einfach von Elektromotoren, sondern von elektrischen Maschinen, da diese je nach Anwendung sowohl motorisch als auch generatorisch arbeiten können. Das heißt, belastet man eine elektrische Maschine an der Welle mechanisch, so gibt sie motorisch ein Drehmoment ab, um ein stärkeres Absinken der Drehzahl unter die Leerlaufdrehzahl zu verhindern. Wird die Drehzahl durch Zuführen eines Drehmoments leicht über die Leerlaufdrehzahl angehoben, reagiert die Maschine generatorisch und speist die an der Welle zugeführte mechanische Energie als elektrische Energie in das angeschlossene Netz ein.

Der Wechsel von Motorbetrieb zu Generatorbetrieb und umgekehrt erfolgt bei elektrischen Maschinen ohne jegliche zeitliche Verzögerung, weshalb sich mit elektrischen Antrieben beste dynamische Eigenschaften erzielen lassen. Dies gilt bei Gleichstromantrieben und Drehstromantrieben gleichermaßen, wenngleich der leistungselektronische und regelungstechnische Aufwand zur Erlangung optimaler Antriebsdynamik in beiden Fällen sehr unterschiedlich ist (vgl. Kapitel 7).

Ein Nachteil bei Gleichstrommaschinen ist das Vorhandensein eines mechanischen Kommutators (Stromwender) und das damit verbundene Bürstenfeuer, welches den Einsatz in explosionsgefährdeten Räumen und Anlagen verbietet. Hinzu kommt der hohe Verschleiß der Kohlebürsten, der einen ungehinderten Dauerbetrieb über größere Zeiträume sehr einschränkt.

Als Alternative in Sachen Dauerbetrieb, Explosionsschutz und Höchstdrehzahlen stehen die robusten Drehstromantriebe zur Verfügung, die sich dank moderner Leistungselektronik und intelligenter Mikroprozessorsteuerungen auf allen Feldern der Automatisierungstechnik und der Elektrotraktion vorteilhaft einsetzen lassen. Hohes Leistungsgewicht, jahrelanger Dauerbetrieb, Explosionsschutz, hohe Drehzahlbereiche und beste dynamische Eigenschaften machen diese in Drehzahl und Drehmoment verstellbaren Drehstromantriebe zu idealen Antriebsaggregaten, insbesondere, da man sie auch in beliebiger Anzahl als sogenannte Mehrmotorenantriebe parallel betreiben kann.

5.1 Gleichstrommaschine

Gleichstrommaschinen findet man im Wattbereich sehr häufig als Stellantriebe in der Feinmechanik und im Modellbau, aber auch als Antriebsaggregate in kleineren Elektrofahrzeugen, wie in City-Cars, Elektrorollern, Autoscootern, Krankenrollstühlen und Gabelstaplern. Wird die Gleichstrommaschine im Reihenschluss betrieben, liegt ein sogenannter Universalmotor vor, der sowohl mit Gleichspannung als auch mit Wechselspannung gespeist werden kann. Dieser Tatsache verdanken es die Universalmotoren, dass sie die ersten elektrischen Antriebsmaschinen waren, die zu Beginn der Elektrotraktion eingesetzt wurden.

Die Gleichströme im Anker- und Feldkreis einer Gleichstrommaschine haben magnetische Gleichfelder zur Folge, die allein nicht zu einer Drehbewegung des Läufers führen können. Dazu muss der Gleichstrom im Ankerkreis in einen Wechselstrom in den Ankerwicklungen umgewandelt werden. Diese Umwandlung erfolgt mechanisch mithilfe des Kommutators, der auf der Welle der Maschine zusätzlich axial angeordnet werden muss. Dies führt zu einer Verlängerung der Maschine über das aktive Eisen des Stators hinaus, weshalb Gleichstrommaschinen immer länger sind als vergleichbare Drehstrommaschinen.

Die maximale Drehzahl ist infolge des mechanischen Stromwenders auf Höchstwerte von 4000 bis 5000 Umdrehungen pro Minute begrenzt, was im Vergleich zu schnell laufenden Drehstrommaschinen auf ein geringeres Leistungsgewicht der Gleichstrommaschine von ungefähr 0,15 kW/kg führt. Das bedeutet, dass eine Gleichstrommaschine pro Kilowatt Wellenleistung mehr als 6 kg wiegt. Die Betriebsdauer mit Nennleistung (Dauerbetrieb) liegt je nach Qualität der Kohlebürsten zwischen 2000 und 4000 Betriebsstunden.

Die Glanzzeit der Gleichstrommaschinen geht in die siebziger Jahre des letzten Jahrhunderts zurück, als dieser Maschinentyp in Verbindung mit Thyristor-Stromrichtern die einzige Möglichkeit bot, hochdynamische Vierquadrantenantriebe für die rasch wachsende Automatisierungstechnik zu realisieren. Wegen der genannten Nachteile stagnieren die Anwendungsfälle der Gleichstromantriebe seit vielen Jahren, während die der alternativen Drehstromantriebe weltweit explosionsartige Zuwächse zu verzeichnen haben.

5.1.1 Fremderregte Gleichstrommaschine

Die Wicklungen fremderregter Gleichstrommaschinen werden aus zwei getrennten Gleichspannungsquellen gespeist, welche im Ständer (Hauptpol) einen Gleichstrom und im Läufer (Anker) über den Kommutator einen Wechselstrom treiben. Den prinzipiellen Aufbau einer fremderregten Gleichstrommaschine zeigt **Bild 5.1**, wobei das konstante Magnetfeld (Ψ) der Maschine durch den Erregerstrom (I_f) in der Feldwicklung auf den Hauptpolen erzeugt wird. Bei der eingezeichneten Polarität des Feldstroms hat das Magnetfeld die angegebene Richtung. Selbstverständlich kann das Magnetfeld der Maschine auch mithilfe von Dauermagneten im Ständer erzeugt werden; man spricht dann von einer permanenterregten Gleichstrommaschine.

Um mit einem geringen Erregerstrom das Magnetfeld in der Maschine aufbauen zu können, muss der Luftspalt zwischen Ständer und Läufer möglichst klein sein. Übliche Luftspaltwerte liegen unter einem halben Millimeter. Das magnetische Gleichfeld durchdringt sowohl das ungeblechte Eisenpaket des Ständers als auch das geblechte Eisenpaket des Läufers. Hat der Ankerstrom (I_d) die eingezeichnete Polarität, so hat jeder Draht der Ankerwicklung wiederum selbst ein Magnetfeld zur Folge, das sich mit dem Erregerfeld des Ständers zu einem resultierenden Magnetfeld überlagert. Dadurch werden die Feldlinien in den einzelnen Ankerdrähten gemäß Bild 5.1 auf der linken Seite verdichtet und auf der rechten Seite geschwächt, wodurch im Anker eine Kraftwirkung und Drehbewegung im Uhrzeigersinn entsteht. Die Summe aller Einzelkräfte bildet über den Läuferradius schließlich das Drehmoment der Maschine.

Durch die von den Strömen in den Ankerdrähten hervorgerufenen Feldlinien tritt allerdings auch eine Verzerrung des homogenen Erregerfelds unter den

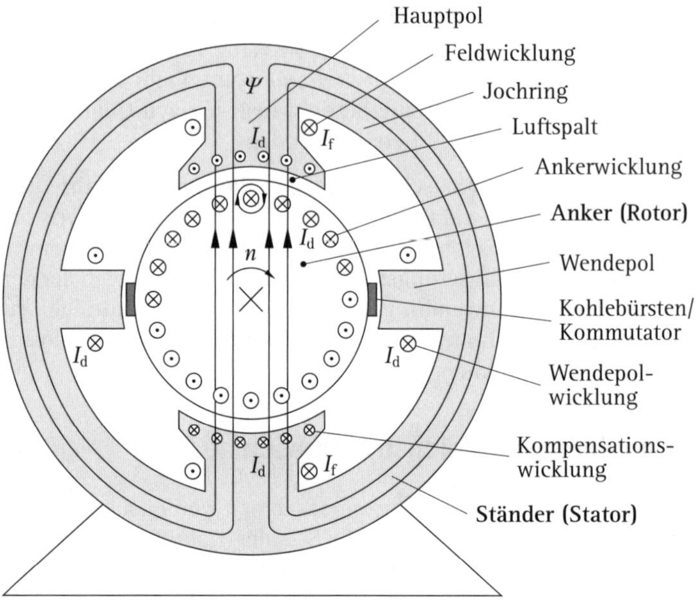

Bild 5.1 Aufbau einer fremderregten Gleichstrommaschine

Hauptpolen sowie im Bereich der Kohlebürsten auf. Diese Feldverzerrung führt zu Sättigungserscheinungen im Eisen der Hauptpole sowie zur Verschiebung der neutralen Zone des Kommutators und damit zu zusätzlichem Bürstenfeuer. Abhilfe schaffen die Kompensationswicklung und die Wendepolwicklung, die vom Ankerstrom in umgekehrter Richtung durchflossen werden.

Die Drehrichtung des Ankers kann prinzipiell über das Umklemmen der Ankerspannung oder der Feldspannung erfolgen. Wegen der großen Induktivitätswerte der Feldwicklung zieht man aus dynamischen Gründen die Ankerumschaltung in der Antriebstechnik vor, insbesondere die kontaktlose Umschaltung mit einem netzgeführten Umkehrstromrichter oder einem selbstgeführten Vierquadranten-Gleichstromsteller.

Die Bezeichnungen der elektrischen Anschlüsse im Klemmenkasten zeigt **Bild 5.2** für den Fall der fremderregten Gleichstrommaschine. Die Gleichspannung für die Ankerwicklung wird an den Klemmen C1 und C2 angeschlossen. Beim Vorhandensein einer Wendepol- und Kompensationswicklung sind diese bereits maschinenintern verdrahtet und mit der Ankerwicklung in Reihe verschaltet nach außen geführt. Die Nennwerte der Ankerspannung sind bei Standardanwendungen auf DC 160 V festgelegt, wenn die Maschine im Vierquadrantenbetrieb an einem

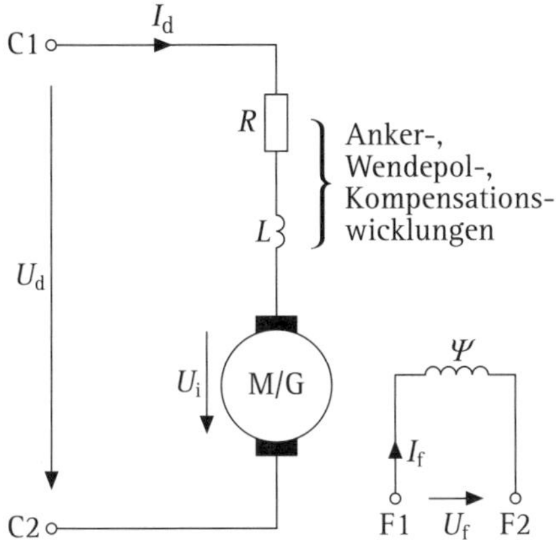

Bild 5.2 Schaltbild der fremderregten Gleichstrommaschine

netzgeführten B2-Umkehrstromrichter (AC 230 V) und auf DC 460 V, wenn die Maschine an einem B6-Umkehrstromrichter (AC 400 V) betrieben wird.

Die Feldwicklung für die Fremderregung ist an den Klemmen F1 und F2 in den Klemmkasten der Maschine geführt. Die erforderliche Feldspannung für eine konstante Fremderregung liegt üblicherweise bei DC 200 V, da man diesen Wert leicht mit einem B2-Diodengleichrichter aus dem AC-230-V-Wechselspannungsnetz erzeugen kann. Selbstverständlich sind in der Elektrotraktion abweichende Wicklungsspannungen erforderlich, da die Traktionsbatterien meist nur kleinere Spannungswerte zur Verfügung stellen können.

Soll die fremderregte Gleichstrommaschine auch im Feldschwächbereich eingesetzt werden, muss der Feldstrom und damit die Feldspannung variabel sein und deshalb von einem steuerbaren B2-Gleichrichter oder einem Chopper erzeugt werden.

Obwohl Gleichstrommaschinen in ihrem mechanischen Aufbau komplizierter und aufwendiger sind als Drehstrommaschinen, ist der mathematische Aufwand zur Beschreibung des Betriebsverhaltens vergleichsweise gering. Dies liegt an der strengen Entkopplung von Verkettungsfluss (Ψ) und Ankergleichstrom (I_d), welche gemeinsam das abgegebene Drehmoment (M_a) an der Welle der Maschine bilden:

$$M_a = \Psi \cdot I_d. \tag{5.1}$$

Diese Gleichung spiegelt ein elementares, physikalisches Grundgesetz wider, das besagt, dass jeder stromdurchflossene Leiter in einem Magnetfeld eine Kraft erfährt. Die Summe aller Leiterkräfte führt über den Radius des Ankers zum Drehmoment. Ein Vorzeichenwechsel des Drehmoments kann über den Ankerstrom oder den Erregerstrom herbeigeführt werden. Eine zweite Verknüpfung zwischen mechanischen und elektrischen Größen liefert die induzierte Spannung (U_i), auch Quellenspannung, Urspannung oder früher elektromotorische Kraft (EMK) genannt, deren Betrag und Vorzeichen sowohl vom Verkettungsfluss als auch von der Kreisdrehzahl (Ω) bzw. Drehzahl (n) abhängen:

$$U_i = \Psi \cdot \Omega = 2\pi \cdot \Psi \cdot n. \tag{5.2}$$

Hierbei kommt ein weiteres physikalisches Grundgesetz zum Ausdruck, dass nämlich die in einer Spule induzierte Spannungshöhe davon abhängt, wie schnell die Feldlinien eine Spulenfläche schneiden. Im Falle eines homogenen Felds muss sich die Spule drehen, damit eine Spannungsinduktion erfolgt, wohingegen ein Wechselfeld auch in einer ruhenden Spule (Transformator) eine Spannung induzieren kann. Der Verkettungsfluss in Gleichstrommaschinen wird in der Literatur auch als das Produkt aus einer Maschinenkonstanten und dem Luftspaltfluss angeschrieben ($\Psi = c\Phi$). Ein Maschenumlauf nach Bild 5.2 liefert schließlich die bekannte Ankerspannungsgleichung für dynamische Vorgänge:

$$U_d = R \cdot I_d + L\frac{dI_d}{dt} + 2\pi \cdot \Psi \cdot n. \tag{5.3}$$

Das bedeutet, dass bei Beschleunigungs- und Bremsvorgängen der Maschine auch in Gleichstromkreisen Spannungsfälle an Induktivitäten auftreten können. Für stationäre Betriebspunkte (zum Beispiel Dauerbetrieb) verschwindet der Spannungsfall an der Induktivität, da in diesem Fall keine Stromänderung vorliegt. Weil der Verkettungsfluss auf dem Typenschild einer Maschine nicht explizit angegeben wird, muss er aus Leerlaufdrehzahl, Ankernennspannung, Nenndrehzahl oder Nennleistung berechnet werden:

$$\Psi = \frac{U_d}{2\pi \cdot n_0} = \frac{U_{dN} - RI_{dN}}{2\pi \cdot n_N} = \frac{P_{mechN}}{2\pi \cdot n_N \cdot I_{dN}}. \tag{5.4}$$

Der Wirkungsgrad von Standard-Gleichstrommaschinen liegt in der Regel zwischen 70 % und 80 % und lässt sich für den Motorbetrieb ebenfalls aus bekannten Größen schnell ermitteln:

$$\eta_M = \frac{P_{mech}}{P_{el}} = \frac{M \cdot \Omega}{U_d \cdot I_d} = \frac{\Omega_N}{\Omega_0} = \frac{n_N}{n_0}. \tag{5.5}$$

Mit diesen Gleichungen ist das Systemverhalten von fremderregten Gleichstrommaschinen in guter Näherung beschrieben. Damit lassen sich stationäre Kennlinien ebenso ableiten wie geeignete Regelstrukturen zur dynamischen Optimierung finden. Die Abhängigkeit der Drehzahl vom Belastungsmoment ist bei fremderregten Gleichstrommaschinen sehr gering und wird als sogenanntes Nebenschlussverhalten bezeichnet. Mithilfe der Gln. (5.1) bis (5.3) findet man für die Belastungskennlinien den Ausdruck:

$$n = \frac{U_\mathrm{d}}{2\pi \cdot \Psi} - \frac{R}{2\pi \cdot \Psi^2} M_\mathrm{a}. \tag{5.6}$$

Der erste Term gibt die Leerlaufdrehzahl der Gleichstrom-Nebenschlussmaschine an, die nur von der Spannung und dem Verkettungsfluss der Maschine abhängt. Der geringe Drehzahleinbruch bei einer Belastung der Maschine mit einem Drehmoment an der Welle wird durch den zweiten Term beschrieben. In **Bild 5.3** ist das vollständige Belastungsdiagramm der fremderregten Gleichstrommaschine in allen vier Quadranten der Drehzahl-Drehmoment-Ebene aufgezeichnet. Bei einer Belastung der Maschinenwelle im Motorbetrieb ist die induzierte Spannung der Maschine immer kleiner als die am Anker angelegte Gleichspannung. Wird die Maschine an der Welle schneller als ihre Leerlaufdrehzahl angetrieben, liegt Generatorbetrieb vor, und die induzierte Spannung wird größer als die Ankerspannung.

Wie Gl. (5.2) weiter zeigt, kann bei konstanter Spannung (EMK) der Maschine die Drehzahl dadurch erhöht werden, dass das Erregerfeld geschwächt wird. Diesen Zustand nennt man Feldschwächbetrieb. Bei Feldschwächung im Erregerkreis darf die Maschine allerdings nur noch mit einem reduzierten Drehmoment belastet werden. Das heißt, in dem Maße, in dem die Drehzahl angehoben wird, muss das Drehmoment reduziert werden, damit die Nennleistung nicht überschritten wird.

$$M_\mathrm{a} = \frac{P_\mathrm{mechN}}{\Omega} = \frac{M_\mathrm{N} \cdot n_\mathrm{N}}{n} = \frac{\mathrm{const.}}{n}. \tag{5.7}$$

Diese Gleichung ist in Bild 5.3 als Leistungshyperbel zur Begrenzung des Feldschwächbereichs in allen Quadranten mit eingezeichnet worden. Anwendungsfälle für den Feldschwächbetrieb finden sich in schnellen Fahr- und Positioniersystemen, wie Werkzeugmaschinen und Roboterarme, wo mit wenig Kraft schnell bewegt werden soll.

Fällt der Erregerstrom durch einen Defekt im Gleichrichter oder in der Zuführung vollständig aus, so kann eine unbelastete, fremderregte Gleichstrommaschine infolge der Remanenz (Restmagnetismus) im Eisen unzulässig hohe Drehzahlwerte annehmen und infolge der Fliehkräfte mechanisch zerstört werden. Abhilfe und

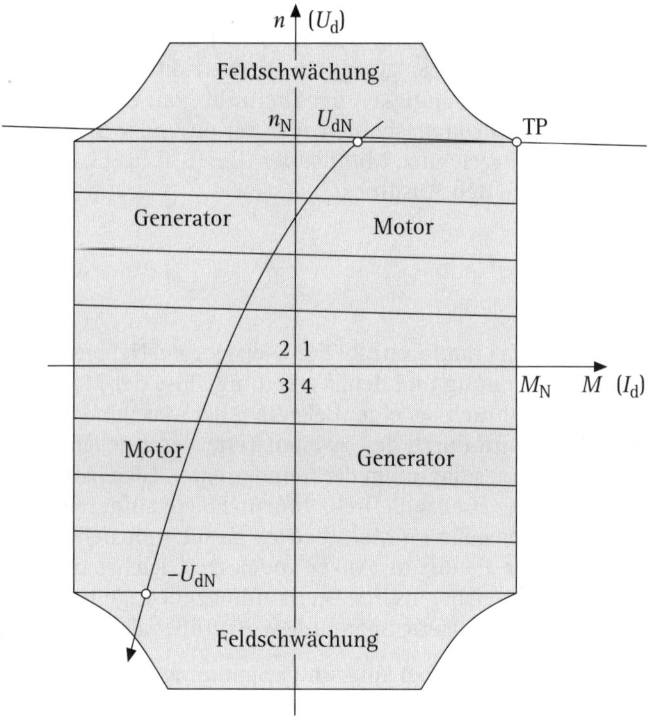

Bild 5.3 Drehmomentkennlinien der fremderregten Gleichstrommaschine

Schutz vor gefährlichen Anlagenzuständen schafft hier nur eine Überwachung des Feldstroms, zum Beispiel durch ein Feldstromrelais.

Fremderregte Gleichstrommaschinen werden im Leistungsbereich bis zu etwa 10 MW gebaut. Die Anwendungsgebiete mittlerer und höherer Leistungen liegen vor allem bei geregelten Industrieantrieben in Walzwerken, Papier- und Textilwicklern sowie in größeren Fördermaschinen.

5.1.2 Universalmotor/Gleichstromreihenschlussmaschine

Werden die Ankerwicklung und die Feldwicklung einer Gleichstrommaschine in Reihe geschaltet, ändert sich das Verhalten der Gleichstrommaschine radikal, da die Erregung jetzt sehr stark vom Ankerstrom und damit von der Belastung abhängt. Die Reihenschaltung von Anker und Feld ist mit einer in Fremderregung (F1, F2) ausgeführten Gleichstrommaschine nicht realisierbar, da deren Erregerwicklung eine hohe Windungszahl hat, das heißt, für hohe Erregerspannungen und kleine Erregerströme ausgelegt ist. Bei Gleichstromreihenschlussmaschinen tragen die Hauptpole hingegen Spulen (D1, D2) mit niedrigen Windungszahlen aus dicken Drähten, die den vollen Ankerstrom führen können.

Der entscheidende Unterschied des Reihenschlussmotors zum Nebenschlussmotor liegt darin, dass infolge des gleichzeitigen Richtungswechsels der Ströme im Anker- und Feldkreis sich das Vorzeichen des Drehmoments und der Drehrichtung nicht ändert (vgl. Bild 5.1). Das gilt sowohl beim Vertauschen der Polarität der angelegten Gleichspannung als auch beim Anschluss der Maschine an eine Wechselspannung. Aus dieser universellen Verwendungsmöglichkeit dieses Motortyps an Gleich- und Wechselspannung rührt die Bezeichnung Universalmotor, welcher allerdings im Gegensatz zu den fremderregten Gleichstrommaschinen und zu den Drehstrommaschinen nicht generatorisch betrieben werden kann.

Große Verbreitung fand der Universalmotor in der Elektrotraktion mit den ersten elektrischen Eisenbahnen, da sich die Drehzahl dieses Motortyps auch an Wechselspannung über den Spannungsmittelwert in Grenzen verstellen lässt. Diese einfache Möglichkeit gegenüber den Einphasenasynchronmaschinen, deren Drehzahlverstellung eine Wechselspannung variabler Frequenz voraussetzt, wurde durch den Einsatz von Wechselstromtransformatoren mit Wicklungsanzapfungen in den frühen Tagen der Bahnelektrifizierung vorteilhaft genutzt. Im Falle der ersten Straßenbahnen mit Universalmotor wurde die Gleichspannung des Fahrdrahts über große Vorwiderstände verstellt, die auf dem Dach der Bahnen installiert und mit großen Verlusten verbunden waren. Seit der Verfügbarkeit von Wechselstromstellern (Triac) zur elektronischen Verstellung des Effektivwerts einer Wechselspannung hat sich der Universalmotor ein weites Feld im Bereich der Haushaltsgeräte als kostengünstiges Antriebsaggregat erschlossen.

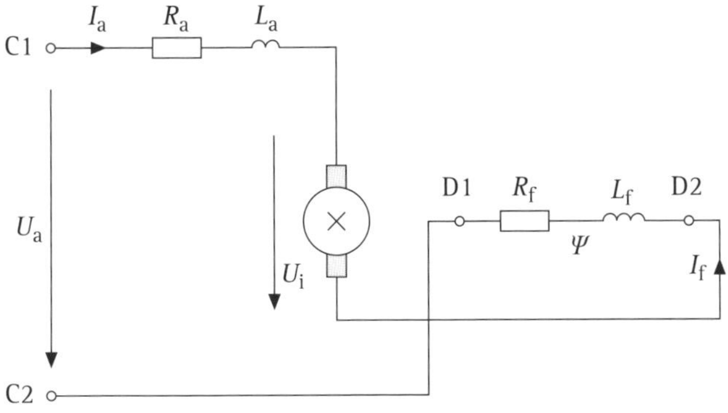

Bild 5.4 Schaltbild der Gleichstromreihenschlussmaschine

Bild 5.4 zeigt das Anschlussbild des Universalmotors bzw. Gleichstromreihenschlussmotors, dessen Drehrichtung durch Vertauschen der Anschlüsse einer der Wicklungen umgekehrt werden kann. Wird der Universalmotor an Wechselspannung betrieben, so müssen die Eisenpakete des Ständers und des Läufers geblecht sein, um die Erwärmung durch Wirbelstromverluste möglichst gering zu halten.

Für stationäre Betriebspunkte lässt sich das Verhalten des Gleichstromreihenschlussmotors schnell abschätzen, wenn man näherungsweise von einer linearen und hysteresefreien Magnetisierungskurve ausgeht (c = const.):

$$\Psi = c \cdot I_\mathrm{a}. \tag{5.8}$$

Dies führt in Verbindung mit Gl. (5.1) zu einem quadratischen Zusammenhang zwischen dem Drehmoment und dem Ankerstrom, was wiederum die bereits erwähnte Vorzeichenunabhängigkeit ($M \sim I_\mathrm{a}^2$) bestätigt. Durch die Proportionalität des Verkettungsflusses und des Ankerstroms und damit von der mechanischen Belastung resultiert ein extrem nichtlinearer Zusammenhang zwischen der Drehzahl und dem Drehmoment an der Welle. Unter Vernachlässigung der Spannungsfälle an den Induktivitäten findet man die Näherung:

$$n = \frac{U_\mathrm{a}}{2\pi\sqrt{c \cdot M}} - \frac{R_\mathrm{a} + R_\mathrm{f}}{2\pi \cdot c}. \tag{5.9}$$

Diesen Kennlinienverlauf zeigt **Bild 5.5** in der Drehzahl-Drehmoment-Ebene. Der lineare Zusammenhang zwischen der Drehzahl und der angelegten Spannung wird durch den umgekehrt proportionalen Einfluss des Drehmoments extrem verzerrt. Das heißt, für eine bestimmte Spannung kann die Drehzahl entweder sehr klein sein, wenn der Motor an der Welle stark belastet wird, oder die Drehzahl kann sehr groß sein, wenn der Motor nur schwach an der Welle belastet wird. Im ungünstigen Fall kann der Motor sogar bei einer vollständigen Entlastung durchgehen, das heißt extrem hohe Drehzahlen annehmen und mechanisch zerstört werden. Beim Vorhandensein eines kleinen Lüfterrads auf der Motorwelle ist diese Gefahr allerdings nicht mehr gegeben.

Bei kleinen Drehzahlen, insbesondere beim Anfahren, gibt der Reihenschlussmotor gemäß Bild 5.5 große Drehmomente ab. Diesem antriebstechnischen Vorteil stehen allerdings die beiden Nachteile gegenüber, dass zum einen nicht alle Punkte des ersten Quadranten von diesem Motortyp abgedeckt werden können und dass zum anderen ein Generatorbetrieb im zweiten und vierten Quadranten prinzipiell nicht möglich ist.

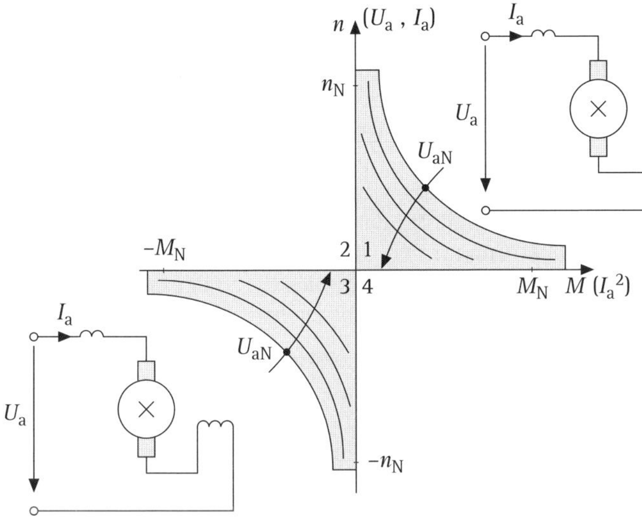

Bild 5.5 Drehzahl-Drehmoment-Kennlinien der Gleichstromreihenschlussmaschine

Eine Umkehr der Drehrichtung und des Drehmoments ist beim Universalmotor bzw. Gleichstromreihenschlussmotor jedoch problemlos machbar. Für den Betrieb im 3. Quadranten, das heißt, die Welle rückwärts antreiben, muss entweder die Ankerwicklung oder die Feldwicklung umgepolt werden. Werden Gleichstromreihenschlussmaschinen aus einer Batterie oder einem Netzgleichrichter gespeist, sollte als Stellglied ein Gleichstromsteller vorgesehen werden. Aufgrund der hohen Taktfrequenzen von gechoppten Stellern lassen sich besonders geräuscharme Universalantriebe realisieren.

Dass die Standzeiten der Kohlebürsten bei allen Gleichstrommaschinen in der Größenordnung von 2000 bis 4000 Betriebsstunden liegen, ist bei den meisten der genannten Anwendungen eher nebensächlich, weil ein Dauerbetrieb über längere Zeiträume in der Regel nicht erforderlich ist. In diesem Zusammenhang sei erwähnt, dass zum Beispiel auch Verbrennungsmotoren nur für eine Betriebsdauer von etwa 1500 Stunden konzipiert und ausgelegt werden. Dagegen heben sich die 100000 Betriebsstunden von Drehstrommaschinen vorteilhaft ab, da sie einen Dauerbetrieb über zehn bis zwölf Jahre unter extremen Umgebungsbedingungen erlauben.

5.2 Drehstromtransformator

Für das Verständnis und die Systembeschreibung von Drehstrommaschinen ist es zweckmäßig, von den physikalischen Eigenschaften eines Transformators auszugehen, insbesondere den elektromagnetischen Zusammenhängen bei der magnetischen Kopplung mehrerer Spulen in einem geschlossenen Eisenkreis. Die gewonnenen Ergebnisse lassen sich in einfacher Weise auf die Beschreibung der Asynchronmaschine erweitern, da diese ebenfalls auf dem Induktionsprinzip beruht und dem Transformator sehr ähnlich ist. Wegen der Verwandtschaft zu elektrischen Maschinen werden Transformatoren in der Literatur häufig auch als stillstehende oder ruhende Maschinen bezeichnet.

In der Elektrotraktion kommen Transformatoren zur Strom- und Spannungswandlung sowohl in Elektrolokomotiven als auch in den stationären Ladestationen für Traktionsbatterien zum Einsatz. Auch die Einspeisung regenerativer Energien in das öffentliche Netz macht Anpassungen der elektrischen Größen mit Transformatoren erforderlich.

Die Entdeckung und technische Ausnutzung des transformatorischen Prinzips geht zurück ins letzte Jahrhundert, wo 1880 von Gaulard und Gibbs der erste Transformator mit Eisenkern gebaut wurde. Dieses Prinzip bildete die Grundlage für die Entwicklung der Drehstrom-Synchronmaschine (1887) durch Haselwander und der Drehstrom-Asynchronmaschine (1889) durch Dobrowolsky. Die Aufgabe eines Transformators besteht darin, aus einem vorhandenen, festen Wechsel- bzw. Drehstromsystem ein neues Wechsel- bzw. Drehstromsystem zu erzeugen.

Ähnlich wie bei Getrieben kann auch ein Transformator maximal nur die Leistung sekundär abgeben, die ihm primär zugeführt wird. Das Übersetzungsverhältnis ($ü$) der Effektivwerte von Primärspannung (U_1) zu Sekundärspannung (U_2) kann über die zugehörigen Windungszahlen (w_1, w_2) nahezu beliebig variiert werden:

$$\ddot{u} = \frac{U_1}{U_2} = \frac{w_1}{w_2} \quad \text{Übersetzungsverhältnis.} \qquad (5.10)$$

Dieser einfache Zusammenhang gilt streng genommen nur für den unbelasteten Transformator. Ein Transformator kann den Effektivwert der Eingangsspannung je nach Anwendungsfall erhöhen oder verkleinern, wobei die Frequenz auf der Sekundärseite immer der Primärfrequenz auf der Netzseite entspricht. Das sind im deutschen Bahnnetz 16 $^2/_3$ Hz, im öffentlichen, europäischen Verbundnetz 50 Hz und in den USA sowie in Japan 60 Hz.

Transformatoren mit einem Übersetzungsverhältnis von 1 nennt man Trenntransformatoren, da hierbei in erster Linie die galvanische Trennung zwischen Primär-

und Sekundärseite für Schutzfunktionen ausgenutzt wird. Im Leistungsbereich von null bis zu einigen kVA verwendet man Einphasentransformatoren mit AC 230 V Primärspannung, über 3 kVA kommen ausschließlich Drehstromtransformatoren mit AC 230/400 V bzw. AC 400/690 V Primärspannungssystemen zum Einsatz. Bei der mathematischen Beschreibung des Systemverhaltens werden Drehstromtransformatoren wie drei identische Einphasentransformatoren behandelt.

5.2.1 Aufbau und Wirkungsweise des Transformators

Den prinzipiellen Aufbau eines einphasigen Transformators zeigt **Bild 5.6**. Dieser besteht aus zwei Spulen, die auf einem geschlossenen Eisenkern angeordnet sind. Da der Eisenkern nicht nur für magnetische Feldlinien, sondern auch für elektrische Ströme ein guter Leiter ist, muss das Eisenpaket zur Reduzierung von Wirbelströmen aus gegeneinander isolierten Blechen aufgebaut sein. Handelsübliche Dynamobleche sind 0,35 mm stark, einseitig keramikisoliert und weisen zulässige Induktionswerte in der Größenordnung von 1,4 Tesla auf. Dynamobleche werden sowohl für Transformatoren als auch für elektrische Maschinen verwendet.

Sämtliche Spannungen, Ströme und Flüsse sind in guter Näherung sinusförmige Wechselgrößen, sodass ihre zeitlichen Verläufe durch komplexe Zeigergrößen ersetzt werden dürfen, was durch Unterstreichen der jeweiligen Größe kenntlich gemacht wird. Dabei entspricht die Länge des Zeigers dem auf einem Messinstrument angezeigten Effektivwert. Die komplexe Wechselstromtheorie vereinfacht die Beschreibung und den Umgang mit sinusförmigen Größen erheblich,

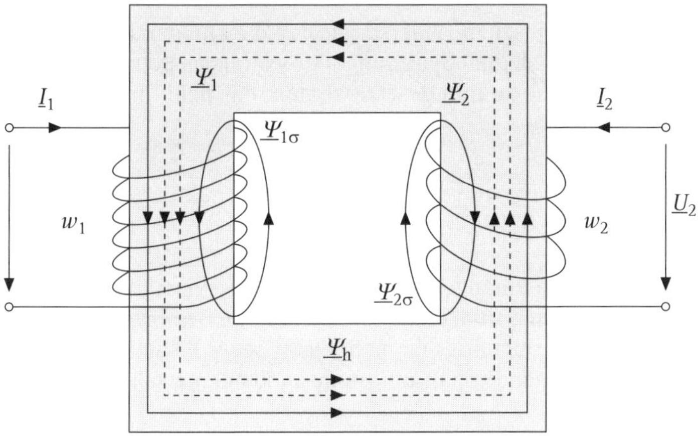

Bild 5.6 Aufbau und Funktion eines einphasigen Transformators

damit man für deren Darstellung keine Sinusschablonen, sondern nur ein Lineal und einen Winkelmesser benötigt.

Bei der Festlegung der Pfeilrichtungen wählt man üblicherweise das Verbraucherzählpfeilsystem, welches in Bild 5.6 zugrunde gelegt wurde. Die Primärspannung (U_1) treibt den Strangstrom (I_1), der wiederum den Verkettungsfluss (Ψ_1) hervorruft. Ein Teil dieses Flusses induziert in der Sekundärspule eine Spannung (U_2), die über einen Verbraucher den sekundären Stromfluss (I_2) zur Folge hat, der schließlich zu einem sekundären Verkettungsfluss (Ψ_2) im Transformator führt:

$$\begin{aligned} \underline{\Psi}_1 &= \underline{\Psi}_{1\sigma} + \underline{\Psi}_{1h} \\ \underline{\Psi}_2 &= \underline{\Psi}_{2\sigma} + \underline{\Psi}_{2h}. \end{aligned} \tag{5.11}$$

Neben den Hauptflüssen (Ψ_{1h}, Ψ_{2h}), die sowohl vom zugehörigen Spulenstrom als auch von der Induktion der Gegenspule abhängen, treten noch sogenannte Streuflüsse ($\Psi_{1\sigma}$, $\Psi_{2\sigma}$) auf, die jeweils nur mit einer Wicklung verkettet sind und sich nicht über den gesamten Eisenkreis schließen. Sind beide Spulen gleichzeitig Strom führend, stellt sich durch Überlagerung (Superposition) ein resultierender Hauptfluss (Ψ_h) im Eisen ein. Betrachtet man dynamische und transiente Vorgänge, so folgt das Gleichungssystem:

$$\begin{aligned} \underline{U}_1 &= R_1\,\underline{I}_1 + \frac{d\underline{\Psi}_1}{dt} + j\omega_1\,\underline{\Psi}_1 \\ \underline{U}_2 &= R_2\,\underline{I}_2 + \frac{d\underline{\Psi}_2}{dt} + j\omega_1\,\underline{\Psi}_2. \end{aligned} \tag{5.12}$$

R_1 und R_2 sind die ohmschen Widerstände der Wicklungen und $\omega_1 = 2\,\pi\,f_1$ ist die Kreisfrequenz der angelegten Spannung. Für stationäre Betrachtungen dürfen die Ableitungen der Flüsse zu null gesetzt werden; das heißt, im eingeschwungenen Zustand gilt:

$$\begin{aligned} \underline{U}_1 &= R_1\,\underline{I}_1 + j\omega_1\,\underline{\Psi}_1 \\ \underline{U}_2 &= R_2\,\underline{I}_2 + j\omega_1\,\underline{\Psi}_2. \end{aligned} \tag{5.13}$$

Obwohl diese Zusammenhänge für das physikalische Verständnis des Transformators wichtig und nützlich sind, eignen sie sich für die Beschreibung des Systemverhaltens wenig. Hierfür benötigt man ein elektrisches Ersatzschaltbild, in dem die Flüsse durch entsprechende Spannungsfälle an Reaktanzen berücksichtigt werden.

5.2.2 Ersatzschaltbild des Transformators

Um das Betriebsverhalten des Transformators ingenieurmäßig beschreiben und handhaben zu können, muss ein Übergang von den physikalischen Gegebenheiten auf ein adäquates Ersatzschaltbild erfolgen. **Bild 5.7** zeigt das elektrische Ersatzschaltbild des einphasigen Transformators, wobei die Einflüsse der einzelnen Flussvektoren mit eingezeichnet wurden. Diese Zusammenhänge sind besonders bei der feldorientierten Regelung von Drehstrommaschinen zu beachten (siehe Abschnitt 5.3). Für den Normalfall, dass beide Spulen gleichzeitig Strom führen, muss die gegenseitige Beeinflussung der beiden Spulen durch eine Gegenreaktanz (X) berücksichtigt werden.

Gemäß Bild 5.7 können die Flüsse in Gl. (5.13) entsprechend ersetzt und durch einen Koeffizientenvergleich mit Gl. (5.11) die einzelnen Flussanteile bestimmt werden:

$$\begin{aligned} \underline{U}_1 &= R_1 \underline{I}_1 + \mathrm{j} X_{1\sigma} \underline{I}_1 + \mathrm{j}\left(X_{1\mathrm{h}} \underline{I}_1 + X \underline{I}_2\right) \\ \underline{U}_2 &= R_2 \underline{I}_2 + \mathrm{j} X_{2\sigma} \underline{I}_2 + \mathrm{j}\left(X_{2\mathrm{h}} \underline{I}_2 + X \underline{I}_1\right). \end{aligned} \tag{5.14}$$

Dabei entspricht die Multiplikation mit der imaginären Einheit (j) der Differenziation im Zeitbereich und bewirkt eine Drehung des betreffenden Zeigers um $\pi/2$ im Gegenuhrzeigersinn; das heißt, die entsprechenden Spannungsfälle eilen den Strömen, die sie verursachen, um 90° el. voraus. Da in diesem Gleichungssystem die galvanische Trennung der einzelnen Spulen berücksichtigt wird, ist es in dieser Form für die Berechnung des Transformators noch ungeeignet. Insbesondere ist das Erstellen eines vollständigen Zeigerdiagramms von Primär- und Sekundärseite nicht möglich, da ein gemeinsames Bezugspotential fehlt.

Ein solcher Bezugspunkt lässt sich aber nur finden, wenn die galvanische Trennung zwischen Primär- und Sekundärseite im Ersatzschaltbild formal aufgehoben wird. Mathematisch bedeutet dies, dass eine Spulenseite auf die andere Spulen-

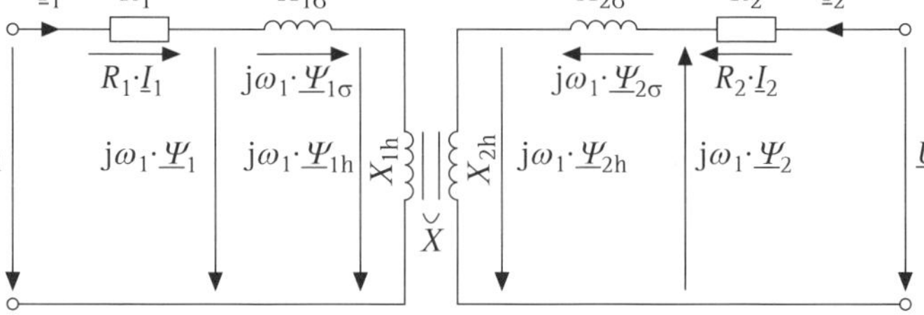

Bild 5.7 Einphasiges Ersatzschaltbild des Transformators mit galvanischer Trennung

seite umgerechnet werden muss; das heißt, es wird künstlich ein Übersetzungsverhältnis von 1 geschaffen. In der Regel wird die Sekundärseite auf die Primärseite bezogen. Selbstverständlich müssen die mit einem solchen Modell gewonnenen Ergebnisse am Ende wieder auf die realen Verhältnisse des Transformators zurückgerechnet werden.

Bei der Umrechnung der Sekundärseite auf die Primärseite darf die Leistungsbilanz des Transformators nicht verändert werden. Damit folgt für die umgerechneten Sekundärgrößen, die zur Unterscheidung mit einem Apostroph gekennzeichnet werden:

$$U_2' = ü\, U_2 \qquad \text{und} \qquad I_2' = \frac{1}{ü}\, I_2. \tag{5.15}$$

Da die Ströme quadratisch mit den Wirk- und Blindwiderständen in die entsprechenden Leistungen eingehen, gilt ferner:

$$R_2' = ü^2\, R_2 \qquad \text{und} \qquad X_{2\sigma}' = ü^2\, X_{2\sigma}. \tag{5.16}$$

Bleiben in Gl. (5.14) noch die sekundäre Hauptreaktanz und die Gegenreaktanz, die auf die Primärseite umzurechnen sind. Berücksichtigt man, dass Hauptinduktivitäten dem Quadrat der Windungszahl ihrer Spule proportional sind und Gegeninduktivitäten dem Produkt der Windungszahlen beider Spulen, so folgt:

$$X = \frac{X_{1\mathrm{h}}}{ü} \qquad \text{und} \qquad X_{2\mathrm{h}} = \frac{X_{1\mathrm{h}}}{ü^2}. \tag{5.17}$$

Werden die Umrechnungsgleichungen (5.15) bis (5.17) in die Transformatorgleichungen (5.14) eingesetzt, so erhält man nach einigen Zwischenrechnungen das endgültige Ergebnis:

$$\begin{aligned} \underline{U}_1 &= R_1\, \underline{I}_1 + \mathrm{j}\, X_{1\sigma}\, \underline{I}_1 + \mathrm{j}\, X_{1\mathrm{h}} \left(\underline{I} + I_2' \right) \\ \underline{U}_2' &= R_2'\, \underline{I}_1 + \mathrm{j}\, X_{2\sigma}'\, \underline{I}_2' + \mathrm{j}\, X_{1\mathrm{h}} \left(\underline{I}_1 + \underline{I}_2' \right). \end{aligned} \tag{5.18}$$

In diesem Gleichungssystem sind sämtliche Variablen nur noch Stranggrößen und auf die Primärseite bezogen. Da der letzte Term in beiden Gleichungen identisch ist, kann das Gleichungssystem als eine Knotengleichung und zwei Maschengleichungen aufgefasst und als elektrisches Netzwerk dargestellt werden. Das zugehörige Ersatzschaltbild zeigt **Bild 5.8**. Die Summe der beiden Ströme im Primär- und Sekundärkreis:

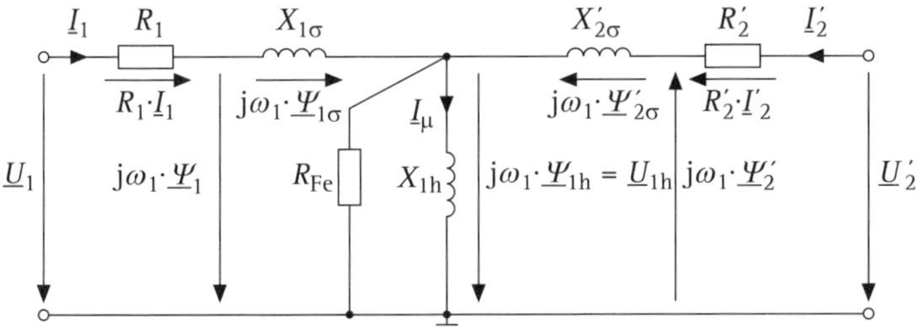

Bild 5.8 Einphasiges Ersatzschaltbild des Transformators ohne galvanische Trennung

$$\underline{I}_\mu = \underline{I}_1 + \underline{I}'_2 \tag{5.19}$$

fließt über die Hauptreaktanz und wird als Magnetisierungsstrom (I_μ) bezeichnet. Er repräsentiert den Hauptfluss und liegt in der Größenordnung von 4 % bis 12 % des Nennstroms. Gemäß Bild 5.8 gilt zwischen dem Magnetisierungsstrom und dem Hauptfluss der Zusammenhang:

$$\underline{\Psi}_{1h} = \frac{X_{1h}}{\omega_1} \underline{I}_\mu = L_{1h}\, \underline{I}_\mu . \tag{5.20}$$

Und für die Hauptfeldspannung findet sich schließlich die Abhängigkeit:

$$\underline{U}_{1h} = jX_{1h}\, \underline{I}_\mu = j\omega_1 \underline{\Psi}_{1h} . \tag{5.21}$$

Daraus erkennt man, dass der Magnetisierungsstrom und der Hauptfluss in Phase sind und beide der Hauptfeldspannung um $\pi/2$ nacheilen. Diese Zusammenhänge und Gesetzmäßigkeiten lassen sich auf die Verkettungsflüsse und Streuflüsse direkt übertragen.

Dass zwischen den Zeigerspitzen von $\underline{U}_1$ und $\underline{U}'_2$ eine elektrisch leitende Verbindung entstanden ist, beweist, dass die galvanische Trennung des realen Transformators aufgehoben ist. Diese Verbindung kann jetzt als Bezugspotential für beide Spulenseiten benutzt werden. In den Strom-Spannungs- und Flusszeiger-Diagrammen entspricht dieser Bezugspunkt dem Koordinatenursprung der komplexen Ebene.

Obwohl, wie bereits erwähnt, der Eisenkern von Transformatoren und Maschinen geblecht ist, treten doch in geringem Umfang noch Wirbelströme auf, die den Transformator bereits im Leerlauf erwärmen. Hinzu kommt, dass die Wechselflüsse im Eisen zu einer ständigen Ummagnetisierung der Elementarmagnete (Weiß'sche Bezirke) mit Netzfrequenz führen. Dies erzeugt Reibungsverluste im Eisen, was ebenfalls zur Erwärmung beiträgt. Da Wärme eine Wirkleistung ist, müssen diese sogenannten Eisenverluste in Form eines Wirkwiderstands (R_{Fe}) im Querzweig des Ersatzschaltbilds berücksichtigt werden. Die messtechnische Bestimmung dieses fiktiven Widerstands sowie der anderen Parameter des Transformators wird in Abschnitt 5.2.4 angegeben.

Mit dem Ersatzschaltbild nach Bild 5.8 besteht jetzt die Möglichkeit, sämtliche Ströme, Spannungen und Flüsse bei gegebener Belastung nach Betrag und Phase zu berechnen und in ein Zeigerdiagramm einzuzeichnen. Eine Umrechnung der sekundären Zeigerlängen gemäß Gl. (5.15) und Gl. (5.16) liefert die tatsächlichen Effektivwerte auf der Sekundärseite. Am Beispiel einer ohmschen Belastung soll das vollständige Spannungs-Strom- und Flusszeiger-Diagramm im Folgenden näher erläutert werden.

5.2.3 Zeigerdiagramm des Transformators

Zeigerdiagramme sind eine anschauliche Darstellungsform der komplexen Gleichungssysteme. Sie dienen der grafischen Bestimmung elektrischer Größen bei unterschiedlichen Betriebsbedingungen. Selbstverständlich können alle grafischen

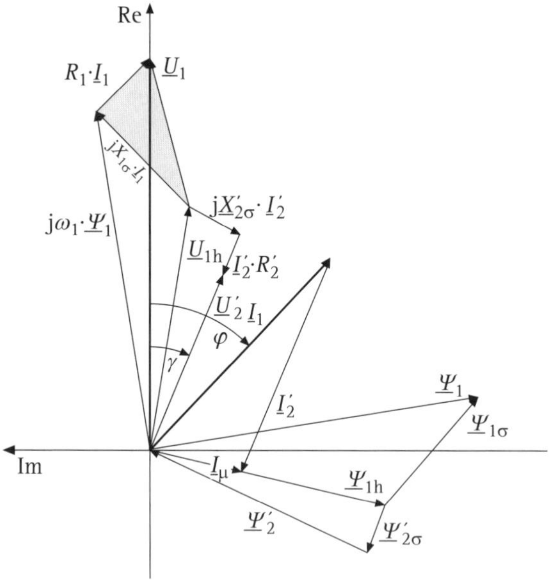

Bild 5.9 Zeigerdiagramm des Transformators bei ohmscher Last ($R_{Fe} \to \infty$)

Lösungen auch rechnerisch, zum Beispiel auf dem Digitalrechner, nachvollzogen werden. **Bild 5.9** zeigt das Zeigerdiagramm der Spannungen, Ströme und Flüsse des Transformators bei einer rein ohmschen Belastung am Ausgang. Da die Eingangsspannung (U_1) eine feste Größe ist, legt man sie üblicherweise als Bezugsgröße in die reelle Achse (Re) der komplexen Ebene. Die Phasenverschiebung (φ) zwischen dem primären Strangstrom (I_1) und der Strangspannung (U_1) ist gegeben durch die Parameter des Transformators und des Verbrauchers. Bei einer ohmschen Last liegt der Ausgangsstrom entgegengesetzt in Phase zur Ausgangsspannung; das heißt, für den Verbraucher wirkt der Transformator wie ein Energieerzeuger.

Bei der Konstruktion der einzelnen Spannungsfälle im Transformator ist zu beachten, dass die ohmschen Spannungsfälle in Phase zu den entsprechenden Strömen liegen und die induktiven Spannungsfälle den zugehörigen Strömen um $\pi/2$ voreilen. Die Zeigerdarstellung erlaubt den unkomplizierten und übersichtlichen Umgang mit sinusförmigen Wechselgrößen, da zu ihrer grafischen Bearbeitung ein Geometriedreieck und ein Bleistift genügen.

Hintergrund für diese zeichnerischen Besonderheiten sind zum einen das *ohmsche Gesetz*, das in seiner elementaren Form besagt, dass die Spannung über einem Widerstand immer denselben zeitlichen Verlauf hat wie der Strom durch den Widerstand. Das bedeutet im Falle einer sinusförmigen Spannung, dass der Strom ebenfalls sinusförmig ist und in Phase zur Spannung liegt. Ferner lässt sich aus diesem Gesetz ableiten, dass der Spannungsmittelwert an einem Widerstand das Produkt aus dem Strommittelwert und dem Widerstandswert selbst ist. In komplexer Form besagt das ohmsche Gesetz, dass die Zeiger von Spannung und Strom eines Widerstands immer in dieselbe Richtung weisen, das heißt parallel zueinander sind:

$$\begin{aligned} u(t) &= R \cdot i(t) && \text{für zeitliche Verläufe,} \\ U &= R \cdot I && \text{für Mittelwerte,} \\ \underline{U} &= R \cdot \underline{I} && \text{für komplexe Größen.} \end{aligned} \tag{5.22}$$

Zum anderen besagt das *Induktionsgesetz* ganz allgemein, dass der zeitliche Verlauf der Spannung über einer Induktivität der Ableitung des zeitlichen Verlaufs des Stroms durch die Induktivität oder der zeitlichen Ableitung des Flusses entspricht. Nur im Falle einer sinusförmigen Spannung ist der Strom ebenfalls sinusförmig und eilt der Spannung um 90° el. nach. Der Spannungsmittelwert an einer Induktivität ist das Produkt aus dem Strommittelwert und dem Widerstandswert der Reaktanz ($X = \omega\ L$). In komplexer Form bedeutet das Induktionsgesetz, dass der Zeiger der Spannung auf dem Zeiger des Stroms senkrecht steht und um 90° el. voreilt, bzw. dass der Zeiger des Stroms und der Zeiger des Verkettungsflusses in Phase sind, das heißt, parallel zueinander verlaufen.

$$
\begin{aligned}
&u(t) = \omega L \frac{\mathrm{d}\,i(t)}{\mathrm{d}\omega t} = w \frac{\mathrm{d}\Phi}{\mathrm{d}t} = \omega \frac{\mathrm{d}\Psi}{\mathrm{d}\omega t} && \text{für zeiliche Verläufe,} \\
&U = \omega L \cdot I = X \cdot I && \text{für Mittelwerte,} \\
&\underline{U} = \mathrm{j}X\underline{I} = \mathrm{j}\omega\ \underline{\Psi} && \text{für komplexe Größen.}
\end{aligned}
\qquad (5.23)
$$

Zur Vervollständigung des Stromzeigerdreiecks muss Gl. (5.19) berücksichtigt werden, das heißt, die vektorielle Summe von Eingangs- und Ausgangsstrom bildet den Magnetisierungsstrom, welcher wiederum senkrecht auf dem Vektor der Hauptfeldspannung stehen muss. Neben den Zeigerdiagrammen für die Spannungen und Ströme kann jetzt auch das Zeigerdiagramm der Flüsse indirekt über die Spannungsfälle an den Reaktanzen in Bild 5.9 mit eingezeichnet werden.

Bei der Konstruktion des Flusszeigerdiagramms muss man beachten, dass der Gesamtfluss der Primärwicklung senkrecht auf der Spannung hinter dem ohmschen Widerstand steht, der primäre Streufluss in Phase zum Ständerstrom und der Hauptfeldflussvektor in Phase zum Magnetisierungsstrom liegt. Ähnliches gilt auf der Sekundärseite des Transformators. Diese indirekte Bestimmung der Flussvektoren nach Betrag und Phase aus den elektrischen Größen ist die Grundlage der Feldorientierung in geregelten Drehstrom-Asynchronmaschinen.

Das in Bild 5.9 gekennzeichnete Spannungsdreieck zwischen den Spannungsfällen am Primärwiderstand und an der Primärstreureaktanz nennt man auch Kapp'sches Dreieck. Es markiert den Spannungsverlust im primärseitigen Längszweig, welcher bei üblichen Transformatoren nur wenige Prozente der Nennspannung beträgt. Der Deutlichkeit halber wurde das Kapp'sche Dreieck größer als in Wirklichkeit eingezeichnet.

Die Phasenverschiebung zwischen der Primärspannung und der Ausgangsspannung kann ebenfalls dem Zeigerdiagramm in Bild 5.9 entnommen werden. Rechnet man die Länge (Effektivwert) des Ausgangsspannungsvektors gemäß Gl. (5.15) wieder auf den Transformator mit galvanischer Trennung zurück, so erhält man den Effektivwert der Ausgangsspannung am realen Transformatorausgang für den zu untersuchenden Belastungsfall. Um das Zeigerdiagramm für einen bestimmten Transformator konstruieren zu können, sind dessen Ersatzschaltbildgrößen erforderlich, die sich messtechnisch aus einem Leerlaufversuch und einem Kurzschlussversuch näherungsweise bestimmen lassen.

5.2.4 Bestimmung der Parameter des Transformators

Für die Bestimmung der Parameter des Transformators ist es zweckmäßig, das Ersatzschaltbild etwas zu einfachen, um mit möglichst wenigen Messungen auszu-

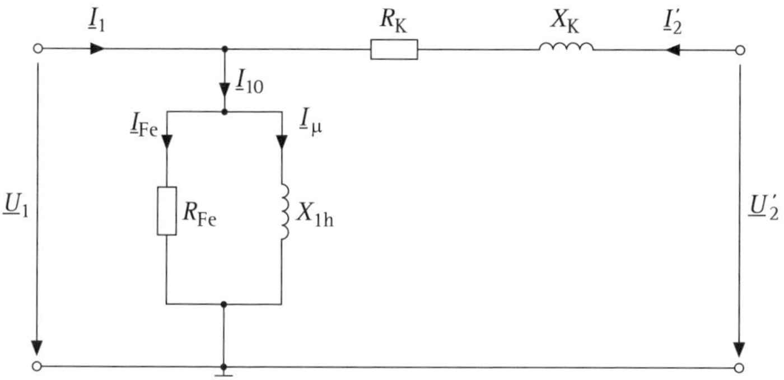

Bild 5.10 Vereinfachtes Ersatzschaltbild des Transformators

kommen. Dazu verlegt man den Querzweig in Bild 5.8 vor die Längswiderstände. Dies ist in guter Näherung zulässig, da die Längswiderstände um Größenordnungen kleiner sind als die Querwiderstände, sodass die Hauptfeldspannung nur geringfügig von der Strangspannung abweicht. Durch die Verlegung des Querzweigs liegen die Widerstände des Längszweigs in Reihe, weshalb die ohmschen und induktiven Anteile zusammengefasst werden dürfen:

$$R_K = R + R'_2$$
$$X_K = X_{1\sigma} + X'_{2\sigma}. \tag{5.24}$$

Bild 5.10 zeigt das vereinfachte Ersatzschaltbild des Transformators, dessen vier Kenngrößen durch zwei einfache Betriebszustände messtechnisch bestimmt werden können. Misst man bei offenen Ausgangsklemmen (Leerlauf) den aufgenommenen Leerlaufstrom (I_{10}), so kann über die angelegte Strangnennspannung (U_{1N}) die Impedanz des Querzweigs bestimmt werden:

$$Z_{10} = \frac{U_{1N}}{I_{10}}. \tag{5.25}$$

Um die Querimpedanz in ihren Wirkanteil und Blindanteil aufspalten zu können, muss eine dritte Messgröße aufgenommen werden. Das kann der Leistungsfaktor mit einem $\cos\varphi$-Messgerät sein oder die Phasenverschiebung (φ_{10}) zwischen U_{1N} und I_{10} mit einem Oszilloskop oder die Blindleistung (Q_{10}) bzw. die aufgenommene Wirkleistung (P_{10}) am Strang. Misst man zum Beispiel die Wirkleistung, so kann diese direkt dem ohmschen Widerstand der Querimpedanz über die Beziehung:

$$R_{Fe} = \frac{U_{1N}^2}{P_{10}} \tag{5.26}$$

zugeordnet werden. Im Falle der Blindleistungsmessung ließe sich sofort die Hauptreaktanz angeben:

$$X_{1h} = \frac{U_{1N}^2}{Q_{10}}. \tag{5.27}$$

Da es sich um eine Parallelschaltung von gemischten Widerständen handelt, kann die jeweils fehlende Größe über die Beziehung:

$$\frac{1}{Z_{10}^2} = \frac{1}{R_{Fe}^2} + \frac{1}{X_{1h}^2} \tag{5.28}$$

bestimmt werden. Wurde statt der Leistungen die Phasenverschiebung ermittelt, so kann über den Zusammenhang:

$$\begin{aligned} P_{10} &= S_{10} \cos\varphi_{10} \\ Q_{10} &= S_{10} \sin\varphi_{10} \end{aligned} \tag{5.29}$$

die Verbindung zu Gl. (5.26) bis Gl. (5.28) hergestellt werden, wobei die Leerlaufscheinleistung mit $S_{10} = U_{1N}\, I_{10}$ bereits bekannt ist.

Bei der sogenannten Kurzschlussmessung werden die Ausgangsklemmen überbrückt, sodass der Längszweig jetzt parallel zum Querzweig liegt. Berücksichtigt man, dass der Längszweig um zwei bis drei Zehnerpotenzen niederohmiger als der Querzweig ist, so darf dieser in guter Näherung für die Bestimmung der Längswiderstände vernachlässigt werden. Auch hierbei sind drei Messgrößen erforderlich, wobei die Primärspannung einstellbar sein muss, damit der Transformator nicht thermisch zerstört wird. Erhöht man die Spannung an den Primärklemmen von null ausgehend gerade so weit, dass Nennstrom fließt, so ist dieser Kurzschlussbetrieb für den Transformator ungefährlich. Den Quotienten aus der Kurzschlussspannung (U_{1K}) und dem Nennstrom (I_{1N}) bezeichnet man als Kurzschlussimpedanz:

$$Z_{1K} = \frac{U_{1K}}{I_{1N}}. \tag{5.30}$$

Für die Aufspaltung der Kurzschlussimpedanz in ihren Wirkanteil (R_K) und Blindanteil (X_K) gilt unter Berücksichtigung der Reihenschaltung:

$$Z_{1K}^2 = R_K^2 + X_K^2. \tag{5.31}$$

Diese Gleichung enthält zwei Unbekannte, weshalb eine weitere Bedingung (Messung) erforderlich ist. Wählt man wieder die am Strang aufgenommene Wirkleistung (P_{1K}), folgt als zweite Bestimmungsgleichung:

$$R_K = \frac{P_{1K}}{I_{1N}^2}. \tag{5.32}$$

Selbstverständlich führt auch hier die Messung der Blindleistung oder der Phasenverschiebung alternativ zum Ziel.

Damit sind die vier Parameter des vereinfachten Ersatzschaltbilds bekannt und können zur Systembeschreibung des Transformators für beliebige Belastungsfälle herangezogen werden. Ist die Aufspaltung der Längswiderstände gemäß Gl. (5.24) erforderlich, muss der ohmsche Widerstand der Primärwicklung durch eine Gleichstrommessung (Widerstandsmessgerät) bestimmt werden. Die Kurzschlussreaktanz darf in guter Näherung zu gleichen Teilen in die Streureaktanzen aufgespalten werden. Während das vereinfachte Ersatzschaltbild gemäß Bild 5.10 unter Nennbedingungen gute Ergebnisse liefert, ist bei schwacher Belastung das allgemeinere Modell nach Bild 5.8 vorzuziehen. Dies gilt insbesondere bei der genauen Nachbildung der einzelnen Flusszeiger.

Wie bereits erwähnt, ist die Spannung U_{1K}, die im sekundären Kurzschluss an den Eingangsklemmen anzulegen ist, damit Nennstrom fließt, wesentlich kleiner als die Nennspannung des Transformators. Üblicherweise bezieht man deshalb die Kurzschlussspannung auf die Nennspannung, um eine dimensionslose Kenngröße zu erhalten:

$$u_K = \frac{U_{1K}}{U_{1N}} = \frac{Z_{1K}\, I_{1N}}{U_{1N}}. \tag{5.33}$$

Diese sogenannte relative Kurzschlussspannung liegt bei gängigen Transformatoren in der Größenordnung von einigen Prozentpunkten. Hat zum Beispiel ein Transformator eine relative Kurzschlussspannung von 5 %, so reichen bei einer Nennspannung von 240 V bereits 12 V im Kurzschluss aus, um Nennstrom fließen zu lassen. Aber auch der Überstrom, der sich bei Nennspannung im Kurzschluss einstellt, kann über die relative Kurzschlussspannung schnell berechnet werden:

$$I_{1K} = \frac{I_{1N}}{u_K}. \tag{5.34}$$

Im vorliegenden Beispiel von $u_K = 0{,}05$ bedeutet dies einen Kurzschlussstrom an Nennspannung, der zwanzigmal größer ist als der Nennstrom. Berücksichtigt man noch, dass gemäß Gl. (5.32) die Wärmeverluste quadratisch mit dem Strom auf das 400-Fache der Nennverluste anwachsen, so ist ersichtlich, dass die Lackisolation der Wicklungsdrähte binnen weniger Sekunden irreparable thermische Schäden erleidet. Bei Sondertransformatoren, wie Schweißtransformatoren, Klingeltransformatoren oder kurzschlussfesten Spielzeugtransformatoren, wird konstruktiv über die in der Kurzschlussimpedanz enthaltenen Streureaktanzen eine relative Kurzschlussspannung von 50 % und mehr eingestellt.

Während das Gleichungssystem (5.18) und dessen grafische Form nach Bild 5.8 das Verhalten des Einphasentransformators dokumentiert, müssen bei der mathematischen Beschreibung von Drehstromtransformatoren noch einige Zusatzbedingungen beachtet werden. Sind alle drei Stränge identisch aufgebaut und ist die Belastung symmetrisch, das heißt für alle drei Stränge gleich, so können das Ersatzschaltbild und die Beschreibung des Einphasentransformators stellvertretend für einen Strang übernommen werden. Lediglich bei der Leistungsbetrachtung von Drehstromtransformatoren muss noch Gl. (3.9) beachtet werden, sofern die Außenleiterspannungen an den Primärwicklungen (Dreieckschaltung) anliegen. Im Falle der Stranggrößen (Sternschaltung) muss der Faktor „$\sqrt{3}$“ durch den Faktor „3“ ersetzt werden.

Die elektrischen Größen des Drehstromtransformators sind von Strang zu Strang um 120° el. ($2\pi/3$) phasenverschoben. Dieser Umstand kann dadurch berücksichtigt werden, dass das Zeigerdiagramm nach Bild 5.9 dreimal vorhanden ist und die einzelnen Systeme um $2\pi/3$ gegeneinander verdreht sind. Lässt man gedanklich das Gesamtsystem mit Netzfrequenz rotieren, so erhält man durch Projektion auf eine der Achsen die zeitlichen Verläufe sämtlicher Ströme, Spannungen und Flüsse plus der zugehörigen Phasenverschiebungen. Diese Zeitdarstellung würde auf eine sehr große Anzahl von unterschiedlichen Sinusschwingungen führen, was wiederum die Übersichtlichkeit und Einfachheit der Zeigerdarstellung verdeutlicht.

Drehstromtransformatoren werden gemäß **Bild 5.11** meistens mit Dreischenkelkernen realisiert, wobei auf jedem Schenkel eine Primär- und die zugehörige Sekundärwicklung untergebracht wird. Unter Berücksichtigung, dass die Primärspannungen und Sekundärspannungen jedes Schenkels praktisch gleichphasig sind, ergibt sich je nach Verschaltung (Stern, Dreieck, Zickzack) und Schaltgruppe eine Reihe unterschiedlicher Betriebsmöglichkeiten, die in entsprechenden VDE-Bestimmungen festgelegt sind.

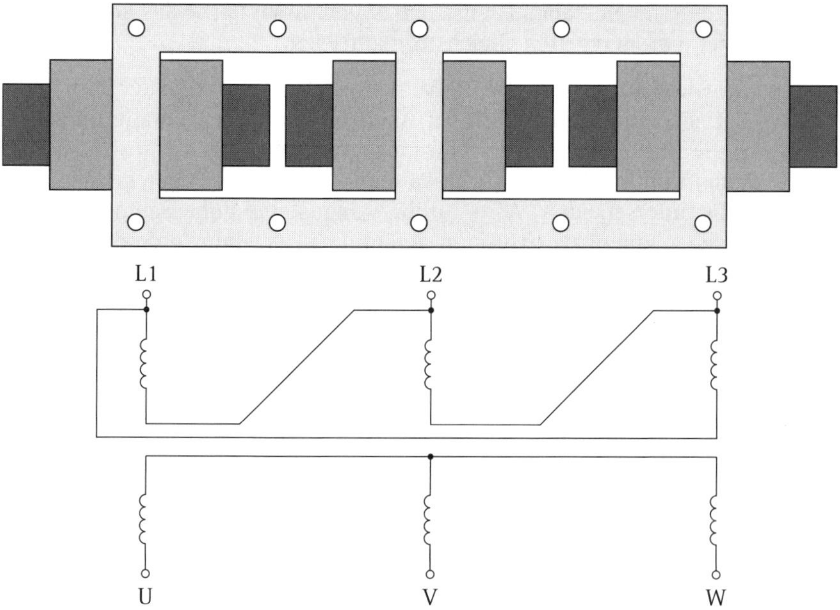

Bild 5.11 Aufbau und Schaltung eines Drehstromtransformators (Dy5)

So ist zum Beispiel die Schaltung Dy5 für eine unsymmetrische Belastung der einzelnen Stränge gut geeignet, weshalb diese Variante in Verteilertransformatoren für Ortsnetze eingesetzt wird. Bei der Beschreibung von Drehstrommaschinen können die Ergebnisse des Transformators weitgehend übernommen werden. Bei elektrischen Maschinen kann darüber hinaus ein identischer Aufbau der drei Stränge und eine symmetrische Belastung der Stränge immer vorausgesetzt werden.

5.3 Drehstrom-Asynchronmaschine

Die Drehstrom-Asynchronmaschine ist wegen ihrer Betriebssicherheit und Wartungsarmut die am häufigsten eingesetzte elektrische Maschine. Sie kann ohne zusätzliche Betriebsmittel direkt am Wechsel- bzw. Drehstromnetz anlaufen und betrieben werden. Das Leistungsspektrum reicht von wenigen Watt bis hin zu einigen Megawatt, wobei das Leistungsgewicht mit 0,6 kW/kg deutlich höher liegt als bei Gleichstrommaschinen. Mit einer Lebensdauer (Dauerbetrieb) von bis zu 100 000 h (zwölf Jahre) liegen Drehstrom-Asynchronmaschinen an der Spitze aller Antriebsaggregate. In Verbindung mit Frequenzumrichtern und modernen

Regelverfahren erreichen auch Drehstrom-Asynchronantriebe das hohe dynamische Verhalten von geregelten Gleichstromantrieben.

Während bei Gleichstromantrieben die Maschine relativ teuer und der Stromrichter preiswert ist, sind die Verhältnisse bei Asynchronantrieben gerade umgekehrt, sodass sich die Anschaffungskosten für einen geregelten Drehstrom-Asynchronantrieb kleiner und mittlerer Leistung kaum von denen eines geregelten Gleichstromantriebs unterscheiden. Wird darüber hinaus eine hohe Schutzart für den (Dauer-)Betrieb in rauer bzw. explosionsgefährdeter Umgebung gefordert, kommen die Vorzüge des Drehstrom-Asynchronantriebs voll zum Tragen.

Auch in der Elektrotraktion hat sich der robuste Asynchronantrieb sowohl bei Bahnsystemen als auch bei Elektrofahrzeugen als die optimale Antriebsform durchgesetzt. Selbstverständlich kann die Asynchronmaschine in allen vier Quadranten der Drehzahl-Drehmomenten-Ebene arbeiten; das heißt, als Motor in beiden Drehrichtungen antreiben und als Generator in beiden Drehrichtungen abbremsen. Wickelt man die rotierende Drehstrom-Asynchronmaschine in die Ebene ab, kommt man zum asynchronen Drehstrom-Linearmotor, der weitere Vorteile, wie berührungslose Kraftübertragung und Verschleißfreiheit, aufweist (vgl. Abschnitt 5.5).

5.3.1 Aufbau und Wirkungsweise der Asynchronmaschine

Der mechanische Aufbau einer dreiphasigen Asynchronmaschine plus der zugehörigen Drehstromwicklung sind in **Bild 5.12** in vereinfachter Form im Schnitt und in der Abwicklung dargestellt. Das Ständerblechpaket ist zur Reduzierung von Wirbelströmen aus gegeneinander isolierten Dynamoblechen aufgebaut und in einem geschweißten oder gegossenen Ständergehäuse plus Befestigungskonsolen untergebracht. Der Ständer, auch Stator oder Primärteil genannt, trägt eine zweipolige Einschichtwicklung, die in 24 Nuten eingelegt ist. Selbstverständlich sind die Nutenzahl, die Windungszahl pro Nut und die Verteilung (Zweischichtwicklung) in realen Maschinen höher. Primäre Aufgabe der Ständerwicklung ist die Erzeugung eines mit der Frequenz der Speisespannung umlaufenden Drehfelds im Luftspalt, der im Interesse hoher Energieausbeute möglichst klein (unter 0,5 mm) gewählt werden muss. Je nach Drehspannungssystem und Betriebsbedingungen können die drei Stränge der Ständerwicklung im Stern oder Dreieck geschaltet werden.

Der Läufer, auch Rotor oder Sekundärteil genannt, bildet den magnetischen Rückschluss für das Drehfeld und ist ebenfalls aus Dynamoblechen geschichtet. Trägt der Läufer eine in Nuten eingelegte Drehstromwicklung, die über Schleifringe und Bürsten von außen zugänglich ist, so handelt es sich um eine sogenannte Schleifringläufermaschine, deren Betriebsverhalten über Läufervorwiderstände

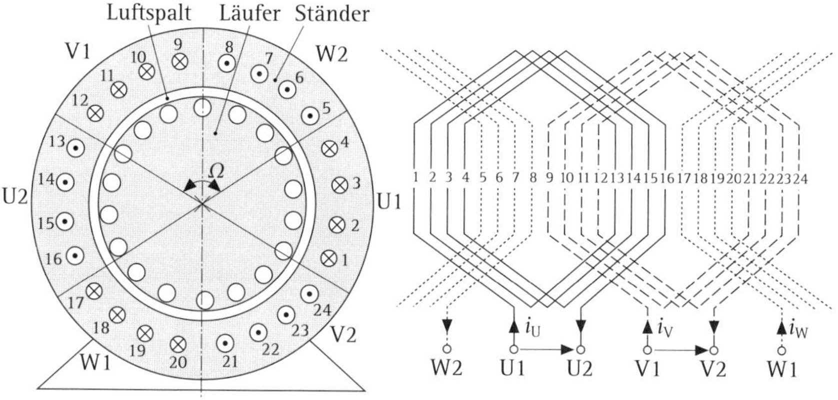

Bild 5.12 Aufbau einer Drehstrom-Asynchronmaschine ($p = 1$)

bzw. untersynchrone Stromrichterkaskaden beeinflusst werden kann. Obwohl die Schleifringe in ihrer Funktion und im Verschleiß nicht mit dem Kommutator von Gleichstrommaschinen zu verwechseln sind, behindern sie doch den praktischen Einsatz erheblich. Die bessere Alternative bietet der sogenannte Käfigläufer, bei dem die Läuferwicklung nicht mehr von außen zugänglich ist.

Die Nuten des Käfigläufers sind mit Profilstäben aus einer Kupfer- oder Aluminiumlegierung ausgefüllt, welche an den Stirnseiten über Kurzschlussringe miteinander verbunden sind, weshalb dieser Motortyp auch Kurzschlussläufer genannt wird. Solche in das Blechpaket des Läufers eingelegte Aluminiumkäfige lassen sich sehr preiswert im Spritzgussverfahren herstellen. Da Aluminium ein etwas schlechterer elektrischer Leiter ist als Kupfer, liegen die Wirkungsgrade von Standard-Kurzschlussläufern auch nur bei 70 % bis 75 %.

Legt man gemäß Bild 5.12 ein Drehspannungssystem an die Anschlussklemmen der Ständerwicklung an, so treibt dieses die drei Ständerströme i_U, i_V, i_W, die ihrerseits ein umlaufendes Magnetfeld (Drehfeld) aufbauen. Das Drehfeld induziert in den Spulen des Läufers Spannungen, die in den kurzgeschlossenen Wicklungen entsprechende Ströme zur Folge haben. Stromdurchflossene Leiter in einem Magnetfeld erzeugen eine Kraft bzw. ein Drehmoment, das den Läufer schließlich in Bewegung versetzt. Dreht sich der Läufer synchron mit dem Drehfeld, so stellt sich das Drehfeld für die Läuferspulen als Gleichfeld dar, und es wird keine Spannung mehr induziert. Als Folge klingen die Läuferströme ab, sodass die Maschine kein Drehmoment mehr abgeben kann. Die Drehzahl wird wieder etwas untersynchron, bis sich das gewünschte Drehmoment an der Welle einstellt.

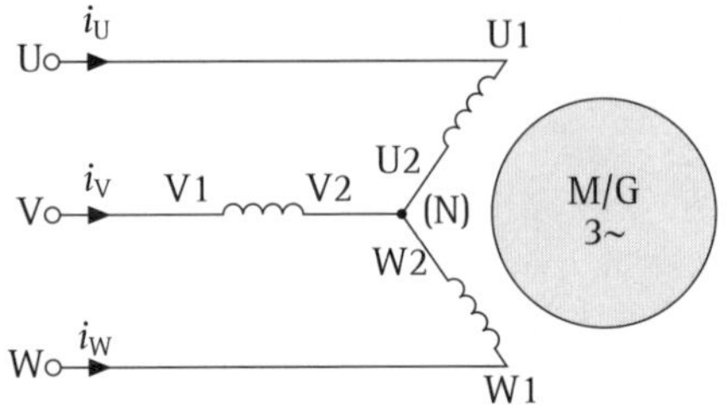

Bild 5.13 Anschlussplan einer Drehstrom-Asynchronmaschine

Ähnliches gilt im Generatorbetrieb, wo der Läufer an der Welle schneller angetrieben werden muss, als das Drehfeld umläuft; man nennt diesen Zustand auch übersynchronen Betrieb. Aufgrund der asynchronen Wirkungsweise, die eine positive oder negative Drehzahldifferenz zwischen Ständerdrehfeld und Läuferdrehzahl zur Spannungsinduktion erforderlich macht, bezeichnet man die Asynchronmaschine auch als Induktionsmaschine (induction machine).

Die Bezeichnung der Anschlussklemmen im Klemmenkasten der Drehstrom-Asynchronmaschine zeigt **Bild 5.13** für eine Drehstromwicklung in Sternschaltung. Das bedeutet, dass bei einer verketteten Spannung von 400 V der Spannungseffektivwert an den drei Strangwicklungen nur 230 V beträgt. Sind die Stränge für 400 V Effektivwert ausgelegt, muss die Maschine primär im Dreieck geschaltet werden. Der Sternpunkt der Maschine wird prinzipiell nicht mit dem Sternpunkt des Drehstromnetzes verbunden, dies gilt selbstverständlich auch beim Betrieb des Drehstrommotors an einem Frequenzumrichter.

Der Aufbau der Ständerwicklungen und die Bezeichnung der Anschlüsse sind bei Drehstrom-Asynchronmaschinen und Drehstrom-Synchronmaschinen identisch. Das gilt auch für das von dieser dreiphasigen Wicklung erzeugte Drehfeld. Die Erzeugung eines umlaufenden Magnetfelds mittels einer ruhenden, ständerfesten Drehstromwicklung zeigt **Bild 5.14** in stark vereinfachter Form; wobei die Wicklungen zum besseren Verständnis auf einen einzigen Draht reduziert wurden. Legt man an die Ständerklemmen ein Drehspannungssystem U_{1U}, U_{1V}, U_{1W} an, so fließen die drei sinusförmigen Strangströme i_U, i_V, i_W, die im Motorleerlauf ihren zugehörigen Spannungen um $\pi/2$ nacheilen und deren Summe zu jedem Augenblick null ist. Die Phasenverschiebung der Strangströme untereinander ist über die Anzahl der Stränge zu $2\pi/3$ festgelegt. Für die Ermittlung der Bewegungsrichtung des Flussvektors des Drehfelds betrachtet man einige Momentaufnahmen über einer Periode der Ständerfrequenz ($\omega_1 = 2\pi f_1$).

Im Augenblick $\omega_1 t = 0$ ist der Strangstrom i_U positiv, und die beiden Strangströme i_V, i_W sind negativ. Gemäß der Definition der Stromrichtung nach dem Wicklungsschema in Bild 5.12 müssen die Richtungen der Momentanströme in Strang V und W umgekehrt werden. Über die „Rechte-Hand-Regel" lässt sich die Flussrichtung jeder Spule finden und durch Überlagerung (Superposition) der Einzelflüsse der in Bild 5.14 eingezeichnete Gesamtfluss ermitteln. Dabei ist zu beachten, dass die Wicklungs- und Nutanordnung der einzelnen Spulen in realen Maschinen so vorgenommen wird, dass sich eine sinusförmige Verteilung des Flusses über dem Luftspalt zu jedem Augenblick ergibt. Bringt man zum Nachweis des Drehfelds eine gelagerte Magnetnadel in das Innere der Maschine, würde sich diese nach dem Maximum der Pole des Drehfelds ausrichten.

Betrachtet man den Zeitaugenblick $\omega_1 t = \pi/2$ im Drehstromnetz, so ist der Strangstrom i_U gerade null, i_V ist positiv geworden und i_W ist immer noch negativ. Die Bildung des resultierenden Felds zeigt sehr anschaulich, dass eine Drehung um $\pi/2$ nach links erfolgt ist. Entsprechend bewirken die drei Ströme zum Zeitpunkt $\omega_1 t = \pi$ eine Stellung des resultierenden Flussvektors, die um den Winkel π gegenüber der Ausgangsstellung gewandert ist. Für eine volle Periode der Netzfre-

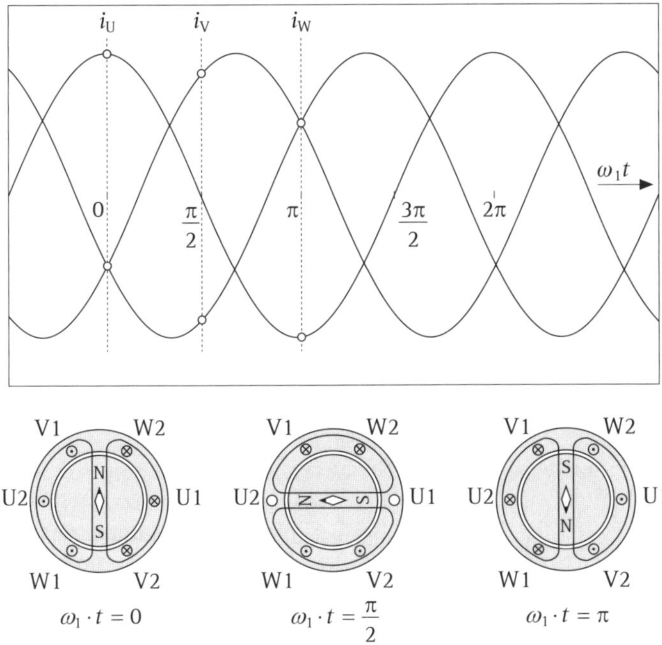

Bild 5.14 Entstehung eines Drehfelds in Drehstrommaschinen (p = 1)

quenz macht das Drehfeld und mit ihm die Magnetnadel eine ganze Umdrehung. Man muss sich somit das Drehfeld als einen Nord- und einen Südpol vorstellen, welche mit Netzfrequenz im Luftspalt umlaufen. Eine Umkehr der Drehrichtung kann durch das Vertauschen zweier Stränge, das heißt durch Verändern der Phasenfolge, erreicht werden.

Da der Läufer an keine Spannungsquelle angeschlossen ist, liefert er keinen Beitrag zur Erzeugung des Drehfelds. Damit bezieht die Asynchronmaschine in allen Betriebszuständen zum Aufbau des Drehfelds induktive Blindleistung aus dem speisenden Netz. Im Bereich der stationären Energieerzeugung für Inselnetze oder als Lichtmaschine in Kraftfahrzeugen ist die Asynchronmaschine aus diesem Grund wenig geeignet. Dieser Umstand ist in geregelten Vierquadrantantrieben für Batteriefahrzeuge ebenfalls zu beachten, da die benötigte induktive Blindleistung der Drehstrom-Asynchronmaschine vom Gleichstromkreis zur Verfügung gestellt werden muss.

Ordnet man die zweipolige Drehstromwicklung nach Bild 5.12 nicht nur einmal ($p = 1$), sondern p-mal am Umfang des Ständers an, so dreht eine Netzperiode das Drehfeld (Magnetnadel) nur noch um den mechanischen Winkel $2\pi/p$ weiter. Für die Abhängigkeit der Drehfelddrehzahl (n_d) und der Speisefrequenz (f_1) gilt deshalb in allgemeiner Form:

$$n_d = \frac{f_1}{p} = \frac{\omega_1}{2\pi\, p} \quad \text{Synchrondrehzahl,} \tag{5.35}$$

wobei p die Polpaarzahl der Maschine ist. Für $p = 1$ und $f_1 = 200$ Hz ist $n_d = 12\,000\ \text{min}^{-1}$ oder für $p = 2$ und $f_1 = 50$ Hz ist $n_d = 1\,500\ \text{min}^{-1}$. Die Relativdrehzahl zwischen der netzsynchronen Drehfelddrehzahl (n_d) und der asynchronen Läuferdrehzahl (n), bezogen auf n_d, ist eine charakteristische Betriebsgröße der Asynchronmaschine und wird als Schlupf (s) bezeichnet:

$$s = \frac{n_d - n}{n_d} = \frac{f_2}{f_1} = \frac{\omega_2}{\omega_1}. \tag{5.36}$$

Der Begriff Schlupf wird nicht nur bei Asynchronmaschinen, sondern auch in der Traktion benutzt, um die Differenz zwischen der Drehzahl eines Rads und der Geschwindigkeit des Fahrzeugs bei Beschleunigungs- und Bremsvorgängen genau beschreiben zu können. So entfalten zum Beispiel Autoreifen ihre beste Bremswirkung (Vollbremsung) bei einem Schlupf von ungefähr 60 % zwischen Reifenoberfläche und Straßenbelag. Während der beschleunigungsabhängige Fahrbahnschlupf bei Luftreifen zu einem verstärkten Gummiabrieb führt, geht der Drehschlupf bei Asynchronmaschinen direkt in die Erwärmung des Läufers ein.

Im Stillstand ($n = 0$) ist der Schlupf 1, wohingegen im Leerlauf die Welle mit synchroner Drehzahl dreht und somit der Schlupf null ist. Die Verbindung des Schlupfs zur Frequenz gemäß Gl. (5.36) lässt sich ebenfalls leicht herstellen, da die Läuferfrequenz der Relativdrehzahl und die Ständerfrequenz der Drehfelddrehzahl proportional sind. Diese elementaren Zusammenhänge sind bei der Drehzahlregelung der dreiphasigen Asynchronmaschine besonders zu beachten.

5.3.2 Einphasiges Ersatzschaltbild der Asynchronmaschine

Die Herleitung des einphasigen Ersatzschaltbilds der Asynchronmaschine ist besonders einfach, wenn man auf die Ergebnisse des Transformators zurückgreift. Dabei muss lediglich berücksichtigt werden, dass sich die Sekundärwicklung jetzt mit der Drehzahl (n) gegenüber der Primärwicklung bewegen kann und damit die elektrischen Größen des Läufers nicht mehr netzfrequent sind. Allerdings ist die Frequenz des Läufers über den Schlupf eindeutig mit der Ständerfrequenz verknüpft:

$$f_2 = s\, f_1 \quad \text{bzw.} \quad \omega_2 = s\,\omega_1 . \tag{5.37}$$

Nur im Stillstand ist die Läuferfrequenz gleich der Ständerfrequenz; das heißt, die Verhältnisse sind für diesen Betriebszustand mit denen eines (kurzgeschlossenen) Transformators identisch. Weicht der Schlupf von 1 ab, so ändern sich die Reaktanzen der Läuferseite (Sekundärgleichung) entsprechend. Setzt man diese Bedingung für eine Asynchronmaschine mit Kurzschlussläufer ($U_2' = 0$) in das Gleichungssystem eines Transformators nach Gl. (5.18) ein, folgt nach einigen Zwischenschritten:

$$\begin{aligned} \underline{U}_1 &= R_1\,\underline{I}_1 + \mathrm{j}X_{1\sigma}\,\underline{I}_1 + \mathrm{j}X_{1\mathrm{h}}\left(\underline{I}_1 + \underline{I}_2'\right) \\ U_2' &= 0 = \frac{R_2'}{s}\underline{I}' + \mathrm{j}X_{2\sigma}'\underline{I}_2' + \mathrm{j}X_{1\mathrm{h}}\left(\underline{I}_1 + \underline{I}_2'\right). \end{aligned} \tag{5.38}$$

Dieses Ergebnis zeigt, dass die Primärseite des Transformators unverändert auf den Ständer der Asynchronmaschine übertragen werden kann. Lediglich der ohmsche Widerstand auf der Sekundärseite muss durch den drehzahlabhängigen Schlupf dividiert werden. Dieser schlupfabhängige Widerstand repräsentiert jetzt nicht mehr nur die ohmschen Verluste im Läufer, sondern beinhaltet auch noch die an der Welle abgegebene Wirkleistung. Die geometrische Summe aus Ständerstrom und umgerechnetem Läuferstrom ergibt gemäß Gl. (5.19) den Magnetisierungsstrom der Maschine. Wegen des vorhandenen Luftspalts benötigt die Asynchronmaschine

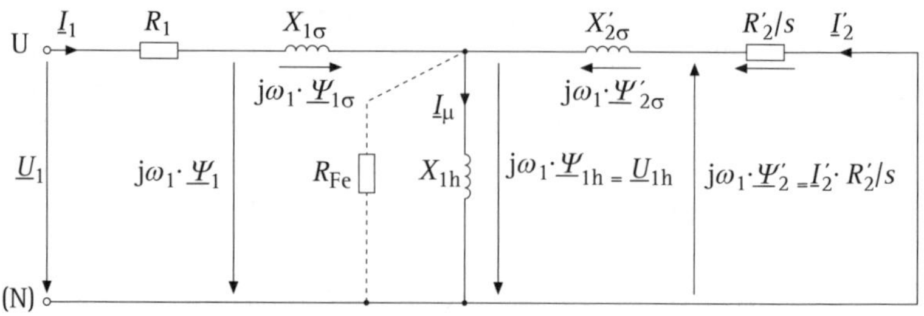

Bild 5.15 Einphasiges Ersatzschaltbild der Drehstrom-Asynchronmaschine (Kurzschlussläufer)

zum Aufbau des Magnetfelds einen deutlich höheren Magnetisierungsstrom (30 % bis 60 % des Nennstroms) als ein Transformator (4 % bis 10 %).

Die grafische Darstellung von Gl. (5.38) führt auf das einphasige Ersatzschaltbild der Drehstrom-Asynchronmaschine mit Kurzschlussläufer, siehe **Bild 5.15**. Wegen der Symmetrieverhältnisse im Ständer steht das Ersatzschaltbild stellvertretend für jeden Strang, was bei der Berechnung von Leistungen und Drehmomenten zu berücksichtigen ist. Wie beim Transformator werden die Eisenverluste pro Strang einem ohmschen Widerstand parallel zur Hauptreaktanz zugeordnet. Ferner sind in Bild 5.15 die einzelnen Flussvektoren und deren Verknüpfung mit den elektrischen Größen eingezeichnet, was das Verständnis für die Regelung der Asynchronmaschine wesentlich erleichtert. Die Bestimmung der Größen im Ersatzschaltbild kann in Analogie zum Transformator vorgenommen werden, wobei der Leerlaufversuch dem Betrieb mit synchroner Drehzahl ($s = 0$) und der Kurzschlussversuch dem Betrieb im Stillstand ($s = 1$) entspricht (vgl. Abschnitt 5.2.4).

Über eine Leistungsbilanz lassen sich aus Bild 5.15 weitere interessante Ergebnisse gewinnen, die die stationären Zusammenhänge zwischen den elektrischen und mechanischen Zustandsgrößen beschreiben. Zieht man von der im Ständer aufgenommenen Wirkleistung die Kupferverluste und die Eisenverluste ab, so erhält man die vom Ständer über den Luftspalt auf den Läufer übertragene Luftspalt- bzw. Drehfeldleistung (P_d). Diese wird vollständig im schlupfabhängigen Läuferwiderstand in Wirkleistung (Wärme und Bewegung) umgesetzt:

$$P_d = 3\frac{R'_2}{s}\left(I'_2\right)^2. \qquad (5.39)$$

Reduziert man die Luftspaltleistung um die im Läuferwiderstand in Wärme umgesetzten Verluste, bleibt unter Vernachlässigung der Reibung die an der Welle abgegebene Wirkleistung (P_{mech}) übrig. Ersetzt man den Schlupf gemäß Gl. (5.36) sowie die Kreisdrehzahl nach Gl. (3.5) und die mechanische Leistung nach Gl. (3.8), so folgt für die Luftspaltleistung:

$$P_d = \frac{P_{mech}}{1-s} = \frac{M_a \Omega}{1-s} = M_a\, \Omega_d. \tag{5.40}$$

Diese Gleichung besagt, dass das von der Asynchronmaschine abgegebene Drehmoment (M_a) auch unabhängig von der Drehzahl an der Welle (Ω) direkt aus der Luftspaltleistung (P_d) berechnet werden kann, da die synchrone Drehzahl (Ω_d) eine Konstante ist. Aus der mechanischen Nennleistung und der Nenndrehzahl (Typenschild) kann darüber hinaus mithilfe von Gl. (5.36) die Luftspaltleistung im Nennpunkt ermittelt werden.

Neben dem Ersatzschaltbild ist das Zeigerdiagramm eine weitere nützliche und informative Darstellungsform des Gleichungssystems der Asynchronmaschine, da man daraus Aussagen über die Beträge und Phasenlagen der elektrischen und magnetischen Zustandsgrößen grafisch ableiten kann.

5.3.3 Zeigerdiagramm der Asynchronmaschine

Arbeitet die Asynchronmaschine im Motorbetrieb, so eilt der Ständerstrom der Ständerspannung je nach Belastung um einen Winkel zwischen φ_N und 90° el. nach. Für den Nennbelastungsfall ist das Zeigerdiagramm in **Bild 5.16** direkt aus dem Ersatzschaltbild abgeleitet worden. Da die Strangspannung eine feste Bezugsgröße ist, legt man sie in die reelle Achse der komplexen Ebene. Sämtliche Spannungsfälle lassen sich konstruieren, wenn die einzelnen Parameter des Ersatzschaltbildes bekannt sind. Der Übersichtlichkeit halber wurden die Maschinenparameter und damit auch die zugehörigen Spannungsfälle etwas größer als in Wirklichkeit angenommen und eingezeichnet.

Der Magnetisierungsstrom I_m steht senkrecht auf der Hauptfeldspannung und hat den Betrag U_{1h}/X_{1h}. Unter Beachtung von Gl. (5.19) lässt sich der umgerechnete Läuferstrom nach Betrag und Phase ermitteln, sodass auch die Spannungsfälle im Sekundärkreis konstruiert werden können. Bei der Herleitung der Zeiger für die Streuflüsse und den Hauptfluss ist zu beachten, dass deren Beträge sowohl vom zugehörigen Strom als auch von der entsprechenden Induktivität abhängen. Der Verkettungsfluss der Primärspule eilt dem zugehörigen Spannungsvektor um den Winkel $\pi/2$ nach. Wegen der kurzgeschlossenen Sekundärwicklungen eilt deren Verkettungsfluss dem Läuferstrom um den Winkel $\pi/2$ voraus. Da dieser Flussvektor entscheidenden Einfluss auf die Drehmomentenbildung in der Maschine hat, kommt ihm eine besondere Bedeutung bei der feldorientierten Regelung der

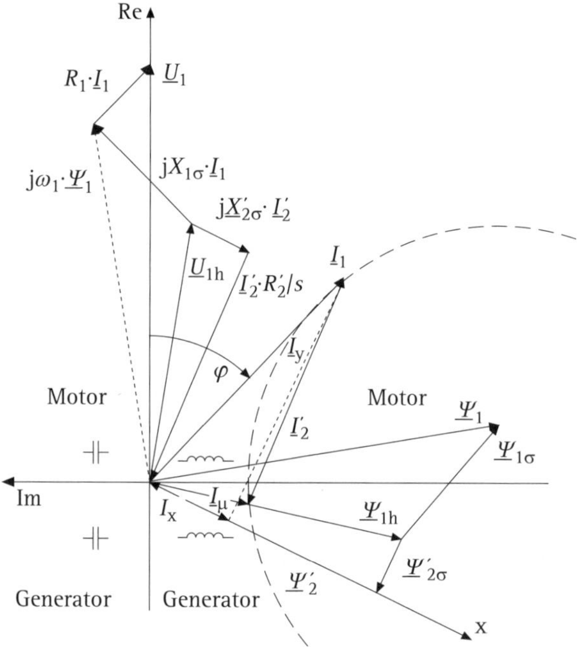

Bild 5.16 Zeigerdiagramm der Asynchronmaschine (Motorbetrieb)

Asynchronmaschine zu (vgl. Abschnitt 7.5). Üblicherweise kennzeichnet man die Richtung des Läuferflusses als x-Achse.

Als unabhängige Variable greift der Schlupf (s) in das Ersatzschaltbild und das Zeigerdiagramm ein. Der Zahlenwert des Schlupfes kann nach Gl. (5.36) für jeden beliebigen Belastungsfall aus der Drehzahl (n) bestimmt werden. Damit ergeben sich aber für jeden Schlupfwert neue Zeigerdiagramme. Berechnet man den Ständerstromzeiger nach Betrag und Phase in Abhängigkeit vom Schlupf für einige Werte, so stellt man fest, dass die Spitzen sämtlicher Stromzeiger auf einem Kreis liegen. Diesen Kreis nennt man die Stromortskurve der Asynchronmaschine, die man selbstverständlich auch messtechnisch ermitteln kann.

5.3.4 Stromortskurve der Asynchronmaschine

Aus dem Ersatzschaltbild der Asynchronmaschine kann man entnehmen, dass bei konstanter Ständerspannung und Ständerfrequenz sowie temperaturunabhängigen Wirkwiderständen und stromunabhängigen Blindwiderständen der Ständerstrom nur eine Funktion des Schlupfs ist. Zur Herleitung dieser Abhängigkeit muss die Impedanz ($\underline{Z}$) der gesamten Anordnung nach Bild 5.15 gebildet werden, was auf einen komplizierten Ausdruck führt. Der mathematische Aufwand lässt sich etwas reduzieren, wenn man, wie beim vereinfachten Ersatzschaltbild des Transformators bereits gezeigt, den Querzweig nach vorn vor den Ständerwiderstand verlegt. Dann folgt für die schlupfabhängige Funktion des Ständerstroms in guter Näherung:

$$\underline{I}_1(s) = \frac{\underline{U}_1}{\underline{Z}(s)} = \underline{U}_1 \left\{ \frac{1}{R_{\mathrm{Fe}}} - \mathrm{j}\frac{1}{X_{1\mathrm{h}}} \right\} + \frac{\underline{U}_1}{\left(R_1 + \frac{R_2'}{s} \right) + \mathrm{j}\left(X_{1\sigma} + X_{2\sigma}' \right)}, \tag{5.41}$$

wobei der erste Term den Leerlaufstrom bzw. Magnetisierungsstrom repräsentiert und der zweite Term dem umgerechneten Läuferstrom entspricht. Dieser komplexe Ausdruck des Ständerstroms stellt nach der Ortskurventheorie einen Kreis dar, sofern die Maschinenparameter sowie die Netzspannung und die Netzfrequenz konstant sind und die Schlupfvariable (s) im Bereich $-\infty \leq s \leq +\infty$ variiert wird.

Bild 5.17 zeigt die Stromortskurve der Asynchronmaschine, die häufig auch als Osanna-Kreis oder Heyland-Kreis bezeichnet wird. Setzt man markante Schlupfwerte in Gl. (5.36) ein, so erhält man die entsprechenden Stromzeiger nach Betrag und Phase und damit die entsprechenden Punkte (Zeigerspitzen) auf dem Kreis. Dieser lässt sich aus drei Punkten allgemein konstruieren. Durch die Besonderheit, dass der Mittelpunkt (M) auf einer Parallelen zur imaginären Achse durch den Punkt $s = 0$ liegt, genügt neben dem Zeiger des Leerlaufstroms bereits noch ein weiterer Punkt, zum Beispiel für den Stillstand ($s = 1$), oder der theoretische Punkt ($s = \infty$). Auffallend ist, dass die Schlupfteilung auf dem Kreis extrem nichtlinear ist, weshalb eine lineare Abbildung auf die sogenannte Schlupfgerade erforderlich wird. Dazu wählt man einen beliebigen Bezugspunkt (P_B) auf der Peripherie des Kreises und erhält die Schlupfgerade als Parallele zur Strecke $\overline{P_B\, P_\infty}$. Die Abbildung der Schlupfwerte des Kreises auf die Schlupfgerade erfolgt durch Verbinden der Kreispunkte mit P_B, wobei der Schnittpunkt auf der Schlupfgeraden dem Schlupfwert auf dem Kreis entspricht. Bildet man zwei Punkte, zum Beispiel $s = 0$ und $s = 1$, gemäß dieser Vorschrift auf der Schlupfgeraden ab, so können alle anderen Werte durch lineare Teilung eingetragen werden. Selbstverständlich kann auch umgekehrt wieder jeder Schlupfwert auf der Schlupfgeraden entsprechend obiger Abbildungsvorschrift auf den Kreis übertragen werden.

Im Bereich $0 \leq s \leq 1$ arbeitet die Asynchronmaschine im Motorbetrieb, da der Realteil des komplexen Ständerstroms als Maß für die Wirkleistung positiv ist, und im Bereich $0 \leq s \leq -\infty$ arbeitet die Asynchronmaschine im Generatorbetrieb, da hierbei der Realanteil des Ständerstroms negativ ist. Die Phasenverschiebung zwischen Ständerstrom und Ständerspannung ist im Generatorbetrieb immer größer

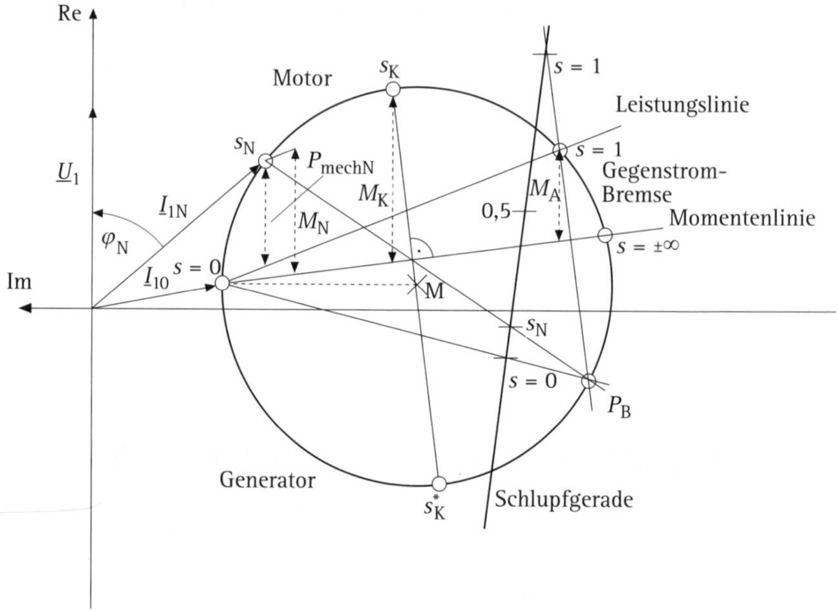

Bild 5.17 Stromortskurve der Asynchronmaschine (Motor- und Generatorbetrieb)

als 90° el. Den Bereich $1 \leq s \leq +\infty$ bezeichnet man als Gegenstrom-Bremsbetrieb, bei dem die Drehrichtung der Welle entgegen der Drehrichtung des Drehfelds erzwungen wird. Die Gegenstrombremse ist eine reine Verlustbremsung, da die Maschine hierbei Wirkleistung sowohl aus dem Netz als auch an der Welle aufnimmt und im Läufer in Wärme umsetzt, weshalb dieser Betriebszustand stationär zu vermeiden ist. Wie die Stromortskurve außerdem zeigt, eilt der Ständerstrom der Ständerspannung in allen Arbeitspunkten nach, sodass die Asynchronmaschine dem Netz immer induktive Blindleistung entnimmt.

Die Verbindungslinie zwischen den Punkten $s = 0$ und $s = +\infty$ heißt Momentenlinie, weil sie ein direktes Maß für das an der Welle abgegebene Drehmoment darstellt. Da das Drehmoment eine Wirkgröße ist, muss es aus dem Wirkanteil des Ständerstroms abgeleitet werden; das heißt, der Abstand zwischen dem Kreis und der Momentenlinie auf einer Senkrechten zur imaginären Achse entspricht dem Drehmoment für den entsprechenden Schlupfwert; zum Beispiel an der Stelle $s = s_N$ folgt das eingezeichnete Nennmoment (M_N). Meistens kann aus den Typenschilddaten das Nennmoment berechnet werden, sodass mit der Länge von M_N in Bild 5.17 ein Drehmomentenmaßstab (Nm/cm) gebildet werden kann und so sämtliche Drehmomente in Nm über dem Schlupf ablesbar sind. Mithilfe von

Gl. (5.36) lässt sich aus der Stromortskurve die Drehzahl-Drehmomenten-Kennlinie Punkt für Punkt grafisch ermitteln (vgl. auch Abschnitt 5.2.4). Im Stillstand ($s = 0$) ergibt sich das Anfahrmoment (M_A) und für $s = s_K$ das Kippmoment (M_K) der Asynchronmaschine im Motorbetrieb. Die Kipppunkte (s_K, $s_K{}^*$) erhält man, indem man eine Senkrechte zur Momentenlinie durch den Kreismittelpunkt zeichnet.

Die Verbindung zwischen den Punkten $s = 0$ und $s = 1$ nennt man die Leistungslinie, da der Abstand zur Peripherie des Kreises der mechanischen Leistung der Maschine entspricht. So kann zum Beispiel die abgegebene Nennleistung an der Welle für Nennschlupf abgelesen werden. Im Stillstand und im Leerlauf ist in Übereinstimmung mit Gl. (3.8) die mechanische Leistung null, da im ersten Fall die Drehzahl und im zweiten Fall das Drehmoment verschwindet.

Selbstverständlich kann die Stromortskurve einer Asynchronmaschine auch messtechnisch bestimmt werden. Dazu misst man bei konstanter Ständerspannung für verschiedene Belastungsfälle an der Welle den Ständerstrom in einem Strang nach Betrag (Effektivwert) und Phasenlage mit einem Oszilloskop. Zeichnet man dann alle gemessenen Stromzeiger in eine komplexe Ebene ein, so liegen die Zeigerspitzen auf einer kreisförmigen Kurve, der realen Stromortskurve. Die Messmethode bleibt zwar auf endliche Schlupfwerte beschränkt, hat aber den Vorteil, dass Vernachlässigungen, Parameterschwankungen und Vereinfachungen in der mathematischen Beschreibung das Ergebnis nicht verfälschen. In der Regel ist die Kreisform der Stromortskurve nur in einem begrenzten Bereich exakt zutreffend.

Der Zeiger des Ständernennstroms im Nennpunkt (s_N) entspricht in etwa der Tangente an den Kreis, weil die Asynchronmaschine an dieser Stelle ihren besten Leistungsfaktor aufweist und damit am wenigsten Blindleistung aus dem Netz bezieht. Um solch günstige Betriebsbedingungen der Asynchronmaschine auch beim Betrieb am Frequenzumrichter zu erhalten, muss bei drehzahlvariablen Asynchronantrieben der Ständerstromzeiger definiert vorgebbar sein. Diese gezielte Beeinflussung des Stromvektors lässt sich nur über eine geeignete Verstellung des Effektivwerts der Ständerspannung und der Ständerfrequenz erreichen. Diese Möglichkeit wird bei der feldorientierten Regelung der Asynchronmaschine dahin gehend ausgenutzt, dass der Stromzeiger bei einem dynamischen Vorgang so eingeprägt wird, dass das Drehmoment einen konstanten Wert annimmt und beibehält. Um solche komplizierten Zusammenhänge exakt und online berücksichtigen zu können, sind hochdynamische Frequenzumrichter, moderne Regeltheorien sowie leistungsfähige Mikrocontroller-Bausteine erforderlich.

5.3.5 Drehzahl-Drehmoment-Kennlinien der Asynchronmaschine

Wie bereits erwähnt, kann der Verlauf des Drehmoments über dem Schlupf bzw. der Drehzahl aus der Stromortskurve punktweise abgeleitet werden. Dieses Verfahren ist jedoch auf eine bestimmte Asynchronmaschine beschränkt, das heißt, allgemeine Aussagen sind nicht so einfach möglich. Hierfür ist die mathematische Beschreibung mit ihren expliziten Parameterabhängigkeiten besser geeignet. Unter Vernachlässigung der Eisenverluste und der Magnetisierungseinflüsse können diese physikalischen Zusammenhänge aus dem elektrischen Ersatzschaltbild nach Bild 5.15 und unter Berücksichtigung der Drehfeldleistung mit hinreichender Genauigkeit hergeleitet werden. Setzt man den Effektivwert des umgerechneten Läuferstroms:

$$I_2' = \frac{U_1}{\sqrt{\left(R_1 + \frac{R_2'}{s}\right)^2 + \left(X_{1\sigma} + X_{2\sigma}'\right)^2}} \tag{5.42}$$

in die Gl. (5.39) für die Drehfeldleistung ein und ist das Ergebnis wiederum mit Gl. (5.40) gleich, so folgt für das abgegebene Drehmoment in normierter Form die gewünschte Abhängigkeit vom Schlupf:

$$\frac{M_a}{M_k} = \frac{2}{\frac{s}{s_k} + \frac{s_k}{s}} \quad \text{Drehzahl-Drehmoment-Kennlinie.} \tag{5.43}$$

Dieser extrem nichtlineare Ausdruck zwischen dem Drehmoment und dem Schlupf wird auch als *Kloss'sche Formel* bezeichnet und enthält als Normierungsgröße das in erster Linie vom Spannungsquadrat abhängige Kippmoment:

$$M_k = \frac{3\,U_1^2}{2\Omega_d\left[R_1 + \sqrt{R_1^2 + \left(X_{1\sigma} + X_{2\sigma}'\right)^2}\right]} \quad \text{Kippmoment.} \tag{5.44}$$

Da das Drehmoment überproportional mit der Spannung abnimmt, ist eine reine Spannungsverstellung für geregelte Antriebe nicht geeignet. Als zweite Normierungsgröße taucht in Gl. (5.43) der Kippschlupf auf, bei dem die Asynchronmaschine ihr Kippmoment abgibt:

$$s_{\mathrm{k}} = \frac{R_2'}{\sqrt{R_1^2 + \left(X_{1\sigma} + X_{2\sigma}'\right)^2}} \quad \text{Kippschlupf.} \tag{5.45}$$

Der Kippschlupf ist unabhängig von der Größe der angelegten Spannung und liegt in der Größenordnung von 10 % bis 20 %. Das heißt, bei einem Kippschlupf von 10 % gibt eine zweipolige Maschine ($p = 1$) am 50-Hz-Netz ihr Kippmoment bei 2 700 min^{-1} ab. Die lineare Abhängigkeit des Kippschlupfs vom Läuferwiderstand kann bei einer sogenannten Schleifringläufermaschine durch äußere Zusatzwiderstände dazu benutzt werden, die Maschine mit Kippmoment anlaufen ($s_{\mathrm{K}} = 1$) zu lassen.

Über den Zusammenhang zwischen der Wellendrehzahl und dem Schlupf nach Gl. (5.36) lässt sich aus der Kloss'schen Formel die Drehzahl-Drehmoment-Kennlinie ableiten. Selbstverständlich erhält man damit dieselbe Abhängigkeit wie aus der grafischen Ermittlung über die Momentenlinie in der Stromortskurve. Der Verlauf der Drehzahl über dem Drehmoment ist in der Vierquadrantebene nach **Bild 5.18** der Vollständigkeit halber gestrichelt mit eingezeichnet. Das maximale Drehmoment gibt die Asynchronmaschine danach im Kipppunkt ab, das heißt bei Kippschlupf bzw. Kippdrehzahl. Dieser Arbeitspunkt ist allerdings verboten und darf allenfalls kurzzeitig eingestellt bzw. durchlaufen werden. Unterhalb der Kippdrehzahl bis zum Stillstand nimmt das Drehmoment mit der Drehzahl stark ab. In der Regel werden diese instabilen Arbeitspunkte auf dem hyperbolischen Ast der Motorkennlinie nur beim Hochlauf an Nennspannung kurzzeitig durchfahren.

Es ist deshalb zu beachten, dass die Maschine stationär immer nur maximal mit dem positiven oder negativen Nennmoment, das heißt bis zu ihrem Nenn- oder Typenpunkt (TP), belastet werden darf. Im Typen- oder Nennpunkt gibt die Maschine die auf dem Typenschild angegebene Nennleistung an der Welle ab. Dabei rotiert die Maschine mit Nenndrehzahl und Nennschlupf, der in der Regel zwischen 3 % und 10 % liegt. Das heißt, bei einem Nennschlupf von 5 % dreht eine zweipolige Maschine ($p = 1$) am 50-Hz-Netz mit einer Nenndrehzahl von 2 850 min^{-1}. Das Kippmoment, das beim Kippschlupf bzw. der zugehörigen Kippdrehzahl auftritt, kann nach Gl. (5.44) ebenso berechnet werden wie das Anlaufmoment (M_{A}) nach Gl. (5.43) für $s = 1$. Beide Drehmomente sind für geregelte Asynchronantriebe jedoch nicht von Interesse, da sie wegen ihrer großen Schlupfwerte und den damit verbundenen Läuferverlusten nicht angesteuert werden.

Die schwach abfallende Drehzahl-Drehmoment-Gerade der Asynchronmaschine bis zum Nennschlupf nennt man in Anlehnung an die Kennlinie einer fremderregten Gleichstrommaschine ebenfalls Nebenschlussverhalten. Um den aktiven Nebenschlussast der Drehzahl-Drehmoment-Kennlinie im ersten Quadranten (Motorbetrieb) und im zweiten Quadranten (Generatorbetrieb) parallel bis zur Drehzahl

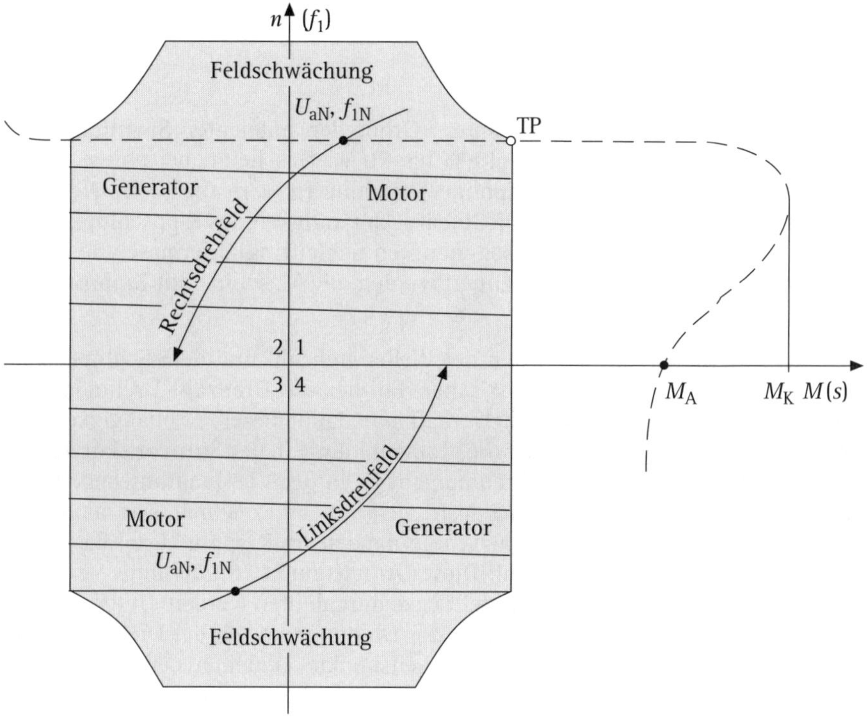

Bild 5.18 Drehzahl-Drehmoment-Kennlinien der Asynchronmaschine

null nach unten verschieben zu können, muss die Frequenz der Ständerspannung ebenso verändert werden wie deren Effektivwert. Dabei ist die Phasenfolge der drei Strangspannungen rechtsdrehend, sodass beim Blick von vorn auf die Antriebswelle sich diese im Uhrzeigersinn dreht.

Um die Maschine im dritten Quadranten (motorischer Linkslauf) oder im vierten Quadranten (generatorischer Linkslauf) betreiben zu können, muss die Phasenfolge und damit der Drehsinn des Drehfelds durch Vertauschen zweier Stränge umgekehrt werden. Diese Drehrichtungsumkehr geschieht elektronisch bzw. softwaremäßig in der Stromrichtersteuerung durch Verändern der Zündreihenfolge der Leistungshalbleiter im Wechselrichter. Solche hochgetakteten Vierquadrant-Drehstrom-Frequenzumrichterantriebe unterscheiden sich weder stationär noch dynamisch von hochgenauen Vierquadrant-Gleichstromantrieben (vgl. Kapitel 7).

Der Feldschwächbetrieb stellt sich bei der Asynchronmaschine dann ein, wenn die Ständerfrequenz mit einem Frequenzumrichter über den Nennwert hinaus erhöht wird und der Effektivwert der Spannung auf seinem Nennwert konstant gehalten wird. Durch den Anstieg der Hauptreaktanz mit steigender Frequenz gehen der Magnetisierungsstrom und das Drehmoment der Maschine mit zunehmender Drehzahl zurück. Die mechanische Leistung an der Welle bleibt auch beim Feldschwächbetrieb von Asynchronmaschinen konstant, was auf eine Begrenzung durch Leistungshyperbeln führt. Anwendung findet die Feldschwächung bei schnellen Positionierungsvorgängen in der Handhabungstechnik.

5.3.6 Feldorientierung der Asynchronmaschine

Die bisherigen Beschreibungsformen der Asynchronmaschine finden vor allem zur Herleitung stationärer Kennlinienfelder und Stromortskurven sowie bei einfachen Steuerverfahren zur Drehzahlverstellung über Spannungs-Frequenz-Kennlinien Verwendung. Um moderne Regeltheorien, wie die feldorientierte Regelung der Asynchronmaschine, anwenden zu können, müssen lineare Zusammenhänge und Abhängigkeiten wie bei fremderregten Gleichstrommaschinen gefunden werden. Dies ist bei Asynchronmaschinen nur durch eine entkoppelnde Modellbildung erreichbar, da der Ständerstrom sowohl in den magnetischen Fluss als auch in das Drehmoment eingeht. Aus diesem Grund ist es erforderlich, den Ständerstrom (I_1) mathematisch in zwei Komponenten zu zerlegen, von denen eine für den Fluss (I_x) und die andere für das Drehmoment (I_y) zuständig ist, vgl. Bild 5.15.

Um die Abhängigkeit des Drehmoments von den entsprechenden Flussanteilen zu bekommen, berechnet man die Drehfeldleistung nicht mithilfe des Läuferstroms gemäß Gl. (5.39), sondern über den Spannungsfall ($\omega_1\ \Psi_2'$) am schlupfabhängigen Läuferwiderstand (R_2'/s). Unter Berücksichtigung der Definition der Synchrondrehzahl gemäß Gl. (5.35) und des Schlupfs nach Gl. (5.36) folgt schließlich:

$$M_a = 3\frac{(\omega_1 \cdot \Psi_2')^2}{\frac{R_2'}{s}} = \frac{3p}{R_2'}(\Psi_2')^2 \cdot \omega_2. \tag{5.46}$$

Dieser Ausdruck besagt, dass das Drehmoment an der Welle einer Asynchronmaschine dem Produkt aus Läuferfrequenz und Quadrat des Läuferflusses proportional ist. Selbstverständlich ist diese Aussage äquivalent zur Kloss'schen Formel nach Gl. (5.43). Die Darstellungsform nach Gl. (5.46) ist allerdings als Grundlage für den Entwurf hochdynamischer Antriebsregelungen besonders geeignet. Wegen der expliziten Abhängigkeit des Drehmoments vom Läuferfluss werden diese Verfahren als feldorientierte Regelungen bezeichnet. Die Lage des Läuferflusses im Koordinatensystem (vgl. Bild 5.16) wird als x-Achse definiert.

Eine messtechnische Erfassung des Flusses im rotierenden Läufer nach Betrag und Phase scheidet allerdings aus praktischen Gründen aus, da hierfür die robusten Standardrotoren von Käfigläufermaschinen mit Sensoren bestückt werden müssten und eine Signalübertragung des Fluss-Istwerts auf den stehenden Ständer mit Schleifringen zu einer weiteren Modifikation der Maschine führen würde. Deshalb muss die Stellung des Rotorflusses mithilfe eines weiteren mathematischen Modells aus leicht messbaren Ständergrößen indirekt gebildet werden. Aus dem elektrischen Ersatzschaltbild der Asynchronmaschine kann ein Zusammenhang zwischen dem Läuferfluss und dem Ständerstrom hergeleitet werden:

$$\underline{I}_1 = \frac{\underline{U}_1}{\underline{Z}} = \frac{1}{L_{1\text{h}}}\left[1 + \text{j}(\omega_2 T_2)\right]\Psi_2' = I_\text{x} + \text{j}I_\text{y}. \tag{5.47}$$

Ein Koeffizientenvergleich zwischen den komplexen Stromzeigern liefert schließlich die gewünschte Aufteilung des Ständerstroms in zwei Anteile, wovon einer für die magnetische Erregung der Maschine zuständig ist und der andere direkt in das Drehmoment eingeht:

$$I_\text{x} = \frac{1}{L_{1\text{h}}}\Psi_2' \quad \text{flussbildende Komponente,} \tag{5.48}$$

$$I_\text{y} = \frac{T_2}{L_{1\text{h}}}\Psi_2'\omega_2 \quad \text{momentenbildende Komponente.} \tag{5.49}$$

Es sei nochmals ausdrücklich darauf hingewiesen, dass diese beiden Anteile nicht durch Messung, sondern nur durch Modellrechnung ermittelt werden können. Dennoch kann die Qualität und Leistungsfähigkeit dieser Modellbildung im praktischen Einsatz am dynamischen Verhalten der Drehzahl bei Beschleunigungsvorgängen und Laststößen schnell bestätigt werden. Die Zeitkonstante T_2 wird als Rotorzeitkonstante bezeichnet. Sie ist der Quotient aus der Summe von Hauptinduktivität und Läuferstreuinduktivität sowie des Läuferwiderstands:

$$T_2 = \frac{L_{1\text{h}} + L_{2\sigma}'}{R_2'} \quad \text{Rotorzeitkonstante.} \tag{5.50}$$

Mit diesen Gleichungen sind die mathematischen Voraussetzungen für die Raumzeigerdarstellung sowie die feldorientierte Regelung der Asynchronmaschine geschaffen (vgl. Abschnitt 7.3). Durch die Abhängigkeit der Rotorzeitkonstanten vom ohmschen Widerstand des Läufers kommt allerdings eine leichte Temperaturdrift in die Modellbildung hinein, die zu einem gewissen Genauigkeitsverlust in der Momentenregelung führt.

5.4 Drehstrom-Synchronmaschine

Synchronmaschinen sind Drehstrommaschinen, deren Drehzahl fest an die Frequenz der Ständerspannung gebunden ist. Ein Schlupf wie bei Asynchronmaschinen tritt hier nicht auf, weshalb Synchronmaschinen nur an frequenzvariablen Netzen anlaufen können und bei jeder Überlastung außer Tritt fallen; das heißt, aus dem Synchronismus herausgerissen werden und stehen bleiben. Dieser Umstand hat den Einsatz der Synchronmaschine als Antriebsaggregat der Automatisierungstechnik in der Vergangenheit stark behindert. In Verbindung mit moderner Frequenzumrichtertechnik und Mikroelektronik erobert sich der drehzahlgeregelte Synchronantrieb auf diesem Feld jedoch mehr und mehr Anteile, insbesondere wegen seines hohen Leistungsgewichts von 1 kW/kg und mehr. Die zulässige Betriebsdauer mit Nennleistung liegt insbesondere bei den permanenterregten Synchronmaschinen in der Größenordnung von Asynchronmaschinen, nämlich bei 100 000 h.

Ein großer Vorteil der gleichstromerregten Synchronmaschine besteht darin, dass sie nicht nur in allen vier Quadranten der Drehzahl-Drehmomenten-Ebene betrieben werden kann, sondern darüber hinaus auch noch induktive Blindleistung bei geeigneter Erregung bereitstellen kann. Diese Eigenschaft vereinfacht zum einen den Aufwand an Leistungselektronik für geregelte Synchronantriebe, und zum anderen ist sie die Voraussetzung für den Einsatz in der elektrischen Energieerzeugung, weshalb Kraftwerksgeneratoren generell als Synchronmaschinen ausgeführt werden. Über die Polpaarzahl kann gemäß Gl. (5.35) eine Anpassung zwischen der Antriebsdrehzahl der Turbine in Dampf- und Wasserkraftwerken sowie der Netzfrequenz ohne das Zwischenschalten von mechanischen Getrieben erfolgen.

In großen Stückzahlen verrichten einphasige Synchronmaschinen kleiner Leistung gute Dienste in Uhren, Plattenspielern und Steuerwerken. Ferner werden Synchronmaschinen im Leistungsbereich bis drei Kilowatt als sogenannte Drehstrom-Lichtmaschinen in allen Kraftfahrzeugen mit Verbrennungsmotor eingesetzt. Dabei wird die erzeugte Drehspannung über eine ungesteuerte Drehstrombrückenschaltung gleichgerichtet und der Batterie zugeführt. Für konstante Ausgangsspannung in allen Betriebszuständen sorgt ein Regler für den Erregergleichstrom des Schenkelpolläufers, der die Drehzahlabhängigkeit der Generatorspannung ausgleicht. Das heißt, bei kleiner Drehzahl des Generators muss die Erregung stark und bei hoher Drehzahl schwach sein, damit das Produkt und damit die induzierte Spannung konstant ist.

Wickelt man die rotierende Synchronmaschine in die Ebene ab, liegt eine lineare Synchronmaschine vor. Dieser Langstator-Maschinentyp kommt bei den modernen Hochgeschwindigkeits-Magnetschwebe-Bahnsystemen (Maglev) zum Einsatz, wobei der Stator in das Schienensystem verlegt wird und das lineare Rotorsystem in Form von Dauermagneten oder Elektromagneten auf dem Fahrzeug installiert ist. Durch die direkte Energiezufuhr in die Schiene entfallen Fahrdrahtabnehmer vollständig, sodass sich in Verbindung mit der magnetischen Schwebetechnik Geschwindigkeiten erreichen lassen, die deutlich über denen konventioneller Rad-Schiene-Systeme liegen (vgl. Kapitel 8).

5.4.1 Aufbau und Wirkungsweise der Synchronmaschine

Die Synchronmaschine ist im Ständer identisch aufgebaut wie eine Asynchronmaschine; das heißt, dass auch bei Synchronmaschinen das Ständerblechpaket zur Reduzierung von Wirbelstromverlusten aus gegeneinander isolierten Dynamoblechen besteht. Der laminierte Ständer trägt in seinen Nuten eine Drehstromwicklung, die je nach den Betriebsbedingungen im Stern oder Dreieck geschaltet werden kann, siehe **Bild 5.19**. In die Nuten des massiven Polradläufers ist eine Gleichstrom-Erregerwicklung eingelegt, die in Abhängigkeit vom Erregerstrom (I_f) ein Gleichfeld (Ψ) erzeugt. Dieser Läufertyp wird als Vollpolläufer oder Turboläufer bezeichnet und kommt bei schnell laufenden Synchronmaschinen zum Einsatz. Eine weitere Variante ist der Schenkelpolläufer, der im Läufer ausgepräg-

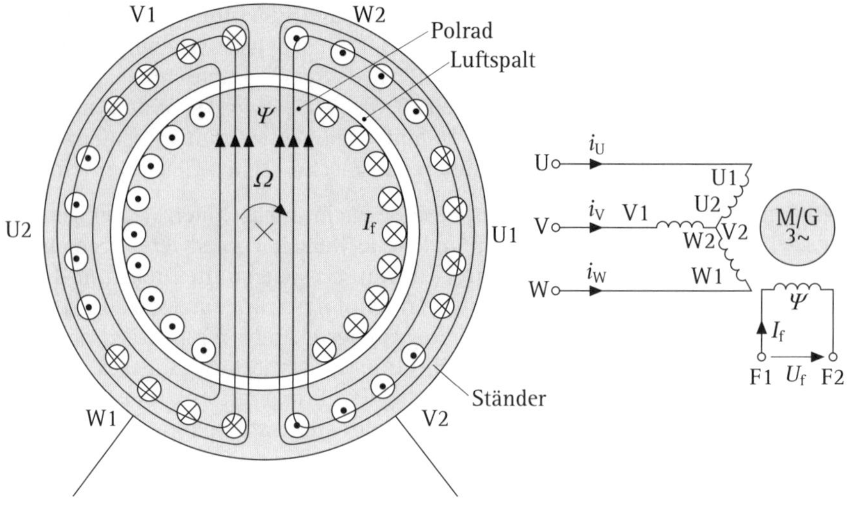

Bild 5.19 Aufbau und Funktion der Drehstrom-Synchronmaschine

te Pole aufweist und für höhere Polpaarzahlen, das heißt kleinere Drehzahlen, eingesetzt wird. In der Automatisierungstechnik hat sich die permanenterregte Synchronmaschine mit Dauermagneten im Läufer durchgesetzt, wobei zur Erlangung hoher Induktionswerte seltene Erden verwendet werden.

Wird das Läuferpolrad und damit das Gleichfeld bewegt, so stellt sich dieses für den Ständer ebenfalls als ein Drehfeld (Ψ) dar; das heißt, für jeden Augenblick ergibt sich im Luftspalt eine sinusförmige Feldverteilung, deren Amplitude mit der Läuferdrehzahl umläuft. Diese weitere Möglichkeit zur Erzeugung eines Drehfelds kommt zu der bereits von der Asynchronmaschine über die dreisträngige Ständerwicklung bekannten hinzu. Das Drehfeld der Synchronmaschine wird im Normalbetrieb zum Teil vom Ständer und zum Teil vom Polrad (Läufer) aufgebaut. Um der Erregerwicklung im Läufer elektrische Leistung zuführen zu können, sind deren Enden in der Regel über Schleifringe herausgeführt. Bei großen Leistungseinheiten verwendet man auch schleifringlose Verfahren, bei denen transformatorisch Spannungen in einer mit dem Läufer rotierenden Drehstromwicklung plus Gleichrichter induziert werden.

Für die Systembeschreibung von Synchronmaschinen kann auf die Ergebnisse der Asynchronmaschine zurückgegriffen werden, wobei lediglich zu berücksichtigen ist, dass zwischen Ständerdrehfeld und Läufergeschwindigkeit kein Schlupf auftreten darf.

5.4.2 Einphasiges Ersatzschaltbild der Synchronmaschine

Weil in Synchronmaschinen prinzipbedingt kein Schlupf zwischen dem Ständerdrehfeld und den ausgeprägten Polen auftreten kann, dreht sich der Läufer in allen zulässigen Betriebspunkten synchron mit der Drehfelddrehzahl. Der Wert der synchronen Läuferdrehzahl hängt gemäß Gl. (5.35) von der Ständerfrequenz und der Polpaarzahl ab. Betrachtet man zunächst die dreiphasige Ständerwicklung, so kann bei stromloser Erregerwicklung die Primärseite der Asynchronmaschine nach Gl. (5.38) direkt übernommen werden:

$$\underline{I}_1 = R_1\,\underline{I}_1 + \mathrm{j}X_{1\sigma}\,\underline{I}_1 + \mathrm{j}X_{1\mathrm{h}}\,\underline{I}_\mu\,. \tag{5.51}$$

Das bedeutet für das einphasige Ersatzschaltbild der Synchronmaschine gemäß **Bild 5.20**, dass die Primärseite ebenfalls direkt vom Ersatzschaltbild der Asynchronmaschine übernommen werden darf. Der Magnetisierungsstrom (I_μ) dient dem Aufbau des rotierenden Magnetfelds (Drehfeld) und verursacht an der Hauptreaktanz die Hauptfeldspannung ($U_{1\mathrm{h}}$). Durch die synchrone Läuferdrehzahl wird vom Drehfeld in der Läuferwicklung keine Spannung induziert, die einen Läuferstrom treiben könnte. Damit entfällt der zweite Teil von Gl. (5.38) bei Synchronmaschinen vollständig.

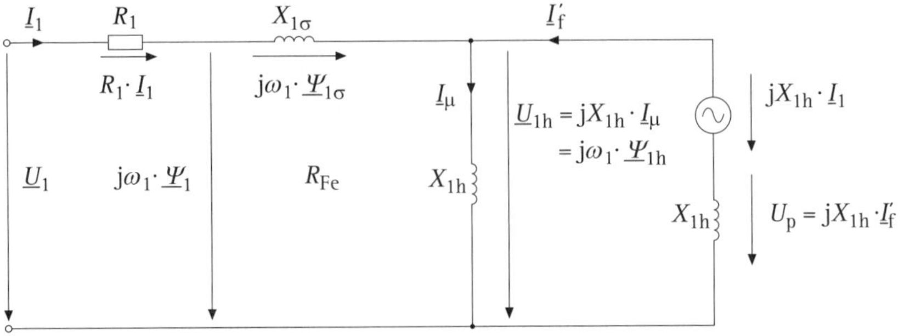

Bild 5.20 Vollständiges Ersatzschaltbild der Synchronmaschine (Vollpolläufer)

Wird zusätzlich zur Ständerwicklung die Erregerwicklung des Läufers mit Gleichstrom (I_f) gespeist, so induziert das drehende Gleichfeld in den ruhenden Ständerwicklungen Spannungen, die den Magnetisierungsstrom mit beeinflussen. Deshalb gilt Gl. (5.19) nicht nur bei Transformatoren und Asynchronmaschinen, sondern auch bei Synchronmaschinen, allerdings in einer etwas geänderten Form:

$$\underline{I}_\mu = \underline{I}_1 + \underline{I}'_f \,. \tag{5.52}$$

Dabei entspricht der Erregerwechselstrom (I'_f) dem auf die Ständerseite umgerechneten Erregergleichstrom (I_f), da der rotierende Gleichstrom sich für die ruhende Ständerwicklung als Wechselstrom darstellt. Um das Ersatzschaltbild der Synchronmaschine vollständig zeichnen zu können, muss Gl. (5.52) noch mit dem Faktor jX_{1h} multipliziert werden:

$$\begin{aligned} jX_{1h}\,\underline{I}_\mu &= jX_{1h}\,\underline{I}_1 + jX_{1h}\,\underline{I}'_f, \\ \underline{U}_{1h} &= jX_{1h}\,\underline{I}_1 + \underline{U}_p, \end{aligned} \tag{5.53}$$

damit dieselbe Spannungsmasche wie in der Ständergleichung nach Gl. (5.51) als Anknüpfungspunkt für den Erregerkreis vorhanden ist. Das Produkt aus Hauptreaktanz und Erregerwechselstrom nennt man Polradspannung (U_p); diese wird transformatorisch in die Ständerwicklung durch das erregte Polrad induziert. Wird die Synchronmaschine über das Läuferfeld stärker erregt, als es ihrem Magnetisierungsbedarf entspricht, wird die Polradspannung größer als die Ständerspannung, und die Maschine liefert im sogenannten übererregten Zustand induktive Blindleistung ins Netz. Im untererregten Betrieb wird die Polradspannung kleiner als die Ständerspannung, und es muss zur Deckung des Magnetisierungsstroms noch induktive Blindleistung aus dem Netz aufgenommen werden.

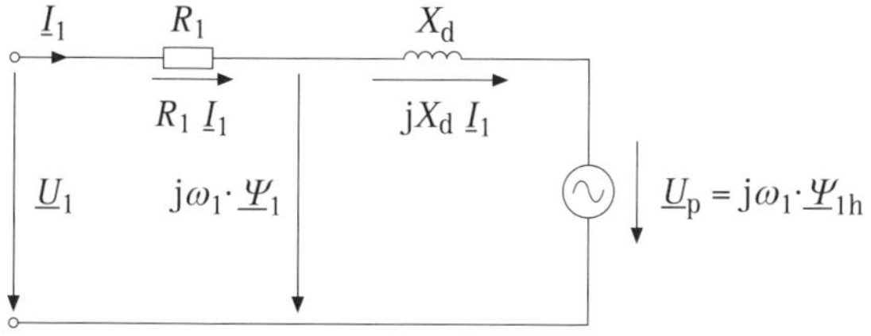

Bild 5.21 Vereinfachtes Ersatzschaltbild der Synchronmaschine (Vollpolläufer)

Im einphasigen Ersatzschaltbild der Synchronmaschine nach Bild 5.20 wurde der Spannungsfall $jX_{1h}\underline{I}_1$ im Erregerkreis als stromgesteuerte Spannungsquelle berücksichtigt. Ferner ist die Verknüpfung zwischen den Flusskomponenten und den zugehörigen Spannungszeigern mit eingetragen. In einem vereinfachten Ersatzschaltbild gemäß **Bild 5.21** werden die Ständerstreureaktanz und die Hauptreaktanz häufig zur sogenannten Synchronreaktanz:

$$X_d = X_{1\sigma} + X_{1h} \tag{5.54}$$

zusammengefasst, sodass die Synchronmaschine elektrisch lediglich noch aus der einfachen Reihenschaltung einer Spannungsquelle und eines ohmsch-induktiven Widerstands besteht.

Die messtechnische Bestimmung der Synchronreaktanz und des Ständerwiderstands kann im Stillstand ($U_p = 0$) und an Netzspannung mithilfe des ohmschen Gesetzes für Gleich- und Wechselstrom vorgenommen werden. Die Synchronreaktanz ist im Verhältnis zur Hauptreaktanz von Asynchronmaschinen sehr groß, weshalb Synchronmaschinen in aller Regel kurzschlussfest sind. Ersetzt man die gleichstromerregte Polradwicklung durch Dauermagnete, liegt eine permanenterregte Synchronmaschine vor, die zur Erzeugung ihres Drehfelds keinen Beitrag aus dem angeschlossenen Drehstromnetz benötigt.

5.4.3 Vereinfachtes Zeigerdiagramm der Synchronmaschine

In Ergänzung zum einphasigen Ersatzschaltbild der Synchronmaschine gemäß Bild 5.21 zeigt das vereinfachte Zeigerdiagramm nach **Bild 5.22** die räumliche Lage (Phasenverschiebung) der Spannungs-Strom- und Flussvektoren eines Strangs untereinander. Arbeitet die Synchronmaschine im übererregten Motorbetrieb, so eilt der Ständerstromzeiger dem Ständerspannungszeiger um einen Winkel kleiner $\pi/2$ vor. Die Ständerspannung zeigt als Bezugsgröße in Richtung der reellen Achse. Zieht man von der Ständerspannung den Spannungsfall am

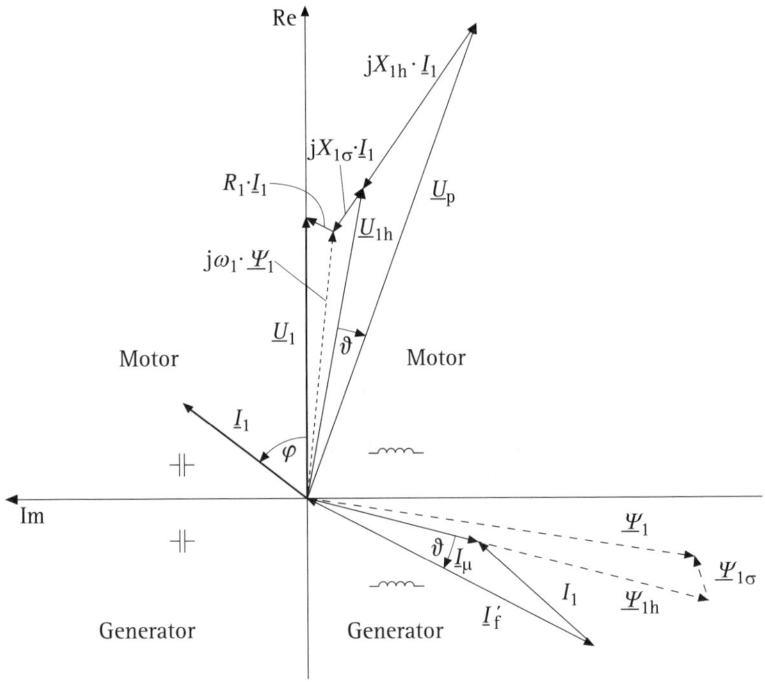

Bild 5.22 Zeigerdiagramm der Synchronmaschine (Vollpolläufer) für den übererregten Betrieb

Wirkwiderstand des Ständers ab, so erhält man den mit dem Ständerverkettungsfluss verknüpften Spannungszeiger. Durch Subtraktion des Spannungsfalls an der Ständerstreureaktanz ergibt sich die Hauptfeldspannung. Schließlich folgt die Polradspannung (U_p) nach Betrag und Phase, indem man von der Hauptfeldspannung den komplexen Spannungszeiger $jX_{1h}\underline{I}_1$ abzieht.

Das komplette Stromzeigerdiagramm folgt automatisch aus dem Spannungszeigerdiagramm, da der Magnetisierungsstrom und die Hauptfeldspannung sowie der Erregerwechselstrom und die Polradspannung senkrecht aufeinander stehen und in Verbindung mit dem Ständerstrom die Knotengleichung (5.52) erfüllt sein muss. Der Hauptfluss liegt in Richtung des Magnetisierungsstroms, seine Länge ergibt sich aus dem Verkettungsflusszeiger der Ständerwicklung, vermindert um den Streuflusszeiger. Da der Hauptfluss einen direkten Einfluss auf die Drehmomentenbildung in der Maschine hat, kommt ihm eine besondere Bedeutung bei der feldorientierten Regelung der Synchronmaschine zu (vgl. Kapitel 7).

Der Polradwinkel (ϑ) gibt die Phasenverschiebung zwischen der Hauptfeldspannung und der Polradspannung bzw. zwischen dem Magnetisierungsstrom und dem Erregerwechselstrom an. Er hängt von der Belastung an der Welle ab, weshalb er auch Lastwinkel genannt wird. Auf die Physik der Maschine bezogen bedeutet dies, dass der Polradwinkel den Versatz zwischen den synchronen Geschwindigkeiten des Ständerdrehfelds und des Polrads (Ankers) angibt. Man kann sich diese Besonderheit der Synchronmaschine bildlich so vorstellen, als wenn das Polrad mit einem Gummiband an den Polen des Drehfelds fest angebunden wäre und dieses Band je nach Belastung nur einen begrenzten Winkel zulässt, bei dessen Überschreitung es reißt.

Das heißt konkret: Arbeitet die Synchronmaschine im Motorbetrieb, zieht das Ständerdrehfeld das Polrad hinterher, und im Generatorbetrieb zieht das Polrad das Drehfeld. Im Leerlauf ist der Polradwinkel null, sodass die Hauptfeldspannung und die Polradspannung bzw. der Magnetisierungsstrom und der Erregerwechselstrom in Phase sind. Je nach der Größe des Erregerwechselstroms ist der Ständerstrom induktiv oder kapazitiv; das heißt, die leerlaufende Synchronmaschine verhält sich für das speisende Netz wie eine variable Induktivität oder Kapazität. Diesen Betriebszustand nennt man Phasenschieberbetrieb, mit dem sich zum Beispiel der Blindleistungsbedarf von Verbrauchern kompensieren lässt, indem der Phasenwinkel zwischen Netzspannung und Netzstrom nach null verschoben wird ($\cos \varphi = 1$).

Während das Belastungsmoment an der Welle für den Polradwinkel und damit für den Betrieb der Synchronmaschine als Motor oder Generator ausschlaggebend ist, bestimmt der Erregerstrom über das induktive oder kapazitive Verhalten der Synchronmaschine. Damit ergeben sich aber für jeden Belastungswinkel und für jeden Erregerstrom neue Zeigerdiagramme. Berechnet man den Ständerstromzeiger in Abhängigkeit vom Lastwinkel, so liegen sämtliche Zeigerspitzen auf einem Kreis, dessen Radius von der eingestellten Erregung abhängt. Diese Vielzahl von Kreisen nennt man die Stromortskurven der Synchronmaschine.

5.4.4 Stromortskurven der Synchronmaschine

Ersetzt man in der Ständerspannungsgleichung der Synchronmaschine gemäß Gl. (5.51) die Hauptfeldspannung durch den Ausdruck nach Gl. (5.53), so erhält man unter Berücksichtigung der Definition der Synchronreaktanz nach Gl. (5.54) für einen Maschenumlauf im Ständer den Ausdruck:

$$\underline{I}_1 = R_1 \underline{I}_1 + \mathrm{j}X_\mathrm{d} \underline{I}_1 + \underline{U}_\mathrm{p}. \tag{5.55}$$

Unter Vernachlässigung des relativ kleinen Spannungsfalls am Ständerwiderstand kann der mathematische Aufwand zur Herleitung der Stromortskurve bei ausreichender Genauigkeit noch etwas verringert werden. Aus dem Zeigerdiagramm nach Bild 5.22 erkennt man mit dieser Näherung ($R_1 I_1 = 0$) einen einfachen Zusammenhang zwischen dem Ständerspannungszeiger und dem Zeiger der Polradspannung. Eingesetzt in Gl. (5.55) und nach dem Ständerstrom freigestellt, folgt die vereinfachte Stromortskurvengleichung der Synchronmaschine:

$$\underline{I}_1 = \underline{I}_\mu - \underline{I}'_f = -j\frac{\underline{U}_1}{X_d} + j\frac{\underline{U}_p}{X_d}e^{-j\vartheta}. \tag{5.56}$$

Diese komplexe Funktion der Ortskurve des Ständerstroms beschreibt einen Kreis mit dem Mittelpunkt $-j\underline{U}_1/X_d$ und dem Radius U_d/X_d. Während der Kreismittelpunkt bei konstanter Ständerspannung fest ist, kann der Radius über den Erregerstrom verändert werden. Das bedeutet, dass im Gegensatz zu Asynchronmaschinen bei übererregten Synchronmaschinen Schnittpunkte der Stromortskurve mit der reellen Achse möglich sind, was zu Stromzeigern mit kapazitiven Blindanteilen führt. Diese besondere Eigenschaft gibt es nur bei Synchronmaschinen mit gleichstromerregtem Polrad.

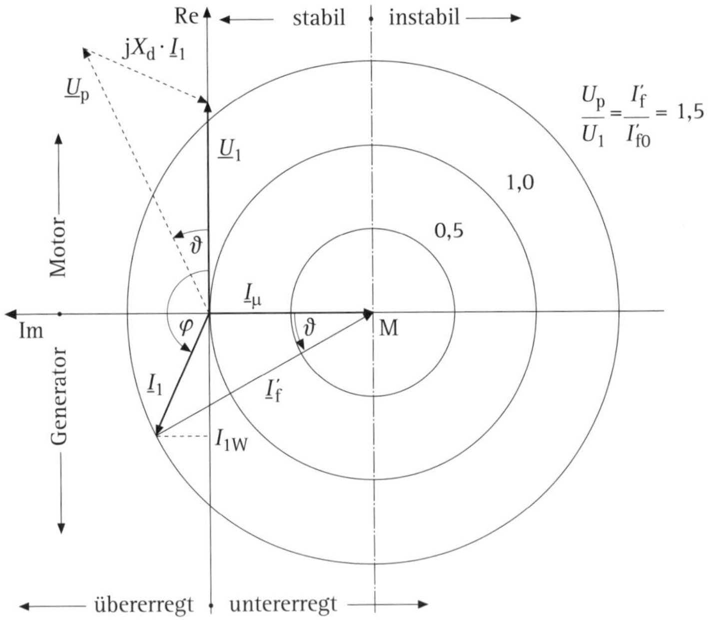

Bild 5.23 Stromortskurve der Synchronmaschine (Vollpolläufer) für $R_1 = 0$

Da die Synchronmaschine zwei Freiheitsgrade zur Verstellung des Ständerstromzeigers hat, nämlich den Polradwinkel und den Erregerstrom, ergeben sich unendlich viele kreisförmige Stromortskurven, deren Durchmesser über den Erregerstrom quasi aufgeblasen werden können. In **Bild 5.23** sind einige Stromortskurven eines Turboläufers für verschiedene Erregungsgrade (I'_f / I'_{f0}) aufgezeichnet. Für einen konstanten Erregerstrom bewegt sich die Zeigerspitze des Ständerstroms auf dem zugehörigen Kreis, wobei der jeweilige Arbeitspunkt auf diesem Kreis durch die Belastung an der Welle über den Polradwinkel festgelegt wird. In der vereinfachten Darstellungsform zeigt der Magnetisierungsstromzeiger auf den Mittelpunkt des Kreises, und der Erregerstrom entspricht dem Radius des Kreises.

Der Leerlauferregerstrom (I'_{f0}) ist der Wert, der im Leerlauf ($\vartheta = 0$) erforderlich ist, damit die Polradspannung gleich der Ständernennspannung ist. Für Erregungsgrade kleiner als 1 liegen die Stromortskurven rechts der reellen Achse, sodass die Synchronmaschine ähnlich der Asynchronmaschine in allen Betriebspunkten induktive Blindleistung aus dem Netz aufnimmt; man spricht deshalb auch vom untererregten Motor- bzw. Generatorbetrieb. Wird der Erregungsgrad größer als 1 eingestellt, so schneiden die Ortskurven die reelle Achse. Im Bereich links der reellen Achse hat der Ständerstrom eine voreilende Blindkomponente, weshalb die Maschine im übererregten Zustand induktive Blindleistung an den Ständerklemmen abgibt.

Der Ständerstrom in Bild 5.23 wurde für den übererregten Generatorbetrieb eingezeichnet. Dieser Zustand entspricht dem Betrieb in einem Kraftwerk, wo der Maschine an der Welle mechanische Leistung über die Turbine zugeführt wird und das Polrad durch Übererregung dafür sorgt, dass neben der Wirkleistung auch noch induktive Blindleistung ins Netz eingespeist wird. Ändern sich die Belastungsverhältnisse an der Welle, wandert der Stromzeiger auf dem Kreis nach oben oder weiter nach unten. Liegt der Stromzeiger gerade auf der reellen Achse, wird nur noch Wirkleistung übertragen. Wird die Belastung weiter gesteigert, so wird die Maschine zunächst induktiv und für $\vartheta \leq \pi/2$ sogar instabil; das heißt, die Maschine fällt außer Tritt, weil sie von der Last aus dem Synchronismus herausgerissen wird. Im Falle des Motorbetriebs bedeutet dies, dass die Maschine stehen bleibt und den Kurzschlussstrom $I_K = U_1/X_d$ aufnimmt. Dieser Betriebszustand ist für größere Synchronmaschinen in der Regel allerdings ungefährlich.

Für permanenterregte Synchronmaschinen bewegt sich die Spitze des Ständerstromzeigers auf der Stromortskurve für $U_1 = U_p$, die den Ursprung des Koordinatensystems gerade berührt. Daraus folgt, dass im Leerlauf der Maschine der Ständerstrom praktisch null sein kann, da er keinen Beitrag zum Drehfeld leisten muss (vgl. Kapitel 8). Ob die Maschine als Generator oder Motor arbeitet, kann an der Richtung des Wirkanteils des Ständerstroms in Bild 5.23 abgelesen werden. Im Generatorbetrieb ist I_{1W} negativ, und im Motorbetrieb ist I_{1W} positiv. Da der

Wirkanteil des Ständerstroms proportional zur Wirkleistung an der Welle ist, kann aus ihm das Drehmoment der Synchronmaschine abgeleitet werden.

5.4.5 Drehzahl-Drehmoment-Kennlinien der Synchronmaschine

Eine Besonderheit der Synchronmaschinen gegenüber den Gleichstrommaschinen und Asynchronmaschinen ist die stationäre Unabhängigkeit der Drehzahl von der Belastung an der Welle und damit vom Drehmoment; das heißt, die Drehzahl-Drehmomenten-Kennlinie der Synchronmaschine ist eine Parallele zur Momentenachse im Abstand der synchronen Drehzahl. Bei plötzlichen Laststößen oder Entlastungen an der Motorwelle müssen jedoch auch bei Synchronmaschinen kurzzeitige (transiente) Differenzen zwischen der Wellendrehzahl und der Synchronfrequenz des Drehfelds auftreten, damit sich der Polradwinkel der neuen Belastungssituation anpassen kann.

Die stationäre Abhängigkeit des Drehmoments vom Polradwinkel erfolgt über den Wirkanteil (I_{1W}) des Ständerstroms. Bei Vernachlässigung der ohmschen Verluste im Ständer, gilt unter Beachtung von Bild 5.23 für die aufgenommene Wirkleistung:

$$P_1 = 3\,U_1\,I_1\cos\varphi = 3\,U_1\,I_{1W} = 3\frac{U_1\,U_p}{X_d}\sin\vartheta. \tag{5.57}$$

Ohne Berücksichtigung der Ständerverluste ($R_1 = 0$) arbeitet die Maschine mit einem Wirkungsgrad von 1; das heißt, die aufgenommene Wirkleistung wird vollständig als mechanische Leistung an die Welle übertragen. Mit der Definition der mechanischen Leistung an rotierenden Wellen gemäß Gl. (3.8) folgt für das von der Synchronmaschine abgegebene Drehmoment der Ausdruck:

$$M_a = \frac{P_{mech}}{\Omega} = \frac{P_1}{\Omega_d} = 3\frac{U_1\,U_p}{\Omega_d\,X_d}\sin\vartheta. \tag{5.58}$$

Das bedeutet, dass das Drehmoment linear von der Ständer- und Polradspannung sowie sinusförmig vom Lastwinkel abhängt. Ihr maximales Drehmoment gibt die Synchronmaschine an der Stabilitätsgrenze (Trittgrenze) ab und darf nicht überschritten werden. In **Bild 5.24** sind die Abhängigkeiten der Drehzahl-Drehmoment-Kennlinie einer Synchronmaschine deutlich zu erkennen. Die parallelen Geraden können in Abhängigkeit von der Ständerspannung und Ständerfrequenz in den vier Quadranten verschoben werden. Wie für Drehstrommaschinen typisch kann eine Drehrichtungsumkehr durch das Vertauschen zweier Stränge sehr einfach erreicht werden.

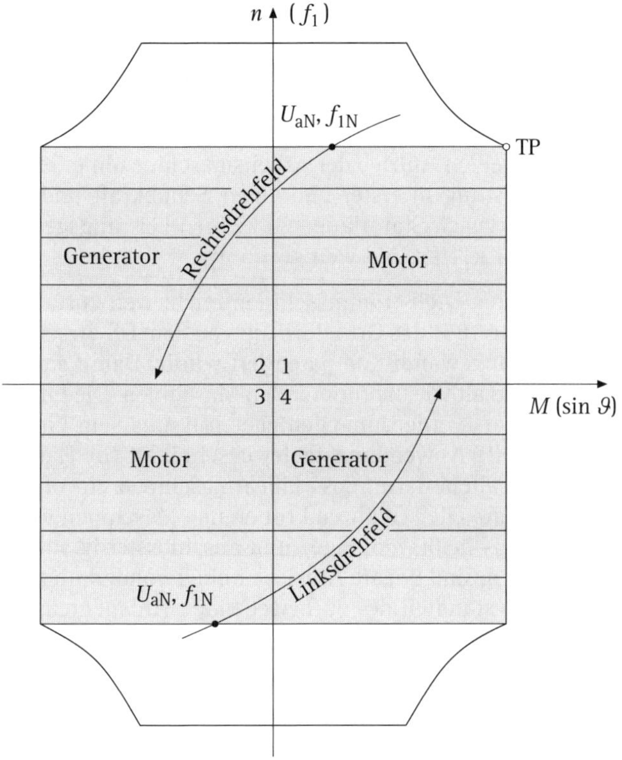

Bild 5.24 Drehzahl-Drehmoment-Kennlinien der Synchronmaschine (Vollpolläufer)

Wie Bild 5.24 weiter zeigt, ist im Leerlauf das abgegebene Drehmoment und somit auch der Polradwinkel null. Im Typenpunkt (TP) gibt die Synchronmaschine ihre Nennleistung bei Nenndrehzahl und Nennmoment ab. Ändern sich Ständerspannung und Frequenz gleichzeitig, kann das Drehmoment auf seinem maximalen Wert gehalten werden. Die Aufgabe der feldorientierten Regelung der Synchronmaschine besteht darin, bei dynamischen Vorgängen geeignete Spannungen und Frequenzen vorzugeben, damit die Maschine ihr optimales Drehmoment abgeben kann. Der von den Gleichstrom- und Asynchronantrieben bekannte Feldschwächbetrieb ist bei permanenterregten Synchronmaschinen nicht ohne Weiteres möglich (vgl. Kapitel 8).

5.5 Lineare Drehstrommaschinen

Lineare Drehstrommaschinen sind elektrische Direktantriebe für translatorische Bewegungsabläufe. In der Antriebspraxis bezeichnet man sie häufig auch kurz als Linearmotoren, weil deren Läufer sich nicht drehen, sondern geradlinig (linear) bewegen. Durch den direkten Antrieb der Arbeitsmaschine ohne Getriebe machen Linearmotoren ihre Leistung in erster Linie über Schubkraft und weniger über Geschwindigkeit, was je nach Statorlänge zu kleinen Leistungsgewichten in der Größenordnung von 0,1 kW/kg und weniger führt.

Der Ursprung der linearen Drehstrommaschinen reicht weit zurück in das letzte Jahrhundert, als im Jahre 1851 das Grundprinzip von dem US-Amerikaner Charles Grafton Page erstmals angewandt und patentiert wurde. Damit sind die linearen Motorvarianten genauso alt wie die rotierenden Maschinen. Die Entwicklungsgeschichte des Linearmotors verlief hingegen eher still, und sein Einsatz blieb auf wenige, meist industrielle Anwendungsfelder beschränkt. Die Hauptursache für dieses Defizit liegt vor allem darin, dass Linearmaschinen ein offenes, elektromagnetisches System darstellen. Während rotierende Maschinen von unzähligen Herstellern komplett, das heißt, montage- und anschlussfertig sowie nach DIN-Norm, angeboten werden, sind lineare Antriebe immer Sonderanfertigungen, weil der Läufer integraler Bestandteil des zu bewegenden Anlagenteils ist. Somit ist die Herstellung von Norm-Linearmaschinen praktisch nicht möglich.

Prinzipiell können sämtliche rotierenden Maschinen auch als lineare Ausführung realisiert werden. Die lineare Gleichstrommaschine hat jedoch wegen des über der Fahrstrecke ausgedehnten Kommutators keine praktische Bedeutung erlangt. Bei den Drehstrom-Linearmaschinen hat sich die synchrone Linearmaschine vor allem in spurgebundenen Bahnsystemen, wie den Hochgeschwindigkeits-Magnetschwebebahnen (Maglev), durchgesetzt, wohingegen die asynchrone Linearmaschine sich vorwiegend in betriebsinternen Transport- und Positioniersystemen etabliert hat. Bekannte Anwendungsbeispiele sind Schiebetüren und Rolltorantriebe, Förder- und Beschickungsanlagen, automatisierte Fertigungsstraßen sowie Querschneidersysteme bei der Papier- und Folienzuschneidung.

Obwohl viele Bewegungsabläufe in der Praxis linear verlaufen, wird meist der umständliche Weg über die Umwandlung der Rotation in Translation durch Antriebsschnecken, Gewindespindeln, Zahnkränze, Rollen und Räder bei der Lösung von Transportproblemen beschritten. Dadurch bleiben die vielen Vorteile der Linearantriebe, wie Kompaktheit, Verschleißfreiheit, durch berührungslose Kraftübertragung sowie Einsparung mechanischer Komponenten, wie Gelenkwellen, Kupplungen und Getriebe, ungenutzt. Insbesondere durch den Wegfall von Getrieben und Gewindespindeln erlauben Linearantriebe die Realisierung höchster Beschleunigungswerte und ermöglichen die absolute Spielfreiheit bei hochgenauen Positionierungsaufgaben in Werkzeugmaschinen. In dem hohen Innovationspotenzial linearer Antriebe stecken daher viele Wettbewerbsvorteile, die sich aber nur nutzen lassen, wenn die Komponenten der Linearmaschine und die zu bewegende Mechanik optimal miteinander verschmolzen werden.

Betrachtet man speziell die asynchrone Linearmaschine, so kommt als weitere Eigenschaft ein Höchstmaß an Robustheit hinzu, wie es von den rotierenden Asynchronmaschinen bereits bekannt ist. Aus diesem Grund sollen in diesem Abschnitt schwerpunktmäßig die linearen Asynchronmaschinen behandelt werden. Außerdem zeigt es sich, dass gerade dieser Maschinentyp in Fahrzeugen auf Rädern die meisten Vorteile hat und zu mechanischen Minimalkonfigurationen führt, wie sie für zukünftige Stadtautos von Interesse sind. Die mechanische Kraftverbindung zwischen Fahrzeugaufbau und Rad besteht bei Linearantrieben nicht mehr, da die Schubkraft berührungslos mithilfe eines magnetischen Felds direkt in den Fahrzeugrädern erzeugt wird.

5.5.1 Konventionelle Asynchronlinearmaschine

Ein charakteristisches Merkmal konventioneller Linearantriebe besteht darin, dass entweder der Ständer oder der Läufer die Länge der zurückzulegenden Wegstrecke (Arbeitshub) aufweist. Verglichen mit den rotierenden Maschinen bedeutet dies einen deutlich höheren Materialaufwand, insbesondere, wenn die Ständerwicklung über der gesamten Fahrstrecke zu verlegen ist. Durch die offene Struktur linearer Antriebssysteme ist außerdem eine aufwendige Führung zwischen Ständer- und Läuferteil erforderlich, damit ein konstanter Luftspalt erzielt werden kann. Diese Randbedingungen beschränkten das Linearmotorprinzip bisher auf spurgebundene Bahnsysteme, Montagelinien und andere lineare Verschiebungen. Durch eine entsprechende Modifikation lassen sich Linearmaschinen aber auch für spurungebundene Straßenfahrzeuge nutzbar machen.

Für die Funktionsbeschreibung konventioneller Linearmaschinen ist es vorteilhaft, von den Erkenntnissen rotierender Maschinen auszugehen. Zur Berechnung und Optimierung der Maschinenparameter aus den geometrischen Abmessungen können dieselben Berechnungsverfahren wie bei rotierenden Maschinen verwendet werden, da auch Linearmaschinen letztendlich elektromechanische Wandler sind, die den bekannten physikalischen Gesetzmäßigkeiten unterliegen. Die konstruktive Entwicklung des Linearmotorprinzips aus der Funktionsweise rotierender Maschinen zeigt **Bild 5.25** am Beispiel der Drehstrom-Asynchronmaschine mit Kurzschlussläufer. Der geblechte und genutete Ständer (Stator) trägt, wie bereits bekannt, die drei Stränge (U1–U2, V1–V2, W1–W2) der Drehstromwicklung, und im ebenfalls geblechten Eisenpaket des Läufers (Rotor) ist der Kurzschlusskäfig untergebracht.

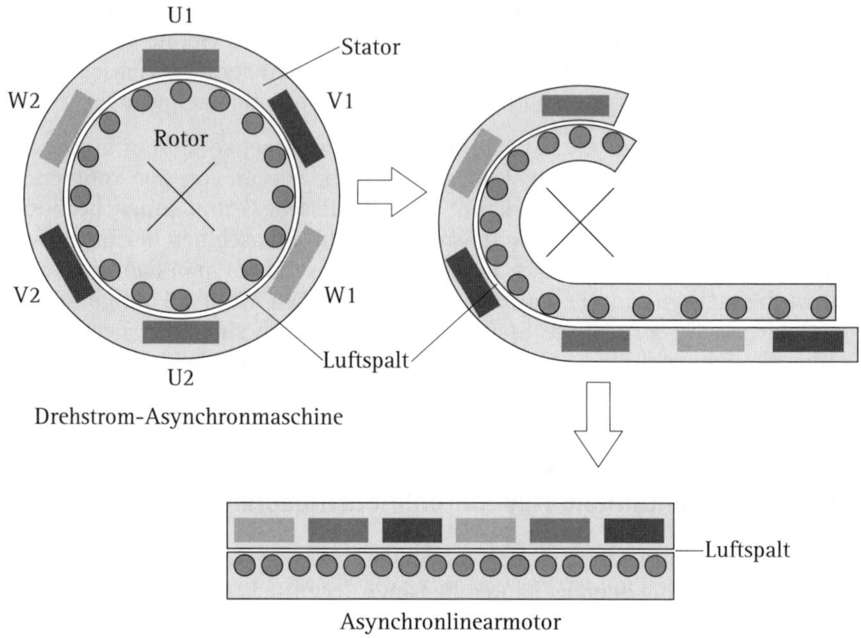

Bild 5.25 Übergang vom Rotationsmotor zum Linearmotor

Trennt man eine rotierende Drehstrommaschine gedanklich an einer beliebigen Stelle der Länge nach auf und wickelt den Ständer und den Läufer wie eine Papierrolle in die Ebene ab, wird aus dem ursprünglichen Drehfeld ein sogenanntes Wanderfeld; das heißt, die magnetischen Pole laufen linear durch den Luftspalt. Das Wanderfeld wiederum induziert in den Läuferspulen Spannungen, die entsprechende Ströme treiben. Stromdurchflossene Leiter in einem Magnetfeld führen zu Kräften, die den Läufer oder den Ständer in die eine oder andere Richtung bewegen. Damit sich allerdings ein Teil der Linearmaschine nach links oder rechts bewegen kann, muss das feststehende Teil die Länge des gewünschten Fahrwegs haben. Auch muss über eine Führungseinrichtung gewährleistet sein, dass der Luftspalt möglichst klein eingestellt werden kann und sich die beiden Motorteile auf keinen Fall berühren können.

In **Bild 5.26** sind die zwei prinzipiellen Ausführungsmöglichkeiten der linearen Asynchronmaschine dargestellt. Wird der Ständer mit seiner Drehstromwicklung längs der Fahrstrecke verlegt, spricht man von einer Langstator-Linearmaschine. Im umgekehrten Falle, wenn der Läufer über dem Fahrweg angeordnet wird, liegt eine Kurzstator-Linearmaschine vor. In beiden Fällen sollte man bei der prakti-

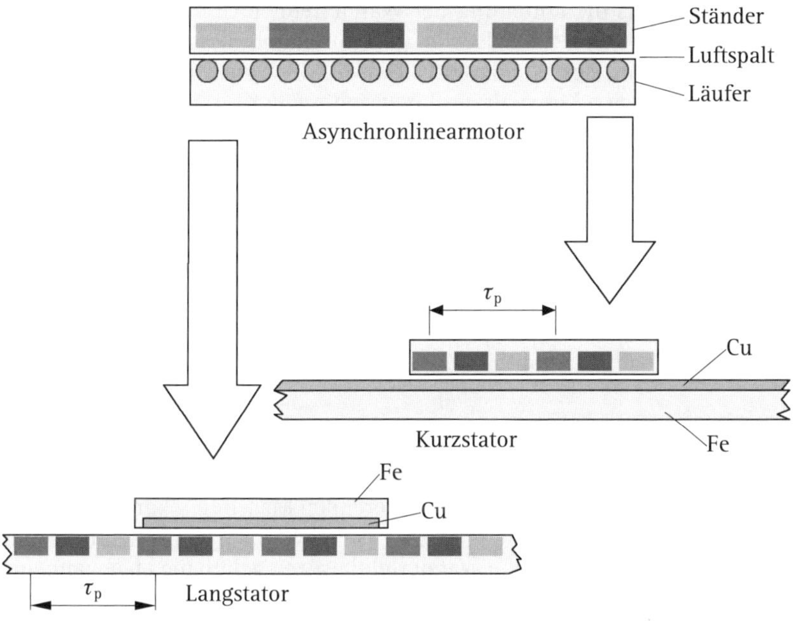

Bild 5.26 Ausführungsformen asynchroner Linearmaschinen

schen Anwendung darauf achten, dass die Ständerwicklung auf dem ortsfesten Teil des Linearantriebs sitzt, damit die elektrische Einspeisung direkt und ohne Schleppkabel oder Fahrdrähte erfolgen kann.

Aus fertigungstechnischen Gründen wird der Läufer mittlerer und großer Linearmotoren meist nur aus einer geblechten Eisenplatte (Fe) für den magnetischen Rückschluss des Wanderfelds und einer Kupferplatte (Cu) für die elektrischen Ströme aufgebaut. Da Kupfer diamagnetisch ist, wird bei dieser Bauform der Luftspalt um die Dicke des Kupfers erhöht. Als Folge sind der Wirkungsgrad, der Leistungsfaktor und die Leistungsdichte entsprechend schlechter als bei eingelegten Kupferstäben, die an den Stirnseiten kurzgeschlossen sind.

In Analogie zur Definition der synchronen Drehzahl des Drehfelds bei rotierenden Maschinen nach Gl. (5.35) findet man für die lineare Synchrongeschwindigkeit des Wanderfelds den entsprechenden Ausdruck:

$$v_W = 2\tau_p f_1, \qquad (5.59)$$

wobei auch hier τ_p als die Polteilung der Wanderfeldwicklung bezeichnet wird. Die Polteilung ist der Abstand zwischen zwei aufeinanderfolgenden Magnetpolen (Nord- und Südpol) des Wanderfelds, das mit der Synchrongeschwindigkeit nach Gl. (5.59) durch den Luftspalt des Linearmotors läuft. Da die Polteilung aus fertigungstechnischen Gründen nicht beliebig klein gemacht werden kann, gibt es bei Linearmotoren eine Untergrenze der Synchrongeschwindigkeit, die in der Größenordnung von 3 m/s für Nennfrequenz liegt. Aus der Polteilung kann die Polpaarzahl (p) der Maschine berechnet werden, sofern die Nutteilung (τ_N), das ist der Abstand von Nutmitte zu Nutmitte und die Anzahl der Nuten im Stator (N_S), bekannt sind:

$$p = \frac{N_S \, \tau_N}{2\tau_p} = \frac{L}{2\tau_p} \quad \text{Polpaarzahl.} \tag{5.60}$$

Bei konventionellen Linearmaschinen entspricht der Zähler der Länge (L) des Stators, während bei rotierenden Maschinen und Vollstator-Linearmaschinen dies der Umfang des Stators ist. Im Gegensatz zu rotierenden Maschinen kann die Polzahl bei Linearmotoren auch ungerade sein, zum Beispiel $2p = 13$, das heißt, $p = 6{,}5$. Für die auf den Läufer übertragene Wanderfeldleistung gelten die abgewandelten Ausdrücke nach Gl. (5.40), indem die Drehzahl durch die Geschwindigkeit und das Drehmoment durch die Schubkraft ersetzt wird:

$$P_W = \frac{P_{mech}}{1-s} = \frac{F_a \, v}{1-s} = F_a \, v_W . \tag{5.61}$$

Dabei ist die mechanische Leistung des Läufers das Produkt aus der vom Linearmotor abgegebenen Schubkraft (F_a) und der Geschwindigkeit des Läufers (v), die zusammen mit der synchronen Geschwindigkeit den Schlupf festlegt:

$$s = \frac{v_W - v}{v_W} \quad \text{bzw.} \quad v = (1-s)\, v_W . \tag{5.62}$$

Der Zusammenhang zwischen Schubkraft und Schlupf führt analog zu Gl. (5.43) auf die Kloss'sche Formel für Linearmotoren:

$$F_a = F_K \frac{2}{\frac{s}{s_K} + \frac{s_K}{s}}, \tag{5.63}$$

wobei der Kippschlupf aus den Maschinenparametern gemäß Gl. (5.45) und die maximale Schubkraft am Kipppunkt über den Zusammenhang:

$$F_\mathrm{K} = \frac{3\ U_1^2}{2\ v_\mathrm{W}\left[R_1 + \sqrt{R_1^2 + \left(X_{1\sigma} + X'_{2\sigma}\right)^2}\right]} \tag{5.64}$$

berechnet werden können. Wegen der größeren Luftspalte und den ungünstigeren magnetischen Verhältnissen am Beginn und Ende der Wanderwelle (Randeffekte) arbeiten konventionelle Asynchronlinearmaschinen in der Regel mit einem größeren Nennschlupf als rotierende Asynchronmaschinen. Außerdem fällt bei linearen Asynchronmaschinen, deren Läuferteil keine ausgeprägten Strompfade aufweist, die sekundäre Streureaktanz in den Systemgleichungen und im einphasigen Ersatzschaltbild nach Bild 5.15 weg.

Da die abgegebene Schubkraft ursächlich aus Läuferströmen in einem Wanderfeld resultiert, ergeben sich zwei bestimmende Abhängigkeiten für lineare Asynchronmaschinen. Zum einen muss die elektrische Leitfähigkeit (κ) des Läufers hoch sein, damit die Spannungsinduktion auf große Läuferströme führt. Vorzugsweise ist Kupfer (Cu) statt Aluminium (Al) zu verwenden. Reine Eisenschienen (Fe) führen auf sehr kleine Schubkräfte, da für die spezifischen Leitfähigkeiten in etwa die Proportion gilt $\kappa_\mathrm{Fe} : \kappa_\mathrm{Al} : \kappa_\mathrm{Cu} = 1 : 5 : 7$. Das heißt, Kupfer im Läufer erhöht die Schubkraft gegenüber einem reinen Eisenläufer um den Faktor 7. Zum zweiten muss der Luftspalt zwischen Stator und Läufer möglichst klein gewählt werden und über der gesamten Fahrstrecke konstant sein. Dazu ist eine aufwendige Luftspaltführung durch Abstandsrollen, Gleitlager oder Tragmagnete erforderlich. Die Luftspaltgrößen von rotierenden Maschinen (0,4 mm bis 1 mm) werden sich in den seltensten Fällen erreichen lassen, sodass der Magnetisierungsbedarf bei linearen Asynchronmaschinen entsprechend größer ist. In Anwendungsfällen, die aus konstruktiven Gründen auf sehr große Luftspalte führen, kann der Einsatz des asynchronen Linearmotors wegen des schlechten Leistungsfaktors infolge großer Magnetisierungsströme sogar unwirtschaftlich werden.

Das Eisenpaket des Stators ist zur Verringerung von Wirbelstromverlusten aus kammförmigen Blechen aufgebaut, die durch Umbandelung, Klebung oder durch Bolzen aus unmagnetischem Material zusammengehalten werden. In die Nuten des Statorkamms wird die Drehstromwicklung mit ungerader Polpaarzahl und halbbewickelten Anfangs- und Endpolen eingelegt, wodurch sich günstige Übergangsbedingungen zwischen dem feldfreien Raum und dem Wanderfeld im Mittelbereich der Linearmaschine ergeben. Die verbleibenden Randeffekte wirken bremsend auf den Läufer und sind eine typische Erscheinung bei konventionellen

Linearmaschinen. Eine weitere Verbesserung bringt die Vergrößerung des Luftspalts durch Anfasen der Randzonen in der ersten und letzten Polteilung der Maschine.

Eine zweite typische und äußerst unangenehme Erscheinung bei konventionellen Linearmaschinen sind die sogenannten Querkräfte, die senkrecht zur Schubkraft wirken und je nach Schlupf auf den Läufer anziehend oder abstoßend wirken. Diese Querkräfte sind im Leerlauf am größten und betragen ein Mehrfaches der Nennschubkraft. Sie müssen von der Luftspaltführung aufgefangen werden, damit sich der Luftspalt nicht schlupfabhängig verändert und mechanische Berührungen zwischen Ständer und Läufer ausgeschlossen sind. Solche Querkräfte kompensieren sich bei rotierenden Maschinen durch die Geometrie des Läufers und treten damit nach außen nicht in Erscheinung. Auch bei Linearmaschinen ist eine Kompensation der enormen Querkräfte möglich, indem rechts und links des Läufers ein Stator angeordnet wird. Man spricht in diesem Fall von der Doppelkamm-Linearmaschine, die darüber hinaus noch eine Steigerung der Schubkraft gegenüber der Einfachkamm-Linearmaschine mit sich bringt.

Die einfache, kammförmige Geometrie des Stators verschafft der Linearmaschine fertigungstechnische Vorteile, da insbesondere das Einlegen der Drehstromwicklung sehr einfach ist. Hinzu kommt, dass bei optimaler Auslegung des Luftspalts und einer ausreichenden Maschinenlänge die Linearmaschine im Nennbetrieb einen ähnlichen Wirkungsgrad wie rotierende Maschinen aufweisen kann. Dabei muss berücksichtigt werden, dass bei einer Energiebilanz der Wegfall an Mechanik und deren Verluste dem Wirkungsgrad der Linearmaschine zugute kommt, sodass die Betriebskosten linearer Systeme nicht schlechter sind als die rotierender Varianten. Maximale Wirkungsgrade realisierter Linearmaschinen liegen bei 80 %, der Leistungsfaktor bewegt sich zwischen 0,6 und 0,7; das heißt, auch der Blindleistungsbedarf kann sich mit rotierenden Asynchronmaschinen vergleichen lassen.

Insgesamt lässt sich feststellen, dass der asynchrone Linearmotor immer dann als wirtschaftliche Alternative infrage kommt, wenn mechanische Verschiebungen durchzuführen sind und Eigenschaften wie robuster und kompakter Aufbau, wartungs- und verschleißfreier Betrieb durch berührungslose Kraftübertragung, neutrales Verhalten (Freilauf) im abgeschalteten Zustand sowie bewegte Anlagenteile ohne Kabelzuführung im Vordergrund stehen. Haupteinsatzgebiete der konventionellen Linearmaschinen finden sich überall dort, wo geradlinige Bewegungsabläufe über größere Fahrstrecken bei mittleren Schubkräften und Geschwindigkeiten zu realisieren sind.

Werden die Kupfer- und Eisenschienen der linearen Asynchronmaschine in Bild 5.26 durch Dauermagnete bzw. Elektromagnete ersetzt, liegt eine lineare Synchronmaschine vor, deren Systembeschreibung analog der rotierenden Synchronmaschine nach Abschnitt 5.4 erfolgen kann. Wie bereits erwähnt, gibt es reichlich Anwendungsbeispiele und Einsatzfelder für Linearantriebe, da viele

Antriebsbewegungen in der Automatisierungstechnik und insbesondere in der Elektrotraktion linear verlaufen. Bevorzugt sollte beim Einsatz von Linearmotoren der Stator als feststehendes Maschinenteil vorgesehen werden, um die Energiezufuhr möglichst einfach zu gestalten. Die Kurzstator-Linearmaschine kann auch noch dort eingesetzt werden, wo geringe Verfahrwege vorliegen und man der bewegten Ständerwicklung die elektrische Energie über drei Schleifkontakte oder ein Schleppkabel mit vertretbarem Aufwand zuführen kann. Die damit verbundenen Einschränkungen bezüglich Flexibilität und Robustheit beschränken den praktischen Einsatz allerdings auf Sonderanwendungen.

Bei der Langstator-Linearmaschine erfolgt die Energiezufuhr direkt in den feststehenden Ständer, sodass bewegte Kontakte und Schleppkabel generell überflüssig sind. Dies bedeutet zum Beispiel bei Bahnsystemen, dass Oberleitungen und Fahrdrahtabnehmer vollständig entfallen und somit höchste Geschwindigkeiten von 500 km/h und mehr gefahren werden können. Eine weitere interessante Anwendungsmöglichkeit der Langstator-Linearmaschine besteht darin, dass elektrisch und magnetisch leitende Produktionsmittel und Flüssigkeiten selbst als Läufer benutzt und direkt angetrieben werden können. So werden Linearmaschinen zum Beispiel für den Transport und die Positionierung von Eisenblöcken, -rohren und -bändern in Stahlwerken eingesetzt.

Weitere Anwendungsfälle für konventionelle Linearmaschinen sind beim schnellen und verschleißfreien Schließen von Rolltoren, beim Abstoßen am Ende von Transportbändern in Verpackungs-, Abfüll- und Sortiermaschinen, beim Bewegen von Schiebetüren ohne Selbsthemmung bei Stromausfall, beim wartungsfreien Öffnen und Schließen von linearen Torschranken sowie beim kräftigen Beschleunigen von Querschneidern in rauer Umgebung gegeben. Diese Liste ließe sich beliebig fortsetzen, da lineare Bewegungsabläufe überall zu finden sind. Dass sich trotzdem in den meisten Fällen rotierende Maschinen plus Getriebe, Zahnstangen etc. durchsetzen, liegt an der Verfügbarkeit dieser Elemente als genormte Fertigprodukte zahlreicher Hersteller. Die Entscheidung für den Linearantrieb bedeutet für jeden Anwendungsfall den Entwurf eines neuen Antriebkonzepts. Dabei kann zwar auf die Erfahrungswerte ähnlicher Applikationen zurückgegriffen werden, den Linearmotor als funktions- und einsatzfertiges Antriebselement von der Stange aber gibt es nicht.

Der Einsatz des konventionellen Linearmotors in Elektrofahrzeugen war bisher wegen der Spurbindung nur in Bahnsystemen möglich. Insbesondere im Straßenverkehr scheidet dieses Antriebskonzept durch die fehlende Infrastruktur und die Beschneidung der individuellen Fahrgewohnheiten aus. Um die enormen Vorteile des Linearantriebs dennoch in spurungebundenen Straßenfahrzeugen ausnutzen zu können, muss das Linearmotorprinzip für die Verhältnisse und Bedürfnisse im Straßenverkehr etwas modifiziert werden.

5.5.2 Gekrümmte Kurzstator-Asynchronlinearmaschine

Die Herleitung der gekrümmten Kurzstator-Asynchronlinearmaschine wird am anschaulichsten, wenn man von einem spurgebundenen Linearfahrzeug ausgeht, das auf dem Kurzstatorprinzip beruht. Ziel soll ein asynchroner Linearantrieb sein, der in spurungebundenen Elektrofahrzeugen auf Rädern und damit auch in Straßenfahrzeugen einsetzbar ist und der mit einem Minimum an Materialaufwand auskommt.

Bild 5.27 zeigt als Ausgangspunkt für die erforderlichen Entwicklungsschritte ein lineares Schienenfahrzeug, wobei es nebensächlich ist, ob der Luftspalt zwischen Fahrzeug und Schiene entweder von Abstandsrollen, Gleitschienen oder einem Tragemagnetsystem eingehalten wird. Der Fahrweg besteht aus einer oben liegenden Kupferschiene für die elektrischen Ströme und einer darunter liegenden Eisenschiene für den magnetischen Rückschluss des Wanderfelds. Das Fahrzeug selbst trägt in einem kammförmigen Blechpaket eine Drehstromwicklung, die entweder aus dem öffentlichen Drehstromnetz über Schleifkontakte oder aus einer fahrzeugfesten Batterie über einen Wechselrichter gespeist werden kann.

Selbstverständlich ist ein solches Linearfahrzeug nicht nur für den strengen Geradeausbetrieb zu verwenden. So lassen sich gemäß Bild 5.27 Steigungen und

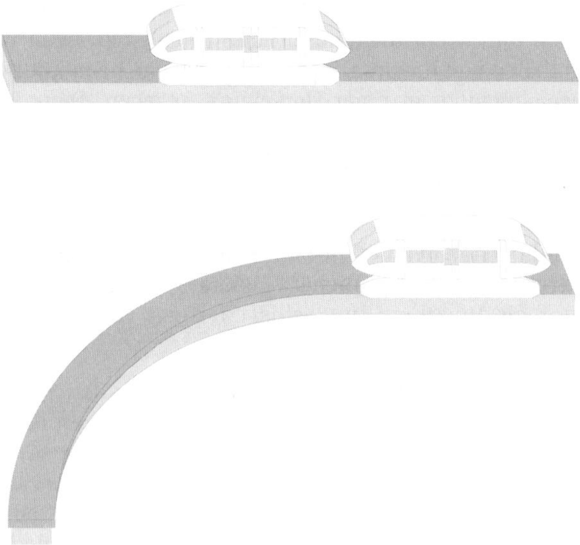

Bild 5.27 Lineares Elektrofahrzeug auf Schienen

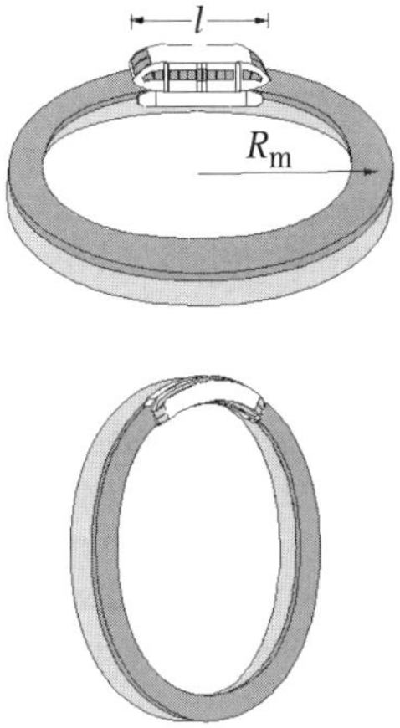

Bild 5.28 Gekrümmte Kurzstator-Asynchronlinearmaschine

lang gestreckte Kurven durch entsprechende Ausgestaltung der Schiene problemlos bewältigen. Ist der Kurvenradius groß gegen die Länge des Fahrzeugs, sind die Merkmale der konventionellen Linearmaschine voll erfüllt; das heißt, das Statorblechpaket darf als linearer Einfachkamm ausgeführt werden. Auch ein geschlossener Fahrweg in Form eines Kreises ist gemäß **Bild 5.28** möglich, solange der Radius nicht zu klein wird. Für Radien, die in der Größenordnung der Fahrzeuglänge (l) liegen ($R_m \geq l$), kann die lineare Bauweise des Stators nicht mehr aufrechterhalten werden. Um eine Überlappung mit der Schiene zu erhalten, müsste der Stator wesentlich breiter ausgelegt werden, was ihn zu schwer und unwirtschaftlich machen würde. Als Lösung bietet sich an, das Statoreisenpaket dem Radius der Schiene anzupassen.

Durch die Krümmung des Stators geht die strenge Bindung an das Linearmotorprinzip zwar verloren, die physikalischen Eigenschaften und das Betriebsverhalten bleiben aber bestehen. Deshalb lassen sich gekrümmte Kurzstator-Asynchronlinearmaschinen ebenso beschreiben und handhaben wie die konventionellen Linearmaschinen. Das Wanderfeld der gekrümmten Linearmaschine bewegt sich im kreisförmigen Luftspalt, wobei man für die Berechnung der Kreisdrehzahl in Abhängigkeit von der Umlaufgeschwindigkeit einen mittleren Radius (R_m) ansetzt:

$$\Omega = 2\pi \cdot n = \frac{v}{R_m} = \frac{(1-s)\,v_W}{R_m}. \tag{5.65}$$

Richtet man die gesamte Anordnung der gekrümmten Linearmaschine auf und hält in Gedanken das Linearfahrzeug fest, so muss sich zwangsläufig die Schiene mit der Kreisdrehzahl gemäß Gl. (5.65) drehen. Betrachtet man die Schiene als einen rotierenden Reifen und integriert diesen in die Felge eines Fahrzeugrads, liegt eine gekrümmte Linearmaschine für den berührungslosen Antrieb von Fahrzeugen auf Rädern vor. Das ursprüngliche Schienenfahrzeug reduziert sich auf den gekrümmten Stator plus Drehstromwicklung, der am Fahrzeugrahmen befestigt wird.

Am Beispiel eines Straßenfahrzeugrads sind im **Bild 5.29** der Aufbau und die Anordnung einer gekrümmten Kurzstator-Asynchronlinearmaschine dargestellt. Der Kurzstator ist ein im Radius des Rotors gekrümmtes, kammförmiges Eisenteil, in dessen radialen Nuten eine Drehstromwicklung mit halb bewickelten Endpolen eingelegt wird. Zur Vermeidung von Wirbelströmen muss das Eisenpaket geblecht (laminiert) sein. Die Befestigung des Stators am Fahrzeugrahmen erfolgt so, dass ein möglichst kleiner Luftspalt einjustiert werden kann. Für einen konstanten Luftspalt über dem gesamten Umfang sorgt die natürliche Lagerung des Fahrzeugrads, wobei die Fahrzeugfelge eine ausreichende Steifigkeit aufweisen muss,

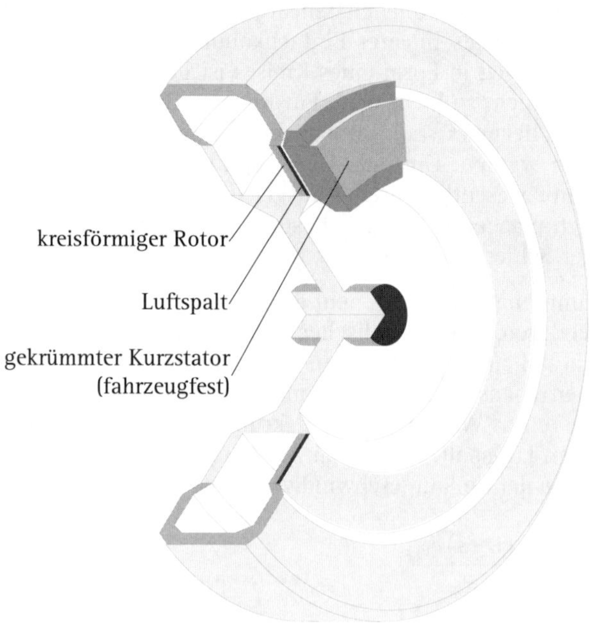

Bild 5.29 Gekrümmte Kurzstator-Linearmaschine für Fahrzeugräder

um eine mechanische Berührung zwischen Stator und Rotor infolge der axialen Querkräfte zu verhindern.

Im einfachsten Fall besteht der Rotor aus einem Kupferring für die elektrischen Ströme und einem darunter liegenden laminierten Eisenring für den magnetischen Rückschluss des Wanderfelds. Beide Rotorringe sind an der Fahrzeugfelge befestigt, weshalb man auch von einer linearen Felgenmaschine sprechen kann. Die für Linearmaschinen typischen Längsrandeffekte und enormen Querkräfte sind bei dieser gekrümmten Linearmotorvarianten natürlich in vollem Umfang vorhanden und müssen durch konstruktive Maßnahmen eliminiert werden.

Die gekrümmte Kurzstator-Asynchronlinearmaschine deckt selbstverständlich alle vier Quadranten der Kraft-Geschwindigkeits-Ebene ab und kann das Fahrzeugrad sowohl vorwärts als auch rückwärts motorisch antreiben sowie generatorisch bremsen (Nutzbremse). Da es sich um eine asynchrone Linearmaschine handelt, treten Stabilitätsprobleme wie bei synchronen Linearantrieben prinzipbedingt nicht auf. Das an das Fahrzeugrad abgegebene Drehmoment entspricht dem Produkt aus der Schubkraft und dem mittleren Radius des Läufers:

$$M_\mathrm{a} = F_\mathrm{a}\, R_\mathrm{m}. \tag{5.66}$$

Das bedeutet, dass beim gekrümmten Linearmotor bereits kleine Schubkräfte zu kräftigen Drehmomenten führen, sofern der Radius der Maschine groß gewählt wird. Während die relativ schlanken Läufer rotierender Maschinen nur geringe Drehmomente entwickeln können und so zur Drehmomentenwandlung ein Getriebe erforderlich machen, entfällt diese mechanische Zusatzkomponente bei gekrümmten Linearmaschinen vollständig. Und obwohl der mittlere Radius für die Größe des abgegebenen Drehmoments entscheidend ist, spielt er bei der Berechnung der mechanischen Leistung keine Rolle, da er sich insgesamt herauskürzt. Unter Berücksichtigung von Gl. (3.8), Gl. (5.65) und Gl. (5.66) kann die abgegebene mechanische Leistung der gekrümmten Linearmaschine sowohl in rotatorischer als auch in translatorischer Form angegeben und berechnet werden:

$$P_\mathrm{mech} = M_\mathrm{a}\, \Omega = F_\mathrm{a}\, v. \tag{5.67}$$

Dabei ist v die Tangentialgeschwindigkeit des rotierenden Sekundärteils, die sich über den Schlupf und die synchrone Geschwindigkeit des Wanderfelds ermitteln lässt. Da der mittlere Radius des gekrümmten Linearmotors kleiner sein muss als der Radius des Reifens, ist noch eine Umrechnung erforderlich, um die Geschwindigkeit des Fahrzeugs aus der Rotorgeschwindigkeit zu erhalten:

$$v_\mathrm{Rad} = v\,\frac{R_\mathrm{Rad}}{R_\mathrm{m}}. \tag{5.68}$$

Über die Frequenz der Statorspannungen kann somit die Geschwindigkeit kontinuierlich verändert und den Betriebsbedingungen angepasst werden. Durch den Wegfall von Getrieben macht die gekrümmte Linearmaschine ihre mechanische Leistung in erster Linie über das Drehmoment und weniger über die Drehzahl, wie dies bei rotierenden Maschinen und Verbrennungsmotoren der Fall ist. Dadurch sind Linearmotoren langsam laufende Maschinen mit einem relativ geringen Leistungsgewicht.

Im Motorbetrieb arbeitet die Linearmaschine untersynchron, das heißt, das Wanderfeld bewegt sich etwas schneller als das Rad, sodass positive Schlupfwerte auftreten. Hingegen arbeitet die gekrümmte Linearmaschine im Generatorbetrieb übersynchron, das heißt, das Wanderfeld bewegt sich etwas langsamer als das Rad, sodass negative Schlupfwerte vorliegen. Das Systemverhalten entspricht somit dem der rotierenden Asynchronmaschine, lediglich die Schlupfwerte sind zu etwas höheren Prozentpunkten hin verschoben. Auch die Regelkonzepte der rotierenden Maschinen lassen sich auf lineare Maschinen direkt anwenden.

Durch den Wegfall einer Vielzahl mechanischer Komponenten sind, abgesehen von der Befestigung des ringförmigen Läufers an den Radfelgen, keine besonderen Eingriffe in den Fahrzeugaufbau erforderlich. Die Montage und Demontage der Fahrzeugräder kann in der üblichen Form beibehalten bleiben. Selbstverständlich können mit der gekrümmten Linearmaschine auch Seil- und Wäschetrommeln oder Antriebswalzen direkt angetrieben werden.

In **Bild 5.30** ist der kammförmige, laminierte Kurzstator einer gekrümmten Linearmaschine plus der zugehörigen Drehstromwicklung im Detail dargestellt. Dabei wurde eine Statornutzahl von $N_S = 15$ gewählt, sodass sich bei der gezeichneten Nut- und Polteilung nach Gl. (5.60) eine Polpaarzahl von $p = 2{,}5$ für diese Maschine errechnet. Wie bereits erwähnt, sind solche nicht ganzzahligen Polpaarzahlen eine Besonderheit der Linearmaschinen, die es bei rotierenden Maschinen nicht gibt. Dies rührt daher, dass sich bei Linearmaschinen neben geraden auch ungerade Polteilungen realisieren lassen. Um den Übergang des Wanderfelds vom Statoreisen auf den feldfreien Raum neben den Randzonen günstig zu gestalten, ergibt sich die Zweischicht-Drehstromwicklung mit ungerader Polzahl und halbbewickeltem Anfangs- und Endpol als das optimale Wicklungsschema. Die Zweischichtwicklung plus zugehörigem Wicklungssinn ist in Bild 5.30 für einen fünfpoligen Kurzstator ($p = 2{,}5$) mit angegeben. Die Berechnung der Windungszahl für jeden der drei Stränge erfolgt, ausgehend vom Induktionsgesetz, über die Effektivwerte von Spannung und Fluss, sowie den geometrischen Abmessungen der Maschine.

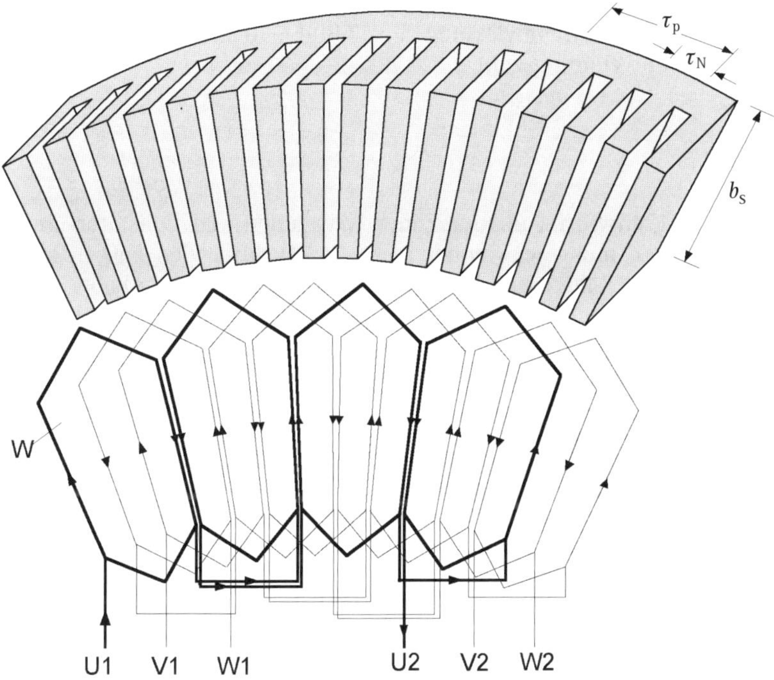

Bild 5.30 Gekrümmter Kurzstator mit Wicklungsschema

Unter Vernachlässigung der Sättigung und anderer nichtlinearer Effekte erhält man für die Windungszahl (w_1) pro Strang nach einigen Zwischenschritten in guter Näherung den Ausdruck:

$$w_1 = \frac{U_{1h}}{\sqrt{2}\pi\, f_1\, \xi_1\, \Phi_\delta}. \tag{5.69}$$

Der Effektivwert der Hauptfeldspannung kann über das Ersatzschaltbild der Asynchronmaschine gemäß Bild 5.15 ermittelt werden. Üblicherweise liegt die Hauptfeldspannung in der Größenordnung von 95 % der Strangspannung. Der Wicklungsfaktor (ξ_1) liegt ebenfalls in diesem Prozentbereich. Ferner entspricht der Luftspaltfluss dem Produkt aus Luftspaltinduktion und der durchfluteten Eisenfläche. Bezogen auf eine Statorpolteilung darf man schreiben:

$$\Phi_\delta = B_\delta\, A_{Fe} \approx B_\delta\, \tau_p\, b_S. \tag{5.70}$$

Die Luftspaltinduktion kann Werte bis 1 T erreichen, wenn der Luftspalt sehr klein ist. Da sich jede Strangwicklung gemäß Bild 5.30 in $2p-1$ Teilspulen aufteilt, ergibt sich deren Windungszahl zu:

$$w = \frac{w_1}{2p-1}. \tag{5.71}$$

Beim Wicklungsentwurf von rotierenden Maschinen und Vollstator-Linearmaschinen hingegen muss der Nenner in Gl. (5.71) durch den Faktor $2p$ ersetzt werden, weil diese Maschinen keine halbbewickelten Endpole haben. Mit dem Wicklungsschema nach Bild 5.30 stellt sich im voll bewickelten Mittelbereich der Linearmaschine eine sinusförmige Wanderwelle ein, die im halb bewickelten Anfangsbereich kontinuierlich aus null heraus aufgebaut und im ebenfalls halb bewickelten Endbereich kontinuierlich nach null hin abgebaut wird. Wegen der kurzen Bauform der abgebildeten Linearmaschine und der damit verbundenen geringen Anzahl von Nuten ist die Länge des Statormittelbereichs:

$$l_\mathrm{M} = 2\tau_\mathrm{p}(p-1) \tag{5.72}$$

verhältnismäßig kurz. Entsprechend groß ist bei dieser Kurzstatormaschine der bremsend wirkende Längsrandeffekt der Endpole im Verhältnis zum antreibenden Effekt des Wanderfelds im Mittelbereich. Aus diesem Grund dürfen Kurzstator-Linearmaschinen nicht beliebig kurz gebaut werden, da sonst der Wirkungsgrad extrem schlecht wird und der Einsatz von vornherein unwirtschaftlich ist.

Die Breite (b_S) des Statoreisenpakets darf im Interesse günstiger Maschinenparameter nicht kleiner als die Polteilung gewählt werden. Ferner sind aus fertigungstechnischen Gründen Polteilungen unter drei Zentimetern zu vermeiden, was bedeutet, dass Linearmaschinen in ihrem Leistungsspektrum nach unten hin begrenzt sind. Wie Bild 5.30 weiter zeigt, ist das Einlegen der Drehstromwicklung in die radialen Nuten des gekrümmten Stators äußerst einfach und kann problemlos von Fertigungsautomaten ausgeführt werden. Um möglichst günstige Strömungsbedingungen für die magnetischen Feldlinien zu erhalten, sollten die Nutöffnungen nach dem Einlegen der Wicklungen bis auf schmale Schlitze mit Eisenkeilen geschlossen werden. Dadurch erhöht sich die Ausnutzung bezüglich Drehmoment und Wirkungsgrad, und darüber hinaus erhalten die Wicklungen einen festen Sitz.

Die Ausnutzung und damit das Leistungsgewicht der gekrümmten Kurzstator-Linearmaschine können weiter gesteigert werden, wenn der Rotor nicht einfach aus zwei übereinanderliegenden Eisen- und Kupferringen aufgebaut wird. Die Anordnung nach **Bild 5.31** bringt eine Verbesserung in zweierlei Hinsicht. Zum

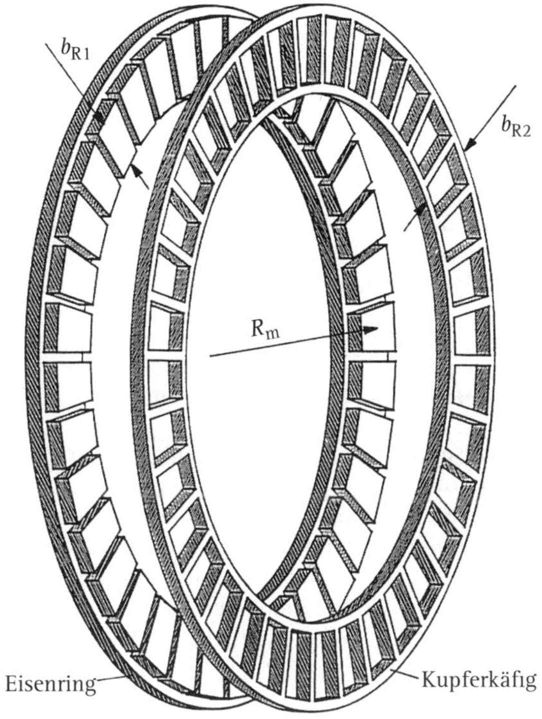

Bild 5.31 Ringförmiger Kurzschlussläufer

einen verkleinert die Einbettung des Kupferkäfigs in den laminierten Eisenring den Luftspalt um die Stärke des Kupfers, was den Magnetisierungsbedarf reduziert, und zum anderen ergeben sich durch die ausgeprägten Läuferwicklungen höhere Spannungsinduktionen und damit größere Läuferströme, wodurch das abgebbare Drehmoment vergrößert wird. Schließlich gilt auch hier, dass eine weitestmögliche Umschließung des Kupferkäfigs durch den magnetischen Rückschluss für beste Strömungsverhältnisse der Feldlinien sorgt.

Um ein magnetisches Klemmen beim Anlaufen der Maschine zu verhindern, wählt man im Läufer eine etwas größere Nutteilung als im Ständer. Gute Anlaufbedingungen ergeben sich bei einer Vergrößerung um ein Drittel gegenüber der Statornutteilung; das heißt, der Rotor hat auf einem beliebigen Kreissegment ein Drittel weniger Nuten als der Stator. Im Falle der gekrümmten Kurzstatormaschine mit einem mittleren Radius (R_m) und einer vorgegebenen Statornutteilung ergibt sich für die Anzahl der Rotornuten die Bedingung:

$$N_R = \frac{3\pi R_m}{2\tau_N}. \tag{5.73}$$

Während der laminierte Eisenring des Läufers (b_{R1}) wenigstens die Breite des Statorblechpakets haben sollte, um einen ausreichenden magnetischen Rückschluss für das Wanderfeld zu garantieren, ist der Kupferkäfig des Läufers (b_{R2}) wegen der Kurzschlussringe etwas breiter auszulegen. Sämtliche von den rotierenden Maschinen bekannten Beschreibungsformen, wie Ersatzschaltbilder, Zeigerdiagramme und Stromortskurven, können direkt auf Linearmaschinen übertragen werden. Auch die bewährten Regelverfahren für Drehstromantriebe gelten für rotierende Maschinen und Linearmaschinen gleichermaßen.

5.5.3 Vollstator-Asynchronlinearmaschine

Eine erhebliche Verbesserung der elektrischen, magnetischen und mechanischen Eigenschaften der gekrümmten Kurzstator-Asynchronlinearmaschine erhält man, wenn der fahrzeugfeste Stator so lange verlängert wird, bis sich die erste und letzte Polteilung überlappen. Dadurch stellt sich ein axiales Wanderfeld im kreisförmigen Luftspalt ein, das keine Übergangszonen zu einem feldfreien Raum hin aufweist und damit dem radialen Drehfeld in rotierenden Maschinen sehr nahe kommt. Die für Linearmaschinen typischen Längsrandeffekte entfallen somit bei der Vollstatorlinearmaschine vollständig. **Bild 5.32** zeigt einen laminierten Vollstator mit 30 radialen Nuten, in die eine zehnpolige Drehstromwicklung eingelegt wird. Da die Querkräfte bei diesem Maschinentyp über dem gesamten Umfang zwischen Stator und Rotor auftreten, ist eine einseitige Kraftbeanspruchung der Rotorfelge ausgeschlossen. Diese gleichmäßig über den Umfang verteilten Querkräfte liegen in ihrer Summe deutlich über der Schubkraft und müssen von der Lagerung des Rads in axialer Richtung aufgenommen werden.

In Verbindung mit dem in die Radfelge integrierten Kurzschlusskäfigring plus magnetischem Rückschluss erhält die Vollstator-Linearmaschine dieselben Eigenschaften wie rotierende Asynchronmaschinen. Insbesondere die Parameter des Ersatzschaltbilds sowie der Nenn- und Kippschlupf liegen in derselben Größenordnung. Bei der Berechnung der geometrischen Abmessungen gelten die Wachstumsgesetze rotierender Maschinen und Transformatoren, die, ausgehend von einer optimalen elektrischen und magnetischen Materialbeanspruchung, einen Zusammenhang zwischen der umsetzbaren Leistung und den geometrischen Abmessungen der Maschine angeben. Im Folgenden soll die Vollstator-Asynchronlinearmaschine in Bild 5.32 für ein kleines, zweisitziges Stadtauto mit 5 kW mechanischer Gesamtleistung schrittweise dimensioniert werden.

Ausgehend von der üblichen 14-Zoll-(35-cm-)Felge eines Kleinwagens (City-Car) ergibt sich ein mittlerer Radius für den Vollstator und Rundläufer von $R_m = 11$ cm. Dabei bleibt man deutlich unter dem Radius der Felge, um bei Reifenpannen eine Berührung von Elektromotor und Fahrbahn sicher zu vermeiden. Werden zwei Räder mit einer 2,5-kW-Vollstator-Asynchronlinearmaschine bestückt, steht eine mechanische Leistung von 5 kW zur Verfügung, die zwei Personen in einem leichten Stadtauto bei kleinen Geschwindigkeiten antreiben und abbremsen kann. Der Reifendurchmesser für eine 14-Zoll-Felge beträgt außen $R_{Rad} = 54$ cm, sodass die Tangentialgeschwindigkeit des Rotors mit Gl. (5.68) zu $v_{Rad} = 32{,}6$ km/h festliegt. Für einen typischen Nennschlupf von $s = 6$ % folgt gemäß Gl. (5.62) für die Synchrongeschwindigkeit des Wanderfelds $v_W = 34{,}7$ km/h. Legt man eine ungesehnte Drehstromwicklung ($\tau_p \approx 3\tau_N$) in die Nuten des Stators ein, so folgt für eine zehnpolige Maschine ($p = 5$) nach Gl. (5.60) eine Ständernutzahl von $N_S = 30$. Bei der Festlegung der Polpaarzahl bzw. der Nutzahl muss darauf geachtet werden, dass die Breite der Ständerzähne am Innenradius nicht zu klein und damit die Zahninduktion zu groß wird. Für die Polteilung erhält man mit Gl. (5.60) den Wert $\tau_p = 6{,}9$ cm, woraus mit Gl. (4.1) die Nennfrequenz des Drehstromsystems auf $f_1 = 70$ Hz festgelegt ist. Schließlich ergibt sich mit Gl. (5.73) für die Nutzahl des Rotors $N_R = 20$.

Bevor man die Windungszahl der Statorwicklung nach Gl. (5.69) berechnen kann, muss noch die Breite des Ständerblechpakets festgelegt werden. Um günstige Maschinenparameter zu erhalten, darf der Stator auf keinen Fall schmaler als die Polteilung sein:

$$b_S \geq \tau_p = \frac{\pi R_m}{p}. \tag{5.74}$$

Im vorliegenden Beispiel wurde die Statorbreite mit $b_S = 7$ cm gewählt. Jetzt kann die Windungszahl pro Strang berechnet werden. Für eine mittlere Luftspaltinduktion von 0,5 T folgt mit Gl. (5.70) für den Luftspaltfluss pro Polteilung $\Phi_\delta = 2{,}45$ mVs. Eingesetzt in Gl. (5.69) erhält man für eine Strangspannung von 115 V (70 Hz) und einen Wicklungsfaktor von 0,93 die Windungszahl $w_1 = 180$ bzw. nach Gl. (5.71) pro Teilspule die Windungszahl $w = 18$. Mithilfe der Windungen pro Spule kann auf die erforderliche Nutfläche für die Kupferwicklung geschlossen werden. Es gilt:

$$A_{Cu} = N_b\, N_T = \frac{w\, I_{1N}}{F_N\, S}. \tag{5.75}$$

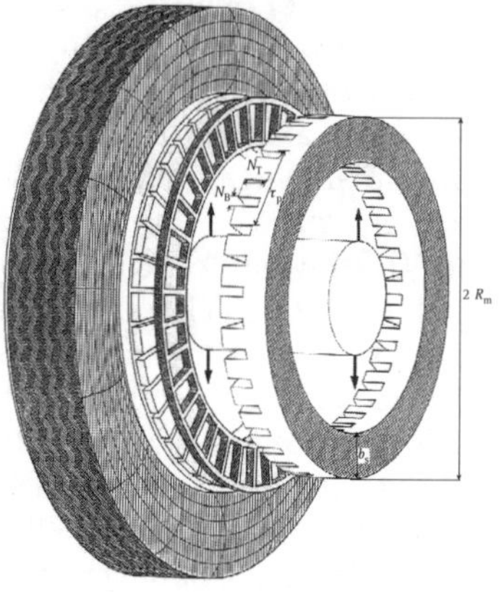

Bild 5.32 Felgenantrieb mit einer Vollstator-Asynchronlinearmaschine

Der Nennstrom ist über die mechanische Leistung von 2,5 kW, den zu erwartenden Wirkungsgrad von 75 % und Leistungsfaktor von 0,7 gemäß Gl. (3.6) und Gl. (3.9) festgelegt und errechnet sich zu I_{1N} = 13,8 A. Wählt man im Interesse kleiner Motorverluste eine Stromdichte von S = 6 A/mm^2, so ergibt sich für einen Nutfüllfaktor von F_N = 0,5 die Fläche der Wicklungsnut zu A_{Cu} = 83 mm^2. Werden die Nuten mit N_b = 5 mm Breite gefräst, so müssen sie nach Gl. (5.75) etwa N_T = 17 mm tief sein. Addiert man zur Nuttiefe noch die Breite der Statorzähne von 18 mm hinzu, so ergibt sich eine Dicke des Statoreisenpakets von 35 mm.

Wendet man diese Dimensionierungsschritte in umgekehrter Reihenfolge an, so kann aus den geometrischen Abmessungen direkt auf die mechanische Leistung der Maschine geschlossen werden:

$$P_{\text{mech}} = 6\sqrt{2}\pi\, p\, f_1\, \xi_1\, B_\delta\, S\, N_T\, b_S\, \tau_p. \tag{5.76}$$

Berücksichtigt man ferner noch die spezifischen Dichten von Eisen (7,8 kg/dm^3) und Kupfer (8,9 kg/dm^3), so lassen sich die Massen von Ständer und Läufer errechnen. Im vorliegenden Beispiel liegt das Gesamtgewicht der 2,5-kW-Vollstator-Asynchronlinearmaschine ohne Befestigungselemente bei ungefähr 18 kg, was auf ein für Linearmotoren recht hohes Leistungsgewicht von 0,14 kW/kg führt.

Bild 5.33 zeigt den Prototypen einer 2,5-kW-(3,4-PS-)Vollstator-Asynchronlinearmaschine an der Hinterachse eines Elektrofahrzeugs. Der komplette Motor ist ungefähr 5 cm breit und damit wesentlich schmaler als der Reifen des Fahrzeugs. Deutlich ist das weiße Geflecht der Isolation der zehnpoligen Drehstromwicklung des Stators zu erkennen. Das laminierte Statoreisenpaket ist am Fahrzeugrahmen

Bild 5.33 Prototyp einer 2,5-kW-Vollstator-Asynchronlinearmaschine

verschiebbar gelagert, sodass ein möglichst kleiner und über dem Umfang konstanter Luftspalt (0,5 mm bis 1 mm) zwischen Stator und Rotor einjustiert werden kann.

Der ebenfalls laminierte Eisenring des Rotors trägt den Kupferkäfig, bestehend aus runden Kupferstäben mit Gewindeenden, und ist an der Fahrzeugfelge befestigt. Die Schraubenmuttern sorgen für den elektrischen Kontakt zwischen den Kupferstäben und den Kurzschlussringen am Außen- und Innenradius. Das Drehmoment, das der 2,5-kW-Vollstator-Linearmotor berührungslos auf das Fahrzeugrad überträgt, beträgt 30 Nm, was einer Schubkraft von 272 N am Rotorring entspricht. Mit dem bereits weiter oben berechneten Leistungsgewicht von 140 W/kg liegt diese Maschine im Bereich langsam laufender Elektromotoren.

Für die Regelung und Steuerung der Vollstator-Asynchronlinearmaschine kommen dieselben Verfahren wie bei rotierenden Asynchronmaschinen zur Anwendung, sodass ein verschleißfreier und kompakter Fahrzeugantrieb zur Verfügung steht, der mit einem Minimum an mechanischem Aufwand gute dynamische Eigenschaften aufweist. Darüber hinaus macht die Einsparung mechanischer Komponenten, wie Anlasser, Kupplungen, Getriebe, Gelenk- und Antriebswellen, sowie Ölen und Fetten das Fahrzeug leichter und hilft somit, Energie- und Rohstoffvorräte zu schonen. Durch die geringere Anzahl von Verlustquellen lassen sich mit der Vollstator-Asynchronlinearmaschine hohe Gesamtwirkungsgrade erzielen.

Ein wesentlicher Hauptvorteil der Vollstatorlinearmaschine gegenüber herkömmlichen Drehstrommaschinen liegt jedoch in der mechanischen Entkopplung von Motor und Radaufhängung. Das heißt, der Rotor plus Fahrzeugrad können sich in radialer Richtung gegeneinander verschieben, sodass dieser Maschinentyp die ungefederten Massen des Rads nicht nennenswert erhöht.

Für kleine und langsame Fahrzeuge ist es bereits ausreichend, die beiden Vorder- oder Hinterräder mit je einer Vollstator-Asynchronlinearmaschine zu bestücken und aus einem gemeinsamen Wechselrichter zu speisen. Durch den verschleißfreien Linearantrieb lassen sich so besonders einfache und preiswerte Elektrofahrzeuge herstellen. Die mit der Substitution mechanischer Komponenten verbundene Gewichtseinsparung erniedrigt in Elektrofahrzeugen mit Vollstator-Asynchronlinearantrieben den Energieverbrauch entsprechend. Investiert man die Gewichtseinsparung in einen größeren Energiespeicher, so vergrößert sich der Aktionsradius des Fahrzeugs.

Abgesehen von der Befestigung des Vollstators am Fahrzeugrahmen und des Läuferrings an der Radfelge sind keine besonderen Eingriffe in einen konventionellen Fahrzeugaufbau erforderlich, sodass insbesondere die Montage und Demontage der Fahrzeugräder in der gewohnten Weise geschehen kann. Da die Kraftkopplung elektromagnetisch erfolgt, treten keine Verschleißerscheinungen durch mechanische Abnutzungen auf. Um den Linearantrieb vor Korrosion und Beschädigung durch Steinschlag zu schützen, sind entsprechende Vorkehrungen zu treffen.

Aus den errechneten Motordaten obiger 2,5-kW-Vollstatormaschine lassen sich die Parameter des einphasigen Ersatzschaltbilds der Reihe nach ermitteln: $R_1 = 0{,}4\,\Omega$, $R_2' = 0{,}74\,\Omega$, $X_{1\sigma} = X_{2\sigma}' = 1{,}7\,\Omega$, $X_{1h} = 14{,}7\,\Omega$, $\mathrm{R}_{\mathrm{Fe}} = 133\,\Omega$ und gemäß **Bild 5.34** darstellen. Mit diesen Ersatzschaltbildgrößen ist die Maschine vollständig beschrieben. Aus den Stromzeigern für drei markante Schlupfwerte kann schließlich noch die zugehörige Stromortskurve der Vollstatormaschine konstruiert werden.

Die dargestellte Stromortskurve weist die charakteristischen Merkmale gewöhnlicher Asynchronmaschinen auf, was belegt, dass die linearen Vollstatormaschinen bei einer optimalen Auslegung den rotierenden Maschinen sehr nahe kommen. Selbstverständlich kann aus dem Ersatzschaltbild auch das Zeigerdiagramm für diese Maschine aufgezeichnet werden bzw. aus den Maschinendaten ein Leis-

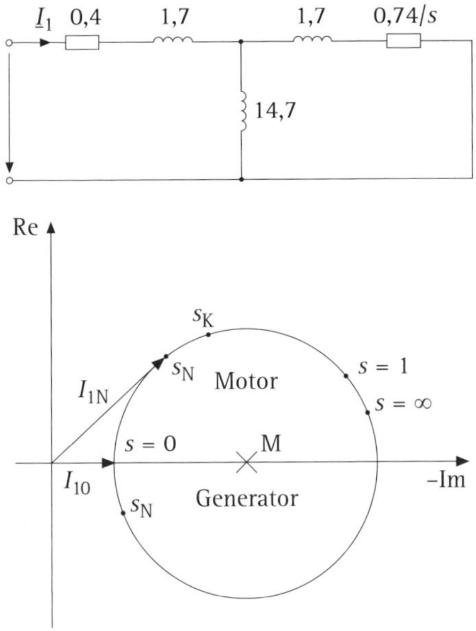

Bild 5.34 Ersatzschaltbild und Stromortskurve einer 2,5-kW-Vollstator-Asynchronlinearmaschine

tungsfaktor von $\cos\varphi = 0{,}65$, ein Wirkungsgrad $\eta = 0{,}8$ und ein Nennschlupf von $s_N = 0{,}06$ errechnet werden. Sollten die einzelnen Parameter noch nicht zufriedenstellend ausgefallen sein, muss der Entwurf des Linearmotors mit leichten geometrischen Modifikationen erneut durchgeführt werden.

Der gravierende Unterschied zwischen den herkömmlichen rotierenden Asynchronmaschinen und den asynchronen Vollstatormaschinen liegt in der andersartigen Luftspaltführung. Durch den radialen Luftspalt können normale Asynchronmaschinen aufgrund der Rotationssymmetrie die störenden Anziehungskräfte zwischen Stator und Rotor kompensieren, weshalb diese enormen Querkräfte nach außen nicht negativ in Erscheinung treten. Wegen des axialen Luftspalts ist diese natürliche Kompensation bei einseitigen Linearmotoren generell nicht möglich, sodass bei allen linearen Motorvarianten die starken Anziehungskräfte zwischen Stator und Rotor durch eine entsprechend robuste Lagerung des Fahrzeugrads in axialer Richtung aufgenommen werden müssen.

Dieser motortypische Nachteil wird beim Einsatz in der Elektrotraktion durch zwei Vorteile wieder abgemildert. Zum einen erhöhen Vollstatormaschinen beim direkten Antrieb von Rädern die ungefederten Massen nur wenig, da sich der Rotor gegenüber dem festen Stator in radialer Richtung bewegen kann. Hinzu kommen zweitens die sogenannten Freilaufeigenschaften linearer Antriebe im abgeschalteten Zustand. Das heißt, der Vollstator-Linearmotor verhält sich im stromlosen Zustand vollkommen neutral. Diese Eigenschaft ist in Elektrofahrzeugen besonders beim Wechsel auf eine andere Antriebsform oder beim Abschleppen und Schieben von großem Vorteil, da man auf Kupplungen oder Leerlaufgetriebe verzichten kann.

6 Vierquadrant-Stromrichtergeräte

Unter Stromrichtergeräten versteht man elektrische Netzwerke aus Halbleiterventilen, wie Thyristoren, Dioden oder Leistungstransistoren, die aus einem starren Spannungssystem (Netz, Batterie) ein variables Spannungssystem (Gleichstrom, Wechselstrom, Drehstrom) ohne nennenswerte Verluste erzeugen können. Zur Erlangung hoher Wirkungsgrade von 95 % bis 99 % werden die Leistungshalbleiter sämtlicher Stromrichtertypen im Schaltbetrieb ausgesteuert, was wiederum auf hohe Leistungsgewichte von bis zu 10 kW/kg führt. Die mit dem Schaltbetrieb verbundenen Oberschwingungsspektren in den Stromrichterausgangsgrößen werden durch geeignete Steuer- und Modulationsverfahren der hochstromigen Leistungshalbleiter minimiert.

Da zum reinen Schalten und Umformen elektrischer Energie mittels Stromrichterventilen das Messen, Steuern und Regeln der Zustandsgrößen einen immer breiteren Raum in der Automatisierung von Prozessen und Fahrzeugen einnimmt, wurde die klassische Stromrichtertechnik Mitte der 1960er-Jahre in die sogenannte Leistungselektronik umbenannt. Dieser Trend zur Verschmelzung von Komponenten der Stromrichtertechnik (Energie) und der Signalverarbeitung (Information) wird sich fortsetzen und zu immer intelligenteren Komponenten und Bausteinen führen, bei denen moderne Leistungselektronik komplett auf einem Power-Chip untergebracht und direkt in die Antriebsmaschine oder Energiesteuerung eingebaut wird. Solche digitalen Leistungssteuerbausteine (Energieknoten) zeichnen sich durch ein Höchstmaß an Betriebssicherheit, Flexibilität und Wirtschaftlichkeit aus und lassen sich in allen Bereichen der fortschreitenden Automatisierungstechnik, dem dezentralen Energiemanagement und der mobilen Elektrotraktion vorteilhaft einsetzen.

Die Leistungselektronik ist somit ein wichtiges Teilgebiet der elektrischen Energietechnik, da sie das Bindeglied zwischen der Energieerzeugung auf der einen und der Energieanwendung auf der anderen Seite darstellt. Die Fähigkeit, elektrische Netze beliebig umwandeln und variieren zu können sowie besonders sparsam mit dem Rohstoff Energie umzugehen, erschließt der Leistungselektronik ein weites Anwendungsfeld, wobei der Schwerpunkt in der Antriebstechnik liegt. Durch den hohen Entwicklungsstand der Leistungselektronik stehen heute sowohl Gleichstrom- als auch Wechsel- und Drehstromantriebe zur Verfügung, die aus jedem beliebigen Netz gespeist werden können und in allen vier Quadranten der Drehzahl-Drehmoment-Ebene arbeiten (vgl. Kapitel 3).

6.1 Netzgeführte Stromrichterstellglieder

In netzgeführten Stromrichtern wird die Wechselspannung des speisenden Netzes nicht nur zur Spannungsbildung auf der Ausgangsseite benutzt, sondern auch als treibende Kraft beim Wechsel der Stromführung (Kommutierung) innerhalb der Halbleiterventile. Beim Zünden eines Folgeventils mit höherer, positiver Sperrspannung setzt automatisch ein Kommutierungsvorgang ein, der das noch leitende Ventil stromlos macht. Da die Netzspannung für jedes einzelne Ventil nur während einer halben Periode als Triebkraft für die Kommutierung zur Verfügung steht, ist der Aussteuerbereich begrenzt. Als Halbleiterventile kommen in netzgeführten Stromrichterschaltungen Thyristoren und Leistungsdioden zum Einsatz.

Netzgeführte Stromrichter sind die am häufigsten anzutreffende Stromrichtervariante, da sie direkt an das fast überall vorhandene Wechsel- bzw. Drehstromnetz angeschlossen werden. Sie speisen entweder selbst einen Gleich- oder Wechselstromverbraucher oder aber dienen als Versorgungsglied für weitere Stromrichterstufen, zum Beispiel in Frequenzumformern oder Choppern. Ihr Leistungsspektrum reicht von einigen Watt in Netzteilen bis über ein Gigawatt (GW) in der Hochspannungsgleichstromübertragung (HGÜ). Wegen der Ersparnis eines Stromrichtertransformators gegenüber Mittelpunktschaltungen kommen praktisch nur noch die einphasigen B2-Brückenschaltungen oder die dreiphasigen B6-Brückenschaltungen zum Einsatz. Je nach Ausführungsform können netzgeführte Stromrichter die Umwandlungsmerkmale eines Gleichrichters (AC/DC), Wechselrichters (DC/AC) oder Umrichters (AC/AC) erfüllen. So entspricht zum Beispiel eine einfache Diodenbrücke einem Gleichrichter mit fester Ausgangsspannung, eine halbgesteuerte Dioden-Thyristorbrücke einem Gleichrichter mit variabler Ausgangsspannung, eine vollgesteuerte Thyristorbrücke einem variablen Gleich- und Wechselrichter und schließlich eine vollgesteuerte Thyristor-Doppelbrücke einem Vierquadrantenstromrichter (Umkehrstromrichter) oder einem Wechselspannungsumrichter (Direktumrichter).

6.1.1 Einphasiger Umkehrstromrichter

Bei der genaueren Betrachtung und Beschreibung netzgeführter Stromrichterschaltungen muss zwischen den idealen Eigenschaften und den Einflüssen durch den Lück- und Kommutierungsbetrieb unterschieden werden. Insbesondere der Lückbetrieb drückt sich durch enorme Nichtlinearitäten in der Steuerfunktion des Stromrichters aus, weil hierbei eine starke Kopplung zwischen der Eingangs- und Ausgangsseite auftritt. Diese Nichtlinearitäten werden in modernen Stromrichtersteuerungen mit Mikrocontrollern durch inverse Linearisierungs-Kennlinienglieder kompensiert, sodass der Stromrichter für die Regelung lineares Verhalten aufweist.

Vollgesteuerte, netzgeführte Stromrichterschaltungen können nur das Vorzeichen der Ausgangsspannung verändern und damit im ersten und vierten Quadranten der Strom-Spannungs-Ebene arbeiten. Sind auch die beiden anderen Quadranten erforderlich, muss ein weiterer vollgesteuerter Stromrichter antiparallel dazu geschaltet werden. Diese Anordnung nennt man Umkehrstromrichter bzw. auch Doppel-Stromrichter, da diese das Vorzeichen des Ausgangsstroms umkehren kann. Üblicherweise werden Umkehrstromrichter kreisstromfrei angesteuert, das heißt, ein Kreisstrom über beide Teilstromrichter und das Netz kann sich nicht ausbilden, da immer nur ein Teilstromrichter gezündet und der andere gesperrt wird.

Bild 6.1 zeigt den Aufbau eines einphasigen Umkehrstromrichters, der aus zwei antiparallelen B2-Brückenschaltungen besteht. Dieser Stromrichtertyp wird für Nennleistungen von ein bis zwei Kilowatt eingesetzt, darüber hinaus stehen B6-Stromrichterbrücken bis in den Megawattbereich hinein zur Verfügung. Der Umkehrstromrichter kann die Gleichstrommaschine in allen vier Quadranten der Drehzahl-Drehmoment-Ebene speisen, da das Drehmoment der Maschine dem arithmetischen Mittelwert des Gleichstroms und die Drehzahl dem arithmetischen Mittelwert der Gleichspannung proportional sind (vgl. Abschnitt 5.1).

Im ersten Quadranten arbeitet die Maschine als Motor, weshalb Teilstromrichter SR1 im Gleichrichterbetrieb (GR) ausgesteuert wird. Bei einem Traktionsantrieb entspricht dies dem Zustand „vorwärts fahren". Soll in Vorwärtsrichtung gebremst werden (2. Quadrant), muss Teilstromrichter SR2 in den Wechselrichterbetrieb (WR) gesteuert werden. Dazu ist eine Umschaltung der Zündimpulse von SR1 auf SR2 erforderlich, die nur im stromlosen Zustand eingeleitet werden darf. Um „rückwärts fahren" zu können, muss SR2 im Gleichrichterbetrieb ausgesteuert werden (3. Quadrant). Bremsen in Rückwärtsrichtung erfolgt mit SR1 im Wechselrichterbetrieb (4. Quadrant). Fahr- und Positionierantriebe sind typische Vierquadrantenantriebe, die hohe Anforderungen bezüglich Genauigkeit und Dynamik an die Leistungselektronik stellen.

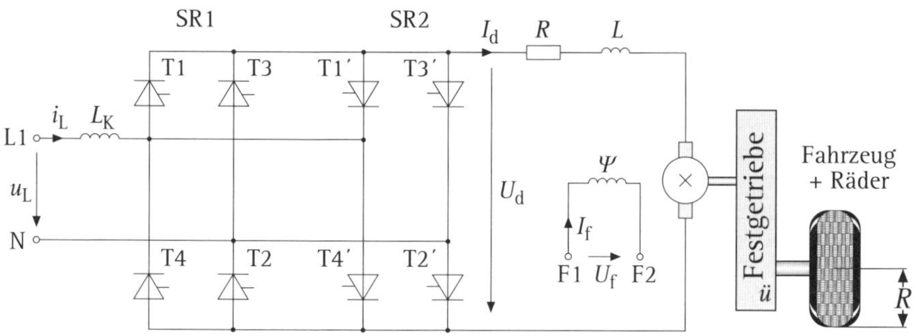

Bild 6.1 Aufbau eines einphasigen Umkehrstromrichterantriebs

Hebezeuge arbeiten hingegen nur im 1. Quadranten (Heben) und im 4. Quadranten (Senken), sodass der Einzelstromrichter (SR1) für diese Antriebsaufgabe bereits ausreichend ist. Reine Geradeausantriebe werden nur vorwärts angetrieben und verlassen den 1. Quadranten nicht, weshalb ein halbgesteuerter Einzelstromrichter diesen Anforderungen genügt. Speist der Umkehrstromrichter eine Traktionsbatterie, so kann über SR1 die Batterie aufgeladen und über SR2 von Zeit zu Zeit gezielt entladen werden, was die Lebensdauer von Batteriesystemen deutlich verlängert.

Neben der digitalen Regelung von Drehzahl und Drehmoment muss der zugehörige Mikrocontroller netzsynchrone Zündimpulse für die Gates der acht Thyristoren erzeugen. Die Spannungsverstellung der pulsierenden Gleichspannung am Ausgang des Stromrichters wird durch das Prinzip der Phasenanschnittsteuerung durchgeführt. Wie **Bild 6.2** sehr anschaulich zeigt, kann über den Steuerwinkel der arithmetische Mittelwert der Ausgangsgleichspannung zwischen dem positiven und negativen Wert der ideellen Leerlaufgleichspannung kontinuierlich verändert werden. Die Zündung der diagonalen Thyristorpaare wird um den Steuerwinkel (α) gegenüber den Nulldurchgängen der Netzspannung (Phase) verzögert, weshalb der Verlauf der Gleichspannung angeschnittenen Sinuskuppen entspricht. Beachtet man die Zündbedingungen für Thyristoren, so können T1 und T2 nur während der positiven Halbschwingung und T3/T4 nur während der negativen Halbschwingung der Netzspannung angesteuert werden, das heißt, der Steuerwinkel darf nur zwischen null und 180° el. (π) verstellt werden. Durch das Einrastverhalten der Thyristoren genügen schmale Zündimpulse in der Größenordnung von einigen hundert Mikrosekunden Dauer, was auf sehr kleine Zündübertrager für die galvanische Trennung zwischen der Leistungsseite und der Regelung führt.

Für positive Spannungsmittelwerte ($0 < \alpha < \pi/2$) arbeitet der Stromrichter im Gleichrichterbetrieb; das heißt, bei positiver Spannung und positivem Strom geht der Energiefluss von der Wechsel- zur Gleichstromseite. Nimmt bei weiterhin positivem Strom die Gleichspannung negative Mittelwerte ($\pi/2 < \alpha < \pi$) an, spricht man vom Wechselrichterbetrieb; das heißt, die Energie wird vom Gleich- in den Wechselstromkreis geliefert. Diese Energierückspeisung ins Netz erzwingt eine Phasenverschiebung zwischen der Netzspannung und dem Netzstrom, die größer ist als 90° el. Der Wechselrichterbetrieb setzt allerdings einen Energiespeicher (Batterie, Gleichstrommaschine) auf der Gleichstromseite voraus; das bloße Verstellen der Zündimpulse auf Werte größer 90° el. ($\pi/2$) genügt nicht.

Selbstverständlich sind die Gleichströme nur für sehr große Glättungsinduktivitäten annähernd oberschwingungsfrei. Ohne das Zuschalten zusätzlicher Induktivitäten in den Ankerkreis der Gleichstrommaschine weisen die Gleichströme, insbesondere beim Einsatz von einphasigen B2-Stromrichtern, eine erhebliche Welligkeit auf. Dies führt bei Gleichstromantrieben zu Pulsationen im Drehmoment und beim Laden von Batterien zu einer verstärkten Erwärmung.

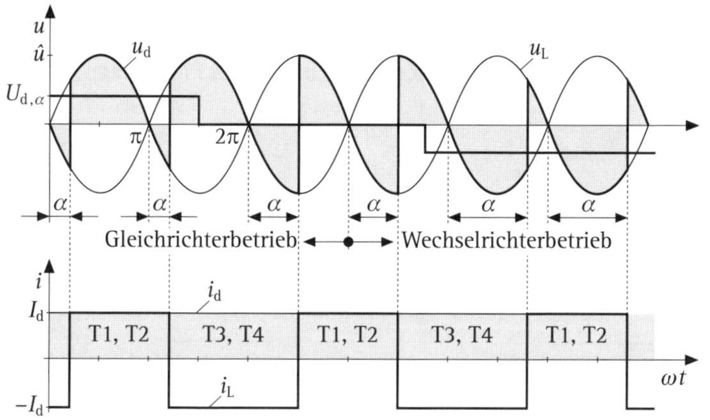

Bild 6.2 Ausgangsspannung eines voll gesteuerten B2-Stromrichters

Wie Bild 6.2 weiter zeigt, entnehmen netzgeführte Stromrichter dem speisenden Netz einen rechteckförmigen Wechselstrom (i_L), welcher der Netzspannung (u_L) um den Steuerwinkel (α) nacheilt und den Effektivwert $I_L = I_d$ hat. Damit errechnet sich die dem Netz entnommene Scheinleistung zu:

$$S = U_L \cdot I_L = U_L \cdot I_d = \sqrt{P^2 + Q_1^2 + D^2}. \tag{6.1}$$

Aufgrund der Phasenverschiebung des Netzstroms und seiner Abweichung von der Sinusform weist die Scheinleistung drei geometrische Anteile auf. Das sind die Wirkleistung (P), die prinzipiell für Wärme, Licht oder Drehmoment steht, die Grundschwingungsblindleistung (Q_1) und die Verzerrungsleistung (D), die für die Einflüsse der Zündverzögerung und der Stromharmonischen stehen.

Im Falle von elektrischen Antrieben enthält die Netzwirkleistung neben den Verlusten vor allem die mechanische Wellenleistung, welche die Maschine durch eine elektromechanische Umwandlung erzeugt. Die Wirkleistung kann sowohl aus den elektrischen Größen als auch unter Berücksichtigung der mechanischen Größen bestimmt werden:

$$P = U_L \cdot I_{L1} \cdot \cos\varphi_1 = \frac{2\sqrt{2}}{\pi} I_d \cdot \cos\alpha = \frac{P_{mech}}{\eta} = \frac{M \cdot \Omega}{\eta} = \frac{2\pi \cdot M \cdot n}{\eta}. \tag{6.2}$$

Aufgrund der Wärmeverluste in den Wicklungen muss selbstverständlich der Wirkungsgrad (η) der Maschine mit berücksichtigt werden.

Die Grundschwingungsblindleistung wird durch den Phasenanschnitt verursacht und daher auch als Steuerblindleistung bezeichnet. Sie ist eine induktive Blindleistung, die von der ersten Stromharmonischen und deren Phasenlage bestimmt wird:

$$Q_1 = U_\mathrm{L} \cdot I_\mathrm{L1} \cdot \sin \varphi_1 = \frac{2\sqrt{2}}{\pi} I_\mathrm{d} \cdot \sin \alpha. \tag{6.3}$$

Ursache für die Verzerrungsleistung sind die unendlich vielen Oberschwingungen im nicht sinusförmigen Netzstrom, weshalb eine Berechnung dieser Blindleistung nur über eine Gesamtleistungsbilanz möglich ist:

$$D = \sqrt{S^2 - P^2 - Q_1^{\,2}}. \tag{6.4}$$

Grundschwingungsblindleistung und Verzerrungsleistung sind induktive Blindleistungen, die vom speisenden Netz zur Verfügung gestellt werden müssen. Eine weitere charakteristische Größe in elektrischen Netzen ist der Leistungsfaktor, der das Verhältnis von Wirkleistung zu Scheinleistung angibt. Im Falle einer sinusförmigen Netzspannung und eines nicht sinusförmigen Netzstroms gilt:

$$\lambda = \frac{P}{S} = g_\mathrm{i} \cos \varphi_1 = \frac{I_\mathrm{L1}}{I_\mathrm{L}} \cos \varphi_1 = \frac{\frac{2\sqrt{2}}{\pi} I_\mathrm{d}}{I_\mathrm{d}} \cos \varphi_1 = \frac{2\sqrt{2}}{\pi} \cos \alpha \,, \tag{6.5}$$

wobei der Grundschwingungsgehalt des Netzstroms (g_i) durch das Verhältnis von Effektivwert der Grundschwingung (I_L1) zu gesamtem Effektivwert (I_L) bestimmt wird. Netzgeführte Stromrichter belasten das speisende Netz je nach Aussteuerung in erheblichem Maße mit induktiver Blindleistung. Das bedeutet, dass ein langsam laufender Gleichstromantrieb mit einem Steuerwinkel um 90° el. gemäß Gl. (6.5) einen Leistungsfaktor von nahezu null aufweist und damit aus dem Netz praktisch nur Blindleistung bezieht.

Auf der Verbraucherseite errechnet sich der arithmetische Mittelwert der pulsierenden Gleichspannung über den allgemeinen, mathematischen Ansatz für Gleichanteile zu:

$$U_{\mathrm{d}\alpha} = \frac{1}{\pi} \int_{\alpha}^{\alpha+\pi} \hat{u} \sin \omega t \; \mathrm{d}\omega t = \frac{\hat{u}}{\pi} \left(-\cos(\pi + \alpha) + \cos \alpha \right) = \frac{2\hat{u}}{\pi} \cos \alpha. \tag{6.6}$$

Dieser Ausdruck steht streng genommen nur für den idealen Betrieb, das heißt, wenn die bereits erwähnten Lück- und Kommutierungseinflüsse vernachlässigbar sind oder durch ein Linearisierungsglied kompensiert werden. Den von der Netzspannungsamplitude abhängigen Faktor nennt man die ideelle Leerlaufgleichspannung ($U_{di} = 2\hat{u}/\pi$), sodass für die Steuerkennlinie voll gesteuerter, netzgeführter Stromrichter schließlich folgt:

$$U_{d\alpha} = \frac{2\hat{u}}{\pi} \cos \alpha = U_{di} \cos \alpha. \tag{6.7}$$

Beim Anschluss des B2-Stromrichters an das öffentliche Einphasennetz (230 V/ 50 Hz) beträgt die ideelle Leerlaufgleichspannung 207 V und bei B6-Gleichrichtern am 230/400-V-Drehspannungsnetz bereits 540 V. Die Steuerkennlinie nach Gl. (6.7) gilt selbstverständlich für jeden der beiden Einzelstromrichter (SR1, SR2). Durch die Antiparallelschaltung der voll gesteuerten B2-Schaltungen sind bei gleichen Steuerwinkeln die arithmetischen Mittelwerte der Ausgangsspannungen entgegengesetzt gleich. Dies gilt sowohl für den Gleichrichterbetrieb als auch für den Wechselrichterbetrieb. Unter Berücksichtigung der Ventilwirkung der beiden Einzelstromrichter kann SR1 der Maschine nur positiven Gleichstrom liefern, das heißt, sign (I_d) = +1, und SR2 kann nur negativen Motorstrom führen, das heißt, sign (I_d) = −1. Mit dieser Definition darf die Steuerkennlinie für voll gesteuerte Brückenstromrichter auf den Umkehrstromrichter erweitert werden:

$$U_{d\alpha} = \operatorname{sign}\left(I_d\right)\, U_{di} \cos \alpha. \tag{6.8}$$

Diese Abhängigkeit des arithmetischen Mittelwerts (Gleichanteil) der Ausgangsgleichspannung vom Steuerwinkel ist in **Bild 6.3** grafisch aufgetragen, wobei für sign (I_d) = +1 nur SR1 und für sign (I_d) = −1 nur SR2 Zündimpulse erhält. Um in Gleichstromantrieben die stromlosen Pausen bei Umsteuervorgängen möglichst klein zu halten, sollte die Aussteuerung des neuen Teilstromrichters nicht an der Wechselrichtertrittgrenze beginnen, sondern dort, wo sich die beiden Stromrichterspannungen zum Umschaltzeitpunkt gerade entsprechen.

Im praktischen Einsatz netzgeführter Stromrichter muss der maximal zulässige Steuerwinkel infolge der Kommutierungsvorgänge (Überlappung) und Rekombination der Ladungsträger (Freiwerdezeit) im Wechselrichterbetrieb auf $\alpha_{max} \approx 150°$ ... 160° el. begrenzt werden. Dadurch wird das sogenannte Wechselrichterkippen sicher vermieden. Für den sicheren Betrieb von Umkehrstromrichtern in allen vier Quadranten bedeutet dies, dass auch der Steuerwinkel im Gleichrichterbetrieb auf $\alpha_{min} > \pi - \alpha_{max}$ beschränkt werden muss. Sonst würde eine Verletzung des Umsteuergesetzes eintreten und zu unkontrollierten Überströmen bei Reversiervorgängen im höheren Drehzahlbereich führen.

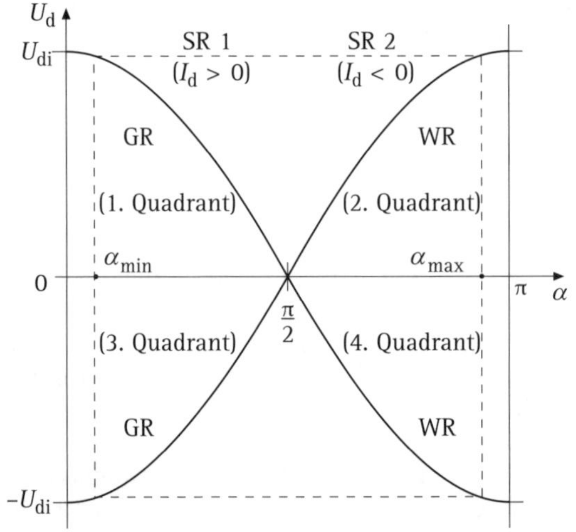

Bild 6.3 Steuerkennlinie eines B2-Umkehrstromrichters

Betrachtet man netzgeführte Stromrichterstellglieder schließlich noch aus der Sicht der linearen Regelungstechnik, so lassen sie sich in guter Näherung als ein Verzögerungsglied erster Ordnung mit der Proportionalverstärkung k_{SR} und der Totzeit T_t beschreiben (vgl. Kapitel 7), beziehungsweise sie können in der Regel durch ein künstliches Linearisierungsglied auf diese Form gebracht werden.

Umkehrstromrichter gemäß Bild 6.1 sind allerdings nicht nur in der Lage, an ihrem Ausgang eine variable Gleichspannung abzugeben, sondern sie können bei entsprechender Ansteuerung auch eine niederfrequente Wechselspannung erzeugen. Entscheidendes Merkmal in beiden Fällen ist der Umschaltvorgang von einem Teilstromrichter auf den anderen. Wird diese Umschaltung mit höherem Tempo (Frequenz) durchgeführt, so kann die Ausgangsspannung nicht mehr als veränderbare Gleichspannung, sondern muss als eine Wechselspannung betrachtet werden, deren Frequenz direkt aus den angeschnittenen Sinuskuppen der Netzspannung gebildet wird. Man spricht deshalb auch von einem Direktumrichter, da ein Zwischenkreis zur Entkopplung der beiden Wechselspannungssysteme nicht vorhanden ist.

6.1.2 Einphasiger Direktumrichter

Direktumrichter sind Low-Cost-Stufenfrequenzumrichter und können als einfaches Stellglied zur Drehzahlsteuerung einer einphasigen Asynchronmaschine (Kondensatormotor) für Pumpen, Lüfter oder Fahrzeuge eingesetzt werden. **Bild 6.4** zeigt den Verlauf der Ausgangswechselspannung für einige Frequenzwerte plus den zugehörigen Zündmustern. In dieser Darstellung wurde berücksichtigt, dass das Kippmoment der Asynchronmaschine gemäß Gl. (5.44) quadratisch mit der Strangspannung abnimmt und dass sich das Widerstandsmoment von Pumpen, Lüftern und Fahrzeugen quadratisch mit der Drehzahl erhöht.

Da sich die Ausgangsfrequenz des Direktumrichters nur in ganzzahligen Teilen der Netzfrequenz verstellen lässt (50 Hz, 25 Hz, 16,67 Hz, 12,5 Hz, 10 Hz etc.), ergeben sich auch Sprünge in der Drehfelddrehzahl der einphasigen Asynchronmaschine. Für eine zweipolige Maschine ($p = 1$) stellt sich die Leerlaufdrehzahl entsprechend auf die Werte 3 000 min^{-1}, 1 500 min^{-1}, 1 000 min^{-1}, 750 min^{-1}, 600 min^{-1} etc. ein.

Dieser Effekt ist zu vergleichen mit einer Umschaltung der Polpaarzahl (Polumschaltung) oder einem mechanischen Stufengetriebe. Selbstverständlich muss parallel zur Frequenzverstellung eine Anpassung des Effektivwerts der Motorspannung über den Steuerwinkel vorgenommen werden, um infolge der frequenzabhängigen Blindwiderstände (Reaktanzen) Überströme in den Motorwicklungen zu vermeiden.

Wegen der quadratischen Arbeitskennlinie von Pumpen, Lüftern und Fahrantrieben ist über die Kombination von Frequenzumschaltung und Phasenanschnitt sogar eine kontinuierliche Verstellung der Motordrehzahl durch einen Direktumrichter möglich. Bei einer Ausgangsfrequenz von 50 Hz (Bild 6.4, oben) arbeitet der Direktumrichter als Wechselstromsteller, indem er durch Phasenanschnitt über die beiden Triacs T1 und T2 den Effektivwert der Ausgangsspannung zwischen $U_\text{L} > U_\text{a} > U_\text{L}/2$ kontinuierlich verändert. Dadurch ergeben sich stabile Arbeitspunkte der Stromrichterkennlinie mit der Lüfterkennlinie bei größeren Schlupfwerten der Asynchronmaschine (vgl. Kapitel 5).

Bei einer Ausgangsfrequenz von 25 Hz (Bild 6.4, Mitte) wird über die Thyristoren T3 und T4 die negative Netzhalbschwingung angeschnitten und hochgeklappt, die nachfolgend positive Netzhalbschwingung mit T3′ und T4′ angeschnitten und heruntergeklappt sowie die nächste negative Halbschwingung mit T1′ und T2′ lediglich phasenangeschnitten. Der Effektivwert der Strangspannung wird zwischen $U_\text{L}/2 > U_\text{a} > U_\text{L}/3$ variiert, wodurch sich das Drehmoment und die Motordrehzahl entsprechend verringern, ehe bei einer Ausgangsfrequenz von 16 $^2/_3$ Hz (Bild 6.4, unten) eine neue Zündreihenfolge ausgegeben wird.

Die Frequenz der nicht sinusförmigen Ausgangsspannung lässt sich beliebig verkleinern, da die Brückenstruktur der antiparallelen B2-Schaltung ausgenutzt wird. Dazu werden die Querzweige abwechselnd angesteuert, um so beliebig viele positive und negative Spannungskuppen hintereinander zu erzeugen. Verglichen mit einem Frequenzumrichter ist der Aufwand an Leistungshalbleitern

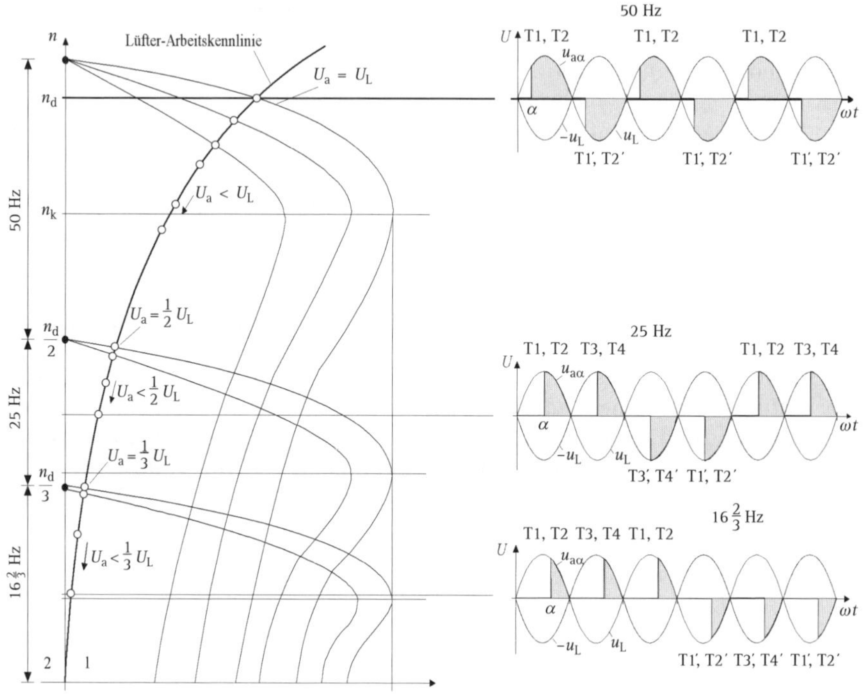

Bild 6.4 Ausgangsspannung eines einphasigen Direktumrichters

beim Direktumrichter minimal. Allerdings sind die Einsatzmöglichkeiten dieser stufigen Frequenzverstellung stark begrenzt und bei höheren Anforderungen an die Dynamik prinzipiell nicht mehr gegeben.

Da der Laststrom immer Lücken aufweist, arbeitet der Direktumrichter kommutierungslos, weshalb die antiparallelen Thyristorpaare zur Schaltungsvereinfachung auch durch Triacs ersetzt werden dürfen. Aufgrund der nicht sinusförmigen Wechselspannung ist auch der Motorstrom oberschwingungsbehaftet, was zu einer erhöhten Geräuschentwicklung führt, die aber durch die Ventilatorgeräusche meist überdeckt wird.

6.2 Selbstgeführte Stromrichterstellglieder

Charakteristisches Merkmal selbstgeführter Stromrichterschaltungen ist die Zwangskommutierung, welche das Ein- und Abschalten der Stromrichterventile zu jedem beliebigen Zeitpunkt ermöglicht. Um dies zu erreichen, müssen in selbstgeführten Stromrichtern löschfähige Halbleiterventile, wie GTO (Gate-Turn-Off-Thyristor), MCT (MOS-Controlled-Thyristor), Power-MOSFET (Metal-Oxide-Semiconductor-Field-Effect-Transistor) oder IGBT (Insulated-Gate-Bipolar-Transistor) eingesetzt werden. Selbstgeführte Stromrichterschaltungen können die Umwandlungsmerkmale des Gleichrichtens, Wechselrichtens und Umrichtens erfüllen, wobei in den meisten Fällen die bekannten B2- oder B6-Brückenanordnungen der Halbleiterventile zur Anwendung kommen.

Im Leistungsbereich bis zu einigen hundert Kilowatt werden bevorzugt Leistungstransistoren eingesetzt, die einen kompakten Aufbau des Stromrichtergeräts erlauben und wegen der hohen Schaltfrequenz (20 kHz bis 100 kHz) oberschwingungsarme Ausgangsgrößen liefern. Das Abschalten von Leistungstransistoren geschieht durch Widerstandserhöhung der Ventile über den Steueranschluss, sodass externe Kommutierungshilfen vollständig entfallen. Dadurch ist eine Synchronisation der Impulsstufe wie bei netzgeführten und kommutierungslosen Stromrichtern nicht vorhanden, das heißt, die Taktfrequenz der Ausgangsgrößen darf direkt aus dem Systemclock des Mikroprozessorsystems abgeleitet werden.

Haupteinsatzgebiete selbstgeführter Stromrichterschaltungen sind Gleichstromsteller für hochdynamische und geräuscharme Gleichstromantriebe sowie Frequenzumrichter für drehzahlgeregelte Drehstromantriebe. Diese letztgenannte Antriebsvariante gestattet den Einsatz des robusten Käfigläufer-Asynchronmotors, wodurch die Realisierung von wartungsarmen Regelantrieben für den rauen Dauerbetrieb möglich wird. Auch die selbstgeführten Stromrichterschaltungen arbeiten im Interesse hoher Wirkungsgrade ausschließlich im Schaltbetrieb, sodass die Ausgangsströme und Ausgangsspannungen weder ideal glatt noch rein sinusförmig sein können.

6.2.1 Vierquadrant-Gleichstromsteller

Mit Gleichstromstellern lassen sich starre Gleichspannungssysteme in variable Gleichspannungsquellen umformen (DC/DC-Wandlung). Damit erfüllen Gleichstromsteller das Umwandlungsmerkmal des Gleichstromumrichtens, weshalb man diese Stellglieder in der Vergangenheit auch schon als „Gleichstromtransformatoren" bezeichnet hat. Weitere Bezeichnungen für Gleichstromsteller sind Tiefsetzsteller, Hochsetzsteller, Zerhacker oder Chopper. Die Verstellung der pulsierenden Gleichspannung geschieht im Interesse hoher Wirkungsgrade im Schaltbetrieb durch Pulsweitenmodulation (PWM), wobei die Ausgangsspannung zwar hoch und tief gesetzt, aber nicht potentialmäßig von der Eingangsseite getrennt werden kann.

Ein Energiefluss ist prinzipiell in beiden Richtungen möglich, sodass bei entsprechendem Aufwand Ein-, Zwei- und Vierquadranten-Chopper realisierbar sind. Die

Schaltfrequenzen in Gleichstromstellern hängen von den Grenzdaten der verwendeten Leistungshalbleiter ab und reichen von 20 kHz mit IGBTs bis zu 100 kHz mit Power-MOSFETs. Wenn das öffentliche Netz als Energielieferant zur Verfügung steht, wird die Eingangsgleichspannung aus einer ungesteuerten Brückenschaltung plus Glättungskondensator bereitgestellt, ansonsten kann die Versorgungsgleichspannung auch aus einer Batterie, Solarzelle oder Brennstoffzelle kommen.

Den vollständigen Aufbau eines Vierquadrant-Choppers zeigt **Bild 6.5**, und zwar am Beispiel eines Gleichstrom-Traktionsantriebs. Deutlich erkennt man die B2-Anordnung der Transistorbrücke plus einer antiparallelen B2-Diodenbrücke. Damit entspricht der Vierquadrantensteller im Aufbau formal einem einphasigen Umkehrstromrichter. Der Unterschied besteht in der freieren Ansteuerung, bedingt durch den Einsatz löschfähiger Ventile, was eine deutliche Qualitätsverbesserung der Ausgangsgrößen mit sich bringt. Während in netzgeführten Umkehrstromrichtern immer nur eine Brücke angesteuert werden darf, sind in Vierquadrant-Choppern generell Leistungshalbleiter beider Brücken am Stromfluss beteiligt.

Über die Transistoren T1 und T2 wird eine positive Gleichspannung an die Klemmen der Maschine gelegt, und über die Transistoren T3 und T4 findet eine Umpolung der Gleichspannung am Anker und dadurch eine Drehrichtungsumkehr statt. Die Dioden D1 bis D4 werden im Motorbetrieb der Maschine als Freilaufdioden und im Generatorbetrieb als Rückspeisedioden benutzt. Durch entsprechende Ansteuerung können sowohl der arithmetische Mittelwert und das Vorzeichen der Gleichspannung verändert werden als auch der Mittelwert und das Vorzeichen des Gleichstroms. Damit lassen sich Fahr- und Positionierantriebe in allen vier Quadranten sicher betreiben.

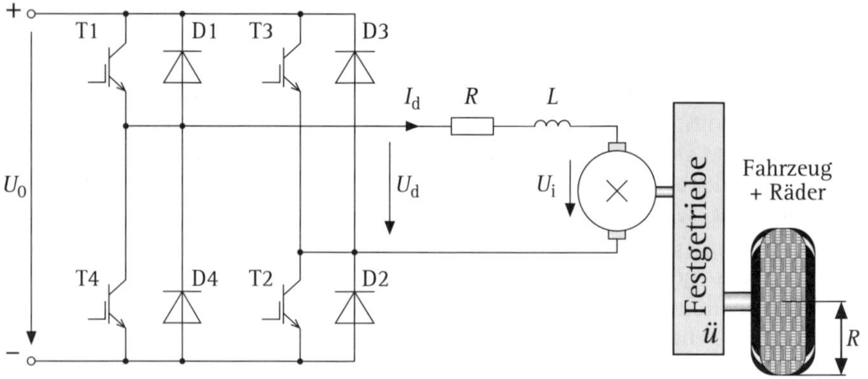

Bild 6.5 Aufbau eines Vierquadrant-Gleichstromstellers

Wegen der kurzen Schaltzeiten der Leistungstransistoren im Nanosekundenbereich kommen als antiparallele Dioden nur superschnelle Leistungsdioden infrage. Häufig sind Leistungstransistoren und Inversdioden bereits auf dem Substrat verschaltet, bzw. die komplette Chopperschaltung ist auf einem Powermodul oder Powerchip untergebracht. Welche Ventile in den einzelnen Quadranten anzusteuern bzw. leitend sind, damit der Strom ansteigt oder abfällt, kann den zeitlichen Verläufen in **Bild 6.6** entnommen werden.

Im ersten Quadranten (vorwärts antreiben) muss die Gleichstrommaschine mit positiver Spannung und positivem Strom versorgt werden. Dies erreicht der Chopper durch Zünden der beiden Transistoren T1 und T2 während der Einschaltzeit T_e. Die Verstellung des arithmetischen Spannungsmittelwerts erfolgt in diesem Tiefsetzbetrieb kontinuierlich über das Tastverhältnis (T_e/T), auch Einschaltverhältnis genannt. Die lineare Steuerkennlinie des Choppers ist eine hervorragende Voraussetzung für eine optimale Regelung des Antriebs.

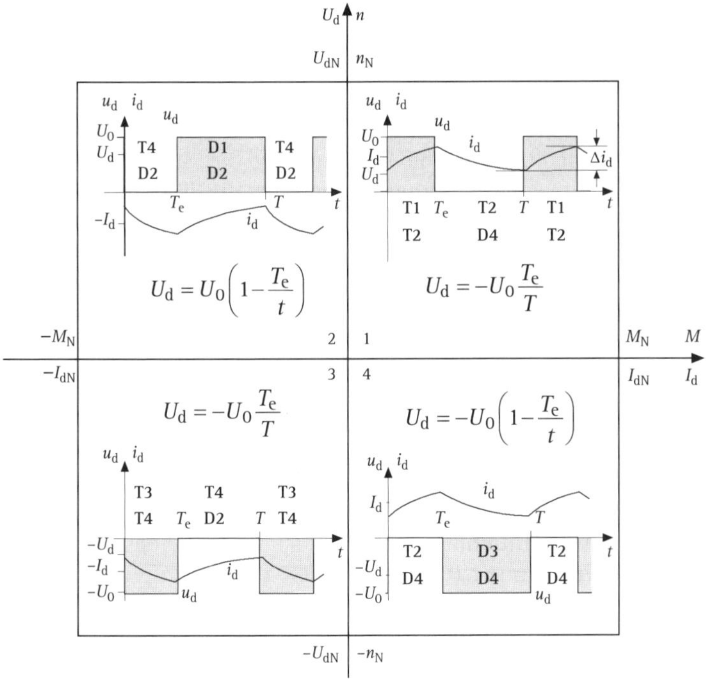

Bild 6.6 Funktion des Vierquadrant-Gleichstromstellers

Solange die beiden Transistoren T1 und T2 eingeschaltet sind, steigt der Gleichstrom aufgrund der ohmsch-induktiven Wicklung (R, L) der Maschine exponentiell an. Im Abschaltaugenblick ($t = T_e$) von Transistor T1 wird der Stromkreis unterbrochen, worauf die Induktivität über die Änderung des Stromanstiegs (di_d/dt) so lange einen Spannungsfall induziert, bis die Durchlassspannung der Diode D3 erreicht ist ($U_d = -0{,}7$ V) und diese mit dem weiterhin gezündeten Transistor T2 einen Freilauf bilden kann.

Als Folge nimmt der Gleichstrom exponentiell ab, bis Transistor T1 zum Zeitpunkt $t = T$ erneut zündet. Die Periodendauer (T) sollte im Interesse glatter Gleichströme möglichst kurz gewählt werden und im Interesse guter Regeleigenschaften möglichst äquidistant sein. Bei einer Pulsfrequenz von f_p = 20 kHz beträgt die Periodendauer $T = 1/f_p$ = 50 µs, was in der Regel bereits auf sehr glatte Gleichströme im Ankerkreis führt. Dies ist in hochdynamischen Gleichstromantrieben ganz besonders wichtig, da der Ankerstrom gemäß Gl. (5.1) direkt proportional zum Drehmoment ist und damit Welligkeiten im Ankerstrom automatisch zu Pulsationen im Drehmoment führen würden. Für die Berechnung der Stromschwankungsbreite (Δi_d) gilt:

$$\Delta i_d = \frac{U_0 - U_d}{L} T_e = \frac{U_d}{L}\left(T - T_e\right) \sim \frac{1}{L \cdot f_p}. \tag{6.9}$$

Interessant an dieser Abhängigkeit ist die Gleichwertigkeit von Induktivität und Pulsfrequenz, das heißt, dass eine Verringerung der Stromwelligkeit entweder durch die Vergrößerung der Induktivität oder durch die Erhöhung der Pulsfrequenz erreicht werden kann. Da mehr Glättungsinduktivität mit erheblichen Kosten und Bauvolumen verbunden ist, bringt die Pulsfrequenz eine Verbesserung quasi zum Nulltarif. Dies ist der große Vorteil des Choppers gegenüber den Netzgleichrichtern, deren Gleichstromwelligkeit nur durch zusätzliche Glättungsinduktivitäten verringert werden kann, da die Frequenz vom Netz fest vorgegeben ist.

Im 2. Quadranten (vorwärts bremsen) wird die induzierte Spannung ($U_i > 0$) der Maschine durch Zünden von Transistor T4 und mittels D2 während der Einschaltzeit (T_e) kurzzeitig kurzgeschlossen, sodass der Gleichstrom mit negativem Vorzeichen exponentiell ansteigt. Mit dem Abschalten von T4 zum Zeitpunkt ($t = T_e$) induziert die Induktivität wiederum durch Stromanstiegsänderung eine Spannung, die um die Durchlassspannung der beiden Dioden D1 und D2 über der Eingangsgleichspannung (U_0) liegt. Damit wird die zuvor durch den Kurzschluss des Ankers von der Welle auf die Induktivität gespeicherte Energie von der Induktivität ins Gleichstromnetz zurückgespeist. Das heißt, die mechanische Energie beim Bremsen kann nur in kleinen Portionen über die Induktivität im sogenannten Hochsetzbetrieb ins Gleichstromnetz eingespeist werden. Die Steuerkennlinie im 2. Quadranten unterscheidet sich von der im 1. Quadranten, was von der elektronischen Chopper-Steuerung natürlich berücksichtigt werden muss.

Im 3. Quadranten (rückwärts antreiben) polen die beiden Transistoren T3 und T4 die Gleichspannung an den Klemmen der Maschine um, sodass der Motor seine Drehrichtung ändert. Der Gleichstrom steigt während der Einschaltzeit der Transistoren mit negativem Vorzeichen an und wechselt beim Abschalten von T3 auf den Freilaufzweig über T4 und D2. Über das Tastverhältnis kann die negative Drehzahl beliebig variiert werden.

Im vierten Quadranten (rückwärts bremsen) wird die induzierte Spannung ($U_i < 0$) der Maschine durch Zünden von Transistor T2 und mittels D4 während der Einschaltzeit (T_e) kurzzeitig kurzgeschlossen, so dass der Gleichstrom mit positivem Vorzeichen exponentiell ansteigt. Mit dem Abschalten von T2 zum Zeitpunkt ($t = T_e$) induziert die Induktivität wiederum durch Stromanstiegsänderung eine Spannung, die um die Durchlassspannung der beiden Dioden D3 und D4 unter der negativen Eingangsgleichspannung ($-U_0$) liegt. Damit wird die von der Induktivität gespeicherte Energieportion ins Gleichstromnetz zurückgespeist und der Antrieb gebremst.

Ähnlich wie die Umkehrstromrichter können auch Vierquadrant-Chopper durch häufiges Umschalten am Ausgang eine nicht sinusförmige Wechselspannung abgeben. Man spricht in diesem Falle von einem einphasigen Wechselrichter, dessen Ausgangsfrequenz und Spannungseffektivwert beliebig verstellt werden können. Selbstgeführte Wechselrichterschaltungen dienen in erster Linie der Umwandlung von Gleich- in Wechselspannung (DC/AC). Obwohl diese Stromrichtervarianten in der Regel auch das Umwandlungsmerkmal des Gleichrichtens erfüllen, werden sie in der Praxis dennoch kurz als Wechselrichter bezeichnet. Diese Bezeichnung ist zwar nicht exakt, hat sich aber im technischen Sprachgebrauch ebenso eingebürgert wie der Begriff Gleichrichter für netzgeführte Stromrichter.

Werden selbstgeführte Wechselrichter aus einem netzgeführten Gleichrichter gespeist, liegt ein sogenannter Frequenzumrichter vor, der aus dem starren Wechselstromnetz oder Drehstromnetz ein spannungs- und frequenzvariables Ein- oder Mehrphasensystem erzeugt. Bei den selbstgeführten Wechselrichtern hat sich, ähnlich wie bei den netzgeführten Stromrichtern, die B2-Schaltung für einphasige und die B6-Schaltung für dreiphasige Anwendungen durchgesetzt. Im Leistungsbereich bis zu einigen Kilowatt können Wechselrichter mit Power-MOSFETs bis zu einigen hundert Kilowatt mit IGBTs und darüber hinaus mit GTOs und MCTs aufgebaut werden.

6.2.2 Vierquadrant-Frequenzumrichter

Frequenzumrichter, auch Frequenzumformer genannt, erfüllen das Umwandlungsmerkmal des Wechselstromumrichtens (AC/AC), weil sie aus einem starren Wechselstrom- oder Drehstromnetz ein synthetisches Drehstromnetz variabler Spannung und Frequenz erzeugen können. Entkoppelt werden die beiden unterschiedlichen Drehstromsysteme über einen Gleichspannungszwischenkreis, weshalb man auch von Zwischenkreisumrichtern spricht. Man unterscheidet Frequenzumrichter mit eingeprägter Zwischenkreisspannung durch große Kapazitäten oder Batterien im Zwischenkreis und Frequenzumrichter mit eingeprägtem Strom durch große Induktivitäten im Zwischenkreis. Da der Frequenzumrichter die Wechselspannung nicht hochtransformieren kann, liegen die maximalen Effektivwerte der Ausgangsspannungen im Bereich der Eingangswechselspannungen. Damit können Drehstrommaschinen über den Frequenzumrichter direkt an das starre Drehstromnetz (230/400 V, 50 Hz) angeschlossen und in ihrer Drehzahl bis zum Nennpunkt (230/400 V, 50 Hz) beliebig verstellt werden. Durch Steigerung der Ständerfrequenz über Nennfrequenz ($f > 50$ Hz) bei fester Nennständerspannung (230/400 V) kann der Frequenzumrichter die Asynchronmaschine darüber hinaus auch im Feldschwächbetrieb betreiben, das entspricht einer Drehzahlerhöhung bei reduziertem Drehmoment und konstanter Nennleistung (vgl. Kapitel 5).

Bild 6.7 zeigt den Aufbau eines Frequenzumrichters mit fester Gleichspannung im Zwischenkreis, aus welcher der B6-Wechselrichter drei um je 180° el. zueinander phasenverschobene Wechselspannungen variabler Spannungsamplitude und Frequenz erzeugt. Der Gleichspannungszwischenkreis (U_d) wird üblicherweise von einem ungesteuerten B2-Stromrichter bzw. bei größeren Leistungen von einem ungesteuerten B6-Stromrichter gespeist. Zur vollständigen Entkopplung der beiden Wechselstromsysteme ist ein großer Glättungskondensator vorgesehen. Die Drehstrommaschine kann eine Asynchron- oder Synchronmaschine sein und im Spannungsbereich von $0 \leq U_U \leq U_{12}$ sowie im Frequenzbereich von $0 \leq f < 200$ Hz versorgt werden. Dieser Gleichspannungs-Zwischenkreisumrichter eignet sich sowohl für Einmotoren- als auch Mehrmotorenantriebe und ist daher besonders vorteilhaft in der Elektrotraktion einsetzbar (vgl. Kapitel 8).

Wegen des ungesteuerten Eingangsgleichrichters gestattet der Frequenzumrichterantrieb nach Bild 6.7 nur einen Betrieb im ersten und dritten Quadranten. Ein generatorisches Bremsen im zweiten und vierten Quadranten würde zu einem unzulässigen Anstieg der Zwischenkreisspannung führen und die Halbleiterventile bzw. den Glättungskondensator zerstören. Aus diesem Grund muss bei Vierquadrantenanwendungen der Zwischenkreis über einen Bremswiderstand plus Gleichstromsteller (Bremschopper) energetisch belastet werden können; das heißt, beim Überschreiten eines Spannungsmaximalwerts wird der Chopper eingeschaltet und die generatorisch zurückgespeiste Energie in Wärme umgesetzt, bzw. beim Unterschreiten des Grenzwerts wird der Chopper wieder abgeschaltet.

Mit dieser einfachen Methode kann der 2. und 4. Quadrant über eine sogenannte Verlustbremsung abgedeckt werden, sodass an der Motorwelle ein Vierquadrant-Betrieb möglich ist. Da die Bremsenergie lediglich in Wärme umgewandelt wird, ist der Gesamtwirkungsgrad entsprechend schlecht. Für eine Energierückspeisung (Nutzbremsung) in die Netzseite müsste zum Beispiel im Zwischenkreis ein Umkehrstromrichter vorgesehen werden.

Die induktive Blindleistung, welche eine Asynchronmaschine sowohl im Motorbetrieb als auch im Generatorbetrieb zum Aufbau ihres Drehfelds benötigt, muss ebenfalls der Gleichspannungszwischenkreis liefern. Aus diesem Grund ist eine *LC*-Kombination vorzusehen, die so dimensioniert wird, dass der Gleichspannungsquelle nur Wirkleistung entnommen bzw. zugeführt wird und die Blindleistung zwischen dem Kondensator und der Motorwicklung hin- und herpendelt. Dazu hat der B6-Wechselrichter sechs Rückspeisedioden, die beliebige Phasenverschiebungen zwischen der Motorspannung und dem Motorstrom zulassen.

Frequenzumrichtergespeiste Drehstromantriebe finden in allen Bereichen der industriellen Automatisierung Anwendung, insbesondere dort, wo erschwerte Randbedingungen, wie Explosionsschutz, Dauerbetrieb über Jahre hinweg, Robustheit, Betriebssicherheit, hoher Gleichlauf und Schnelllauf hinzukommen. Auch in der Elektrotraktion haben geregelte Drehstromantriebe ihren festen Platz. Drehstromlokomotiven mit Frequenzumrichtern lassen sich im grenzüberschreitenden Verkehr problemlos einsetzen, da die Frequenz der Fahrdrahtspannung nebensächlich ist und selbst eine Gleichspannung auf dem Fahrdraht den Zwischenkreis direkt versorgen kann. Wegen der elektrischen Welle (Frequenz) ist ein

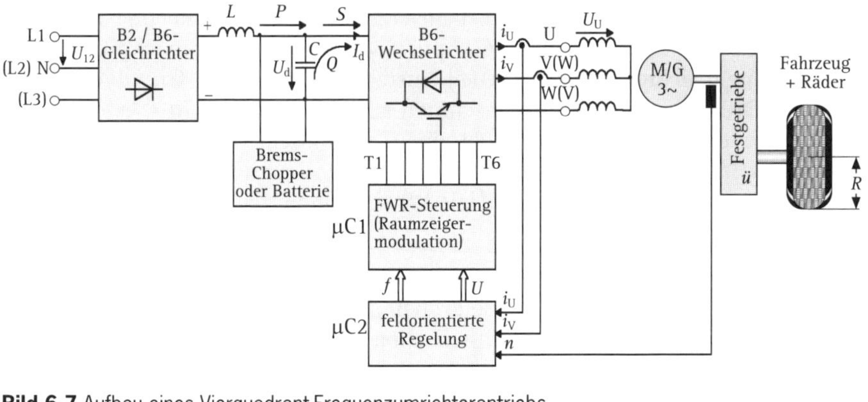

Bild 6.7 Aufbau eines Vierquadrant-Frequenzumrichterantriebs

Schlupf zwischen den Rädern und der Schiene ausgeschlossen, sodass sich Hochgeschwindigkeitszüge ebenso vorteilhaft wie Rangierloks mit Frequenzumrichterantrieben beschleunigen und bremsen lassen.

Bei spurungebundenen Elektrofahrzeugen, zum Beispiel beim Elektroauto, wird der Gleichspannungszwischenkreis von einer Batterie gebildet, weshalb bei diesen Anwendungsfällen der Frequenzumrichter aufgeteilt wird in einen fahrzeugfesten Dreiphasen-Wechselrichter für die Traktion und einen ortsfesten Netzgleichrichter als Ladestation für die Batterie. Weil Traktionsbatterien in Verbindung mit Ultra-Caps die Bremsenergie im Zwischenkreis aufnehmen können, wird die kinetische Energie beim generatorischen Bremsen als Nutzenergie gespeichert und dadurch der Gesamtwirkungsgrad deutlich verbessert. Je nach Fahrmodus rechnet man mit einer Erweiterung des Aktionsradius durch Energierückspeisung (Rekuperation) von 10 % und darüber.

Wegen der hohen Taktraten und der damit verbundenen kurzen Stromrichtertotzeiten ist für die Steuerung eines B6-Wechselrichters ein eigener Mikrocontroller erforderlich, der mithilfe der Raumzeigermodulation die aktuellen Steuerimpulse für die sechs Leistungstransistoren des Wechselrichters generieren und innerhalb weniger Mikrosekunden korrigieren kann. Die Realisierung der feldorientierten Regelung der Asynchronmaschine (vgl. Abschnitt 7.3) macht einen zweiten Mikrocontroller erforderlich, der dem ersten Controller die erforderlichen Frequenz- und Spannungssollwerte in Abhängigkeit von den aktuellen Regelgrößen im Millisekundentakt vorgibt.

6.2.3 Drehstrom-Wechselrichter

Die Stromrichterschaltung eines Drehstrom-Wechselrichters auf der Basis von spannungsgesteuerten Leistungstransistoren (IGBT) zeigt **Bild 6.8**. Durch das kontinuierliche Zusammenspiel der Transistor-Drehstrombrücke und der antiparallelen Dioden-Drehstrombrücke können sich in den Motorwicklungen drei Strangströme beliebiger Phasenlage (φ) einstellen. Dies ist eine Grundvoraussetzung, um Drehstrom-Asynchronmaschinen sowohl motorisch ($0 < \varphi < \pi/2$) als auch generatorisch ($\pi/2 < \varphi < \pi$) betreiben zu können. Die sechs Transistoren müssen von der Mikrocontroller-Software so angesteuert werden, dass sich an den drei Wechselstromanschlüssen (U, V, W) ein symmetrisches Drehstromsystem mit jeweils $2\pi/3$ Phasenversatz einstellt.

Da der Sternpunkt der Last in der Regel offen ist, das heißt nicht angeschlossen ist, muss die Summe der drei Wechselgrößen aus Symmetriegründen immer null sein. Um die Erzeugung eines synthetischen (künstlichen) Dreiphasensystems besser verstehen zu können, soll zunächst von einer Volltaktung der Transistoren über 180° el. ausgegangen werden. Für diesen Fall sind die Wechselspannungen maximal, wobei zwischen den Effektivwerten der Strang- und Leiterspannungen sowie dem arithmetischen Mittelwert der Eingangsgleichspannung der Zusammenhang besteht:

$$U_{\mathrm{UV}} = \sqrt{3} U_{\mathrm{U}} = \sqrt{\frac{2}{3}} U_{\mathrm{d}}. \tag{6.10}$$

Diese Maximalwerte lassen sich durch Zwischentaktung (Pulsbetrieb) in ihrem effektiven Mittelwert kontinuierlich bis null verstellen.

Da die sechs Leistungstransistoren im Interesse eines hohen Wirkungsgrads im Schaltbetrieb ausgesteuert werden, ergeben sich $2^6 = 64$ theoretische Schaltkombinationen, von denen allerdings eine ganze Reihe aus physikalischen Gründen ausscheidet. So müssen Kombinationen ausgeschlossen werden, die auf einen Kurzschluss der Gleichspannungsquelle führen; das heißt, beide Transistoren eines Ventilzweigs dürfen niemals gleichzeitig angesteuert werden.

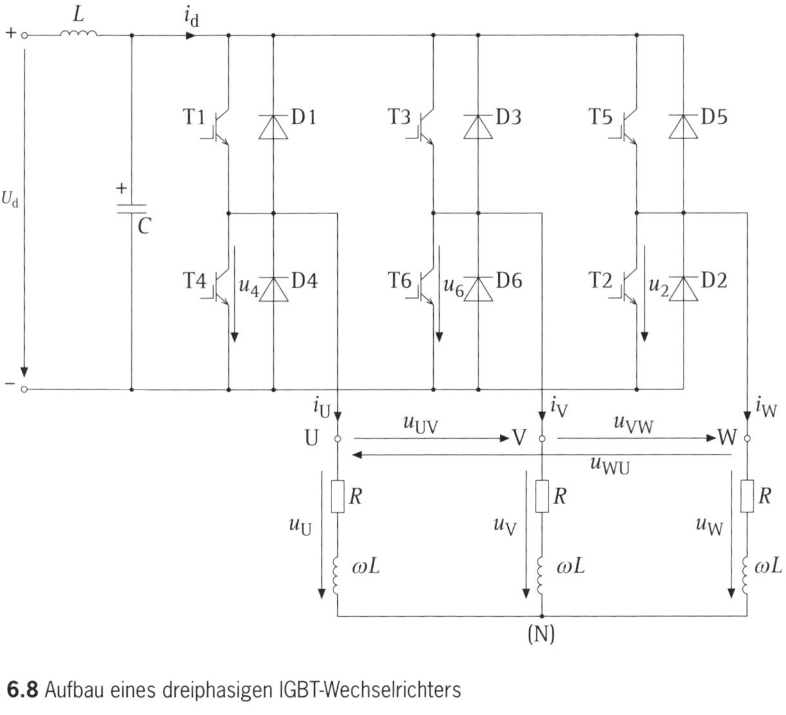

Bild 6.8 Aufbau eines dreiphasigen IGBT-Wechselrichters

Um ein symmetrisches Drehstromsystem erzeugen zu können, muss zu jedem Augenblick ein Stromfluss in jedem Strang möglich sein, sodass in jedem Strang stets ein Schalter geschlossen sein muss. Daraus resultiert schließlich für die Generierung künstlicher Drehstromsysteme, dass Schaltkombinationen mit mehr oder weniger als drei geschlossenen Halbleiterschaltern im Transistorwechselrichter ausscheiden. Somit bleiben nur noch $2^3 = 8$ zulässige Kombinationen für die Ansteuerung des dreiphasigen Wechselrichters übrig. Über die Periodendauer der gewünschten Ausgangsfrequenz kann so ein synthetisches (künstliches) Drehspannungssystem erzeugt werden, das vollkommen frei verwendbar ist und die Beschränkungen des öffentlichen Drehstromnetzes bezüglich Amplitude und Frequenz nicht aufweist.

6.2.3.1 Schaltzustände des Wechselrichters

Durch die physikalische Beschränkung auf acht zulässige Schaltkombinationen lassen sich die sechs antiparallelen Transistor-Diodenpaare auch symbolisch in der Form von drei Wechselschaltern (S1, S3, S5) auffassen. Dieses Gedankenmodell nach **Bild 6.9** macht die Entwicklungsschritte zur Erzeugung eines synthetischen Drehstromnetzes transparent. Steht der Schalter in Stellung „High", bedeutet dies, dass der betreffende Transistor oder die antiparallele Diode in der oberen Brückenhälfte leitend ist und damit der Pluspol der Gleichspannung am zugehörigen Strang liegt. „Low" besagt, dass der Minuspol über das betreffende Transistor/Dioden-Paar auf den betreffenden Strang geschaltet wird.

Werden die Schaltzustände I bis VI zyklisch pro Periode der gewünschten Ausgangsfrequenz durchlaufen, ergibt sich für jede Schalterstellung eine Leitphase

a)

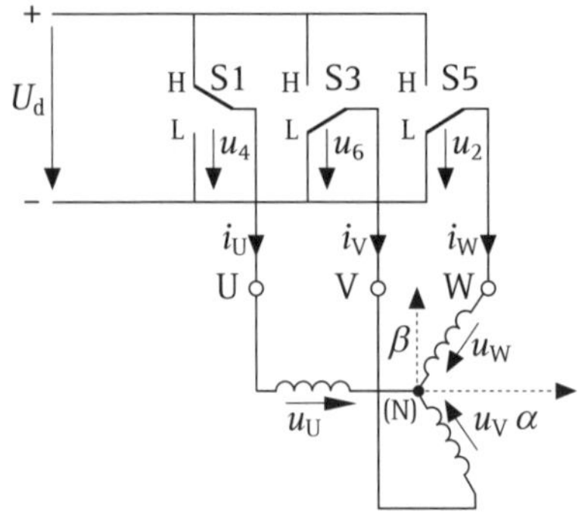

b)

Schaltzustand		S1	S3	S5
I	H, L, L	T1/D1	T6/D6	T2/D2
II	H, H, L	T1/D1	T3/D3	T2/D2
III	L, H, L	T4/D4	T3/D3	T2/D2
IV	L, H, H	T4/D4	T3/D3	T5/D5
V	L, L, H	T4/D4	T6/D6	T5/D5
VI	H, L, H	T1/D1	T6/D6	T5/D5
VII	H, H, H	T1/D1	T3/D3	T5/D5
VIII	L, L, L	T4/D4	T6/D6	T2/D2

Bild 6.9 Schaltzustände und Zustandstabelle dreiphasiger Wechselrichter

von $\pi/3$. Dieses sprungförmige Fortschalten sowie das anschließende Verharren lassen bereits auf einen blockförmigen Verlauf der erzeugten Wechselspannung schließen.

Die Schaltzustände VII und VIII bewirken, dass sämtliche drei Ausgangsspannungen über die Plus- oder Minusschiene kurzgeschlossen sind und den Wert null annehmen. Diese beiden Schaltkombinationen werden deshalb auch als Nullzustände bezeichnet. Ihnen kommt eine wichtige Aufgabe bei der Spannungsverstellung durch Raumzeigermodulation zu, bei der das Drehspannungssystem in ein orthogonales Koordinatensystem zur Berechnung der Einschaltzeiten der Leistungstransistoren abgebildet wird.

Es sei nochmals ausdrücklich darauf hingewiesen, dass das Ansteuern eines Transistors nicht automatisch dessen Stromübernahme zur Folge hat. Der Übergang in den leitenden Zustand hängt entscheidend von den induktiven Verhältnissen im Lastkreis ab. Außerdem muss zwischen dem Abschalten eines Transistors und dem Einschalten eines neuen Transistors eine Verzögerung in der Größenordnung von einigen Nanosekunden eingehalten werden, damit die Kommutierungsvorgänge vollständig abgeschlossen sind.

Werden die Schaltzustände I bis VI zyklisch für jeweils ein Sechstel der Periodendauer angesteuert, ergeben sich an den Klemmen des Wechselrichters die in **Bild 6.10** dargestellten Strom- und Spannungsverläufe. Betrachtet man zunächst die Spannungen zwischen den einzelnen Strängen und dem Minuspol (u_4, u_6, u_2), so spiegeln diese den Schaltzustand der drei Wechselschalter wider, wobei jeder Schalter für 180° el. in die High-Position und für die restlichen 180° in die Low-Position gesteuert wird. Mit der Betrachtung dieses elektrischen Zwischenschritts lässt sich die Bildung der drei Leiterspannungen und Strangspannungen sehr anschaulich erklären.

Aus den pulsierenden Gleichspannungen (u_4, u_6, u_2), die den Sperrspannungen der unteren Ventilgruppe entsprechen, lassen sich über einen Maschenumlauf nach Kirchhoff die zeitlichen Verläufe der drei verketteten Leiterspannungen ableiten:

$$\begin{aligned} u_{UV} &= u_4 - u_6, \\ u_{VW} &= u_6 - u_2, \\ u_{WU} &= u_2 - u_4. \end{aligned} \tag{6.11}$$

Wie die entsprechenden Diagramme in Bild 6.10 zeigen, setzen sich die Leiterspannungen aus positiven und negativen Blöcken zusammen, die eine Länge von $2\pi/3$ aufweisen und von $\pi/3$ breiten Lücken unterbrochen sind.

Diese nicht sinusförmigen Spannungsverläufe sind zueinander um je 120° el. verschoben. Mithilfe der Fourier-Analyse errechnet sich deren Grundschwingungsgehalt zu:

$$g_{\mathrm{UV}} = \frac{U_{\mathrm{UV1}}}{U_{\mathrm{UV}}} = \frac{\frac{\sqrt{6}}{\pi} U_{\mathrm{d}}}{\sqrt{\frac{2}{3}} U_{\mathrm{d}}} = \frac{3}{\pi} = 0{,}95. \tag{6.12}$$

Dieser Wert liegt zwar etwas über dem Grundschwingungsgehalt bei einphasigen Wechselrichtern mit 180°-Spannungsblöcken, ist aber dennoch sehr schlecht und für die Speisung von Drehstrommotoren so noch nicht geeignet. Zur Erhöhung des Grundschwingungsgehalts benötigt man ein intelligentes Steuerverfahren, das im Folgenden ebenfalls ausführlich beschrieben wird. Für einen Drehstromverbraucher in Sternschaltung lassen sich außerdem die Strangspannungen über die Beziehung:

$$\begin{aligned} u_{\mathrm{U}} &= \frac{1}{3}\left(u_{\mathrm{UV}} - u_{\mathrm{WU}}\right), \\ u_{\mathrm{V}} &= \frac{1}{3}\left(u_{\mathrm{VW}} - u_{\mathrm{UV}}\right), \\ u_{\mathrm{W}} &= \frac{1}{3}\left(u_{\mathrm{WU}} - u_{\mathrm{VW}}\right) \end{aligned} \tag{6.13}$$

aus den Leiterspannungen punktweise konstruieren. Die zeitlichen Verläufe der drei Strangspannungen sind in Bild 6.10 ebenfalls eingezeichnet.

Die Maximalwerte der Strangspannungen betragen $+2U_{\mathrm{d}}/3$ bzw. $-2U_{\mathrm{d}}/3$ und stellen sich ein, wenn der betreffende Strang auf High und die beiden anderen Stränge auf Low liegen. Die Zwischenwerte von $+U_{\mathrm{d}}/3$ bzw. $-U_{\mathrm{d}}/3$ liegen an, wenn noch ein anderer Strang die Schalterstellung des betrachteten Strangs hat. Der Grundschwingungsgehalt dieser treppenförmigen Wechselspannungen errechnet sich zu:

$$g_{\mathrm{u}} = \frac{U_{\mathrm{u1}}}{U_{\mathrm{u}}} = \frac{\frac{\sqrt{2}}{\pi} U_{\mathrm{d}}}{\frac{\sqrt{2}}{3} U_{\mathrm{d}}} = \frac{3}{\pi} = 0{,}95 \tag{6.14}$$

und entspricht exakt dem Wert bei den verketteten Spannungen, sodass Gl. (6.10) auch für die Effektivwerte der Grundschwingungen erfüllt ist. Für einen ohmsch-induktiven Drehstromverbraucher stellen sich die in Bild 6.10 dargestellten Strang-

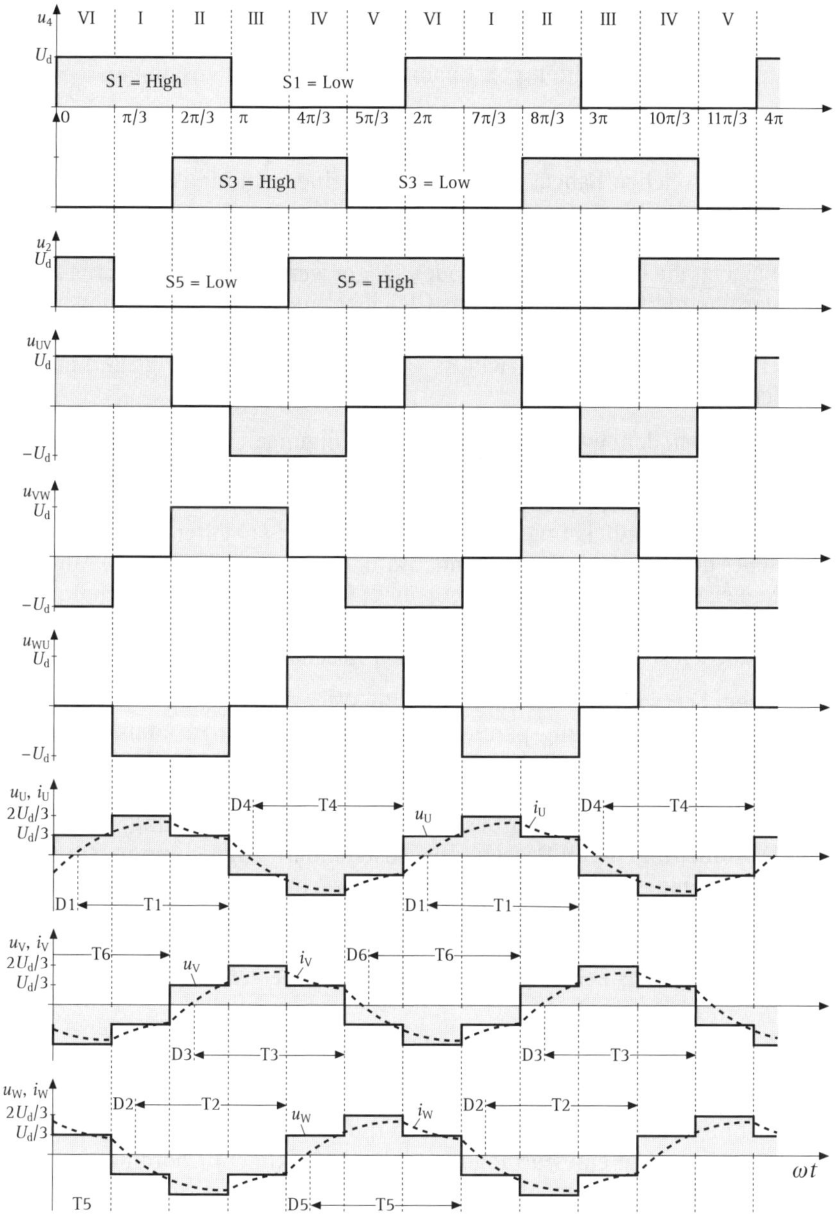

Bild 6.10 Ströme und Spannungen in B6-Wechselrichtern bei Volltaktung

ströme ein, die den Strangspannungen um einen Winkel kleiner $\pi/2$ nacheilen. Wegen der sprungförmigen Änderungen im Spannungsverlauf setzt sich der Strangstrom aus Ausschnitten von Exponentialfunktionen zusammen.

Betrachtet man die Leitphasen der Ventile bei Volltaktung etwas genauer, so fällt auf, dass die Inversdioden immer dann leiten, wenn Spannung und Strom unterschiedliche Vorzeichen haben. Beim Sonderfall einer rein induktiven Last wären die Leitphasen von Dioden und Transistoren gleich lang. Phasenverschiebungen über $\pi/2$ setzen im Drehstromkreis einen Energiespeicher (Generatorbetrieb) voraus, wobei jetzt die Leitphasen der Dioden länger werden als die der Transistoren. Wegen der Energierückspeisung in das Gleichstromnetz werden die Dioden auch als Rückspeisedioden bezeichnet. Der Betriebszustand der Energierückspeisung eines selbstgeführten Wechselrichters erfüllt das Umwandlungsmerkmal des Gleichrichtens (AC/DC).

Durch Umklappen der negativen Stromhalbschwingungen und Überlagerung aller drei Strangströme erhält man den welligen Gleichstrom auf der Eingangsseite der Gleichspannungsquelle, der eine Pulszahl von $p = 6$ aufweist. Um die Gleichspannungsquelle von Blindleistung freizuhalten, sollte ein *LC*-Filter vorgesehen werden, welches den Blindanteil dem Kondensator einprägt (vgl. Bild 6.7). Auch sind sämtliche Leistungstransistoren mit einem *RCD*-Glied als Schutzbeschaltung zu versehen. Sicherungselemente sind nicht erforderlich, da der IGBT-Wechselrichter im Fehlerfall selbst Kurzschlussströme sicher abschalten kann.

Bei der bisher betrachteten Volltaktung des B6-Wechselrichters ist eine Verstellung des Effektivwerts der Strangspannung nicht möglich. Hinzu kommt, dass das Verharren in jedem Schaltzustand für ein Sechstel der Periodendauer auf einen hohen Oberschwingungsanteil der Ausgangsgrößen führt. Mithilfe der Spannung-Raumzeigermodulation steht ein Ansteuerverfahren zur Verfügung, das optimal auf die Anforderungen von Drehstromwechselrichtern zugeschnitten ist und das auf Wechselströme mit einem Grundschwingungsgehalt nahe 1 in allen drei Strängen führt. Ziel der Raumzeigermodulation ist es, über eine Modellbeschreibung geeignete Algorithmen zu finden, mit denen der Mikroprozessor die aktuellen Schaltzeiten der sechs Leistungstransistoren online berechnen kann.

6.2.3.2 Spannung-Raumzeigermodulation

Wie aus der Wechselstromtheorie bekannt, kann eine sinusförmige Größe durch die Projektion eines fiktiven Vektors (Zeiger) dargestellt werden, der einmal pro Periode um die Achse eines orthogonalen (rechtwinkligen) Koordinatensystems gedreht wird. Ferner ist es möglich, ein symmetrisches Drehstromsystem (U, V, W) auf ein Zweiachsenmodell zu reduzieren und so den mathematischen Aufwand bei der Systembeschreibung erheblich zu vereinfachen. Da dieses Verfahren mit einer einzigen Zeigergröße im Zahlenraum (Koordinatensystem) auskommt, spricht man auch von der Raumzeigerdarstellung dreiphasiger Systeme. Anwendung findet das Raumzeigermodell vor allem in Wechselrichtersteuerungen sowie bei der feldorientierten Regelung von Drehstrommaschinen (vgl. Kapitel 7).

In **Bild 6.11** ist die Raumzeigerdarstellung für die Verhältnisse des B6-Wechselrichters aufgezeichnet. Die drei Achsen des symmetrischen Drehspannungssystems (U, V, W) sind um $2\pi/3$ gegeneinander verdreht. Üblicherweise legt man den Strang U in die α-Achse des orthogonalen α, β-Koordinatensystems, das zur Vereinfachung trigonometrischer Zusammenhänge auch als komplexe Ebene aufgefasst werden kann. Der rotierende Spannungsraumzeiger ($\hat{u}$) beschreibt stellvertretend alle Augenblickswerte der drei Strangspannungen. Seine Zeigerlänge (Amplitude) steht für den Scheitelwert der drei Spannungen.

Lässt man nämlich den Raumzeiger mit der Winkelgeschwindigkeit wt rotieren, so ergeben seine Projektionen auf die drei Stränge gerade den zeitlichen Verlauf der einzelnen Strangspannungen. Dies gilt auch, wenn der Zeiger nicht kontinuierlich wie beim sinusförmigen Spannungsverlauf, sondern sprungförmig wie beim treppenförmigen Verlauf umläuft. Bild 6.11 zeigt diesen letzteren Fall, wobei die Strangspannungen und die Stellung des Raumzeigers für die ersten vier Schaltzustände aufgetragen sind. Eine feinere Abstufung beim Weiterschalten des Raumzeigers kann nur durch Zwischentakten erreicht werden. Um die Länge

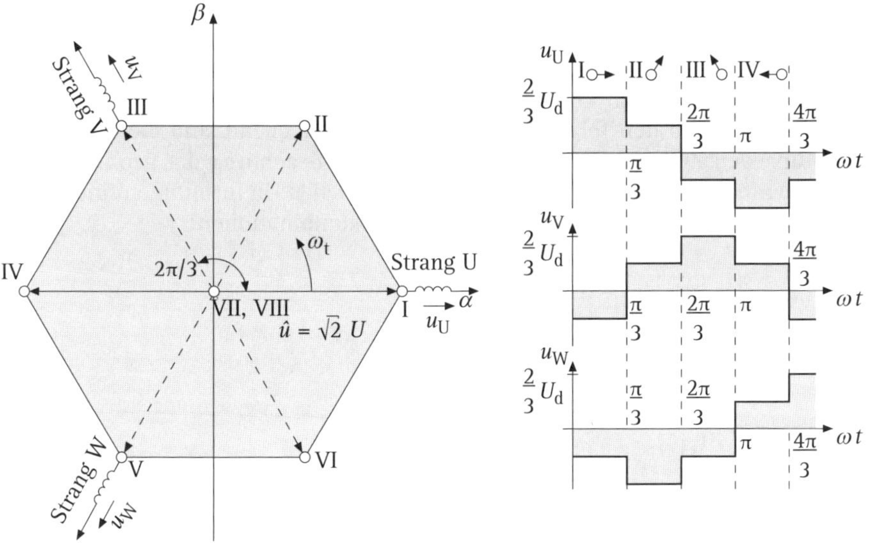

Bild 6.11 Spannung-Raumzeiger-Darstellung der Schaltzustände bei Volltaktung

des Raumzeigers kürzen und damit beliebige Amplituden der Strangspannungen erzeugen zu können, sind die Nullzustände VII und VIII von besonderer Bedeutung. Mit diesem Modulationsverfahren ist es möglich, alle Punkte des von den Schaltzuständen aufgespannten Hexagons (Sechseck) anzusteuern.

Das Prinzip der Spannung-Raumzeigermodulation besteht nun darin, den fiktiven Raumzeiger in möglichst kleinen Sprüngen umlaufen zu lassen und die Amplitude auf einem gewünschten Wert (Kreisbahn) zu halten. Die Feinheit der Sprünge hängt direkt von der maximalen Taktfrequenz des Wechselrichters ab und kann daher nicht beliebig klein gemacht werden. Um einen möglichst hohen Grundschwingungsanteil der Ausgangsgrößen zu erreichen, muss die Spitze des Raumzeigers auf einem Kreis liegen, dessen Radius dem gewünschten Spitzenwert ($\hat{u} = \sqrt{2}\,U$) entspricht. Damit die Strangspannungen diesen vorgegebenen Spitzen- bzw. Effektivwert annehmen, muss der Wechselrichter zwischen den beiden Schaltzuständen, in deren Bereich der Spannungszeiger sich gerade befindet, und einem der Nullzustände umgeschaltet (moduliert) werden. Das erforderliche Modulationsverhältnis ändert sich innerhalb des Modulationsdreiecks für jede neue Stellung des rotierenden, fiktiven Raumzeigers.

In **Bild 6.12** befindet sich der Raumzeiger gerade zwischen den Schaltzuständen III und IV. Die eingezeichneten Stellungen des Raumzeigers entsprechen einer Auflösung von nur 15° el. und sollen lediglich die Funktionsweise der Spannung-Raumzeigermodulation anschaulich demonstrieren. In der Praxis liegt die Schrittweite meistens unter einem Grad, was dem kontinuierlichen Zeigerumlauf schon sehr nahe kommt.

Um die Einschaltzeiten der Ventile für einen vollen Umlauf des Raumzeigers allgemein berechnen zu können, bezeichnet man den zurückliegenden Schaltzustand mit k und den folgenden mit $k + 1$. Entsprechend sind die Winkel (γ_k, γ_{k+1}) für jeden Zustand Vielfache von $\pi/3$. Unter Beachtung der geometrischen Zusammenhänge und nach einigen trigonometrischen Umformungen findet man für die Einschaltzeiten der aktuellen Transistorkombinationen:

$$\begin{aligned} t_k &= \sqrt{6}\,T_\mathrm{p}\frac{U}{U_\mathrm{d}}\sin\left(\gamma_{k+1}-\gamma\right), \\ t_{k+1} &= \sqrt{6}\,T_\mathrm{p}\frac{U}{U_\mathrm{d}}\sin\left(\gamma-\gamma_k\right), \\ t_0 &= T_\mathrm{p}-\left(t_k+t_{k+1}\right). \end{aligned} \tag{6.15}$$

Der Laufindex in den Schaltzeiten für die einzelnen Zustände kann die Werte k = I, II, III, IV, V, VI annehmen, und die Einschaltzeit t_0 steht für die Nullzustände VII und VIII, wobei immer derjenige Nullzustand angesteuert wird, der die wenigsten Umschaltungen mit sich bringt.

In dem einfachen Beispiel nach Bild 6.12 beträgt $\gamma_k = 2\pi/3$, $\gamma_{k+1} = \pi$, und der Winkel des Raumzeigers nimmt nacheinander die Werte 120°, 135°, 150°, 165° und 180° el. an. Für die feste Zwischentaktung mit der Pulsfrequenz $f_p = 1/T_p$ des Wechselrichters lassen sich so für jeden gewünschten Effektivwert (U) der Strangspannungen in Abhängigkeit von der Sollposition ($\gamma = \omega t$) des Raumzeigers die Einschaltzeiten der momentanen Zustände online berechnen und an die Leistungstransistoren des B6-Wechselrichters ausgeben.

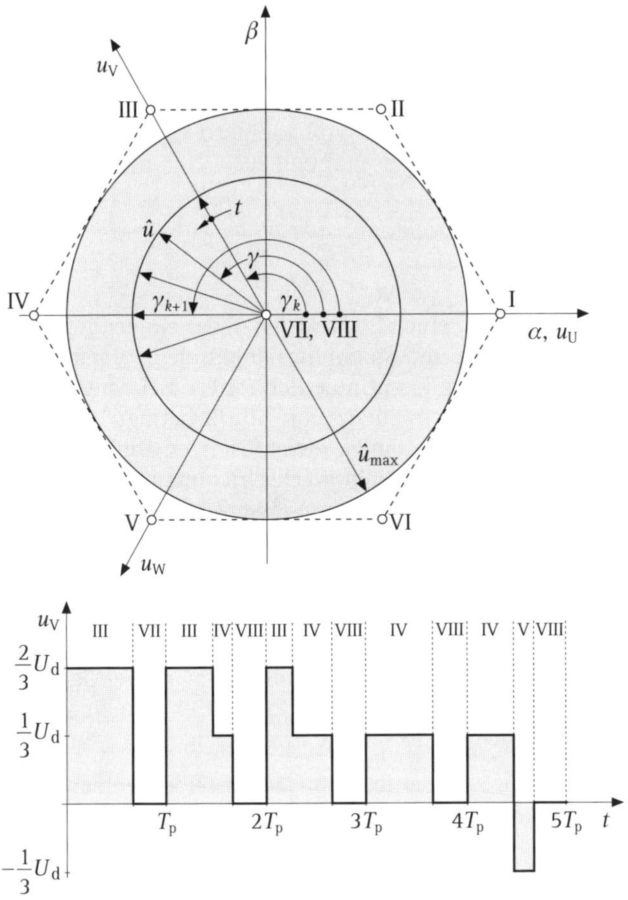

Bild 6.12 Spannung-Raumzeigermodulation in B6-Wechselrichtern

Wie der Spannungsverlauf von Zustand V zeigt, wird während der ersten Pulsperiode ($0 \leq t \leq T_p$) nur zwischen dem III. und VII. Schaltzustand moduliert, um den Scheitelwert (Zeiger) auf die gewünschte Länge zu bringen. In der zweiten Pulsperiode ($T_p \leq t \leq 2T_p$) muss sich der Zeiger etwas in Richtung des IV. Zustands bewegen, weshalb dieser für kurze Zeit eingeschaltet wird. Je weiter der Zeiger vorwärts kommt, desto mehr überwiegt die Einschaltzeit des IV. gegenüber dem III. Zustand.

In der vierten Pulsperiode ($3T_p \leq t \leq 4T_p$) soll der Zeiger bei $\gamma = \pi$ stehen, sodass jetzt über die Zustände IV und VIII lediglich die Amplitude eingestellt wird. Danach wird k = IV und $k+1$ = V für die weiteren Berechnungen eingesetzt. Der zeitliche Abstand (T_p) zwischen den Umschaltpunkten k und k+1 beträgt bei einer Pulsfrequenz von f_p = 20 kHz nur T_p = 50 µs und damit ein Vielfaches mehr, als in Bild 6.12 dargestellt werden konnte. Die Auflösung (*AFL*) der Zwischenschritte, also die Feinheit, mit welcher die Wechselrichtersteuerung den Raumzeiger umlaufen lassen kann, errechnet sich in Abhängigkeit von der Grundschwingungsfrequenz ($f_1 = 1/T_1$) der Ausgangsspannung zu:

$$AFL = 360°\frac{T_p}{T_1} = 360°\frac{f_1}{f_p}. \tag{6.16}$$

Der Raumzeiger stellt somit einen Sollvektor dar, der mit der gewünschten Wechselrichterausgangsfrequenz und Spannungsamplitude in einem mathematischen Zweiachsenmodell annähernd kontinuierlich rotiert. Bei einer Taktfrequenz von 20 kHz und einer Ausgangsfrequenz von 50 Hz beträgt die Auflösung nach Gl. (6.16) ungefähr 1° el., was einem gleichförmigen Umlauf des Raumzeigers schon sehr nahe kommt und deshalb Wechselrichterausgangsgrößen mit einem hohen Grundschwingungsgehalt erwarten lässt. Zum Vergleich sei erwähnt, dass der Sekundenzeiger einer Uhr nur in 6°-Schritten umläuft.

Mithilfe des Raumzeigermodells können die Zündmuster der sechs Transistoren für jeden nachfolgenden Pulsabschnitt online berechnet werden. Da bei einer Auflösung der Raumzeigermodulation von einem Grad nur 50 µs für die Berechnung der drei Schaltzustände des nächsten Pulsabschnitts zur Verfügung stehen, kann dieses rechenintensive und zeitkritische Verfahren nur mittels eines schnellen und leistungsfähigen Mikrocontrollers in die Praxis umgesetzt werden, vgl. Bild 6.7.

Diese hochintegrierten Wechselrichtersteuerbausteine nehmen über einen Datenbus die Amplituden- und Frequenz-Sollwerte der Antriebsregelung an und generieren nach dem Verfahren der Raumzeigermodulation über Gl. (6.15) die Steuerimpulse für die Transistoren. Halbleiterabhängige Sicherheitszeiten für

Kommutierungsabläufe werden dem Baustein bei seiner Initialisierung vorgegeben. Eine Schnellabschaltung bei Überströmen ist ohne Buszugriff direkt über einen Hardware-Eingang möglich, sodass ein IGBT-Wechselrichter elektronisch vor Zerstörung geschützt werden kann. Durch die Verknüpfung sämtlicher Ventile über die einzelnen Schaltzustände ist die Raumzeigermodulation optimal auf die Verhältnisse in Drehstromsystemen zugeschnitten. Dies führt zu einer besseren Ausnutzung des dreiphasigen Wechselrichters als bei einer separaten Pulsweitenmodulation in den einzelnen Strängen.

Die Qualität der Ausgangsgrößen von B6-Wechselrichtern hängt in erster Linie von der Höhe der Pulsfrequenz ab, mit der die Spannungsblöcke zwischengetaktet werden. Bei Pulsfrequenzen um 5 kHz lassen sich Wechselspannungen mit lediglich 90 % Grundschwingungsgehalt und daraus resultierend Strangströme mit 99 % Grundschwingungsgehalt erzielen. Obwohl diese Werte als hoch erscheinen, muss man bedenken, dass der Wechselstrom immer noch einen Oberschwingungsgehalt (Klirrfaktor) von 14 % enthält. Dies führt auf eine hohe Pulsation (Welligkeit) im Drehmomentenverlauf, was zu einem schnelleren Verschleiß der Motorlager sowie zu einer geringeren Ausnutzung der Maschine und hohen Geräuschentwicklung führt.

Strangströme mit einem Grundschwingungsgehalt von $g_\mathrm{i} = 0{,}9997 = 99{,}97\ \%$ ($k_\mathrm{i} = 2\ \%$) lassen sich nur von Wechselrichtern erreichen, die mit Taktfrequenzen um 20 kHz arbeiten. **Bild 6.13** zeigt die Stranggrößen und ihre Amplitudenspektren bei einer Grundschwingungsfrequenz von 26 Hz. Die infolge der Zwischentaktung mit solch hoher Pulsfrequenz hervorgerufenen Spannungsoberschwingungen liegen bei einer Ordnungszahl von 200 bzw. 400 und sind deshalb in Bild 6.13 nicht mehr zu erkennen. Ihre Effektivwerte sind jedoch nicht vernachlässigbar, weshalb die Grundschwingung der Strangspannung nur etwa 94 % des gesamten Effektivwerts ausmacht.

Der daraus resultierende Strangstrom einer Drehfeldmaschine ist infolge des Tiefpassverhaltens der Motorwicklungen praktisch sinusförmig, sodass in der Gleichförmigkeit des Drehmoments kein Unterschied mehr zum Betrieb am öffentlichen Drehstromnetz festzustellen ist. Dies gilt selbstverständlich für alle Frequenzen, die größer oder kleiner als 50 Hz sind.

Alles in allem gestatten solche modernen B6-Wechselrichter nicht nur einen schonenden Betrieb der Asynchronmaschine bei gleichzeitig hoher Ausnutzung, sondern sie sind auch der Garant für beste dynamische Eigenschaften an der Welle der Maschine. In Verbindung mit einem modernen Regelverfahren, wie der Feldorientierung, lassen sich auch mit Drehstrommaschinen hochdynamische Stellantriebe realisieren und in allen Feldern der Automatisierungstechnik und Elektrotraktion vorteilhaft einsetzen.

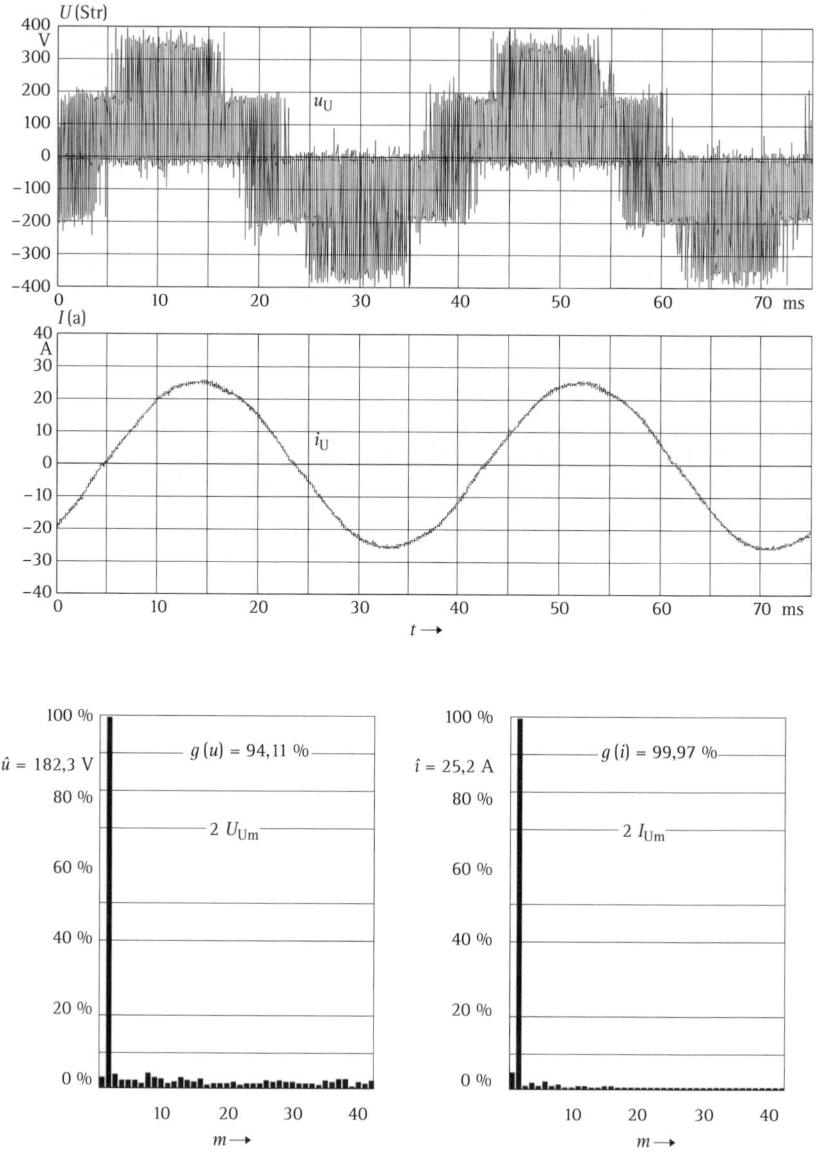

Bild 6.13 Fourier-Amplitudenspektrum eines B6-Wechselrichters bei 26 Hz

6.3 Stromrichter in der Elektrotraktion

Stromrichterstellglieder sind ein wesentlicher Pfeiler in der gesamten Elektrotraktion sowie eine unverzichtbare Voraussetzung beim Energiemanagement in allen Übergangsbereichen bei der regenerativen Energieerzeugung. Leistungselektronische Komponenten stellen den Antriebsmotoren der elektrischen Straßen- und Schienenfahrzeuge variable Spannungssysteme zur Verfügung, ohne die ein drehzahlgeregelter Betrieb bei hohen Wirkungsgraden nicht denkbar wäre. Ferner sind es die Stromrichterkomponenten der Leistungselektronik, welche unterschiedliche Versorgungsnetze effektiv miteinander verbinden können.

Am Beispiel eines Solarfahrzeugs sind in **Bild 6.14** die einzelnen Stufen der Energieanpassung etwas ausführlicher aufgezeichnet. Da solare Elektrofahrzeuge nicht über eine ausreichende Fläche für die Installation von Solarzellen (100 W/m²) verfügen, müssen die Photovoltaik-(PV-)Module zum Beispiel auf dem Garagendach angebracht und die gezapfte elektrische Energie zwischengespeichert werden. Als Pufferspeicher für den ortsfest erzeugten Solarstrom benutzt man in der Regel das öffentliche Netz.

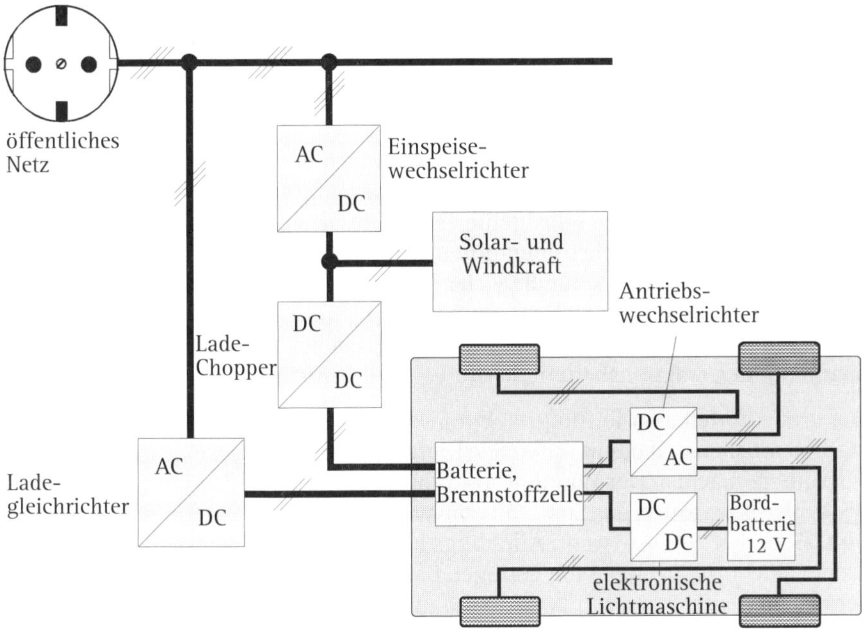

Bild 6.14 Energiemanagement beim Betrieb von Elektrofahrzeugen

Um jedoch den Gleichstrom der Solarmodule netzfreundlich in die Steckdose einspeisen zu können, muss dieser mit einem selbstgeführten Wechselrichter (DC/AC) zuvor in einen sinusförmigen Wechselstrom umgewandelt werden. Bei sehr großen Leistungen im Megawatt-Bereich, für die keine Leistungstransistoren mehr zur Verfügung stehen, kann die Energierückspeisung auch mit einem netzgeführten Umkehrstromrichter vorgenommen werden, wobei dann allerdings erhebliche Anteile an Grundschwingungsblindleistung und Verzerrungsleistung auf der Netzseite entstehen.

Selbstverständlich kann der Solarstrom auch dazu benutzt werden, um eine Ersatzbatterie tagsüber direkt aufzutanken. Dazu ist ein selbstgeführter Gleichstromsteller als Ladechopper (DC/DC) erforderlich, der diesen Vorgang kontrolliert und die Gleichspannung des Solargenerators an die Spannung der Traktionsbatterie anpasst. In diesem Falle müsste die entladene Batterie des Elektrofahrzeugs in einer Fahrpause durch die geladene Batterie ausgetauscht werden, was natürlich mit einem erheblichen Aufwand verbunden ist, da Traktionsbatterien sehr schwer sind.

Üblicherweise wird die fahrzeugfeste Traktionsbatterie in den Nachtstunden über einen ortsfesten Ladegleichrichter (AC/DC) aus dem öffentlichen Netz aufgeladen. Das Aufladen erfolgt stromgeregelt mit ungefähr einem Zehntel des zulässigen Entladestroms der Batterie, was auf Ladezeiten von bis zu zehn Stunden führt. Auf der einen Seite ist dieser langsame Ladevorgang für den Betrieb von Elektrofahrzeugen sehr hinderlich, auf der anderen Seite aber wäre ein schnelleres Aufladen an einer Steckdose überhaupt nicht möglich, da sonst die Netzströme unzulässig groß werden würden.

Weitere elektrische Spannungswandlungen finden auf dem Fahrzeug selbst statt (vgl. auch Kapitel 8). So muss die Gleichspannung der Traktionsbatterie oder Brennstoffzelle mit einem selbstgeführten Wechselrichter (DC/AC) in ein variables Dreileiternetz für die Drehstrommotoren umgewandelt werden. Auch das Nachladen der 12-V-Bordbatterie für die vielen Hilfsaggregate wird leistungselektronisch mit einer elektronischen Lichtmaschine durchgeführt. Dabei handelt es sich um einen Einquadranten-Chopper, der als Tiefsetzsteller (DC/DC) die hohe Gleichspannung der Traktionsbatterie in die 12 V der Hilfsbatterie umformt.

Der große Vorteil aller leistungselektronischen Komponenten liegt darin, dass sie statisch arbeiten und damit rotierende Umformer, zum Beispiel eine Lichtmaschine, überflüssig machen. Der Wirkungsgrad solcher kompakter Powermodule liegt bei 95 % bis 99 %, sofern das Spannungsniveau der Traktionsbatterie sich im Bereich von 150 V bis 200 V bewegt. Allerdings kann der Stromrichterwirkungsgrad bei kleinen Elektrofahrzeugen mit geringen Batteriespannungen von weniger als 60 V sehr schnell auf Werte von 80 % und darunter abnehmen.

7 Drehzahl-Drehmoment-Regelung

Die Methoden der konventionellen Regelungstechnik beschränken sich im Allgemeinen auf lineare und zeitinvariante Systeme, weshalb man auch von linearer Regelungstechnik spricht. Bei diesem weitverbreiteten Regelverfahren müssen die physikalischen Gesetzmäßigkeiten eines dynamischen Systems möglichst exakt durch gewöhnliche Gleichungen und Differenzialgleichungen beschrieben werden. Die Gleichungssysteme werden dann mithilfe der Laplace-Transformation vom Zeitbereich in den komplexen Bereich (Frequenzbereich) überführt, wo sich mit entsprechenden Hilfsmitteln Aussagen über die Stabilität und Dynamik des betrachteten Systems machen lassen. Hierfür verwendet man entweder das Frequenzkennlinienverfahren oder das Wurzelortskurvenverfahren. Beide Verfahren sind gleichwertig bezüglich ihrer Aussagekraft. Aus den Laplacetransformierten Systemgleichungen lässt sich ein anschauliches Strukturbild ableiten, wobei die Funktionsbausteine eines technischen Systems den elementaren Übertragungsgliedern des Strukturbilds entsprechen. Man wählt dabei immer diejenigen Systemvariablen zu Eingangsgrößen eines Übertragungsglieds, die den Charakter einer Steuergröße haben.

Aus der Fülle der linearen Übertragungsglieder treten am häufigsten die rationalen Übertragungsglieder, die Totzeitglieder und die Abtastglieder in Regelkreisen auf. Solche linearen Übertragungsglieder erfüllen sowohl das Überlagerungsprinzip als auch das Verstärkungsprinzip. Der Entwurf der entsprechenden Regeleinrichtungen kann im Strukturbild dargestellt und mit dem Frequenzkennlinienverfahren im sogenannten Bode-Diagramm durchgeführt werden. Die gewonnenen Aussagen über die Reglerparameter gelten streng genommen nur für kontinuierliche (analoge) Regelsysteme, lassen sich aber unter gewissen Umständen auch auf quasikontinuierliche (digitale) Regelsysteme übertragen. Nichtlineare und zeitvariante Systeme können mit diesen konventionellen Entwurfsverfahren nicht behandelt werden, außer, der betreffende Prozess lässt sich um einen Arbeitspunkt linearisieren, und zeitabhängige Einflüsse können adaptiv nachgeführt werden.

7.1 Klassische Kaskadenstruktur

Die Kaskadenregelung ist eine der effektvollsten Methoden der Regelungstechnik zur Stabilisierung und Optimierung von Regelstrecken mit mehreren dominanten Zeitkonstanten. Der Grundgedanke der Kaskadenregelung besteht darin, dass ein unterlagerter Regler die Zeitkonstante der inneren Regelstrecke kompensiert und der geschlossene, innere Regelkreis nach außen nur noch als elementares Übertragungsglied in Erscheinung tritt. Der überlagerte Regler wird dann für die Zeitkonstante der äußeren Regelstrecke ausgelegt. Die mit einer solchen Kaskadenstruktur, das heißt Verschachtelung von Regelkreisen, erreichbaren dynamischen Eigenschaften sind bei Weitem besser als ohne unterlagerte Hilfsregelkreise.

Speziell in der Antriebstechnik und Traktion spiegelt die Kaskadenregelung exakt die physikalischen Gegebenheiten bewegter Massen wider, da gemäß Gl. (3.4) eine Drehzahlverstellung nur durch eine Änderung der Beschleunigung vorgenommen werden kann. Außerdem bewirkt die Drehzahl eine Geschwindigkeit des Fahrzeugs, was wiederum zu einer Positionsänderung führt. Das bedeutet, dass die Ausgangsgröße des Positionsreglers immer dem Sollwert für die Drehzahl und die Ausgangsgröße des Drehzahlreglers immer dem Sollwert für das Drehmoment entspricht. Da Drehmomente in elektrischen Maschinen über die elektrischen Motorströme erzeugt werden, muss über die Regelung die dem Drehmoment proportionale Stromkomponente gezielt beeinflusst werden.

Diese indirekte Regelung des Drehmoments über die Motorströme ist eine Besonderheit und ein großer Vorteil der elektrischen Antriebstechnik gegenüber anderen Antriebsformen. Hinzu kommt ein weiterer, positiver Aspekt, dass nämlich durch unterlagerte Stromregelkreise eine wirkungsvolle Begrenzung der Motorströme und damit ein sicherer Schutz der Maschinen und Stromrichter vor Überströmen gegeben ist. Die dreifache Regelkaskade eines elektrischen Antriebs ist in **Bild 7.1** aufgezeichnet, wobei der Stromregler indirekt als Drehmomentregler arbeitet. Mit der Kaskadenstruktur kommt die Sprungfunktion des geschlossenen Drehzahlregelkreises dem physikalischen Optimum und damit dem linearen Hochlauf nach Bild 3.4 schon sehr nahe.

Wird bei Fahr- und Positionieranwendungen, zum Beispiel in Fahrstühlen oder fahrerlosen Fahrzeugkabinen, noch eine Lageregelung erforderlich, muss der integrale Zusammenhang zwischen der Wegstrecke und der Geschwindigkeit gemäß Gl. (1.4) beachtet werden. Die Kaskadenstruktur nach Bild 7.1 gibt somit exakt die physikalischen Gesetzmäßigkeiten wieder, wonach ein Drehmoment die Voraussetzung für eine Drehzahländerung und die Drehzahl wiederum die Voraussetzung für eine Ortsveränderung ist. Dabei ist es prinzipiell nebensächlich, ob das Antriebsmoment von Gleichstrommaschinen, Drehstrommaschinen oder anderen Antriebsformen kommt. Allerdings lassen sich mit elektrischen Antrieben solche Strukturen am besten und einfachsten realisieren.

Die Messung der Istwerte muss mit entsprechenden Sensoren vorgesehen werden, wobei der Strom mit einem Wandler, die Drehzahl mit einem Tacho und die Lage mit Markierungen entlang des Wegs vorgenommen werden kann. Zur Vermeidung von Störsignalen auf den Istwerten werden diese einer entsprechenden Filterung unterzogen, weshalb die Sensorik mit einem Verzögerungsverhalten 1. Ordnung gut beschrieben werden kann. Bezüglich der Entwurfskriterien für die einzelnen Regler ist es vollkommen nebensächlich, ob die spätere Realisierung der Regler analog mit Operationsverstärkern oder digital mit Mikrocontrollern erfolgt. Wichtig beim Reglerentwurf ist nur, dass man konsequent die SI-Einheiten nach Gl. (1.1) verwendet, damit die Übertragungsfunktionen der geschlossenen Regelkreise die Dimension 1 aufweisen.

Betrachtet man die Ablaufstruktur eines Straßenfahrzeugs aus diesem regelungstechnischen Blickwinkel, so gibt der Fahrer über das Gaspedal eine Stellgröße für das Drehmoment vor und übernimmt die Kaskadenregelung der Geschwindigkeit und Position selbst. In der Regel wird es auch bei einfachen elektrischen Straßenfahrzeugen genügen, auf die beiden äußeren Regelkaskaden zu verzichten und nur den Momentensollwert über das Gaspedal vorzugeben, wobei der Fahrer dann selbst als Geschwindigkeits-Drehzahlregler fungieren muss. Wird eine Tempomat-Funktion des Fahrzeugs gewünscht, kann diese Aufgabe selbstverständlich einem Drehzahlregler übertragen werden, wobei der Fahrer dann mit seinem Gaspedal einen Drehzahlsollwert vorgibt. Bei einer vollständigen Automatisierung des Bewegungsablaufs muss dann auch noch die Kaskade für die Lageregelung vorgesehen werden.

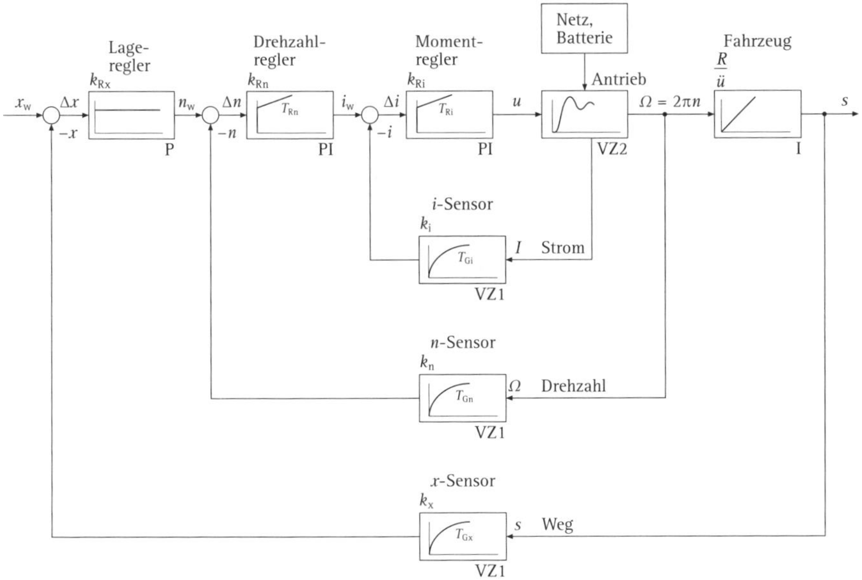

Bild 7.1 Klassische Dreifach-Kaskadenstruktur für elektrische Antriebe

Beim Übergang von der regelungstechnischen Struktur nach Bild 7.1 auf den realen Antrieb entspricht das Strukturbild der Maschine und des Stromrichters den bekannten mechanischen und elektrischen Antriebskomponenten. Offen bleibt nur die Frage nach der technischen Realisierung der Regler und der zugehörigen Messeinrichtungen. In elektrischen Antrieben ergeben sich prinzipiell zwei Möglichkeiten, nämlich die analoge Ausführung mit Operationsverstärkern und die digitale Realisierung mit Mikroprozessoren. Werden die Regler mit Operationsverstärkern aufgebaut, muss eine geeignete Beschaltung (hardwaremäßige Programmierung) gefunden werden, die den Operationsverstärker zum PI-Regler macht.

Im Falle der digitalen Regelung mit Mikrorechnern benötigt man geeignete Rechenvorschriften (PI-Algorithmen), um eine softwaremäßige Programmierung der Regelkaskade vornehmen zu können.

Da die Halbleiterventile der Stromrichter periodisch gezündet werden müssen, ist außerdem die Umsetzung der Steuergröße (u) in Zündimpulse für die Funktion des Antriebs von besonderer Wichtigkeit. Darüber hinaus gibt das Strukturbild keine Auskunft über die Besonderheiten beim Einsatz von Umkehrstromrichtern zur Realisierung des Vierquadrantenbetriebs. Die Regeleinrichtung sitzt mit im Stromrichtergerät, wobei man das Stromrichterstellglied plus die Steuer- und Regelelektronik kurz als Leistungselektronik bezeichnet. Abgesehen von einfachen Geradeausantrieben arbeiten Antriebsregelungen stets potentialfrei, sodass die Sensoren für den Strom und die Drehzahl neben der Erfassung auch eine Potentialtrennung zwischen der Leistungsseite und der Regelungsseite vornehmen müssen.

7.1.1 Drehmomentregelung

Wird als Antriebsmotor eine Gleichstrommaschine eingesetzt, so ist der Zusammenhang zwischen dem Drehmoment und dem Motorstrom besonders einfach, da nach Gl. (5.1) eine direkte Proportionalität zwischen dem Ankergleichstrom und dem Drehmoment an der Welle besteht. Das heißt, die indirekte Regelung des Drehmoments kann in Gleichstromantrieben von einem Ankerstromregler ausgeführt werden. Beim Entwurf des Stromreglers darf zur Vereinfachung des Strukturbilds zunächst der Fall einer festgebremsten Maschine ($n = 0$) betrachtet werden, sodass die EMK-Schleife der Gleichstrommaschine unberücksichtigt bleiben darf ($U_i = 0$). In der Praxis ist dieser Zustand mit einer mechanischen Bremse oder durch Abklemmen der Erregung leicht herbeizuführen, um zum Beispiel die Qualität des Reglerentwurfs nachprüfen oder Feinabstimmungen vor Ort am realen Antrieb vornehmen zu können.

Mit dieser regelungstechnischen Entkopplung des Ankerkreises von der Drehzahl ergibt sich gemäß **Bild 7.2** eine relativ einfache Struktur für den unterlagerten Stromregelkreis. Es wird sich zeigen, dass das Ergebnis des Reglerentwurfs auch

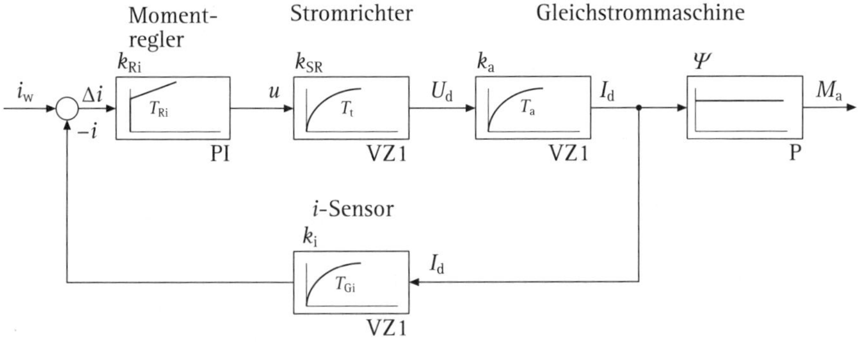

Bild 7.2 Regelstruktur des Stromregelkreises

für die rotierende Maschine akzeptabel ist. Netzgeführte Stromrichter gemäß Abschnitt 6.1 weisen regelungstechnisch Totzeitverhalten auf. Das liegt daran, dass eine einmal erfolgte Zündung des aktuellen Thyristorpaars mit einem bestimmten Steuerwinkel erst in der nächsten Halbschwingung der Netzspannung mit der Zündung des Folgethyristorpaars wieder korrigiert werden kann.

Wegen der zusätzlichen Abhängigkeit der Totzeit von der Aussteuerungsrichtung des Stromrichters rechnet man beim Einsatz von B2-Schaltungen mit einer statistischen Totzeit von T_t = 5 ms und bei B6-Schaltungen mit T_t = 1,67 ms. Nur aufgrund dieser relativ kleinen Verzögerungszeiten dürfen die netzgeführten Stromrichter näherungsweise als Verzögerungsglied erster Ordnung (VZ1) betrachtet werden. Die Proportionalverstärkung k_{SR} des Stromrichters errechnet sich aus dem Verhältnis von der ideellen Leerlaufgleichspannung zum Maximalwert der Stellgröße, auch Reglerbezugsgröße genannt.

Aufgrund der ohmschen und induktiven Anteile der Ankerwicklung ergibt sich für das regelungstechnische Verhalten des Ankerkreises ebenfalls VZ1-Verhalten. Die Ankerzeitkonstante T_a ist das Verhältnis von Ankerinduktivität zu Ankerwiderstand. Die Proportionalverstärkung k_a des Ankers entspricht dem Reziprokwert des Ankerwiderstands. Über die Multiplikation des Ankerstroms mit dem Verkettungsfluss des Stators bildet die Maschine ihr Drehmoment. Die Erfassung und Glättung des Ankerstroms mit einem Stromwandler oder einer Hallsonde plus Filterung mit einem Tiefpass ergibt in der Regelstruktur ebenfalls ein VZ1-Glied. Die Zeitkonstante der Glättung T_{Gi} muss so gewählt werden, dass am Ausgang des Filters näherungsweise der arithmetische Mittelwert des welligen Gleichstroms gebildet wird. Die Proportionalverstärkung der Sensorik errechnet sich aus dem Verhältnis von Reglerbezugsgröße und dem Nennwert des Ankerstroms.

Damit ergeben sich neben dem zu bestimmenden PI-Regler noch drei VZ1-Glieder, welche das Übertragungsverhalten des offenen (aufgeschnittenen) Stromregelkreises bestimmen:

$$F_{\mathrm{Si}} = k_{\mathrm{Ri}} \frac{1+sT_{\mathrm{Ri}}}{sT_{\mathrm{Ri}}} \frac{k_{\mathrm{SR}}}{1+sT_{\mathrm{t}}} \frac{k_{\mathrm{a}}}{1+sT_{\mathrm{a}}} \frac{k_{\mathrm{i}}}{1+sT_{\mathrm{Gi}}} \quad \text{Übertragungsfunktion.} \tag{7.1}$$

Da die Übertragungsfunktion einer Regelung das Verhältnis von Istwert zu Sollwert beschreibt, ist die Dimension von offenen und geschlossenen Regelkreisen immer 1, sofern die SI-Einheiten konsequent benutzt werden. Anderenfalls ergibt sich eine künstliche Gewichtung, die beim Reglerentwurf zu falschen Ergebnissen führt. Der Entwurf des linearen PI-Reglers erfolgt mithilfe der Frequenzkennliniendarstellung, auch Bode-Diagramm oder Frequenzcharakteristik genannt. Die Vorgehensweise bei diesem grafischen Verfahren auf logarithmischem Papier gliedert sich in fünf Punkte:

1. Die Betragskennlinien und Phasenkennlinien aller Übertragungsglieder des offenen Regelkreises werden nacheinander in ein Bode-Diagramm eingezeichnet.
2. Die Frequenzkennlinien des Reglers werden zunächst für $k_{\mathrm{R}} = 1$ (0 dB) eingetragen, wobei die Nachstellzeit des Reglers (T_{R}) nach Möglichkeit gleich der dominanten Zeitkonstanten der zu regelnden Strecke gewählt wird ($T_{\mathrm{R}} = T_{\mathrm{a}}$).
3. Addition aller Frequenzkennlinien zur resultierenden Betragskennlinie und Phasenkennlinie des offenen und unkorrigierten Regelkreises.
4. Festlegung der Durchtrittsfrequenz (ω_{D}); das ist diejenige Stelle auf der Frequenzachse, an der die Phasenkennlinie des offenen Regelkreises den Wert $-2\pi/3$ ($-120°$) annimmt. Das entspricht dann einer Phasenreserve von $\gamma = \pi/3$ ($60°$) zur Stabilitätsgrenze.
5. Die Betragskennlinie des offenen Regelkreises nun über die noch offene Proportionalverstärkung des Reglers (k_{R}) soweit anheben oder absenken, dass sie bei der Durchtrittsfrequenz (ω_{D}) die Null-dB-Linie schneidet.

Diese fünf Entwicklungsschritte garantieren die nötige Phasenreserve zur Stabilitätsgrenze und sind auf optimales Führungsverhalten und befriedigendes Störverhalten ausgerichtet. Selbstverständlich lassen sich diese fünf Entwurfsschritte auch rechnerisch durchführen. Dies soll am Beispiel des netzgeführten B2-Stromrichters plus Gleichstrommaschine gemäß Bild 7.2 durchgerechnet werden. Ausgehend von der Übertragungsfunktion des offenen Stromregelkreises nach Gl. (7.1) und der näherungsweisen Zusammenfassung der Stromrichtertotzeit mit der Glättungszeitkonstanten zu einer Summenzeitkonstanten gilt als Ausgangspunkt für die Stromreglerberechnung:

$$F_{\text{Si}}(s) = \frac{k_{\text{Ri}}k_{\text{SR}}}{sT_{\text{Ri}}} \frac{k_{\text{a}}k_{\text{i}}}{1+s(T_{\text{t}}+T_{\text{Gi}})} \quad \text{Übertragungsfunktion.} \tag{7.2}$$

Dabei ist der erste Entwurfsschritt ($T_{\text{Ri}} = T_{\text{a}}$) bereits eingearbeitet, das heißt, die Nennerzeitkonstante des Ankers ist gegen den Zähler des PI-Reglers weggekürzt worden, was die Kompensation der dominanten Streckenzeitkonstanten (T_{a}) durch den Regler gemäß Gl. (7.2) deutlich sichtbar macht. Während die Übertragungsfunktion allgemeine Aussagen über die Stabilität oder die Reaktion auf beliebige Systemanregungen zulässt, beschränkt man sich beim Übergang zum Frequenzgang auf sinusförmige Anregungen des Systems. Aus der Übertragungsfunktion für den offenen, kompensierten Stromregelkreis folgt mit $s = \text{j}\omega$ für den zugehörigen Frequenzgang der Ausdruck:

$$F_{\text{Si}}(\text{j}\omega) = \frac{k_{\text{Ri}}k_{\text{SR}}}{\text{j}\omega \cdot T_{\text{Ri}}} \frac{k_{\text{a}}k_{\text{i}}}{1+\text{j}\omega(T_{\text{t}}+T_{\text{Gi}})} \quad \text{Frequenzgang.} \tag{7.3}$$

Der Frequenzgang ist somit eine Sonderform der Übertragungsfunktion, und zwar für sinusförmige Anregungen variabler Amplitude und Frequenz am Eingang. Die Ausgangsgröße eines linearen Systems ist dann ebenfalls sinusförmig und unterscheidet sich nur noch in seiner Amplitude und Phasenverschiebung gegenüber dem Eingangssignal. Unter Beachtung der Definitionen komplexer Zahlen findet man für die Betragskennlinie und Phasenkennlinie nach einigen Zwischenrechnungen die beiden frequenzabhängigen Gleichungen:

$$\begin{aligned} \varphi_{\text{FSi}} &= \arctan\frac{\text{Im}}{\text{Re}} = -\frac{\pi}{2} - \arctan\left[\omega(T_{\text{t}}+T_{\text{Gi}})\right] && \text{Phase,} \\ |F_{\text{Si}}| &= \sqrt{\text{Re}^2+\text{Im}^2} = k_{\text{Ri}}k_{\text{SR}}k_{\text{a}}k_{\text{i}}\,\frac{1}{\omega T_{\text{a}}}\frac{1}{\sqrt{1+\omega^2(T_{\text{t}}+T_{\text{Gi}})^2}} && \text{Betrag.} \end{aligned} \tag{7.4}$$

Fordert man gemäß Punkt 4 der Entwurfskriterien eine Phasenreserve von $\pi/3$ zur Stabilitätsgrenze (π), so kann aus der Phasenkennlinie für $\omega = \omega_{\text{Di}}$ und $\varphi_{\text{FSi}} = -2\pi/3$ die Durchtrittsfrequenz in allgemeiner Form als Abhängigkeit von den Antriebsparametern abgeleitet werden:

$$\omega_{\text{Di}} = \frac{\sqrt{3}}{3\left(T_{\text{t}}+T_{\text{Gi}}\right)}. \tag{7.5}$$

Damit die Betragskennlinie gemäß Punkt 5 der Entwurfskriterien an dieser Stelle die Null-dB-Achse schneidet, wird $|F_{\text{Si}}| = 1$ gesetzt und die Frequenz (ω) durch die Durchtrittsfrequenz (ω_{Di}) nach Gl. (7.5) substituiert. Da alle anderen Proportionalitätsfaktoren bekannt sind, kann diese Gleichung nach dem P-Anteil des Reglers umgestellt werden. Für die Reglergrößen im Momentenregelkreis ergeben sich somit die folgenden Abhängigkeiten von den jeweiligen Antriebsparametern:

$$k_{Ri} = \frac{2}{3}\frac{1}{k_{SR}k_a k_i}\frac{T_a}{T_t + T_{Gi}} = \frac{2}{3}\frac{R \cdot I_{dN}}{U_{di}}\frac{T_a}{T_t + T_{Gi}} \quad \text{Reglerverstärkung,}$$
$$T_{Ri} = T_a \quad \text{Regler-Nachstellzeit.} \tag{7.6}$$

Wie bereits erwähnt, müssen sich die Reglerbezugsgrößen (*RBG*) über die Proportionalverstärkungen des Stromrichterstellglieds $k_{SR} = U_{di}/RBG$ und der Istwerterfassung $k_i = RBG/I_{dN}$ herauskürzen, um ungewollte Gewichtungen und damit Entwurfsfehler zu vermeiden. Als Reglerbezugsgrößen wählt man in der Analogtechnik meist *RBG* = 10 V und in der Digitaltechnik meist *RBG* = 10 bit $(3FF)_H$. Da sich gemäß Gl. (7.6) die Reglerbezugsgröße insgesamt herauskürzt, beweist dies sehr anschaulich, dass der Reglerentwurf unabhängig ist von der anschließenden technischen Realisierung des Reglers.

Im Gegensatz zur grafischen Ermittlung der Reglerparameter im Bode-Diagramm, die nur für einen ganz konkreten Gleichstromantrieb durchgeführt werden kann und außerdem sehr zeitintensiv ist, lässt die Reglerberechnung nach Gl. (7.6) die Abhängigkeiten von den Antriebsparametern explizit erkennen. Der Entwurf selbst dauert für einen konkreten Anwendungsfall nur wenige Augenblicke. Dies soll am Beispiel eines netzgeführten B2-Stromrichters ($k_{SR} = U_{di}/RBG$ = 207 V/10 V = 20, T_t = 0,005 s) demonstriert werden, der am (230 V/50 Hz)-Netz betrieben wird und eine Gleichstrommaschine (160 V, 5 A, 1 580 min^{-1}, R = 0,8 Ω, $T_a = L/R$ = 0,11 s) speist. Diese Zahlenwerte sind in **Bild 7.3** als Antriebsparameter eingetragen, wobei die Sensorik mit einer Proportional-

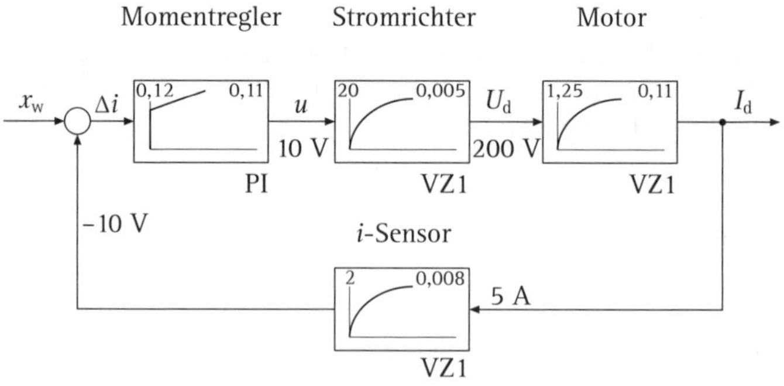

Bild 7.3 Antriebsparameter im Stromregelkreis

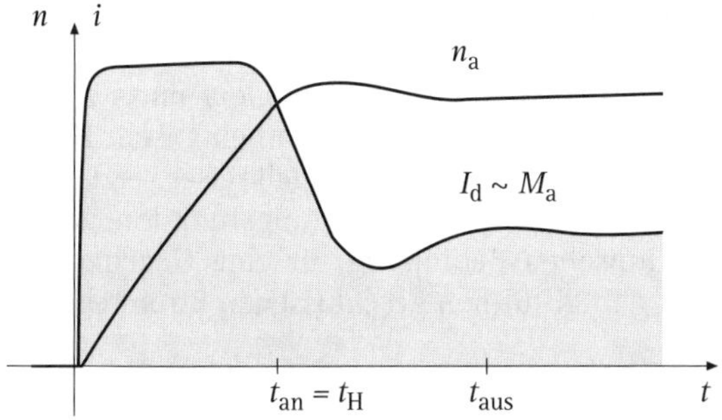

Bild 7.4 Sprungantwort des geschlossenen Stromregelkreises

verstärkung von $k_i = RBG/I_{dN} = 10$ V/5 A = 2 V/A und einer Glättungszeitkonstanten von $T_{Gi} = 0{,}008$ s eingeht.

Setzt man diese speziellen Parameter des Antriebs in Gl. (7.6) ein, so liefert die Berechnung des Stromreglers eine Reglerverstärkung von $k_{Ri} = 0{,}12$ sowie eine Nachstellzeit von $T_{Ri} = 110$ ms. Dieser mathematische Entwurf ist nicht nur schneller durchgeführt, sondern im Ergebnis auch noch genauer als die grafische Reglerbestimmung mittels Frequenzkennlinien im Bode-Diagramm, da Zeichenungenauigkeiten und Konstruktionsfehler ausgeschlossen sind.

Die Sprungantwort des geschlossenen Stromregelkreises von null auf einen Sollwertsprung von 5 A zeigt **Bild 7.4** für obigen Reglerentwurf. Deutlich ist zu erkennen, dass die Anstiegszeit deutlich unter der Ankerzeitkonstanten liegt, was nochmals messtechnisch belegt, dass die Zeitkonstante des Ankers durch den Einfluss des Stromreglers praktisch kompensiert wurde.

Die Reglerberechnung gemäß Gl. (7.6) kann auf viele andere Anwendungsfälle problemlos angewandt werden, da die Regelstruktur nach Bild 7.2 und Bild 7.3 in jedem Standardregelkreis vorliegt. Das liegt daran, dass die Sprungfunktion der Regelstrecke als Exponentialfunktion eines VZ1-Glieds angenommen wurde, was zum Beispiel in Temperaturregelkreisen und anderen physikalischen und biologischen Abläufen häufig anzutreffen ist. Der lineare Anstieg der Drehzahl in Bild 7.4 bestätigt indirekt das Beschleunigungsgesetz nach Gl. (3.4), wonach ein konstantes Beschleunigungsmoment auf einen linearen Drehzahlanstieg führt. Für die exakte Einhaltung dieser physikalischen Zusammenhänge ist die überlagerte Drehzahlregelkaskade zuständig.

7.1.2 Drehzahlregelung

Zur Ermittlung der Parameter des Drehzahlreglers muss zunächst der innere Stromregelkreis geschlossen werden. Für die mathematische Herleitung der Übertragungsfunktion des geschlossenen Stromregelkreises setzt man die Ergebnisse der Stromreglerberechnung in die Übertragungsfunktion gemäß Gl. (7.2) ein. Mit der regelungstechnischen Bedingung für eine Gegenkopplungsschleife in der Istwertrückführung folgt für den geschlossenen Stromregelkreis die Übertragungsfunktion:

$$F_{\mathrm{Wi}} = \frac{\dfrac{F_{\mathrm{Si}}}{k_{\mathrm{i}}}}{1 + F_{\mathrm{Si}}} \approx \frac{\dfrac{1}{k_{\mathrm{i}}}}{1 + \dfrac{3}{2} s \left(T_{\mathrm{t}} + T_{\mathrm{Gi}}\right)}, \tag{7.7}$$

wobei ein quadratisches Glied im Nennerpolynom in guter Näherung vernachlässigt wurde. Der Rechenschritt nach Gl. (7.7) entspricht in der grafischen Frequenzkennliniendarstellung dem Schließen des offenen Stromregelkreises mithilfe des Nichols-Diagramms. Unter Berücksichtigung der restlichen elementaren Übertragungsglieder können jetzt das regelungstechnische Strukturbild gemäß **Bild 7.5** und die zugehörige Übertragungsfunktion des offenen Drehzahlregelkreises angeschrieben werden:

$$F_{\mathrm{Sn}} = k_{\mathrm{Rn}} \frac{1 + sT_{\mathrm{Rn}}}{sT_{\mathrm{Rn}}} \frac{\dfrac{1}{k_{\mathrm{i}}}}{1 + \dfrac{3}{2} s \left(T_{\mathrm{t}} + T_{\mathrm{Gi}}\right)} \frac{\Psi}{s\,J} \frac{k_{\mathrm{n}}}{1 + sT_{\mathrm{Gn}}}. \tag{7.8}$$

Dabei fällt auf, dass es im Drehzahlregelkreis keine dominante Nennerzeitkonstante der Strecke in Zusammenhang mit dem Massenträgheitsmoment gibt, welches über die Bewegungsgleichung die Dynamik der Drehzahl maßgebend bestimmt.

Somit lässt sich die Nachstellzeit des Drehzahlreglers nicht in der eindeutigen Form festlegen, wie dies beim Stromregler der Fall ist. Aus diesem Grund müssen beim Entwurf des Drehzahlreglers sowohl die Nachstellzeit als auch die Proportionalverstärkung ermittelt werden. Mithilfe der komplexen Rechenregeln findet man für die Betragskennlinie und Phasenkennlinie des offenen Drehzahlregelkreises nach einigen Zwischenschritten die beiden Ausdrücke:

$$\varphi_{\mathrm{FSn}} = -\arctan\frac{1}{\omega T_{\mathrm{Rn}}} - \arctan\,\omega\left[\frac{3}{2}\left(T_{\mathrm{t}} + T_{\mathrm{Gi}}\right) + T_{\mathrm{Gn}}\right] - \frac{\pi}{2},$$

$$\left|F_{\mathrm{Sn}}\right| = k_{\mathrm{Rn}}\sqrt{1+\left(\frac{1}{\omega T_{\mathrm{Rn}}}\right)^2}\,\frac{\Psi}{k_{\mathrm{i}}}\,\frac{1}{\omega\,J}\,\frac{k_{\mathrm{n}}}{\sqrt{1+\omega^2\left[\frac{3}{2}\left(T_{\mathrm{t}} + T_{\mathrm{Gi}}\right) + T_{\mathrm{Gn}}\right]^2}}. \tag{7.9}$$

Dieses Gleichungssystem, bestehend aus zwei Bestimmungsgleichungen, ist so noch nicht lösbar, da es drei Unbekannte enthält: nämlich die beiden Reglerparameter k_{Rn} und T_{Rn} sowie die Frequenz (ω). Zur Bestimmung der Durchtrittsfrequenz muss deshalb das Maximum der Phasenfunktion gefunden werden. Dies geschieht mathematisch dadurch, dass man die Phasenkennlinie nach der Frequenz differenziert und die Ableitung dann null setzt (Maximalwert-Problem). Fordert man gemäß den Einstellregeln wieder eine Phasenreserve von $\pi/3$ und verlangt, dass die Betragskennlinie bei ω_{Dn} die Null-dB-Linie schneidet, so erhält man in diesem Falle drei Bestimmungsgleichungen, aus denen sich nach einigen Zwischenrechnungen die beiden Reglerparameter eliminieren lassen:

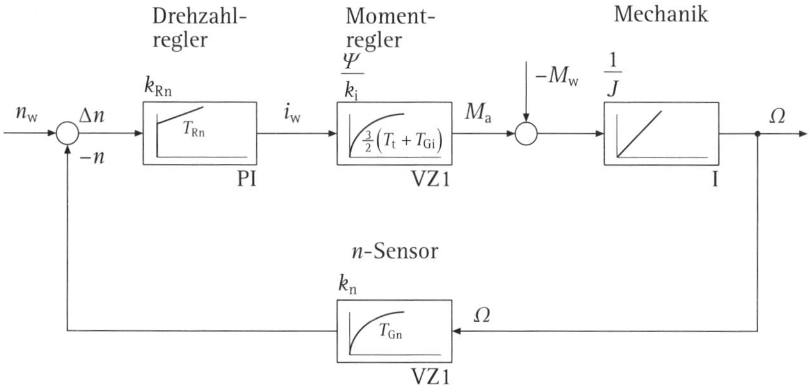

Bild 7.5 Regelungstechnisches Strukturbild einer Drehzahlregelung

$$T_{\text{Rn}} = \left(2+\sqrt{6}\right)\left[\frac{3}{2}\left(T_{\text{t}} + T_{\text{Gi}}\right) + T_{\text{Gn}}\right],$$

$$k_{\text{Rn}} = \frac{3}{2}\frac{k_{\text{i}}J}{k_{\text{n}}\Psi}\frac{1}{T_{\text{Rn}}} = 3\pi\frac{Jn_{\text{N}}}{I_{\text{dN}}\Psi}\frac{1}{T_{\text{Rn}}}. \tag{7.10}$$

Auch bei diesem Entwurf kürzen sich die Reglerbezugsgrößen (*RBG*) über die beiden Proportionalanteile der Sensoren, nämlich $k_{\text{i}} = RBG/I_{\text{dN}}$ und $k_{\text{n}} = RBG/\Omega_{\text{N}} = RBG/(2\pi n_{\text{N}})$, wieder heraus. Somit sind auch die Parameter des Drehzahlreglers für beliebige Antriebsvarianten berechenbar und Tendenzen vorhersagbar. Auffallend ist die lineare Abhängigkeit der Reglerverstärkung vom Massenträgheitsmoment. Das bedeutet zum Beispiel für Elektrofahrzeuge, je größer die träge Masse des Fahrzeugs ist, desto größer darf der P-Anteil des Drehzahlreglers sein, bzw. je größer das Nenndrehmoment ($I_{\text{dN}}\Psi$) des Motors ist, desto kleiner muss die Proportionalverstärkung eingestellt werden.

Für die bereits in Abschnitt 7.1.1 betrachtete Gleichstrommaschine (160 V, 5 A, 1 580 min^{-1}, R = 0,8 Ω, $T_{\text{a}} = L/R$ = 0,11 s) errechnet sich nach Gl. (5.4) ein Nennfluss von Ψ = 0,94 Vs. Treibt der Motor über ein Getriebe ($\ddot{u}$ = 12) das Rad (R = 0,3 m) eines kleinen Elektrofahrzeugs von 100 kg an, tritt an der Motorwelle nach Gl. (3.6) und Gl. (3.7) ein Massenträgheitsmoment von J = 0,062 Ws^3 auf. Bei einer Glättung des Drehzahl-Istwerts mit T_{Gi} = 12 ms sind die Nachstellzeit des Reglers nach Gl. (7.10) mit T_{Rn} = 0,14 s und die Proportionalverstärkung mit k_{Rn} = 23 festgelegt.

Werden Drehzahlregler nach diesen Kriterien entworfen, so können ein minimales Überschwingen der Sprungantwort (Führungsverhalten) gemäß **Bild 7.6** und ein geringer Drehzahleinbruch bei Laststößen (Störverhalten) garantiert werden

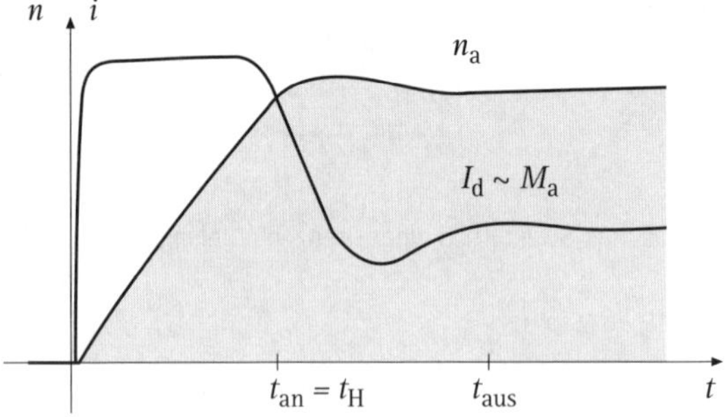

Bild 7.6 Sprungantwort des geschlossenen Drehzahlregelkreises

(vgl. auch Bild 7.13). Eine Reduzierung der Phasenreserve unter den Erfahrungswert von $\gamma = \pi/3$ macht den Regelkreis zwar dynamisch schneller; dies geht aber zulasten einer größeren Überschwingweite beim Hochlauf, bis bei $\gamma = 0$ die Regelung instabil wird. Wenn möglich, kommen in der Antriebstechnik PI-Regler zum Einsatz, da der I-Anteil dieses Reglertyps eine bleibende Regelabweichung verhindert. Allerdings gibt es Grenzen für den Einsatz des PI-Reglers, dann nämlich, wenn dieser keine ausreichende Phasenreserve mehr zulässt, was zum Beispiel in Positionsregelungen der Fall ist.

Für den Entwurf eines weiteren überlagerten Regelkreises in Positionierantrieben von Handhabungsgeräten, Werkzeugmaschinen, Hebezeugen oder vollautomatisierten Elektrofahrzeugen, wie Elektro-Einräder (vgl. Kapitel 8), müssen zunächst wieder die Übertragungsfunktion und der Frequenzgang des geschlossenen Drehzahlregelkreises gebildet werden, um dessen Betrags- und Phasenkennlinie ableiten und die Parameter eines Lagereglers berechnen zu können. Nach einigen Rechenschritten erhält man für den geschlossenen Drehzahlregelkreis die Übertragungsfunktion:

$$F_{\mathrm{Wn}} = \frac{\dfrac{F_{\mathrm{Sn}}}{k_{\mathrm{n}}}}{1+F_{\mathrm{Sn}}} \approx \frac{\dfrac{1}{k_{\mathrm{n}}}}{1+sT_{\mathrm{n}}}, \tag{7.11}$$

welche sich bei Anwendungen mit großen Massen näherungsweise durch ein VZ1-Glied mit der Zeitkonstanten $T_{\mathrm{n}} = k_{\mathrm{i}}\ (J\,/k_{\mathrm{Rn}})\ \Psi k_{\mathrm{n}}$ beschreiben lässt.

7.1.3 Positionsregelung

Bei einer ganzen Reihe von Anwendungsfällen führen elektrische Antriebe über Rollen, Räder, Zahnritzel oder Gewindestangen lineare Positionsverschiebungen durch. Die Einsatzpalette reicht von Roboterarmen, Werkzeugschlitten in Drehbänken und Fräsmaschinen, Fahrstühlen, Regallagern, Schiebetüren, Förderbändern und Rolltoren bis hin zu führerlosen Elektrofahrzeugen und Elektro-Einrädern. Dabei geht es immer darum, von einer Anfangsposition in eine Endposition zu gelangen. Wird dieser Vorgang automatisiert, muss der Drehzahlregelung des elektrischen Antriebs eine Positionsregelung als weitere Kaskade überlagert werden.

Die Positionsregelkaskade erhält gemäß **Bild 7.7** einen Lagesollwert (x_{W}) für die gewünschte Endposition und einen Istwert (x), der die momentane Lage oder Position wiedergibt. Der Lageregler muss aus Stabilitätsgründen meistens als Proportionalregler (P-Regler) beschaltet bzw. programmiert werden, da die vielen Integralanteile der Regelstrecken die Phase bereits stark in Richtung Stabilitätsgrenze drehen.

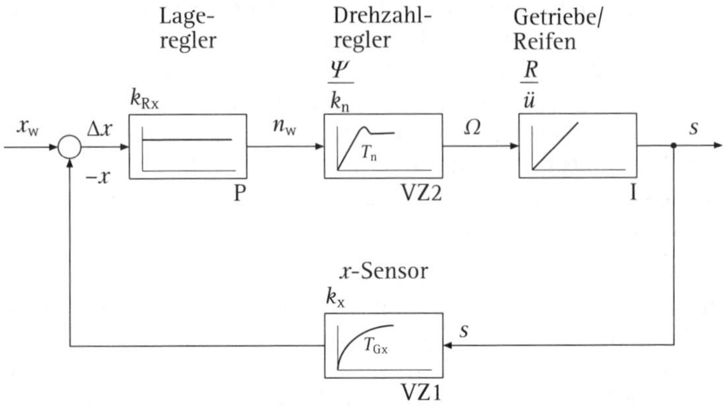

Bild 7.7 Regelungstechnisches Strukturbild einer Positionsregelung

Im Gegensatz zu Regelkreisen mit PI-Reglern tritt beim Einsatz eines P-Reglers aber immer eine bleibende Regelabweichung auf. Das liegt daran, dass der Reglerausgang für eine Regelabweichung von null keine Stellgröße mehr vorgeben und den Prozess beeinflussen kann. Diese Tatsache wirkt sich im Falle einer Positionsregelung aber eher positiv aus, da nur der Verzicht auf einen I-Anteil im Regler das Anfahren einer Position ohne Überschwingen ermöglicht.

Ausgangsgröße des Lagereglers ist der Sollwert für die Drehzahl (n_W) des Antriebs, der über die Räder ein Elektrofahrzeug mit der entsprechenden Geschwindigkeit bewegt. Die Geschwindigkeit (v) des Fahrzeugs hängt gemäß Gl. (3.6) vom Radius (R) des Rads sowie dem Übersetzungsverhältnis ($ü$) des Festgetriebes ab (vgl. Bild 3.1). Für den zurückgelegten Weg (s) ergibt sich gemäß Gl. (1.4) eine integrale Abhängigkeit von der Geschwindigkeit. Mit einem Integrierglied folgt das vollständige Strukturbild einer Positionsregelung gemäß Bild 7.7, wobei die Messung der Position bei kurzen Verfahrwegen von einem linearen Messpotentiometer und bei längeren Wegen von einer Codierung der Fahrbahn durchgeführt werden kann. Die analoge Wegmessung mit einem Potentiometer führt auf eine Linearität zwischen der Stellung des Fahrzeugs und dem Istwert (x), der einer Gleichspannung zwischen 0 V und 10 V entspricht. Der geschlossene Drehzahlregelkreis kann nach Gl. (7.11) näherungsweise durch ein VZ1-Glied beschrieben werden, dessen Proportionalverstärkung über $1/k_n$ und Zeitkonstante mit $T_n = k_i$ (J/k_{Rn}) Ψ k_n berechnet werden können. Für die Übertragungsfunktion des offenen Lageregelkreises gilt somit:

$$F_{\mathrm{SX}} = k_{\mathrm{Rx}} \cdot F_{\mathrm{Wn}} \frac{R \cdot k_{\mathrm{X}}}{2\,\ddot{u}\pi} \frac{1}{s} = k_{\mathrm{Rx}} \frac{\frac{1}{k_{\mathrm{n}}}}{1 + sT_{\mathrm{n}}} \frac{R}{2\,\ddot{u}\pi} \frac{1}{s} k_{\mathrm{X}}. \tag{7.12}$$

Mit dem Übergang von der Übertragungsfunktion zum Frequenzgang ($s = \mathrm{j}\omega$) und dessen Aufspaltung in seine Frequenzkennlinien lassen sich auch im Lageregelkreis die fünf Entwurfskriterien für lineare Regler nach Abschnitt 7.1.1 der Reihe nach anwenden. Fordert man eine Phasenreserve von 60° an der Durchtrittsfrequenz und ordnet der Betragskennlinie an dieser Stelle den Wert 1 zu, so lassen sich mithilfe der komplexen Rechnung zwei Bestimmungsgleichungen finden, aus denen die Proportionalverstärkung des P-Reglers eliminiert werden kann:

$$k_{\mathrm{Rx}} = \frac{2\pi \cdot \ddot{u} \cdot k_{\mathrm{n}}}{R \cdot k_{\mathrm{X}}} \sqrt{1 + \left(\tan\frac{\pi}{6}\right)^2} = \frac{\ddot{u} \cdot L}{R \cdot n_{\mathrm{N}}} \sqrt{1 + \left(\tan\frac{\pi}{6}\right)^2}. \tag{7.13}$$

Über die beiden Verstärkungen des Drehzahlsensors ($k_{\mathrm{n}} = RBG/(2\pi n_{\mathrm{N}})$) und des Wegsensors ($k_{\mathrm{X}} = RBG/L$) kürzt sich die Reglerbezugsgröße (RBG) wieder heraus, sodass auch die Proportionalverstärkung eines Lagereglers unabhängig von dessen technischer Realisierung berechnet werden kann. Interessant ist die direkte Abhängigkeit des P-Anteils von der Länge der Fahrstrecke (L), was bedeutet, dass bei langen Verfahrwegen der Regler größere Stellamplituden machen darf als bei kurzen Wegstrecken.

Um die Proportionalverstärkung des Lagereglers für einen konkreten Positionsantrieb ermitteln zu können, müssen die Größen der Regelstrecke bekannt sein. Für ein automatisiertes Elektrofahrzeug (Transportshuttle) nach Abschnitt 7.1.2 mit einem Reifenradius von $R = 0{,}3$ m, einer Getriebeübersetzung von $\ddot{u} = 12$ und einem Fahrweg von insgesamt $L = 100$ m errechnet sich mit Gl. (7.13) die Proportionalverstärkung des Lagereglers zu $k_{\mathrm{RX}} = 150$. Dies ist ein sehr großer Wert, der bereits bei kleinsten Positionsabweichungen zu maximalen Drehzahlvorgaben führt und deshalb einer reinen Zweipunktregelung ($k_{\mathrm{R}} = \infty$) schon sehr nahe kommt.

Bedingt durch den Einsatz von proportionalen Lagereglern folgt der Lage-Istwert einem rampenförmigen Sollwertverlauf immer mit einem sogenannten Schleppabstand. Bei mehrachsigen Vorschubantrieben führt dies zu Bahnfehlern, die unter Umständen durch geeignete Korrekturmaßnahmen beseitigt werden müssen.

7.1.4 Analoger PI-Regler

Analoge Regler werden in ihrer elektronischen Variante meist mithilfe von integrierten Operationsverstärkerchips aufgebaut. Natürlich gibt es noch andere Möglichkeiten der Realisierung analoger Regelfunktionen, zum Beispiel mit Schiebeventilen in hydraulischen Regelkreisen oder mit Bimetallstreifen in Heizungsregelungen. In der elektrischen Antriebstechnik kommen als analoge PI-Regler ausschließlich beschaltete Operationsverstärker zum Einsatz. Diese analogen Chips sind Netzwerke aus Transistoren und Widerständen, die auf einem winzigen Halbleiterkristall untergebracht sind. Durch ihre vielseitigen Anwendungsmöglichkeiten sind sie die wichtigsten Vertreter der analogen integrierten Schaltkreise. Sie arbeiten im Frequenzbereich von null bis zu einigen hundert Kilohertz mit hoher Genauigkeit.

Die Festlegung der Funktion eines Operationsverstärkers erfolgt über seine Beschaltung, wobei Verstärker, Schmitt-Trigger, Messgleichrichter, Logarithmierer und Regler die wichtigsten Anwendungsfelder sind. Da ein Operationsverstärker nur Teilaufgaben übernehmen kann, müssen zur analogen Steuerung und Regelung elektrischer Antriebe entsprechend viele Operationsverstärker verschaltet werden. Dabei sind meist mehrere Operationsverstärker in einem Chipgehäuse untergebracht, welches als Massenartikel von vielen Herstellern angeboten wird. Als Versorgungsspannungen benötigen Operationsverstärker in der Regel eine Gleichspannung von +15 V und eine Gleichspannung von −15 V, wobei der aktive Arbeitsbereich auf ±10 V beschränkt ist.

Für die Realisierung von analogen PI-Reglern werden Operationsverstärker gemäß **Bild 7.8** als invertierende Spannungsverstärker mit einer ohmsch-kapazitiven Rückführung (R_R, C_R) beschaltet. Sollwert (w) und Istwert (x) müssen analoge Spannungen im Bereich von ±10 V sein, die über Eingangswiderstände (R_E) auf den virtuellen Summenpunkt (−) des Operationsverstärkers geführt werden. Wichtig dabei ist, dass der Istwert das entgegengesetzte Vorzeichen des Sollwerts hat, damit die Regeldifferenz zu null werden kann. Bei Nichtbeachtung ist der betreffende Regelkreis immer instabil. Durch das invertierende Verhalten des Operationsverstärkers ist die Ausgangsgröße (y) für positive Regelabweichungen negativ.

Um eine Verbindung zwischen den Reglerparametern aus dem Reglerentwurf und der Beschaltung des Operationsverstärkers herstellen zu können, muss man das Netzwerk mittels der komplexen Theorie berechnen. Nach den Kirchhoff'schen Gesetzen muss die Summe aller Ströme eines Knotenpunkts immer gleich null sein. Somit gilt im Summenpunkt des Operationsverstärkers die Bedingung:

$$i_W + i_X + i_y = 0. \tag{7.14}$$

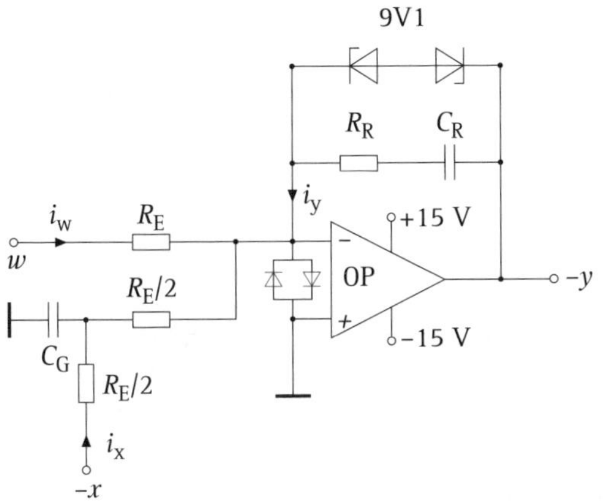

Bild 7.8 Operationsverstärker als Proportional-Integral-(PI-)Regler

Drückt man diese drei Ströme durch die sie treibenden Spannungen (x, y, w) plus den zugehörigen komplexen Widerständen aus und berücksichtigt man, dass das Potential des Summenknotens virtuell (scheinbar) auf Masse liegt, darf man weiter schreiben:

$$\frac{w}{R_E} + \frac{-x}{R_E} + \frac{-y}{R_R + \dfrac{1}{j\omega \cdot C_R}} = 0. \tag{7.15}$$

Durch Zusammenfassung von Sollwert und Istwert zur Regeldifferenz ($x_d = w - x$) gewinnt man schließlich das komplexe Übertragungsverhalten zwischen dem Ausgang und Eingang des Operationsverstärkers:

$$\frac{y}{x_d} = \frac{R_R}{R_E} \cdot \frac{1 + j\omega \cdot R_R C_R}{j\omega \cdot R_R C_R} = k_R \frac{1 + j\omega \cdot T_R}{j\omega \cdot T_R}. \tag{7.16}$$

Durch Koeffizientenvergleich mit der Übertragungsfunktion eines PI-Reglers ($s = j\omega$) nach Gl. (7.8) findet man den gesuchten Zusammenhang zwischen den Reglerparametern des Strukturbilds und den Beschaltungsgrößen des Operationsverstärkers:

$$k_R = \frac{R_R}{R_E} \quad \text{bzw.} \quad R_R = k_R R_E$$
$$T_R = R_R C_R \quad \text{bzw.} \quad C_R = \frac{T_R}{R_R}. \tag{7.17}$$

Mithilfe dieser Gleichung lassen sich die aus dem Reglerentwurf gewonnenen Reglergrößen eindeutig in eine analoge Regelschaltung (R_R und C_R) umsetzen. Allerdings muss man dabei beachten, dass sich aus diesen beiden Beziehungsgleichungen die dritte Unbekannte, nämlich der Eingangswiderstand (R_E), nicht festlegen lässt. Dieser Widerstand ist deshalb theoretisch frei wählbar, wobei allerdings technische Randbedingungen seinen Wert eingrenzen.

Um das Netzteil für die Spannungsversorgung der Elektronik nicht zu stark zu belasten, sollten Eingangswiderstände möglichst hochohmig gewählt werden. Im Interesse einer hohen Unempfindlichkeit des Reglers gegenüber Störeinflüssen von außen sollten Eingangswiderstände aber eher niederohmig dimensioniert werden. In der Praxis haben sich Werte zwischen 50 kΩ und 100 kΩ ($^1/_{16}$ W) bestens bewährt. Selbstverständlich lassen sich auch rückwärts aus den Widerstands- und Kapazitätswerten eines beschalteten Operationsverstärkers über Gl. (7.17) dessen Reglerparameter eindeutig bestimmen.

Für die Reglerparameter des Stromreglers (k_{Ri} = 0,12 und T_{Ri} = 0,11) gemäß Abschnitt 7.1.1 und einem Eingangswiderstand von 100 kΩ errechnen sich die Rückkopplungselemente des PI-Reglers zu R_R = 12 kΩ und C_R = 9,2 μF. Diese Werte müssen allerdings noch nach der in DIN 41426 festgelegten Normreihe E6 (1, 1.5, 2.2, 3.3, 4.7, 6.8) für käufliche Widerstände und Kondensatoren nach oben bzw. nach unten korrigiert werden. Das heißt, R_E = 100 kΩ R_R = 15 kΩ und C_R = 10 μF. Natürlich lassen sich auch Zwischenwerte durch Reihen- und Parallelschaltungen realisieren oder durch Ausweichen auf Bauteile der teureren Normreihen E12, E24, E96 und E192.

Um die Operationsverstärker vor Zerstörung infolge Übersteuerung zu schützen, wird der virtuelle Summationspunkt mit zwei antiparallelen Dioden auf Reglermasse gelegt. Eine Überschreitung des zulässigen Arbeitsbereichs verhindern die beiden antiparallelen Zenerdioden im Rückkopplungszweig, die mit einer Durchbruchspannung von 9,1 V und einer Durchlassspannung von 0,7 V eine Begrenzung des Reglerstellbereichs auf ±10 V garantieren.

Die Glättungsglieder in den Istwertrückführungen der Kaskadenstruktur nach Bild 7.1 dienen der Unterdrückung der Störwelligkeit auf den Messsignalen. Sie werden in der Analogtechnik durch passive Tiefpässe (RC-Glied) mit den Glättungszeitkonstanten $T_G = RC$ realisiert. Der Einfachheit halber teilt man den Eingangswiderstand für den Sensorkanal gemäß Bild 7.8 in zwei Hälften (R_E/2

= 47 kΩ) auf und bildet mit einem Kondensator (C_G) ein Glättungsglied (T_G = $C_G R_E/2$) für den Istwert. Liegt die Knickfrequenz ($f_G = 1/T_G$) des Tiefpasses deutlich unter der Frequenzwelligkeit (f) des Istwertsignals ($f_G \ll f$), dann gibt das *RC*-Glied am Ausgang in guter Näherung den arithmetischen Mittelwert eines welligen Istwerts ab.

Die analoge Regelung mit Operationsverstärkern ist ausgereift und hat sich in der Praxis seit über 40 Jahren bestens bewährt. Mit dem verstärkten Einsatz geregelter Antriebe in der Prozessautomatisierung trat jedoch Anfang der 1980er-Jahre das Schnittstellenproblem beim Datenaustausch zwischen digitaler Prozessführung und analoger Antriebsregelung mehr und mehr in den Vordergrund. Die Forderung nach einer parallelen oder seriellen Schnittstelle für den digitalen Datenverkehr mit Leitsystemen machte den Übergang zu mikroprozessorgeführten Elektroantrieben unumgänglich. Leistungsfähige Mikrorechner übernehmen die komplette Regelung, Steuerung und Überwachung des Antriebs und geben im Störfall eine Rückmeldung zur Fehlerdiagnose ab. Natürlich darf sich die Dynamik und Qualität einer Antriebsregelung durch den Einsatz digitaler Regler nicht verschlechtern.

7.1.5 Digitaler PI-Regler

Im Gegensatz zu Operationsverstärkern, welche durch ihre Beschaltung und Verdrahtung sozusagen hardwaremäßig zu einem Regler programmiert werden, müssen Mikrocontroller durch einen Algorithmus softwaremäßig zum Regler programmiert werden. Selbstverständlich darf die Wahl eines digitalen Reglers keinen Einfluss auf den Stellbereich und die Regelgüte des Istwerts haben. Die Implementierung einer Regelvorschrift in Mikroprozessorsysteme kann aber nur dann erfolgreich verlaufen, wenn wichtige Randbedingungen beachtet und erfüllt werden. Dazu zählt vor allen Dingen die Störsicherheit des kompletten Antriebsystems, das heißt, das friedliche Nebeneinander von Information und Energie. Dies stellt höchste Anforderungen an die elektromagnetische Verträglichkeit (EMV), da die Mikroelektronik über die Stromrichterventile in große Energieströme eingreift. Hinzu kommt, dass wegen der kleinen Stromrichter-Totzeiten die meisten Programmschritte zeitkritisch sind und deshalb nur von schnellen und leistungsfähigen Rechnerstrukturen bewältigt werden können. Wegen der sequenziellen Arbeitsweise von Mikroprozessoren kommt dem Timing der Software besondere Bedeutung zu, damit die gewünschte Regelstruktur sich nach außen einstellen kann.

Doch zunächst soll die Frage geklärt werden, wie ein Mikroprozessorsystem programmiert werden muss, damit es sich wie ein PI-Regler verhält. Ziel muss es sein, dass sich die Sprungantwort eines digital geregelten Antriebs von den analogen Ergebnissen nicht unterscheidet. Das heißt, an der Welle der Maschine darf weder stationär noch dynamisch eine Verschlechterung der Verhältnisse eintreten. Bei der digitalen Realisierung eines PI-Reglers müssen deshalb von vornherein einige wichtige Voraussetzungen erfüllt sein, damit die Implementierung der analogen Regelstruktur erfolgreich verlaufen kann. So muss die Abtastzeit, die durch die sequenzielle Arbeitsweise der Mikrorechner generell auftritt, sehr klein sein gegenüber der Streckenzeitkonstanten (T_{System}) des zu regelnden Systems. Dann nur darf ein digitaler Regelkreis als quasikontinuierlich betrachtet und der Reglerentwurf mittels Frequenzgang in guter Näherung übernommen werden. Als Faustregel gilt, dass die Abtastzeit (T_{AB}) eines digitalen Reglers 10 % der zugehörigen Streckenzeitkonstanten auf keinen Fall überschreiten darf:

$$T_{\text{AB}} \leq \frac{1}{10} T_{\text{System}} \quad \text{Abtastzeit.} \tag{7.18}$$

Das bedeutet anschaulich, dass ein digitaler Regler zehnmal schneller reagieren muss, als sich der zu regelnde Prozess verändern kann. Als Beispiel für einen abgetasteten Regelvorgang kann man sich einen Autofahrer vorstellen, der unter normalen Bedingungen auf einer Straße fährt. Liegt die Abtastzeit (Blick auf die Fahrbahn, Tachometer und Spiegel sowie Reaktion über die Lenkung, Gaspedal, Bremse etc.) unter 1 s, kann er das Fahrzeug sicher auf der Straße führen. Blickt er hingegen nur noch jede Minute auf die Straße, ist die Abtastzeit größer als die von der Geschwindigkeit abhängende Systemzeitkonstante des Fahrzeugs, und er kommt unweigerlich von der Fahrbahn ab. Regelungstechnisch bedeutet dies, dass der digitale Regelkreis instabil und damit unbrauchbar ist.

In Temperaturregelkreisen mit großen Systemzeitkonstanten von Minuten und Stunden reichen zur digitalen Regelung einfache 4/8-bit-Prozessoren aus. Hingegen sind in der elektrischen Antriebstechnik Abtastzeiten im Milli- und Mikrosekundenbereich erforderlich, was nur von leistungsfähigen 16/32-bit-Prozessoren mit Taktfrequenzen von 100 MHz und mehr bewältigt werden kann. Die Frage nach dem richtigen Mikroprozessor ist also besonders wichtig, da digitale Regler und Steuerungen nicht wesentlich teurer sein dürfen als analoge Varianten.

Während analoge PI-Regler über die Hardware definiert werden, muss bei digitalen PI-Reglern eine softwaremäßige Programmierung mittels einer geeigneten Rechenvorschrift (Algorithmus) vorgenommen werden. Ein diskret arbeitender PI-Algorithmus wird üblicherweise in rekursiver Form als sogenannter Geschwindigkeitsalgorithmus programmiert. Zur Herleitung einer solchen Rechenvorschrift geht man üblicherweise von der Integralgleichung eines PI-Reglers im Zeitbereich aus:

$$y(t) = k_{\text{R}} \left[x_{\text{d}}(t) + \frac{1}{T_{\text{R}}} \int x_{\text{d}}(t)\,\text{d}t \right]. \tag{7.19}$$

Dabei ist y die Stellgröße und $x_d = w - x$ die Regelabweichung, das heißt, die Differenz zwischen Sollwert und Istwert. Diese Integral-Proportionalgleichung kann in dieser Form noch nicht programmiert werden, weil es im Befehlsvorrat von Mikrocontrollern keinen Integrierbefehl gibt. Da jedoch das Integral über einem Funktionsverlauf der Fläche unter der Funktion entspricht, kann man diese Fläche näherungsweise auch aus kleinen Streifen von der Breite der Abtastzeit aufsummieren. Das bedeutet, mit dem Übergang vom kontinuierlichen Zeitbereich in den zeitdiskreten Abtastbereich darf das Integral durch eine Summe ersetzt werden, sofern die Abtastzeit (T_{AB}) gemäß Gl. (7.18) sehr klein gegenüber Veränderungen im Systemverhalten ist:

$$y_K = k_R \left(x_{dK} + \frac{T_{AB}}{T_R} \sum_{K=1} x_{dK-1} \right). \tag{7.20}$$

Die zeitdiskrete Einheit (K) nimmt nacheinander die Werte $K = t/T_{AB} = 0, 1, 2, 3, ...$ an. Mathematisch wird also die exakte Flächenberechnung (Integration) unter dem Verlauf der Regelabweichung (x_d) näherungsweise durch die Addition kleiner Rechtecke der Breite T_{AB} ersetzt. Der so gewonnene Regelalgorithmus wird als nicht rekursiver Stellungsalgorithmus bezeichnet und ist in dieser Form für die Implementierung in Rechnersysteme wegen der aufwendigen Summation der $K-1$ letzten Regeldifferenzen nicht geeignet. Vorteilhafter erweist sich die rekursive Form, bei der die Summation lediglich um den aktuellen Flächenwert korrigiert wird (rekursiv = zurückgehend bis auf bekannte Werte). Dazu spaltet man die Summe in Gl. (7.20) auf in die bisherigen ($K-1$)-Summanden sowie in die aktuelle (K) Summation, und nach wenigen Rechenschritten liegt der sogenannte Geschwindigkeitsalgorithmus für einen digitalen PI-Regler vor:

$$y_K = y_{K-1} + k_R \left(x_{dK} - x_{dK-1} \right) + k_R \frac{T_{AB}}{T_R} x_{dK-1} \quad \text{PI-Algorithmus.} \tag{7.21}$$

Dabei entspricht der erste Term der bisherigen Fläche (y_{K-1}) unter der Regelabweichung, der zweite Term dem aktuellen Proportionalanteil und der dritte Term dem aktuellen Integralanteil. Die diskrete Zeiteinheit gibt jetzt lediglich noch an, ob es sich um den neuen Wert (K) oder den alten Wert ($K-1$) der betreffenden Variablen handelt, sodass von der Regeldifferenz (x_d) sowie der Stellgröße (y) jeweils nur zwei Variablenwerte für den nächsten Durchlauf des Regelalgorithmus abgespeichert werden müssen. Alle Werte, die weiter zurückliegen als $K-1$, können gelöscht werden. Sämtliche Größen im PI-Algorithmus stehen für den binären Inhalt entsprechender Register und Speicherplätze des Mikroprozessorsystems. Wichtig bei der Realisierung ist außerdem die Tatsache, dass die Abtastzeit selbst in den Integralanteil des Reglers eingeht und deshalb vor der Programmierung und Inbetriebnahme des Reglers festgelegt werden muss.

Setzt man in Gl. (7.21) ab $K = 0$ eine konstante Regeldifferenz $x_{dK} = x_{dK-1} = \text{const.}$ ein und berechnet die Stellgröße (y_K) für einige Abtastschritte, so erhält man gemäß **Bild 7.9** die Sprungantwort des PI-Reglers in Form eines um die Rechenzeit (Abtastzeit) verzögerten Proportionalanteils und eines treppenförmigen Anstiegs. Der von regelungstechnischen Blockschaltbildern bekannte lineare Anstieg der Sprungantwort eines PI-Reglers wird hier zu einer Treppenfunktion, die umso glatter verläuft, je kleiner die Abtastzeit gewählt wird. Die Abtastzeit entspricht der Breite der Intervalle und setzt sich programmtechnisch aus dem Einlesen des momentanen Sollwerts (w_K) und Istwerts (x_K), der Bildung der aktuellen Regeldifferenz ($x_{dK} = w_K - x_K$), der Berechnung der aktuellen Stellgröße (y_K) nach Gl. (7.21) sowie deren Ausgabe an den Prozess zusammen. Das heißt konkret, dass die am Anfang eines jeden Abtastintervalls eingelesenen Prozessgrößen erst am Ende des Intervalls zu einem Eingriff in den Prozess führen. Die Zwischenzeit benötigt der Mikrocontroller für die Berechnung der Stellgröße.

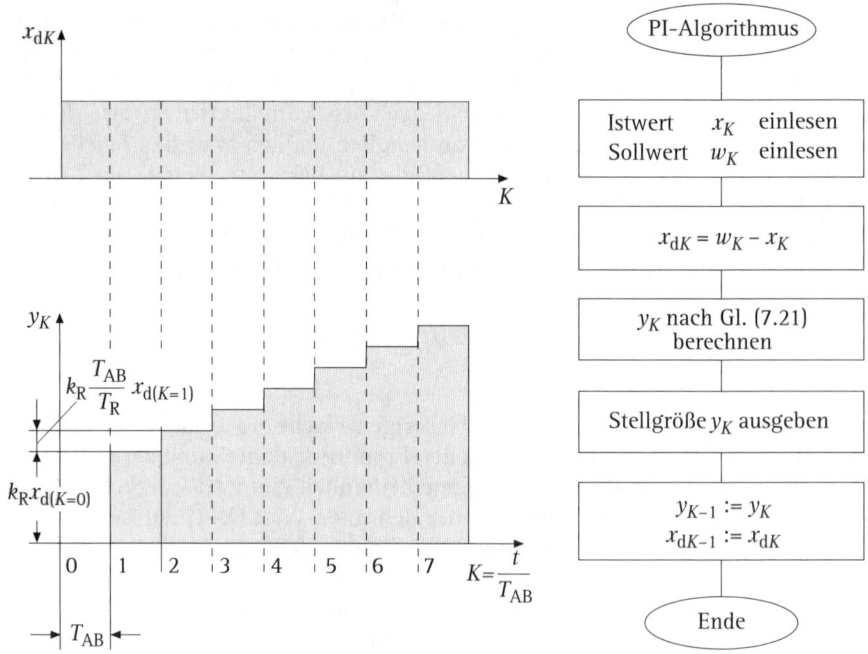

Bild 7.9 PI-Algorithmus für digitale Regler (Mikrocontroller)

In der Regel muss der Istwert vor seiner Verarbeitung noch softwaremäßig geglättet werden. Dazu wird eine bestimmte Anzahl der letzten Abtastwerte abgespeichert und zusammen mit dem aktuellen Wert das arithmetische Mittel gebildet. Die Anzahl der benötigten Abtastwerte hängt von der Welligkeit des Istwerts ab und sollte eine Potenz von zwei sein, damit die Division schnell durch einfaches Schieben eines Registerinhalts durchgeführt werden kann. Regelungstechnisch darf diese digitale Mittelwertbildung durch VZ1-Verhalten angenähert werden. Selbstverständlich kann der Istwert vor seiner Abtastung auch mit einem analogen Tiefpass-Filter geglättet werden (vgl. Abschnitt 7.1.4).

Vor dem Verlassen des PI-Regelprogramms müssen noch die alte Stellgröße (y_{K-1}) und die alte Regeldifferenz (x_{dK-1}) durch die aktuellen Werte (y_K und x_{dK}) ersetzt werden, damit der Algorithmus für den nächsten Aufruf vorbereitet ist. Dieser Schritt ist besonders wichtig, da beim nächsten Durchlauf die jetzt noch aktuellen Werte bereits Vergangenheit sein werden. Die durch die Berechnung des PI-Algorithmus bedingte Verzögerung zwischen Einlesen und Ausgabe bewirkt, dass die aktuelle Stellgröße immer erst am Ende der einzelnen Abtastintervalle vorliegt. Die Abtastzeitpunkte, zu denen das Reglerprogramm jeweils aufgerufen wird, sollten möglichst äquidistant sein, um numerische Instabilitäten zu vermeiden.

Soll ein Mikroprozessorsystem mehrere Regelkreise bedienen, so verlängert sich die Abtastzeit der einzelnen Regler, damit für die Bearbeitung der anderen Algorithmen ebenfalls ausreichend Zeit bleibt. Um bei Kaskadenstrukturen unterschiedlichen Streckenzeitkonstanten gerecht zu werden, müssen die einzelnen PI-Algorithmen mit verschiedenen Prioritäten aufgerufen werden. Liegt bei den drei digitalen Reglergrößen (w_K, x_K, y_K) dieselbe Bezugsgröße zugrunde, so können die aus den Frequenzkennlinien gewonnenen Reglerparameter direkt programmiert werden; vorausgesetzt natürlich, Gl. (7.18) wird nicht verletzt.

Betrachtet man die erforderliche Rechnerstruktur zur Realisierung eines digitalen PI-Reglers mit einem Mikrochip etwas genauer, so muss neben der reinen Recheneinheit zur Berechnung des PI-Algorithmus vor allem eine analoge Schnittstelle für die Prozessanbindung vorgesehen werden. Die analoge Schnittstelle in **Bild 7.10** besteht aus einem Multiplexer, Abtast-Halte- Glied (Sample & Hold) und der eigentlichen Analog-Digital-Wandlung (ADC). Der Multiplexer ermöglicht den wirtschaftlichen Zugriff auf mehrere analoge Signale, und das Abtast-Halte-Glied (S&H) verhindert Abtastfehler bei schnell veränderlichen analogen Signalen wie pulsierenden Motorströmen.

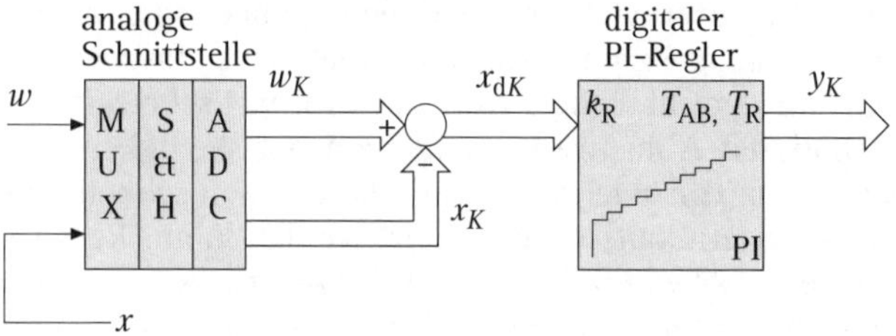

Bild 7.10 Hardwarestruktur für einen digitalen Proportional-Integral-Regler

Bei der Abtastung schnell veränderlicher Analogsignale entstehen immer dann Messfehler, wenn sich das auf die Referenzspannung bezogene analoge Eingangsignal während der Wandlungszeit des ADC um mehr als eine digitale Einheit (Digit) ändert. Deshalb muss in allen digitalen Regelkreisen, in denen dies der Fall ist, ein S&H-Glied in die serielle Schnittstelle eingefügt werden. Für eine Datenwortbreite von 12 bit (4096 Digit) und einer Referenzspannung von 10 V liegt diese Grenze bei 2,4 mV/Digit. Für die typische Wandlungszeit eines 12-bit-Wandlers von 10 µs wird dieser Grenzwert bei der Abtastung des welligen Ankerstroms in Gleichstromantrieben bereits überschritten.

Selbstverständlich haben Multiplexer mehr als zwei Eingangskanäle, sodass auch die Istwerte für einen digitalen Drehzahlregler und eine digitale Positionsregelung oder analoge Sollwerte sukzessive mit abgetastet werden können.

Bei der Realisierung einer Kaskadenregelung nach Bild 7.1 auf der Basis digitaler Komponenten sind eine ganze Reihe von Besonderheiten zu beachten, damit das Softwaretiming des Mikrocontrollers die Regelstruktur exakt widerspiegelt. Da die drei Regelkaskaden unterschiedliche Streckenzeitkonstanten haben, müssen den zugehörigen Reglerprogrammen unterschiedliche Abtastzeiten und Prioritäten zugeordnet werden. Dies ist bei schnellen, zeitkritischen Regelkreisen wie dem Stromregelkreis besonders wichtig, da der Mikrorechner häufig nicht in der Lage ist, mehrere Regelkreise direkt hintereinander zu bedienen.

Während bei analogen Regelstrukturen sämtliche Funktionsblöcke von vielen separaten Bauteilen im Parallelbetrieb ausgeführt werden, steht bei der digitalen Variante nur ein einziges aktives Element, nämlich die Zentraleinheit (CPU), zur Verfügung. Diese muss aber nach außen hin auch den Eindruck vermitteln, als ob viele Schaltkreise an der Prozessführung beteiligt wären. Um dies zu erreichen, dürfen die einzelnen Programmblöcke nicht alle der Reihe nach abgearbeitet werden, sondern müssen je nach Dringlichkeit mit unterschiedlichen Prioritäten ausgestattet werden. Die Dringlichkeitszuweisung ergibt sich zwangsläufig aus den unterschiedlichen Zeitkonstanten innerhalb der Kaskadenstruktur.

Für das friedliche Nebeneinander von Energie und Information müssen in der elektrischen Antriebstechnik die Richtlinien zur Elektromagnetischen Verträglichkeit (EMV) besonders eingehalten werden, da sich die Taktzyklen, Busströme und Busspannungen der Mikroprozessoren um mehrere Zehnerpotenzen von den Frequenzen, Strömen und Spannungen der Stromrichterstellglieder unterscheiden. Absolute Störsicherheit steht in elektrischen Antrieben an erster Stelle, um unkontrollierte Betriebszustände sowie Ausfälle der Betriebsmittel und Stillstand sicher zu vermeiden.

Für die Beurteilung der Qualität eines geregelten Elektroantriebs gibt es zwei einfache und aussagefähige Prüfmethoden, die sich schnell durchführen lassen. Die erste ist die Aufzeichnung der Sprungantwort im Drehzahlregelkreis (Führungsverhalten) mithilfe eines Speicheroszilloskops. Erfolgt der Hochlauf linear bis zum Nennpunkt und schwenkt mit einem leichten Überschwinger auf den Sollwert ein, so ist das Drehmoment über den unterlagerten Stromregelkreis während der Beschleunigung bestmöglich konstant gehalten worden. Bei einer Abweichung der Sprungantwort vom linearen Hochlauf ist dieses Qualitätsmerkmal nicht erfüllt und damit die Antriebsdynamik nicht optimal.

Die zweite Methode betrifft das Störverhalten bei niedrigen Drehzahlen. Dazu gibt man einen kleinen Drehzahlsollwert vor und belastet den Motor mit einem Lastmoment an der Welle. Tritt ein geringfügiger Drehzahleinbruch auf, der aber nach kurzer Zeit wieder ausgeregelt wird, so ist ein gutes Störverhalten des Antriebs für diesen Drehzahlwert gegeben. Wenn man diesen Test für noch kleinere Drehzahlen durchführt, wird es einen minimalen Drehzahlwert geben, ab dem die Regelung den Laststoß nicht mehr ausregeln kann und der Antrieb stehen bleibt. Das Verhältnis von kleinstmöglicher Drehzahl zu Nenndrehzahl bezeichnet man als den Stellbereich des Antriebs. Standardantriebe erreichen einen Stellbereich bis 1:10, Servoantriebe erreichen 1:100 und mehr. Da dieser Test bei kleinen Drehzahlen durchgeführt wird, genügt häufig schon eine Belastung der Motorwelle mit der Hand, um eine Schnellabschätzung der Regelqualität vornehmen zu können.

7.2 Ankerstromregelung der Gleichstrommaschine

Zur Realisierung der regelungstechnischen Beschreibung der Drehmomentenregelung gemäß Bild 7.2 und der Drehzahlregelung gemäß Bild 7.4 durch Blockschaltbilder sind eine ganze Reihe von technischen Nebenfunktionen zu erfüllen, damit das entsprechende Übertragungsverhalten überhaupt gewährleistet ist. So muss zum Beispiel die Steuerelektronik des Stromrichterstellglieds (VZ1) aus der Stellgröße (u) permanent netzsynchrone Zündimpulse für die Leistungshalbleiter erzeugen, und zwar bei einem Steuerwinkel (a), der stationäre Proportionalität zwischen der Stellgröße und der Stromrichterausgangsgleichspannung (U_d) garantiert.

Den allgemeinen Aufbau eines geregelten Vierquadranten-Gleichstromantriebs mit allen erforderlichen Funktionsblöcken zeigt **Bild 7.11**. Diese sogenannte Drehzahlregelung mit unterlagerter Ankerstromregelung leitet sich aus der Tatsache ab, dass das Drehmoment an der Antriebswelle einer fremderregten Gleichstrommaschine dem Gleichstrom im Anker direkt proportional ist (vgl. Kapitel 5).

Der Ankerkreis (C1, C2) der Gleichstrommaschine wird aus einem Umkehrstromrichter gespeist, der eine Momentenumkehr durch einen Vorzeichenwechsel des Ankerstroms einleitet und deshalb aus zwei antiparallelen, voll gesteuerten Brückenschaltungen aufgebaut ist. Je nach Energiespeicher und Anwendungsfall, wie in der Elektrotraktion, wird der Ankerkreis aus einem Vierquadrant-Gleichstromsteller (Chopper) gespeist, wobei die Gleichspannungsquelle in der Regel aus einer Batterie oder bei Schleppkabelbetrieb aus einem Netzgleichrichter besteht.

Die Gleichstrommaschine hat eine Fremderregung (F1, F2) und wird im Grunddrehzahlbereich betrieben, das heißt, die Maschine wird in allen Betriebspunkten konstant mit Nennfluss erregt. Im Bereich kleiner Leistungen wird häufig anstelle der Feldwicklung eine permanenterregte Gleichstrommaschine eingesetzt. Die Mikroelektronik, zur digitalen Steuerung und Regelung des Stromrichterantriebs, kann aus mehreren Mikrocontrollern bestehen. Insbesondere, wenn hohe Anforderungen an die Rechenzeiten und den Bedienkomfort gestellt werden, ist es unumgänglich, sogenannte Coprozessoren im Parallelbetrieb einzusetzen.

Für die Regelung von Ankerstrom und Motordrehzahl der Gleichstrommaschine kann eine sehr einfache Kaskadenstruktur mit einem Strom- und Drehzahlsensor angesetzt werden. Die gemessenen Istwerte werden in einer sogenannten analogen Schnittstelle, bestehend aus einem Multiplexer (MUX), einem Abtast-Halteglied (S&H) und einem Analog-Digital-Wandler (ADC), digitalisiert und für die Reglerprogramme abgespeichert. Netzgeführte Stromrichter sind aus regelungstechnischer Sicht extrem nichtlinear, da sie im Kommutierungsbetrieb und Lückbetrieb sehr stark vom idealen Verhalten nach Gl. (6.7) abweichen können. Die Linearität des Stromrichterstellglieds stellt der Mikrocontroller bei Bedarf durch Berechnung eines inversen Kennlinienglieds in der Synchronisierstufe her.

Die primäre Aufgabe der Synchronisierstufe besteht darin, netzsynchrone Zündimpulse zu erzeugen, die, bezogen auf den natürlichen Zündzeitpunkt ($\alpha = 0$) der Thyristoren, um einen vorgebbaren Steuerwinkel (analog) bzw. Steuerwort (digital) verschoben sind. Weiter muss die Synchronisation dafür sorgen, dass ein maximaler Steuerwinkel ($\alpha_{\max} = 150° \ldots 160°$), die sogenannte Wechselrichtertrittgrenze, aus Sicherheitsgründen nicht überschritten wird. Ferner besteht bei Stromrichtern, die international eingesetzt werden, häufig die Forderung nach Geräten, die sich den Netzgegebenheiten automatisch anpassen können. Diese intelligenten Fähigkeiten lassen sich dadurch erreichen, dass der Mikrorechner zu Beginn (Reset) eine Netzanalyse durchführt, bei der er mit einem Timer die

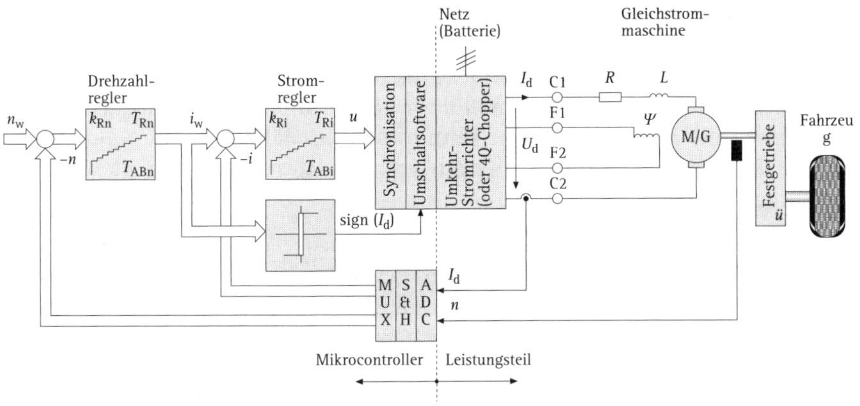

Bild 7.11 Aufbau eines Vierquadrant-Gleichstromantriebs

halbe Periodendauer des Netzes auszählt und im Falle von Drehstrombrückenschaltungen die Phasenfolge (Drehsinn) bestimmt.

Dadurch entfallen sämtliche Einstellarbeiten beim Gerätehersteller, und es ergeben sich darüber hinaus einige Freiheitsgrade beim Kundenanschluss. Da der Systemclock eines Mikroprozessorsystems vollkommen asynchron zur Netzfrequenz schwingt, müssen alle netzrelevanten Berechnungen und Eingriffe, wie Stromregelung und Zündung, auf die Netzverhältnisse synchronisiert werden.

Die Ausgabe der Zündimpulse an die Thyristoren erfolgt über Treiberstufen. Diese müssen entweder Impulsübertrager oder Optokoppler zur galvanischen Trennung von Mikroprozessorsystem und Antriebssystem enthalten. Die endgültige Entscheidung, an welche Thyristorbrücke des Umkehrstromrichters die Zündimpulse weitergeleitet werden, fällt in der Umschaltlogik, die softwaremäßig die Funktion einer Verzweigung hat, und zwar in Abhängigkeit vom Vorzeichen des Stromsollwerts.

Umkehrstromrichter sind aus zwei voll gesteuerten, antiparallelen Stromrichterschaltungen aufgebaut (vgl. Kapitel 5). Charakteristisch für den (kreisstromfreien) Umkehrstromrichter ist die erwähnte Umschaltlogik, die die Zündimpulse entsprechend der erforderlichen Momentenrichtung eindeutig einem der beiden Teilstromrichter zuleitet. Beide Brückenstromrichter dürfen auf keinen Fall gleichzeitig Strom führen, da sonst das speisende Netz kurzgeschlossen wird und der gesamte Antrieb durch Ansprechen der Sicherungen ausfällt. Aus diesem Grund dürfen in Umkehrstromrichtern auch keine halbgesteuerten oder ungesteuerten Brückenschaltungen eingesetzt werden.

Eine Umschaltung zwischen den beiden Einzelstromrichtern muss immer dann eingeleitet werden, wenn sich das Vorzeichen des Drehmoments ändern soll. Das liegt daran, dass jede Stromrichterbrücke, wegen der Gleichrichtwirkung der Thyristorventile, nur eine Stromrichtung führen kann. Durch die regelungstechnische Besonderheit der Kaskadenstruktur kann diese Umschaltinformation direkt dem Vorzeichen (Signum) des Ankerstromsollwerts sign (I_d) am Drehzahlreglerausgang entnommen werden.

Ist die Notwendigkeit einer Umschaltung erkannt, so darf die neue Brücke erst dann angesteuert werden, wenn die alte stromlos geworden ist. Um dies zu unterstützen, wird die noch stromführende Brücke in die Wechselrichtergrenzlage gesteuert. Nach einer kurzen Sicherheitszeit darf die neue Brücke freigegeben werden. Diese Sicherheitszeit hängt von der Qualität der Stromnullerfassung ab und kann im günstigsten Fall in der Größenordnung der Freiwerdezeit der Thyristoren liegen.

Das Führungsverhalten (M_W = const.) einer hochdynamischen Drehzahlregelung mit unterlagertem Stromregelkreis ist in **Bild 7.12** für einen vorgegebenen Sollwertverlauf (Fahrdiagramm) aufgetragen. Dabei wurden die Parameter des Drehzahlreglers gemäß Gl. (7.10) und die Parameter des Stromreglers gemäß Gl. (7.6) berechnet sowie der PI-Regelalgorithmus gemäß Gl. (7.21) zweimal mit unterschiedlicher Dringlichkeit (Abtastzeit) programmiert.

Die Maschine arbeitet im Leerlauf ($M_W = 0$), das heißt, sie ist nicht an der Welle belastet, weshalb das Motormoment voll in die Beschleunigung geht. Das gewünschte Fahrdiagramm in Bild 7.12 umfasst einen Hochlauf zum Zeitpunkt t_1, einen Reversiervorgang ab t_2 und einen Stillsetzvorgang ab t_3. Haben Drehzahl und Ankerstrom dasselbe Vorzeichen, so arbeitet die Maschine als Motor und der Umkehrstromrichter als Gleichrichter. Sind die Vorzeichen der beiden Zustandsgrößen unterschiedlich, geht die Maschine in den Generatorbetrieb und der Stromrichter in den Wechselrichterbetrieb.

Die Zuordnung zu den vier Quadranten der Drehzahl-Drehmoment-Ebene ergibt sich unter Beachtung der Definitionen gemäß Abschnitt 3.3. Das Führungsverhalten der Drehzahl in Bild 7.12 zeigt über das gesamte Fahrdiagramm einen ziemlich linearen Verlauf, der dem physikalischen Optimum gemäß Bild 3.4a schon sehr nahe kommt. Die Drehzahl wird jeweils an der Stromgrenze hochbeschleunigt und schwingt dann auf den jeweiligen stationären Endwert ein.

Während des Hochlaufs auf 1 500 min^{-1} arbeitet der Drehzahlregler in seiner Begrenzung, das heißt im Sinne der Regelungstechnik nichtlinear. Deshalb müssen die nach Abschnitt 7.1 berechneten Reglerparameter unter Umständen am realen Antriebsfall noch etwas angepasst werden.

Aus dem linearen Anstieg der Drehzahl während der Beschleunigungsphasen kann man rückwärts auf die dynamische Genauigkeit und Qualität der unterla-

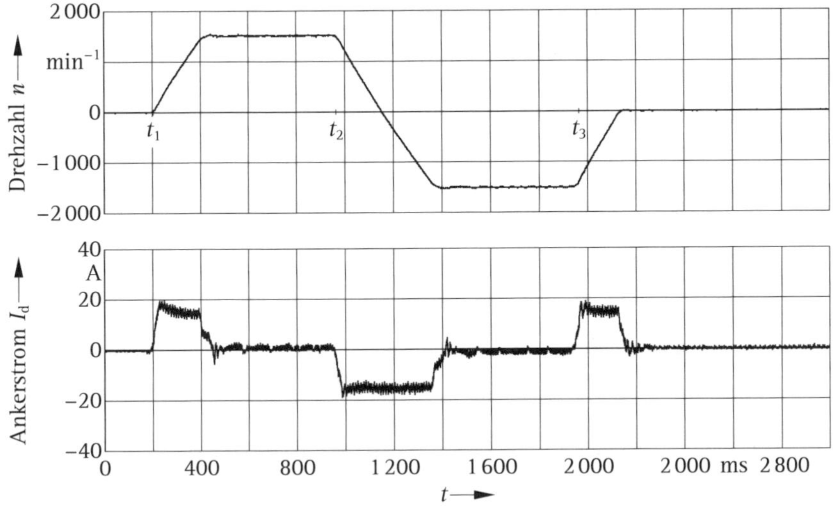

Bild 7.12 Führungsverhalten eines Vierquadrant-Gleichstromantriebs (ohne Last)

gerten Ankerstromregelung schließen, da eine konstante Drehzahländerung über die Bewegungsgleichung ein konstantes Beschleunigungsmoment voraussetzt. Dass sich die Steigungen im Drehzahlverlauf im Motorbetrieb und Generatorbetrieb nicht unterscheiden, ist darauf zurückzuführen, dass die mechanische Reibung (M_W) bei dieser Messung vernachlässigbar klein war.

Das Störverhalten (n_W = const.) einer Drehzahlregelung mit unterlagertem Stromregelkreis auf eine plötzliche Belastung an der Welle ist in **Bild 7.13** bei einer stationären Drehzahl von 500 min^{-1} aufgenommen worden. Der Laststoß zum Zeitpunkt t_4 beträgt etwa 75 % des Motornennmoments und wird vom Drehzahlregler schnell und ohne bleibende Regelabweichung ausgeregelt.

Der kurzzeitige Drehzahleinbruch ist prinzipbedingt, da der Drehzahlregler ohne Regeldifferenz keine Vergrößerung des Stromsollwerts vornehmen kann. Dies gilt auch für den umgekehrten Fall, wenn der Antrieb zum Zeitpunkt t_5 plötzlich entlastet wird. Durch den kurzzeitigen Anstieg der Drehzahl reagiert der Drehzahlregler mit einer Rücknahme des Stromsollwerts. Alles in allem sind geregelte Gleichstromantriebe in der Lage, höchsten dynamischen Anforderungen gerecht zu werden und Stellbereiche von 1:1000 und mehr zu erfüllen.

Werden lediglich geringere Ansprüche an die Dynamik des Antriebs gestellt, so kann die Sensorhardware mithilfe von sogenannten Beobachteralgorithmen stark vereinfacht werden. Man spricht dann von sensorlosen Antriebsregelungen, die

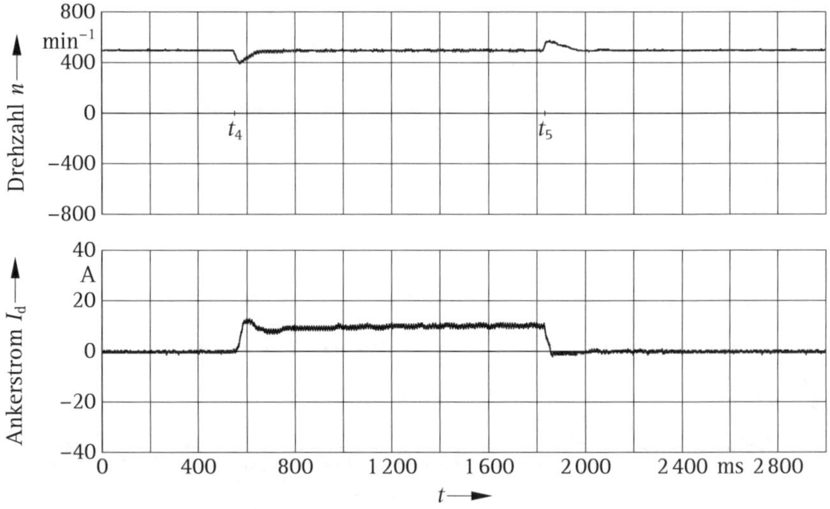

Bild 7.13 Störverhalten eines Vierquadrant-Gleichstromantriebs

mit Stellbereichen von maximal 1:100 insbesondere in der Low-Cost-Automation ein breites Anwendungsfeld finden.

Sämtliche in der Gesamtdarstellung nach Bild 7.11 eingezeichneten Funktionsblöcke können im Falle von einphasigen B2-Umkehrstromrichtern bequem von einem 8-bit-Mikrocontroller ausgeführt werden, während bei einem dreiphasigen B6-Umkehrstromrichter bereits ein 16-bit-Mikrocontroller erforderlich ist. Multiprozessorbetrieb ist bei Gleichstromantrieben eher die Ausnahme, da die Totzeiten netzgeführter Stromrichter im Millisekundenbereich und damit einige Zehnerpotenzen über den Taktzyklen der Prozessoren liegen. Im Falle von Drehstromantrieben, die aus selbstgeführten Stromrichtern gespeist werden, liegen die Totzeiten nur noch im Mikrosekundenbereich, sodass die gesamten Regel- und Steueraufgaben nicht mehr von einem 16-bit-Prozessor allein zu bewältigen sind.

7.3 Feldorientierte Regelung der Asynchronmaschine

Werden von geregelten Drehstrom-Asynchronantrieben dieselben hochdynamischen Eigenschaften und großen Regelbereiche wie von Vierquadrant-Gleichstromantrieben verlangt, muss auch bei Drehfeldmaschinen eine getrennte Verstellung von Drehmoment und Fluss geschaffen werden. Diese Möglichkeit bietet die Orientierung der Regelstruktur am Läuferfluss der Maschine. Dabei sind zur Entkopplung von Drehmoment und Läuferfluss aufwendige, mathematische Koordinatentransformationen durchzuführen, weshalb die feldorientierte Regeltheorie für Drehfeldmaschinen nur auf leistungsfähige 16-bit-Multicontrollersysteme abgesetzt werden kann.

Eine exakte Orientierung der Regelung am Läuferfluss setzt allerdings dessen messtechnische Erfassung voraus. Dies würde aber einen Eingriff in den Aufbau einer Standardmaschine bedeuten, da Hallsonden zur Flussmessung im Läufer angebracht werden müssten. Das wiederum bringt Probleme bei der Übertragung des gemessenen Läuferflusswerts von der rotierenden Welle auf die ruhende Leistungselektronik und Antriebsregelung. Um dennoch die feldorientierte Regelung auf Normmotoren anwenden zu können, bildet man den Läuferfluss indirekt über ein geeignetes Maschinenmodell aus leicht messbaren Größen, wie Strangspannungen und Strangströmen, Ständerfrequenz und Drehzahl, nach.

Selbstverständlich ist die Modellbildung des Läuferflusses mit einem Genauigkeitsverlust infolge Parameterschwankungen und Modellfehlern verbunden. Solche Schätzfehler bleiben aber immer dann ohne nennenswerten Einfluss auf die Qualität der feldorientierten Regelung, wenn die folgenden Voraussetzungen erfüllt sind. So müssen die Spannungen und Ströme der drei Motorstränge symmetrisch und oberschwingungsarm sein, damit eine Beschränkung auf die Grundschwingungen von Spannungen und Strömen zulässig ist und eine sinusförmige Feldverteilung im Luftspalt in guter Näherung zugrunde gelegt werden kann.

Des Weiteren muss die Maschine betriebswarm sein, damit sich die ohmschen Wicklungswiderstände nicht temperaturabhängig verändern. Die Eisenverluste und Sättigungseinflüsse müssen ebenso vernachlässigbar gering sein wie die Stromverdrängung durch Skineffekte im Läufer. Diese Fülle von Voraussetzungen und Randbedingungen ist in der Regel bei modernen Asynchronantrieben mit hochgetakteten Wechselrichtern in guter Näherung erfüllt, sodass die feldorientierten Regelkonzepte mit indirekter Flussbildung auf gute bis sehr gute dynamische Eigenschaften führen.

Um eine Orientierung der Regelung am Läuferfluss vornehmen zu können, bedient man sich der sogenannten Raumzeigerdarstellung, die auch bei der Steuerung von dreiphasigen Wechselrichtern zur Erzeugung optimaler Steuermuster für die Transistoren eines Drehstromwechselrichters benutzt wird (vgl. Abschnitt 6.2.2). Das Ziel der feldorientierten Regeltheorie besteht im Kern darin, aus dem aktuellen Zustand des Antriebs die erforderlichen Stellgrößen für den Effektivwert und die Frequenz der Strangspannungen abzuleiten und an die Wechselrichter-Steuerung weiterzugeben. Wegen der hohen Taktfrequenzen im Wechselrichter und der damit verbundenen kleinen Totzeiten ist für die Generierung des Zündmusters ein separater Mikrocontroller zur Steuerung der Stromrichterventile erforderlich.

Ein zweiter Mikrocontroller bearbeitet die Koordinatentransformationen und Regelalgorithmen im Parallelbetrieb.

Da die Theorie der Feldorientierung eine Entkopplung der momenten- und flussbildenden Komponenten des Statorstroms gemäß Gl. (5.48) und Gl. (5.49) ermöglicht, kann nun auch bei geregelten Drehstromantrieben die von den Gleichstromantrieben bekannte und bewährte Kaskadenregelstruktur vorteilhaft angewandt werden. **Bild 7.14** zeigt den prinzipiellen Aufbau der feldorientierten Regelung von Asynchronantrieben mit indirekter Flussführung und unterlagerter Vektorstromregelung, bei der die beiden Stromkomponenten für das Drehmoment und den Läuferfluss getrennt geregelt werden.

Der PI-Algorithmus des überlagerten Drehzahlreglers ermittelt in Abhängigkeit von der momentanen Drehzahldifferenz die momentenabhängige Stromkomponente (I_{yw}) und gibt damit indirekt das erforderliche Drehmoment dem zuständigen, unterlagerten Stromregler vor. Der Sollwert für den Flussregler wird auf seinen Nennwert eingestellt, wenn der Antrieb im Grunddrehzahlbereich betrieben wird, und kann oberhalb des Typenpunkts drehzahlabhängig verkleinert werden, um den Drehstromantrieb auch im Feldschwächbetrieb betreiben zu können.

Die unterlagerte Vektorstromregelung besteht also aus zwei PI-Regelalgorithmen, damit das Drehmoment und der Fluss getrennt voneinander geführt werden können. Ausgangsgrößen der beiden Stromregler sind die Effektivwerte der x, y-Spannungsanteile, die zusammen mit der Sollfrequenz über die Wechselrichtersteuerung zu der gewünschten Beeinflussung der Stromkomponenten führt. Aus den Stellgrößen der beiden Reglerausgänge errechnet die digitale Wechselrichtersteuerung den Effektivwert der erforderlichen Strangspannung über das quadratische Mittel:

$$U_1 = \sqrt{U_x^2 + U_y^2}. \tag{7.22}$$

Als zweite Verstellmöglichkeit steht der Wechselrichtersteuerung neben der Spannung noch die Frequenz zur Verfügung. Die aktuell für den Regelprozess erforderliche Ständerfrequenz (f_1) errechnet sich aus den momentanen Stromkomponenten und der Drehzahl der Maschine unter Berücksichtigung der Gl. (5.48) und Gl. (5.49) wie folgt:

$$f_1 = \frac{\omega_1}{2\pi} = \frac{\omega_2}{2\pi} + \frac{\omega_m}{2\pi} = \frac{1}{2\pi \cdot T_2} \frac{I_y}{I_x} + p \cdot n, \tag{7.23}$$

wobei die Rotorzeitkonstante (T_2) gemäß Gl. (5.50) festgelegt ist und die mechanische Winkelgeschwindigkeit (ω_m) von der Drehzahl und der Polpaarzahl abhängt.

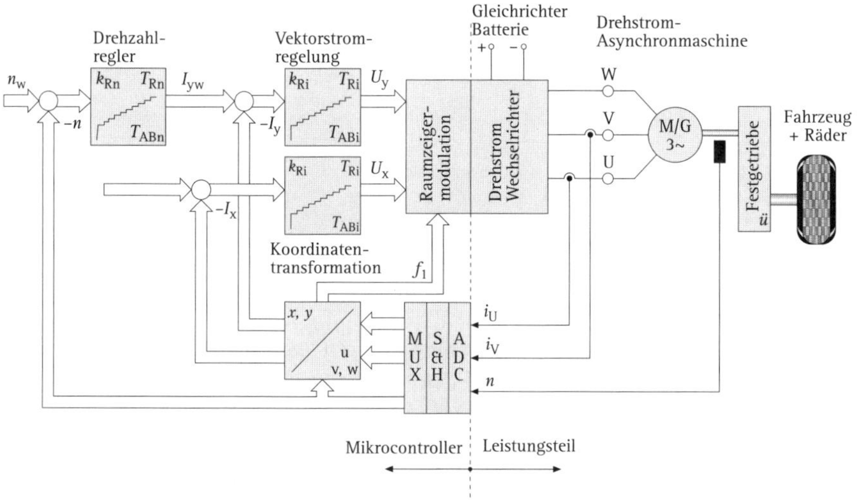

Bild 7.14 Feldorientierte Regelstruktur eines Vierquadrant-Drehstrom-Asynchronantriebs

Da die Vektorstromregelung im flussfesten, rotierenden Bezugssystem arbeitet, müssen aus den Abtastwerten der beiden Strangströme (i_U, i_V) in einer aufwendigen, mathematischen Koordinatentransformation die momentanen x, y-Stromkomponenten online berechnet und den beiden Stromreglern als Istwerte zugeführt werden. Dabei ist zu beachten, dass es diese beiden errechneten Stromanteile in der Maschine real nicht gibt.

Für das Abtasten und Einlesen der Stromistwerte in die Mikroprozessorsteuerung ist gemäß Bild 7.14 eine schnelle analoge Schnittstelle (MUX, S&H, ADC) vorzusehen, damit die Stromregelalgorithmen und Koordinatentransformationen unter 1 ms abgearbeitet werden können. Da es sich beim Momentenregler und Flussregler um konventionelle PI-Stromregler handelt, kann der zu programmierende PI-Algorithmus direkt nach Gl. (7.21) übernommen werden.

Für den Stromregelkreis ergibt sich in guter Näherung das regelungstechnische Ersatzschaltbild nach Bild 7.2, wobei die Totzeit des Wechselrichters ($T_t = 1/f_p$) bei Pulsfrequenzen von einigen Kilohertz bereits im Mikrosekundenbereich liegt und meist vernachlässigt werden darf. Das Übertragungsverhalten des Ständers der Maschine kann ebenfalls durch ein VZ1-Glied mit der Proportionalverstärkung k_a und der Zeitkonstanten T_a beschrieben werden, wobei in Verbindung mit dem Ersatzschaltbild der Asynchronmaschine gemäß Bild 5.15 gilt:

$$k_\mathrm{a} = \frac{1}{R_1 + R_2'\left(\dfrac{L_{1\mathrm{h}}}{L_{1\mathrm{h}} + L_{2\sigma}'}\right)^2},$$

$$T_\mathrm{a} = \frac{L_{1\mathrm{h}} + L_{1\sigma} - \dfrac{L_{1\mathrm{h}}^2}{L_{1\mathrm{h}} + L_{2\sigma}'}}{k_\mathrm{a}}. \tag{7.24}$$

Die Berechnung der Parameter der beiden Stromregler der Vektorstromregelung kann schließlich mithilfe der Zusammenhänge in Gl. (7.6) für PI-Regelkreise schnell durchgeführt werden. Diese Standard-Regelstruktur, bestehend aus PI-Regler, VZ1-Stellglied, VZ1-Strecke und VZ1-Glättung, ist bereits von der Ankerstromregelung in Gleichstromantrieben bekannt. Wegen der hohen Taktfrequenzen ist die Totzeit in selbstgeführten Wechselrichtern sehr klein und damit die Proportionalverstärkung des Reglers größer als im Stromregelkreis von netzgeführten Stromrichterantrieben.

Betrachtet man den geschlossenen Stromregelkreis als resultierenden Block mit der Übertragungsfunktion nach Gl. (7.7), so ergibt sich für den offenen Drehzahlregelkreis die Regelstruktur nach Bild 7.5. Für die Umwandlung des Motorstroms in das Drehmoment an der Welle ist bei Asynchronmaschinen die Konstante des Verkettungsflusses Ψ zu ersetzen durch den Ausdruck:

$$\Psi = 3p\frac{L_{1\mathrm{h}}}{L_{1\mathrm{h}} + L_{2\sigma}'}\Psi_2'. \tag{7.25}$$

Diese Standardstruktur führt wiederum über Gl. (7.10) zu den erforderlichen Reglerparametern. Das bedeutet, dass sich bei gleichem Massenträgheitsmoment und gleicher Motorleistung die Reglerparameter im Drehzahlregelkreis kaum von denen in geregelten Gleichstromantrieben unterscheiden. Mit diesen Einstellvorschriften erhalten die Regelkreise gutes Führungsverhalten und zufriedenstellendes Störverhalten. Bei Bedarf muss eine endgültige Optimierung des Regelverhaltens während der ersten Inbetriebnahme am realen Antrieb erfolgen.

7.3.1 Raumzeigerdarstellung

Wie bereits erwähnt, dient die Vektorstromreglung nach Bild 7.14 der getrennten Verstellung von Moment und Fluss einer Drehstrommaschine. Dreh- und Angelpunkt der feldorientierten Regelstruktur ist die Berechnung der aktuellen Stromkomponenten mithilfe zweier Koordinatentransformationen. Dabei wird der Raumzeiger der Ständerströme schrittweise in zwei fiktive Stromkomponenten zerlegt, wobei die flussbildende Komponente in Richtung des Läuferflusses (x) weist und die momentenbildende Komponente senkrecht darauf steht (vgl. hierzu Bild 5.16).

Die einzelnen Transformationsschritte, ausgehend von den zeitlichen Verläufen der drei Strangströme bis zu den beiden mitrotierenden Stromkomponenten, können **Bild 7.15** entnommen werden. Dabei wird zunächst die aktuelle Lage und Länge des Stromraumzeigers ($\hat{i}$) aus den momentanen Messwerten der Ständerströme gebildet, vgl. Bild 7.15 (unten). Bei den drei Strangströmen (Drehstrom) handelt es sich um sinusförmige Wechselströme, die jeweils um 120° el. zueinander phasenverschoben sind.

Mit Blick auf die Raumzeigerdarstellung wurde die Zeitachse bewusst so gelegt, dass das Maximum des Strangstroms im Strang (U) um einen Lastwinkel (ε) nach links verschoben ist. Dieser Winkel ist schlupfabhängig und kann wie folgt berechnet werden:

$$\varepsilon = \arctan\left(\omega_2 \cdot T_2\right) = \arctan\left(s\omega_1 \cdot T_2\right) = \arctan\left(\frac{n_\mathrm{d} - n}{n_\mathrm{d}} 2\pi \cdot f_1 \cdot T_2\right), \tag{7.26}$$

wobei die Rotorzeitkonstante (T_2) gemäß Gl. (5.50) festgelegt ist. Der Lastwinkel (ε) wird im Folgenden bei der Koordinatentransformation in das flussfeste Bezugssystem benötigt.

Der Raumzeiger des Statorstroms ist ein fiktiver Stromzeiger, der mit der Frequenz (f_1) der Ständerspannungen im komplexen Zahlenraum rotiert. Als Bezugsachse für den momentanen Stellungswinkel des Raumzeigers wählt man den Strang U. Im Gegensatz zur üblichen Zeigerdarstellung mit Effektivwerten in der komplexen Wechselstromtheorie entspricht die Länge des rotierenden Raumzeigers dem Spitzenwert der Wechselströme.

Seine Projektionen in die einzelnen Achsen (U, V, W) entsprechen den Momentanwerten der drei Strangströme. Das bedeutet eine enorme mathematische Vereinfachung, da man mit einem einzigen Stromzeiger die zeitlichen Verläufe in allen drei Strängen eindeutig beschreiben kann bzw. umgekehrt aus den Abtastwerten eindeutig die aktuelle Stellung des Raumzeigers ermitteln kann. Eine volle Umdrehung des Raumzeigers entspricht den zeitlichen Verläufen der drei phasenverschobenen Ströme über eine volle Periode der Ständerspannung.

Diese Raumzeigerdarstellung wird weiterhin benutzt, um die dreiphasige Asynchronmaschine auf ein sogenanntes Zweiphasenmodell mit den rechtwinkligen α, β-Koordinaten abzubilden, vgl. Bild 7.15 (Mitte). Dieser mathematische Zwischenschritt ist sinnvoll, um möglichst einfache, trigonometrische Zusammenhänge für die weiteren Rechenoperationen zu erhalten.

Da die Maschine mit freiem Sternpunkt (N) und damit symmetrisch arbeitet, muss die Summe aller Ströme zu jedem Augenblick gleich null sein ($i_U + i_V + i_W = 0$). Das heißt, wenn die Augenblickswerte zweier Strangströme bekannt sind, ist der dritte Momentanwert eindeutig festgelegt. Somit ist es in der ersten Transformationsstufe ausreichend, wenn zwei Ständerströme permanent abgetastet werden, um daraus die zeitlichen Verläufe der beiden um 90° el. verschoben α, β-Ströme online zu errechnen:

$$i_\alpha = i_U \quad \text{und} \quad i_\beta = \frac{1}{\sqrt{3}} i_U + \frac{2}{\sqrt{3}} i_V. \tag{7.27}$$

In Bild 7.14 wurde zur Demonstration als Abtastzeitpunkt die Stelle $\gamma = \omega t = \pi/12$ gewählt. Selbstverständlich müssen die Abtastung im Regelbetrieb etwa alle Millisekunde wiederholt und die α, β-Stromkomponenten neu berechnet werden. Dass die beiden Stromkomponenten gerade denselben Momentanwert aufweisen, liegt lediglich an dem gewählten Abtastzeitpunkt. Für jeden anderen Abtastaugenblick ergeben sich selbstverständlich unterschiedliche Werte. Wie diese Darstellung sehr anschaulich zeigt, ist der modellhafte Übergang von den Strangströmen zum Raumzeiger und weiter zu den α, β-Stromkomponenten bestens geeignet, die Umrechnung von dem einem zum anderen Koordinatensystem transparent zu machen. Dies wird auch beim zweiten Transformationsschritt, nämlich dem Übergang zum flussfesten System, nochmals sehr deutlich.

Wie die Theorie der Feldorientierung zeigt, eilt der Zeiger des Rotorflusses (x-Achse) dem rotierenden Stromraumzeiger um einen von der Belastung an der Welle abhängigen Winkel (ε) gemäß Gl. (7.26) nach. Dabei muss man beachten, dass das x, y-System ebenfalls mit Netzfrequenz rotiert. Man bezeichnet daher diese rechtwinkligen Achsen auch als rotorfestes Koordinatensystem.

Die Aufgabe besteht nun darin, mathematisch auf den rotierenden Läufer zu springen, um die aktuellen x, y-Stromkomponenten zu errechnen, vgl. Bild 7.15 (oben). Dazu benötigt man eine sogenannte Drehmatrix, die die geometrischen Zusammenhänge zwischen dem momentanen Abtastzeitpunkt und der Stellung des Raumzeigers berücksichtigt. In Komponentenschreibweise findet man schließlich für die beiden Stromkomponenten:

$$\begin{aligned} I_x &= \frac{1}{\sqrt{2}}\left(i_\alpha \cdot \cos\gamma + i_\alpha \cdot \sin\gamma\right) \quad \text{flussbildende Stromkomponente,} \\ I_y &= \frac{1}{\sqrt{2}}\left(i_\beta \cdot \cos\gamma - i_\alpha \cdot \sin\gamma\right) \quad \text{momentenbildende Stromkomponente.} \end{aligned} \tag{7.28}$$

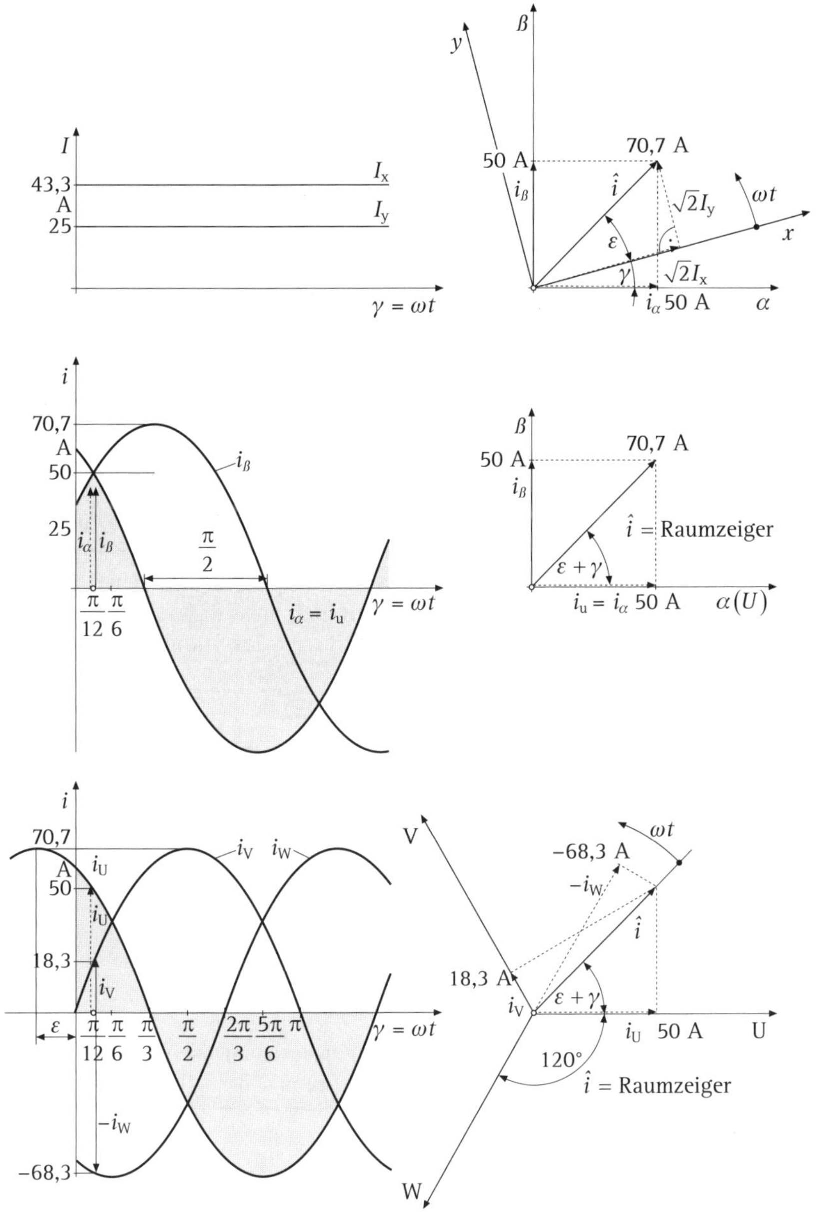

Bild 7.15 Koordinatentransformationen bei der Feldorientierung eines Drehstrom-Asynchronantriebs

Diese Gleichungen liefern für den stationären Betrieb der Asynchronmaschine immer denselben konstanten Wert, und zwar für alle beliebigen Abtastzeitpunkte während einer Periode der sinusförmigen Ständerströme. Die Stromkomponente in Richtung der x-Achse baut den Rotorfluss in der Maschine auf und wird deshalb als flussbildende Komponente bezeichnet.

Senkrecht dazu in y-Richtung steht die momentenbildende Komponente. Da die mitrotierenden, flussfesten x, y-Stromkomponenten Gleichgrößen sind, können sie den beiden Reglern der Vektorstromregelung direkt als Istwerte für das aktuelle Drehmoment und den momentanen Flusswert zugeführt werden. Für den Momentanwert des rotierenden Umlaufwinkels findet man mithilfe von Bild 7.15 schließlich noch den Zusammenhang:

$$\gamma = -\varepsilon + \arctan \frac{i_\beta}{i_\alpha}, \tag{7.29}$$

wobei der schlupfabhängige Lastwinkel gemäß Gl. (7.26) festgelegt ist. Die Zerlegung des Raumzeigers in seine beiden x, y-Anteile erlaubt zu jedem Augenblick die entscheidende Aussage, wie viele Ampere des Effektivwerts des Ständerstroms (50 A) das Drehmoment (25 A) und wie viele Ampere davon den Läuferfluss (43,3 A) in der Maschine machen. Selbstverständlich muss das quadratische Mittel der beiden Stromanteile wieder auf den Effektivwert des Ständerstroms führen:

$$I_1 = \frac{\hat{i}}{\sqrt{2}} = \sqrt{I_x{}^2 + I_y{}^2}. \tag{7.30}$$

Der Effektivwert des Ständerstroms (I_1) steht dabei stellvertretend für die drei Strangströme ($I_1 = I_U = I_V = I_W$) in den einzelnen Strängen der Maschine. Darüber hinaus kann bei Bedarf aus den beiden x, y-Stromkomponenten das Drehmoment an der Welle explizit berechnet werden:

$$M_a = \frac{3p}{R_2'} \frac{L_{1h}}{T_2} I_x I_y. \tag{7.31}$$

Diese Gleichung gestattet die Realisierung einer sensorlosen Drehmomenten-Bestimmung, ähnlich wie das bei einer Gleichstrommaschine über den Ankerstrom möglich ist.

7.3.2 Hochlauf mit feldorientierter Regelung

Um die Funktionsweise einer feldorientierten Regelung sichtbar zu machen, ist es üblich, die im Rechnermodell gebildeten Stromkomponenten für das Moment und den Fluss über einen DA-Wandler auszugeben und über dem Drehzahlverlauf und Ständerstrom mit aufzuzeichnen. **Bild 7.16** zeigt die Verhältnisse für einen Übergangsvorgang von negativer auf positive Nenndrehzahl. Während des Leerlaufbetriebs mit Nenndrehzahl (etwa 1 500 min^{-1}) ist die momentenbildende Komponente gleich null und der Ständerstrom ein reiner Blindstrom, der nur dem Aufbau des Drehfelds dient.

Die flussbildende Komponente (I_x) hat daher einen konstanten Wert, der dem Fluss-Sollwert (I_{xw}) am Eingang der Vektorstromregelung entspricht. Wird über den Drehzahl-Sollwert ein Reversiervorgang (Drehrichtungswechsel) eingeleitet, springt die momentenbildende Komponente (I_{yw}) am Drehzahlreglerausgang sofort auf ihren zulässigen Maximalwert und wird vom Momentenregler in den Maschinensträngen eingestellt.

Der Flussregler sorgt weiter für eine konstante, flussbildende Komponente und damit für einen gleichbleibenden Läuferfluss. Dass das an der Welle abgegebene Drehmoment der Asynchronmaschine während des Beschleunigungsvorgangs tatsächlich konstant ist, beweist der lineare Anstieg der Drehzahl; das heißt, das feldorientierte Modell und die Realität sind in guter Übereinstimmung.

Der Phasensprung in der Grundschwingung des Ständerstroms rührt daher, dass beim Wechsel der Drehrichtung ein softwaremäßiges Vertauschen zweier Stränge erfolgt, um so einen Übergang vom generatorischen Bremsen im Gleichrichterbetrieb (4. Quadrant) durch ein motorisches Beschleunigen im Wechselrichterbetrieb (1. Quadrant) zu erreichen. Damit hat der feldorientiert geregelte Drehstrom-Asynchronantrieb an der Welle das hochdynamische Verhalten eines geregelten Gleichstromantriebs.

Ein dynamischer und stationärer Betrieb in allen vier Quadranten der Drehzahl-Drehmoment-Ebene ist möglich, wobei beim Quadrantenwechsel keine momentenfreien Pausen auftreten. Damit lassen sich sämtliche Anwendungsfelder elektrischer Antriebe abdecken bzw. neue erschließen. Insbesondere in Verbindung mit den raumsparenden Wechselrichtern auf der Basis von schnellen Unipolartransistoren können Drehstrom-Asynchronantriebe besonders vorteilhaft in Werkzeugmaschinen, Handhabungssystemen (Roboter), Hebezeugen, Transportbändern und Elektrofahrzeugen eingesetzt werden.

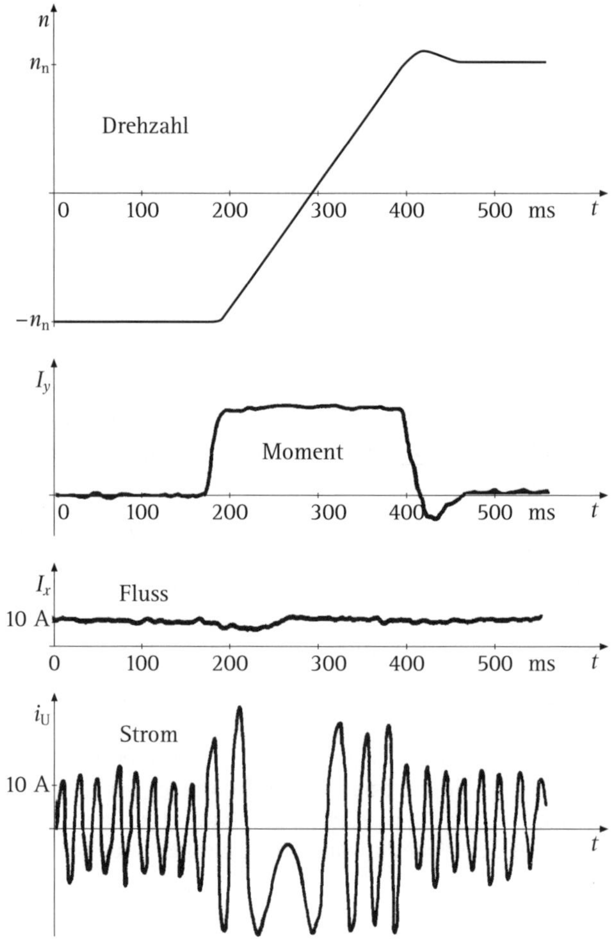

Bild 7.16 Sprungantwort eines Drehstrom-Asynchronantriebs mit feldorientierter Regelung

7.4 Feldorientierte Regelung der Synchronmaschine

Durch die Verfügbarkeit selbstgeführter Wechselrichter mit oberschwingungsarmen Ausgangsströmen geht man auch bei Drehstrom-Synchronantrieben verstärkt zur feldorientierten Regelung über, wobei im Bereich bis zu einigen Kilowatt meistens permanenterregte Synchronmaschinen zum Einsatz kommen. Durch die Speisung mit sinusförmigen Strömen ergeben sich gleichförmige Drehmomente und eine hohe Ausnutzung. Da in Synchronmaschinen kein Schlupf zwischen dem Drehfeld und der Drehzahl des Läufers (Polrad) auftritt, vereinfacht sich die Regelstruktur gegenüber der Asynchronmaschine.

Der Gleichfluss der rotierenden Dauermagnete erzeugt den auf den Ständer umgerechneten, effektiven Fluss (Ψ_0). In die Richtung dieses Flusszeigers legt man wieder die x-Achse, die mit der Kreisfrequenz des Ständerstroms gegenüber dem statorfesten α, β-Koordinatensystem rotiert. Da der magnetische Fluss im Luftspalt ausschließlich durch die Permanenterregung aufgebaut wird, weist der Raumzeiger der Ständerströme keine flussbildende Komponente ($I_x = 0$) auf. Der zeitabhängige Umlaufwinkel (γ) entspricht dem Polradwinkel der Maschine und gibt die momentane Stellung der rotierenden x-Achse gegenüber der statorfesten α-Achse an.

In der Regel dürfen bei Synchronmaschinen die ohmschen Widerstände des Ständers gegenüber den relativ großen Synchronrektanzen vernachlässigt werden, sodass Strangstrom und Strangspannung in Phase sind. Das heißt, der Leistungsfaktor an den Maschinenklemmen ist in guter Näherung 1. Aus dem Ersatzschaltbild und dem Zeigerdiagramm gemäß Bild 5.21 und Bild 5.22 sowie unter Vernachlässigung der Ständerstreuverluste lässt sich der Ausdruck für das abgegebene Drehmoment bei Synchronmaschinen auf die einfache Form bringen:

$$M_a = 3p \cdot \Psi_0 \cdot I_y. \tag{7.32}$$

Wegen des permanenterregten Polrads hängt das Drehmoment nur von der y-Komponenten des Stromraumzeigers ab. Dadurch werden die Koordinatentransformationen sehr einfach und der Rechenaufwand zur feldorientierten Regelung der Drehstrom-Synchronmaschine entsprechend gering. Die erste Transformation des U, V, W-Drehstromsystems in ein orthogonales α, β-Zweiphasenmodell erfolgt wieder mithilfe der Gl. (7.27).

Für die Abbildung der statorfesten α, β-Anteile in die rotorfeste y-Stromkomponente gilt die Transformationsbedingung nach Gl. (7.28), wobei der zeitabhängige Umlaufwinkel dem aktuellen Polradwinkel entspricht ($\gamma = \vartheta = \omega t$). Ziel der Vektorstromregelung in Synchronantrieben ist es, die x-Komponente auf null zu halten, damit der Stromzeiger senkrecht auf dem Flusszeiger steht ($\varepsilon = \pi/2$).

In **Bild 7.17** ist die komplette, feldorientierte Regelstruktur für eine permanenterregte Synchronmaschine, die über einen selbstgeführten Drehstrom-Wechselrichter aus einem Gleichstromnetz bzw. Gleichstromzwischenkreis gespeist wird, aufgezeichnet. Durch die Entkopplung von Fluss und Moment darf man auch bei feldorientierten Synchronantrieben die klassische Kaskadenstruktur anwenden, bei der ein überlagerter Drehzahlregler den Sollwert für einen unterlagerten

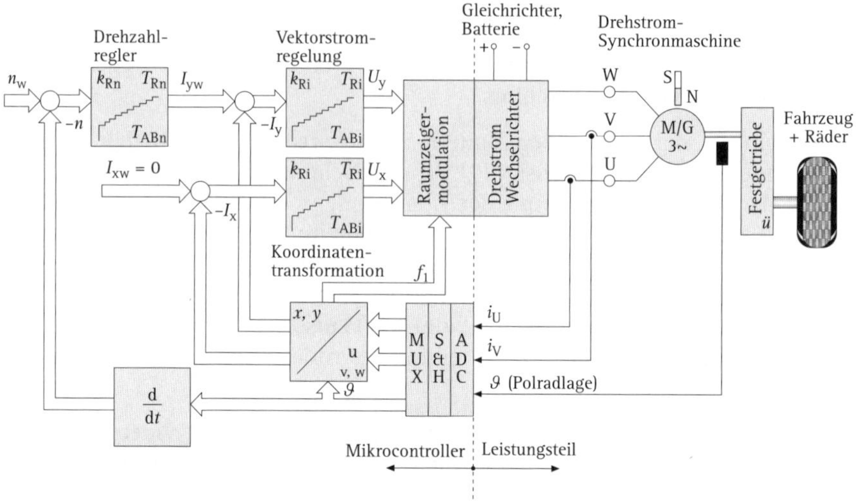

Bild 7.17 Feldorientierte Regelung eines Vierquadrant-Drehstrom-Synchronantriebs

Drehmomentregler bildet. Ein Energiefluss ist in beiden Richtungen möglich, sodass ein hochdynamischer Vierquadrant-Synchronantrieb vorliegt, der wegen seines hohen Leistungsgewichts bevorzugt in Werkzeugmaschinen und Robotergelenken eingesetzt werden kann.

Die Bestimmung der Polradlage (ϑ) erfolgt in der Regel mit einem inkrementalen Impulsgeber und einer Auswerteelektronik, die aus der Änderungsgeschwindigkeit des Winkels außerdem noch einen Istwert für den Drehzahlregler liefert. Der Entwurf des Drehzahlreglers erfolgt in Analogie zu den Verhältnissen in geregelten Gleich- und Asynchronantrieben. Dazu muss lediglich der Proportionalitätsfaktor zwischen Strom und Moment in der Regelstruktur nach Bild 7.2 auf Synchronantriebe angepasst werden. Gemäß Gl. (7.33) folgt für permanenterregte Synchronmaschinen der einfache Ausdruck:

$$\Psi = 3p \cdot \Psi_0. \tag{7.33}$$

Wegen des identischen Aufbaus des Stators in Synchron- und Asynchronmaschinen kann der Entwurf der beiden Stromregler direkt aus Abschnitt 7.3 übernommen werden. Die einfachere Modellbildung und Regelstruktur in synchronen Drehstromantrieben lässt auf eine leichte Verbesserung der Dynamik gegenüber asynchronen Drehstromantrieben schließen.

Der Übergangsvorgang von positiver auf negative Nenndrehzahl eines feldorientierten Synchronantriebs ist in **Bild 7.18** aufgezeichnet. Während des Leerlaufbetriebs mit n_N = 1 500 min^{-1} ist der Ständerstrom praktisch null, da er keinen Beitrag zum Aufbau des Drehfelds leisten muss. Bei einem Sollwertsprung auf die negative Drehrichtung geht die momentenbildende Strom-Sollkomponente am Drehzahlreglerausgang sofort auf ihren negativen Maximalwert. Über die feldorientierte Regelung führt dies zu einem konstanten, negativen Drehmoment an der Motorwelle, sodass ein linearer Beschleunigungsvorgang eingeleitet wird.

Bis zum Nulldurchgang der Drehzahl arbeitet der Synchronantrieb generatorisch im Gleichrichterbetrieb (2. Quadrant) und speist die kinetische Energie der Welle zurück in den Gleichstromkreis. Für negative Drehzahl-Istwerte müssen durch die Wechselrichtersteuerung zwei Stränge elektronisch vertauscht werden, damit die Synchronmaschine motorisch im Wechselrichterbetrieb (3. Quadrant) auf die negative Nenndrehzahl beschleunigen kann.

Dieses Umschalten der Phasenfolge macht sich im Strangstrom, dessen Grundschwingung ebenfalls mit eingetragen ist, durch einen Phasensprung bemerkbar. Nach Beendigung des Reversiervorgangs nimmt der Drehzahlregler die momentenbildende Komponente und damit den Raumzeiger auf null zurück, sodass die einzelnen Motorstränge praktisch stromlos werden.

Somit sind auch Drehstrom-Synchronantriebe in ihrem dynamischen Verhalten den geregelten Gleichstromantrieben ebenbürtig und eine interessante Antriebsalternative sowohl in der Automatisierungstechnik als auch in der Elektrotraktion. Insbesondere wegen ihres herausragenden Leistungsgewichts sind Synchronantriebe überall dort konkurrenzlos, wo platzsparende Einbauanforderungen gestellt werden.

Wegen der enormen Fortschritte und Vereinfachungen auf dem Gebiet der Leistungselektronik und digitalen Signalverarbeitung zeichnen sich moderne Drehstromantriebe durch ein gutes Preis-Leistungs-Verhältnis aus, sodass diese Antriebsregelungen auf breiter Front einsetzbar sind. Unterstützt wird dieser Trend durch die Entwicklung von hochintegrierten ASIC-Bausteinen, die eine weitere Miniaturisierung der Wechselrichter-Steuerung, Leistungshalbleiterschaltungen und Mikroelektronik plus feldorientierter Regelstruktur auf einem einzigen Halbleiterchip, den sogenannten Power-Chips, ermöglichen.

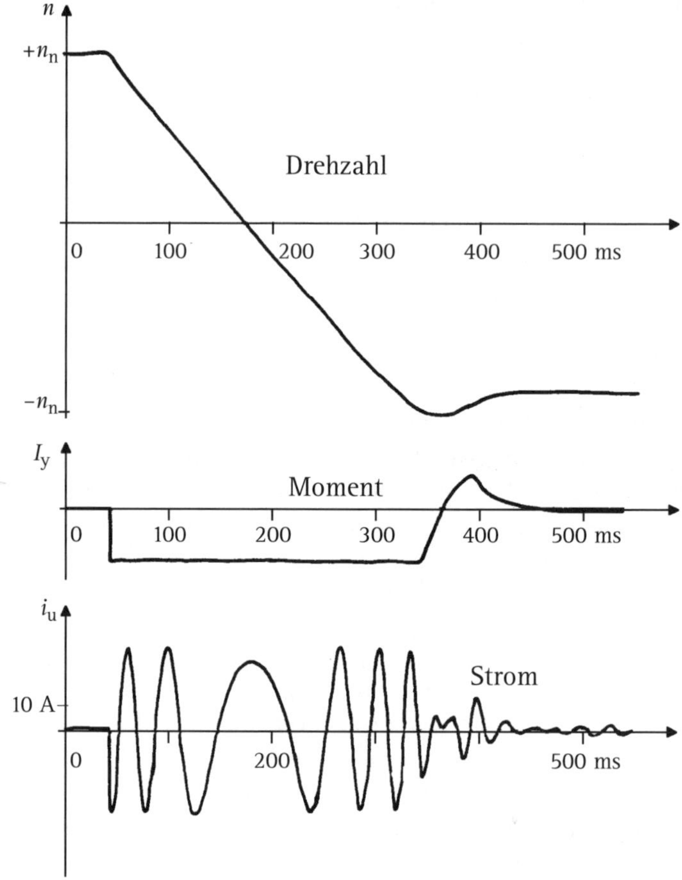

Bild 7.18 Sprungantwort eines Drehstrom-Synchronantriebs mit feldorientierter Regelung

8 Antriebsbeispiele aus der Elektrotraktion

Betrachtet man die Führung und Lenkung von Fahrzeugen aus übergeordneter bzw. verkehrstechnischer Sicht, so gibt es keine großen Unterschiede zwischen den einzelnen Antriebsformen in Straßenfahrzeugen wie Benzin-, Diesel-, Luft-, Muskel- oder Elektroantrieben. Auf dieser Ebene sind Verkehrsleitsysteme und Informationsstrategien von Interesse, die für einen ungestörten Verkehrsfluss sorgen, insbesondere dort, wo sich Verkehrsströme kreuzen oder addieren, um damit die vorhandene Verkehrsfläche optimal auszunutzen, den Energieverbrauch zu reduzieren und die Fahrsicherheit zu erhalten.

Auch die Entwicklungen auf der Fahrzeugebene, wie aktive Feder- und Dämpfungssysteme auf der Basis von elektronisch geregelten Hydraulikpumpen und Pneumatikventilen zur Erhöhung der Spurführung auf schlechten Straßen und des Fahrkomforts, der Niveauregelung zur Kompensation des Einflusses der Zuladung und schließlich die Verbesserung der Aerodynamik (Windschlüpfrigkeit) zur Senkung des Energieverbrauchs, können ausnahmslos auf Elektrofahrzeuge übertragen werden.

Sämtliche antriebsspezifischen Eigenschaften, wie Antiblockiersystem (ABS) zur Verbesserung des Bremsverhaltens, Antischlupfregelung (ASR) zur Vermeidung durchdrehender Räder beim Anfahren und Allradantrieb (4 WD, four wheel drive) zur Erhöhung des Drehmoments auf die Straße, sind in der Elektrotraktion mit Mehrmotorenantrieben eine Selbstverständlichkeit, da sie sich mit einem wesentlich geringeren Aufwand realisieren lassen als bei Fahrzeugen mit einem Zentralmotor.

Berücksichtigt man außerdem, dass die fossilen Kraftstoffreserven der Erde in einigen Jahrzehnten unwiederbringlich erschöpft sein werden und die biologischen Energieträger auf Pflanzenbasis nicht annähernd ausreichen, den Primärenergieverbrauch des automobilen Verkehrs zu decken, so ist der Übergang zu regenerativen (erneuerbaren) Energiequellen, wie Sonne, Wind und Wasserkraft, sowie zur atomaren Energiegewinnung in Kernkraftwerken heute schon vorgezeichnet. Bei all diesen Energiespendern ist die elektrische Energieform das entscheidende Medium zur Nutzung, Umwandlung und Speicherung. In solche mittel- und langfristigen Überlegungen passen sich Elektrofahrzeuge problemlos ein und stellen mit Blick auf die Umwelt (Ökologie) eine bessere Alternative und Perspektive dar.

Dennoch muss man bei solchen Überlegungen stets bedenken, dass auch bei regenerativer Energieerzeugung und Nutzung die Energieumwandlungskette einen sehr schlechten Gesamtwirkungsgrad aufweist. Wird zum Beispiel mit einer Solarzelle (10 %) elektrischer Strom aus Sonnenlicht erzeugt, der zur Elektrolyse (70 %) von flüssigem Wasser in gasförmigen Wasserstoff und Sauerstoff als Energiezwischenspeicherung benutzt wird, so gehen im Umkehrprozess über die Brennstoffzelle (60 %) die Leistungselektronik (95 %) und den Antriebsmotor (80 %) nochmals große Anteile der Primärenergie verloren, weshalb der Gesamtwirkungsgrad nur bei 3 % liegt.

Das bedeutet, ganz nüchtern betrachtet, dass von der eingestrahlten Lichtenergie der Sonne nur ganze 3 % an den Rädern eines Elektrofahrzeugs in Form von mechanischer Energie zur Verfügung stehen. Die restlichen 97 % gehen bereits vor ihrer eigentlichen Verwendung als Verluste verloren.

Dieser extrem schlechte Gesamtwirkungsgrad verdeutlicht sehr anschaulich, dass nicht nur beim Einsatz fossiler Brennstoffe, sondern auch bei einer regenerativen Energieerzeugung sehr sparsam mit dem Rohstoff Energie umgegangen werden sollte. Dazu gehört vor allen Dingen der bewusste Umgang und der Einsatz energieintensiver Verbraucher sowie der Verzicht auf alles Überflüssige und die Vermeidung sinnloser Verschwendung.

In diesem Sinne bieten Elektrofahrzeuge, bedingt durch die geringen mitgeführten Energiemengen, eine große Chance, dem umweltfreundlichen Ziel der Energieeinsparung durch Beschränkung und Verzicht ein großes Stück näher zu kommen.

8.1 Elektrofahrzeuge mit Mehrmotorenantrieb

Um bei schwierigen Fahrbahnverhältnissen, wie Eis, Schnee, Sand und Schlamm, mehr Drehmoment bzw. Schubkraft sicher auf die Straße zu übertragen, müssen alle Räder eines Fahrzeugs angetrieben werden. Bei Fahrzeugen, die nur einen zentralen Antriebsmotor haben, muss das Antriebsmoment gemäß **Bild 8.1** über Antriebswellen und Verteilerdifferenziale auf die Vorder- und Hinterräder geführt werden, was einen gewaltigen Aufwand an mechanischen und elektronischen Komponenten erforderlich macht. Mehrmotorenantriebe reduzieren diesen Aufwand erheblich, sofern statt Verbrennungsmotoren elektrische Maschinen direkt an den Rädern verwendet werden.

Der umgekehrte Fall liegt vor, wenn beim scharfen Bremsen die Räder blockieren und dadurch über die Hinterachse die Richtungsstabilität und über die Vorderachse die Lenkfähigkeit des Fahrzeugs verloren gehen. Außerdem wird der Bremsweg mit blockierten Rädern länger, da die Bremskraft bei einem Schlupf von 100 %

zwischen Rad und Fahrbahn etwas unter der maximalen Bremsverzögerung liegt, die bei einem Schlupf von etwa 30 % auftritt. Um eine Verbesserung im Bremsverhalten mit mechanischen Bremsen zu erreichen, muss der Bremsdruck in Abhängigkeit vom Radschlupf über Hydraulikventile korrigiert und so ein Blockieren der einzelnen Räder verhindert werden.

Mechanische Antiblockiersysteme (ABS) sind deshalb mit einem hohen mechanischen und elektronischen Aufwand verbunden. Der Antiblockierschutz muss selbstverständlich für alle Räder getrennt durchgeführt werden, was wiederum in Verbindung mit einem mechanischen Allradantrieb zu erheblichen Problemen führen kann. Hinzu kommt, dass eine Antischlupfregelung (ASR), die das Durchdrehen einzelner Räder beim Anfahren durch schlupfabhängige Dosierung des Drehmoments verhindern soll, diese teilweise gegenläufigen Forderungen noch verstärkt.

Eine deutliche Vereinfachung bringt die Vereinigung der beiden Funktionen Antreiben und Bremsen durch elektrische Mehrmotorenantriebe. Betrachtet man den Bewegungsablauf eines Fahrzeugs aus der Sicht der Räder, so sind nur beim strengen Geradeauslauf die Drehzahlen aller Räder gleich. Bei Kurvenfahrten ergeben sich unterschiedliche Drehzahlen, die beim Allradantrieb mit einem Zentralmotor durch mechanische Differenziale ausgeglichen werden müssen, um einen starken Abrieb infolge Verspannen der Räder zu verhindern.

Betrachtet man die Reifenabdrücke eines Fahrzeugs bei einer Kurvenfahrt etwas genauer, so ergeben sich vier Radspuren mit verschiedenen Krümmungsradien. Unterschiedliche Radien bedeuten unterschiedliche Geschwindigkeiten und Drehzahlen der Räder. Wird jedes Rad von einer separaten Drehstrommaschine angetrieben, müssen diese Drehzahldifferenzen über unterschiedliche Schlupfwerte der Maschine oder Frequenzvorgaben des Stromrichters ausgeglichen werden.

Im Falle von Drehstrom-Synchronmaschinen, deren Drehzahl starr an die Frequenz der Ständerspannungen gebunden ist, muss deshalb jede Maschine aus einem getrennten dreiphasigen Wechselrichter gespeist werden, um auch hier ein Verspannen wie bei starr gekoppelten Rädern zu vermeiden.

Dieser erhöhte Stromrichter- und Regelaufwand ist bei Drehstrom-Asynchronmaschinen nicht erforderlich, da deren Drehzahl nicht starr an die synchrone Drehzahl des Drehfelds gebunden ist, sondern schlupfabhängig variieren kann (vgl. Kapitel 5). Damit dürfen alle vier asynchronen Antriebsmaschinen aus einer Drehspannungsquelle gespeist werden. Bei Kurvenfahrt arbeiten die Antriebe am Innenradius mit größerem Schlupf, stärkerem Drehmoment und kleinerer Drehzahl als die Antriebe am Außenradius. Bei strenger Geradeausfahrt haben alle vier Drehstrom-Asynchronmaschinen dieselbe Drehzahl, denselben Schlupf und geben dasselbe Drehmoment an die Räder ab.

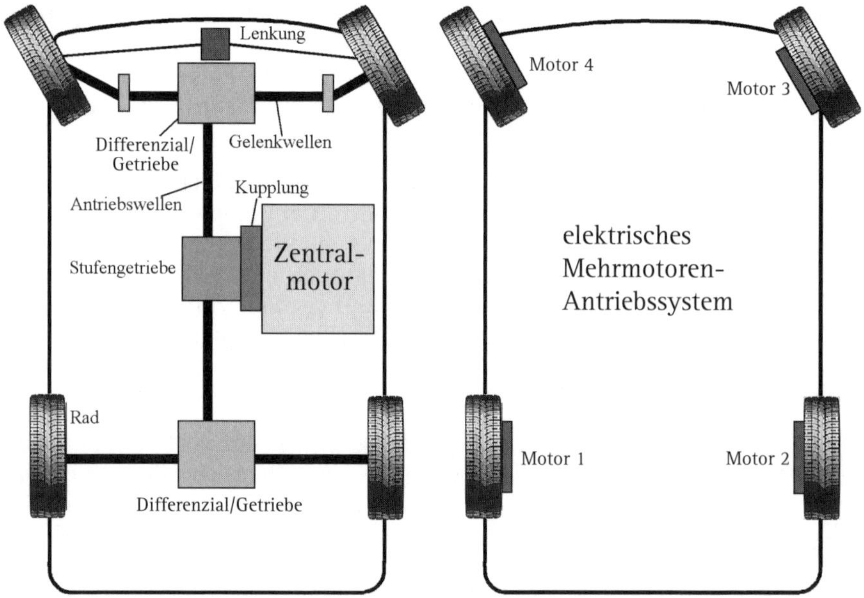

Bild 8.1 Vergleich von Zentralantrieb und Mehrmotorenantrieb

Treten durch ungünstige Straßenverhältnisse unterschiedliche Belastungen (Reibwerte) an den Rädern auf, so ist ein Durchdrehen schwach belasteter Räder nicht möglich, da eine kurzzeitige, geringe Zunahme der Drehzahl automatisch einen Rückgang des Drehmoments zur Folge hat und das betreffende Rad wieder Tritt fassen kann. Dieser angenehme Antriebseffekt liegt in der Drehzahl-Drehmomenten-Charakteristik der Asynchronmaschine begründet und ist vergleichbar mit einer mechanischen Ausgleichswelle, weshalb man auch von einer elektrischen Welle spricht. Hinzu kommt, dass Asynchronmaschinen nicht nur motorisch antreiben, sondern auch generatorisch bremsen können, weshalb in Verbindung mit der elektrischen Welle ein Blockieren einzelner Räder beim Nutzbremsen ebenfalls ausgeschlossen ist.

Natürlich können die elektrischen Maschinen in ihrem Bremsmoment nur so stark das Fahrzeug abbremsen, wie sie es mit ihrem Nennmoment antreiben können. Aus diesem Grund müssen Elektrofahrzeuge für den Notfall einer Vollbremsung aus Sicherheitsgründen noch mit mechanischen Bremsen ausgerüstet sein. Das gilt auch für die Handbremsenfunktion beim Parken und Stillsetzen eines Elektrofahrzeugs. Dennoch beinhaltet der elektrische Allradantrieb mit Asynchronmaschinen den Antiblockierschutz (ABS) und die Antriebsschlupfregelung (ASR) quasi automatisch.

Durch den Einsatz von linearen Kurzstator- oder Vollstator-Asynchronmaschinen gemäß Kapitel 5 kommen Freilaufeigenschaften hinzu; das heißt, im elektrisch abgeschalteten Zustand verhalten sich die Einzelradantriebe absolut neutral. Ein mechanisches Abkoppeln beim Übergang auf andere Antriebsformen, wie beim Umschalten auf Handbetrieb von Elektrorollstühlen, Abschleppen und Schieben von Elektrofahrzeugen bei entleerten Traktionsbatterien, oder beim Benzinbetrieb von seriellen Hybridfahrzeugen, entfällt vollständig. Speist man die einzelnen Maschinen an den Rädern mit Drehspannungssystemen unterschiedlicher Frequenz, so kann die mechanische Lenkung unterstützt oder vollständig durch eine elektronische Lenkung ersetzt werden.

8.2 Elektrofahrzeuge mit Hybridantrieb

Wesentliches Merkmal von Hybridfahrzeugen (hybrid = gemischt) ist das Vorhandensein von unterschiedlichen Antriebssystemen auf dem Fahrzeug. Die Bezeichnung Hybridfahrzeug steht in der Elektrotraktion meist für die Kombination eines Verbrennungsmotors als Energielieferant und eines Elektroantriebsystems für die Traktion. Hybridfahrzeuge können aber auch das Zusammenspiel von Muskelkraft und Elektromotor bzw. jede andere sinnvolle Kraftkombination zum Antrieb eines Fahrzeugs sein. Damit sind Hybridfahrzeuge deutlich aufwendiger als reine Verbrennungs- oder Elektrofahrzeuge, da sie aus zwei Kraftmaschinen, einem Verbindungsgetriebe, Leistungselektronik und einem Elektrospeicher plus Elektrogenerator bestehen. Dennoch sind Hybridfahrzeuge eine wichtige Zwischenetappe auf der langen Wegstrecke zum reinen Elektroauto.

Der Grundgedanke bei klassischen Hybridantrieben besteht darin, einen Verbrennungsmotor stets in seinem optimalen Arbeitsbereich zu betreiben, um den Schadstoffausstoß und Energieverbrauch möglichst gering zu halten. Mit seiner mechanischen Energie an der Welle treibt der Verbrennungsmotor einen elektrischen Generator an, der permanent eine Traktionsbatterie nachlädt, aus der zum Beispiel die elektrischen Fahrmotoren für die Fahrzeugräder gespeist werden.

Dieses Prinzip bezeichnet man als ein Serienhybrid-Antriebssystem, bei dem die teuren und schweren Traktionsbatterien quasi durch ein kleines Kraftwerk an Bord ganz oder teilweise ersetzt werden. Hybridantriebe werden schon sehr lange und äußerst erfolgreich in den sogenannten dieselelektrischen Schienenfahrzeugen eingesetzt, um zum Beispiel bei Rangierlokomotiven über ein elektrisches Mehrmotorenantriebssystem beste Traktionseigenschaften zu erlangen, das heißt, größtmögliche Zugkräfte auf die Schiene zu bringen.

Eine Vereinfachung und Reduzierung der Anzahl an Leistungskomponenten gegenüber dem Serienhybrid bringt der in **Bild 8.2** dargestellte Parallelhybrid, bei dem der Verbrennungsmotor das Fahrzeug primär antreibt und immer dann von einem Elektroantrieb unterstützt bzw. ersetzt wird, wenn er sich in einem ungünstigen und schadstoffreichen Betriebsbereich befindet. So kann ein Straßenfahrzeug mit Parallelhybridantrieb zum Beispiel in der Stadt oder im Stau umweltfreundlich mit dem Elektromotor und über Land schadstoffarm mit dem Verbrennungsmotor bewegt werden.

Selbstverständlich muss auch beim Parallelhybrid die Traktionsbatterie von Zeit zu Zeit durch einen Generator, der auf der Welle des Verbrennungsmotors sitzt und gleichzeitig noch als Anlasser für den Verbrennungsmotor fungiert, nachgeladen werden. Die Leistungselektronik des Generators regelt den Ladevorgang der Batterie ebenso wie den Startvorgang beim Anlassen. Handelt es sich bei diesem Generator um eine Drehstrom-Synchronmaschine, so muss der Stromrichter beim Laden der Batterie das Umwandlungsmerkmal eines Gleichrichters aufweisen, um beim Starten des Verbrennungsmotors als Wechselrichter arbeiten zu können.

Üblicherweise legt man den Elektromotor mit 20 % bis 30 % der Gesamtnennleistung deutlich schwächer aus als den Benzin-, Diesel- oder Gasmotor (70 % bis 80 %). Die Leistungselektronik eines parallelen Drehstrom-Asynchronantriebs muss zum motorischen Antreiben des Fahrzeugs als Drehstromwechselrichter ausgesteuert werden und beim generatorischen Abbremsen der mechanischen Energie des Fahrzeugs als Drehstromgleichrichter.

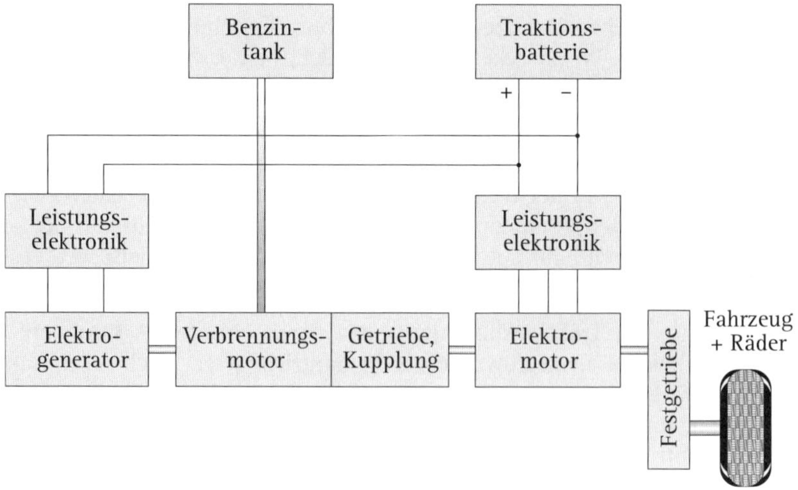

Bild 8.2 Aufbau eines parallel-hybriden Antriebsystems für Fahrzeuge

Für einen optimalen Fahrbetrieb müssen der Effektivwert und die Frequenz der Strangspannungen gemäß Kapitel 5 den jeweiligen Fahrsituationen und Betriebsquadranten angepasst werden.

Um die Bremsenergie verlustarm zwischenspeichern zu können, werden der Traktionsbatterie noch Ultrakapazitäten parallel geschaltet, die beim nächsten Beschleunigungsvorgang die gespeicherte kinetische Energie wieder an den Antrieb abgeben und so zu einer Verbesserung des Gesamtwirkungsgrads erheblich beitragen. Weil der Verbrennungsmotor beim Parallelhybrid nicht ständig in Betrieb ist, müssen sämtliche Nebenaggregate, wie Bremskraftverstärker, Lenkhilfen, Klimaanlagen etc., vom Antriebsstrang entkoppelt und elektrisch betrieben werden.

Hybridfahrzeuge brauchen generell nicht an der Steckdose aufgeladen werden, weil der Verbrennungsmotor in Abhängigkeit vom Ladezustand der Traktionsbatterie jederzeit zugeschaltet werden kann. Bei einer optimalen Abstimmung der einzelnen Antriebskomponenten lassen sich mit Hybridfahrzeugen trotz des erhöhten mechanischen Aufwands deutliche Reduzierungen im Schadstoffausstoß und immerhin leichte Verbesserungen im Energieverbrauch gegenüber reinen Verbrennungsfahrzeugen erzielen.

Wegen des enormen Materialaufwands und dem zusätzlichen Fahrzeuggewicht sind Hybridfahrzeuge in der Elektrotraktion jedoch nicht das Ziel, sondern nur ein wichtiger Zwischenschritt auf dem Weg zum umweltfreundlichen Individualverkehr mit reinen Elektroautos.

8.3 Spurgebundene Elektrofahrzeuge

Das Problem der elektrischen Energiespeicherung kann bei spurgebundenen Transportmitteln, wie Eisenbahnen, Straßenbahnen, Untergrundbahnen, Bergbahnen, Seilbahnen, Fahrstühlen, Elektrobussen etc., leicht umgangen werden, da die Zufuhr der elektrischen Energie problemlos über Fahrdrähte oder Schleifkontakte möglich ist. Ein mobiler Energiespeicher, wie bei den spurungebundenen Straßenfahrzeugen im Individualverkehr mit all den bekannten Einschränkungen und Nachteilen, entfällt hierbei vollständig. Vorreiter in der spurgebundenen Elektrotraktion waren bereits zu Beginn des letzten Jahrhunderts die elektrischen Eisenbahnen. Die fortschreitende Elektrifizierung der Bahnstrecken brachte nämlich erhebliche Vorteile und Vereinfachungen bei einer deutlich höheren Energieausbeute und Verfügbarkeit gegenüber den Dampflokomotiven mit sich.

Selbst auf nicht elektrifizierten Bahnstrecken geht der Trend zum dieselelektrischen Mehrmotorenantriebssystem, um die hervorragenden Traktionseigenschaften solcher Hybridantriebe, insbesondere im Gütertransport und Rangierbetrieb, ausnutzen zu können. Im innerstädtischen Bereich leisten Straßenbahnen und Untergrundbahnen einen wesentlichen Beitrag zur Reinhaltung der Luft und zum sparsamen Transport von großen Menschenmengen. Insbesondere im U-Bahn-Bereich sind Züge mit Verbrennungsmotor wegen der Abgase prinzipiell nicht einsetzbar.

Während bei Zügen und Bahnen ein Fahrdraht als Energielieferant über der Fahrstrecke verlegt wird, sind die Verhältnisse bei Fahrstühlen und Seilbahnen wesentlich einfacher, da hierbei der Elektroantrieb ortsfest ist und stattdessen nur die mechanische Kraft über Seile spurgebunden auf die Transportkabinen übertragen wird. Dadurch sind witterungsbedingte Ausfälle wie bei den Elektrozügen und Straßenbahnen deutlich geringer.

Da die benötigte Leistung eines Fahrzeugs gemäß Gl. (1.3) kubisch von der Geschwindigkeit abhängt, treten bei Hochgeschwindigkeitszügen ab 300 km/h erhebliche Probleme dadurch auf, dass die erforderliche elektrische Leistung von zehn bis fünfzehn Megawatt nicht mehr sicher bei Wind und Wetter über die Stromabnehmer auf die Lokomotive übertragen werden kann. Dieses energietechnische Übertragungsproblem tritt bei den Magnetschwebebahnen mit Linearmotoren nicht auf, da die elektrische Energie direkt in die Ständerwicklung der Schiene, also ortsfest und ohne Schleifkontakte, eingespeist wird. Dadurch sind mit diesem linearen Antriebskonzept beliebig hohe Geschwindigkeiten möglich.

Ein weiterer, wichtiger Aspekt beim Transport von Personen ist die relative Sicherheit der Passagiere, das heißt, die Anzahl der tödlichen Unfälle bezogen auf eine Million Personenkilometer. Nach dieser Unfallstatistik sind spurgebundene Elektrofahrzeuge besonders sichere Transportmittel, wobei Fahrstühle mit Abstand den ersten Platz unter allen Personenbeförderungsmitteln einnehmen.

Auf dem zweiten Platz rangieren dann allerdings die mit fossilen Brennstoffen betriebenen Flugzeuge, insbesondere die Langstreckenjets. Obwohl der Flugsektor auf der Basis von Flugbenzin in starkem Maße schädlich für die Umwelt ist, können die Flugzeuge der Zukunft durch den Betrieb mit Wasserstofftriebwerken genauso umweltfreundliche Transportmittel sein wie Elektroautos.

Auf dem dritten Platz folgen in dieser Sicherheitstabelle die unterschiedlichen Bahn- und Bussysteme. Um ungefähr den Faktor 200 schlechter schneiden Straßenfahrzeuge bei diesem weltweiten Vergleich der verkehrsbedingten Todesopfer ab. Danach stirbt rein statistisch jeder 2000. Autofahrer bei einem Verkehrsunfall. Selbstverständlich variiert diese erschreckende Zahl je nach Sicherheitsstandards und Straßenverhältnissen von Land zu Land erheblich. Allerdings wäre diese Unfallstatistik auf der Straße mit Elektrofahrzeugen genauso grausam und schlecht, da hierfür menschliches Versagen ursächlich verantwortlich ist. Diese Sicherheitslücke können nur intelligente Fahrassistenzsysteme schließen, die Gefahrensituationen rechtzeitig erkennen und aktiv in die Fahrzeugführung eingreifen.

8.3.1 Elektrische Eisenbahnen

Die Geschichte der Eisenbahnen reicht bis an den Beginn des 19. Jahrhunderts zurück, als die weltweit erste Dampflokomotive in Betrieb genommen wurde. Das hohe Gewicht der großen Antriebsmaschinen machte zunächst Probleme und führte sehr schnell zum Einsatz von eisernen Rädern und Schienen anstelle der ersten Holzräder auf Steinschienen. Aus dieser Materialfestlegung resultierte dann auch die Herleitung des Begriffs Eisenbahn, während im englischen Sprachraum mehr die Schieneneigenschaft bei der Namensgebung im Vordergrund stand (Railway).

Die Eisenschienen werden bei herkömmlichen Gleisanlagen auf querliegenden Schwellen mit Nägeln, Schrauben oder Klemmen befestigt, um zum einen die Spurweite sicherzustellen und zum anderen ein Wandern der Schienenstränge in Längsrichtung zu vermeiden. Die Schwellen bestehen aus imprägniertem Holz bzw. auf Schnellbahnstrecken aus Spannbeton. Schwellen und Schienen zusammen bilden den Gleisrost, der in einem Schottergleisbett gelagert wird. Das Gleisbett nimmt die statischen und dynamischen Kräfte der Eisenbahn auf und leitet sie in den festen Unterbau und ins Erdreich weiter.

Bei der Elektrifizierung der ersten Bahnstrecken zur Ablösung der Dampflokomotiven standen am Anfang des letzten Jahrhunderts nur sehr beschränkte Möglichkeiten vonseiten der Antriebstechnik zur Verfügung. Da es die leistungselektronischen Möglichkeiten der Stromrichtertechnik zu dieser Zeit nicht ansatzweise gab, ließ sich eine verlustarme Spannungsverstellung zur variablen Speisung der Fahrmotoren nur mittels Transformatoren durchführen. Dazu musste der Fahrdraht aber eine Wechselspannung führen, die dann über Anzapfungen des Transformators und mithilfe von Schützen stufenweise hochgeschaltet werden konnte. Weil sich mit dieser einfachen Methode nur der Effektivwert der Spannung, aber nicht deren Frequenz verändern lässt, kam in dieser Zeit nur der sogenannte Universalmotor, das ist eine im Reihenschluss betriebene Gleichstrommaschine, für den Antrieb der Eisenbahnräder in Betracht (vgl. Kapitel 5).

Durch anfängliche Kommutierungsprobleme der wechselstrombetriebenen Gleichstromreihenschlussmaschine war zu jener Zeit ein sicherer Bahnbetrieb nur an einer niederfrequenten Wechselspannung ($16\,^2/_3$ Hz) möglich. Diese Bahnfrequenz wurde auf ein Drittel der Netzfrequenz festgelegt und muss durch entsprechende Polpaarzahlen der Generatoren in einem bahneigenen Hochspannungsnetz erzeugt und auf die Schienenstränge verteilt werden. Diese Form der Bereitstellung elektrischer Energie hat sich inzwischen überholt, kann aber nicht mehr ohne Weiteres rückgängig gemacht werden.

Seit der Verfügbarkeit moderner Leistungselektronik und Antriebstechnik werden die elektrischen Eisenbahnen mit drehzahlvariablen Drehstromantrieben ausgerüstet, wobei die Spannungsform und Frequenz des Fahrdrahts absolut keine

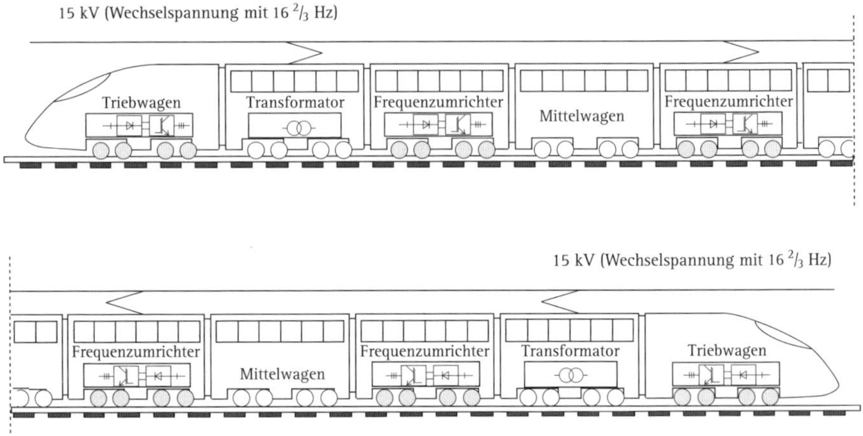

Bild 8.3 Hochgeschwindigkeits-Eisenbahn

Rolle mehr spielt. Die Verbesserung der Traktionseigenschaften durch stromrichtergespeiste Mehrmotorentechnik erlaubte in den letzten Jahrzehnten immer höhere Geschwindigkeiten der Züge und damit eine enorme Steigerung der Attraktivität dieses Transportmittels auf längeren Strecken.

Ein Meilenstein beim schnellen Transport von Personen über Land stellen seit den siebziger Jahren des letzten Jahrhunderts die sogenannten Hochgeschwindigkeitszüge gemäß **Bild 8.3** dar, die bei einer äußerst komfortablen und bequemen Innenausstattung mit Geschwindigkeiten von bis zu 350 km/h und wenigen Haltepunkten große Stadtzentren im Stundentakt und darunter miteinander verbinden.

Hochgeschwindigkeitszüge gibt es praktisch in allen wichtigen Industrienationen der Erde, wie den ICE (Intercityexpress) in Deutschland, den TGV (Train à Grande Vitesse) in Frankreich, den Sokol in Russland und den Shinkansen in Japan. Die Leistungsmerkmale sind aus physikalischen und technischen Gründen bei allen internationalen Modellvarianten mehr oder weniger dieselben.

Solche schnellen Schienenverbindungen sind eine interessante Alternative zu Kurzstreckenflügen, insbesondere, weil die langen Flughafenanreisen entfallen und der Energieverbrauch pro Passagier etwas unter dem von Flugzeugen liegt (vgl. Kapitel 2). Darüber hinaus ist der Komfort und Luxus solcher Bahnschnellsysteme mit dem von Flugzeugen durchaus vergleichbar, wobei die Bewegungsfreiheit und Flexibilität bei der Benutzung von Zugsystemen höher sind. Bei den Hochgeschwindigkeitszügen besteht das Gleisbett aus Betonschwellen, auf welche die Eisenschienen mit Dämpfungselementen montiert werden. Diese etwas aufwendigere Bauweise des Schienensystems garantiert aber erst diese hohen Geschwindigkeiten bei größtmöglicher Laufruhe der Züge.

Hochgeschwindigkeitsbahnen können Gesamtlängen von 200 m erreichen und bei Geschwindigkeiten über 300 km/h den Fahrdraht mit 10 MW Wirkleistung und mehr belasten. Diese über 400 Passagiere fassenden Transportmittel bestehen in der Regel aus zehn und mehr Einzelfahrzeugwagen, von denen meistens mehrere Wageneinheiten über die gesamte Zuglänge verteilt durch Transformatoren, Frequenzumrichter und Drehstrommaschinen angetrieben werden. Die Leistung der einzelnen Fahrmotoren in den bis zu zwanzig Drehgestellen liegt in der Größenordnung von 500 kW.

Ein weiteres Merkmal moderner Hochgeschwindigkeitszüge ist deren Mehrsystemfähigkeit, das heißt, sie können über Staatsgrenzen hinweg unter den Stromsystemen verschiedener Länder verkehren. Typische Fahrdrahtsysteme in Europa sind 15 kV/16,67 Hz Wechselspannung in Deutschland, 25 kV/50 Hz Wechselspannung in Frankreich bzw. 1,5 kV und 3 kV Gleichspannung in Italien. Diese Unabhängigkeit der Fernverkehrszüge von der Art der Fahrdrahtspannung ist ein Verdienst moderner Leistungselektronik, die nämlich aus jedem beliebigen Spannungssystem ein synthetisches Drehstromsystem variabler Spannung und Frequenz für die dreiphasigen Fahrmotoren erzeugen kann (vgl. Kapitel 6).

Das Gewicht von Hochgeschwindigkeitsbahnen, bezogen auf einen Passagier, liegt mit einer Tonne pro Person in der Größenordnung von Flugzeugen, wobei der personenbezogene Energieverbrauch aber aufgrund der geringeren Reisegeschwindigkeit unter dem von Magnetschwebebahnen und Flugzeugen bleibt. Ein weiterer Pluspunkt der elektrischen Eisenbahnen ist die Möglichkeit der generatorischen Nutzbremsung. Das bedeutet, dass die beachtliche kinetische Energie ($W = mv^2/2$) der bis zu 400 Tonnen schweren Schnellzüge bei jedem Bremsvorgang in die Oberleitung zurückgespeist wird, sodass andere Züge in der näheren Umgebung damit angetrieben werden können und eine bessere Energieausbeute erzielt wird.

Durch den separaten Antrieb vieler Drehgestelle wird praktisch jede einzelne Wageneinheit zur Lokomotive. Dadurch ergeben sich beste Traktionseigenschaften, was sich in hohen Beschleunigungswerten und einer verbesserten Steigfähigkeit gegenüber klassischen Elektroeisenbahnen ausdrückt. Werden die einzelnen Wagen noch mit separaten Stromabnehmern bestückt, so ist eine größtmögliche Freiheit bei der Zusammenstellung von autarken Zugeinheiten gegeben. Durch eine intelligente Abstandsregelung über die Geschwindigkeit der Räder könnte sogar auf die mechanische Ankopplung der einzelnen Einheiten verzichtet werden.

8.3.2 Elektrische Straßenbahnen

Straßenbahnen sind überirdische Schienenfahrzeuge, die im öffentlichen Nahverkehr seit über 150 Jahren meist innerstädtisch zum Massentransport von Personen eingesetzt werden. Daraus haben sich im Laufe der Jahrzehnte die Schnellbahnen (S-Bahn) und die Untergrundbahnen (U-Bahn) entwickelt, die über größere Entfernungen die Außenbezirke mit den Innenstädten meist unterirdisch verbinden. Rechtlich sind Straßenbahnen und Untergrundbahnen jedoch in ihrer Bedeutung gleichgestellt.

Andere Bezeichnungen für Straßenbahnen sind Bim, Elektrische Tram oder die offizielle Abkürzung Strab. Die Gleisanlagen konventioneller Straßenbahnsysteme werden, wie der Name schon sagt, direkt in der Straße verlegt. Aus Sicherheitsgründen geht man in den letzten Jahren verstärkt zu separaten Gleiskörpern über. Selbst ein Mischbetrieb der Bahn auf Straßenbahnschienen in der Stadt und dem Schienensystem der Bundesbahn außerhalb der Stadt wurden bereits realisiert, um noch entlegenere Vororte bequem und schnell mit dem Stadtzentrum zu verbinden. Man spricht in diesen Fällen nicht mehr von Straßenbahnen, sondern von Stadtbahnen.

Während die Straßenbahnen der ersten Stunde noch mit der Muskelkraft mehrerer Pferde angetrieben wurden, kam, ähnlich wie bei den elektrischen Eisenbahnen, mit dem Ende des 19. Jahrhunderts auch hier die Elektrifizierung. Die erste Untergrundbahn der Welt verkehrte bereits im Jahre 1863 als Metropolitan Railway in London und wurde zu der Zeit noch von einer Dampfmaschine angetrieben. Weitere internationale Bezeichnungen für die mehr Zügen ähnlichen Untergrundbahnen sind Metro (Frankreich), T-Bana (Skandinavien) und Tube (Großbritannien).

Vorteile der Untergrundbahnen liegen vor allem im kreuzungsfreien Betrieb, weshalb ein störungsfreier und vollautomatisierter Betriebsablauf mit hohen Taktraten möglich ist. Nachteilig für die Fahrgäste sind der Zeitverlust und die Schwierigkeiten für Behinderte, die bis zu 90 m tief gelegenen Stationen zu erreichen. In Städten mit weniger festem Untergrund werden die Bahnen bevorzugt auch als Hochbahnen ausgeführt. Häufig findet man in großen Städten auch Streckenkombinationen aus überirdischen, ebenerdigen und unterirdischen Abschnitten. Typische Netzformen von Untergrundbahnen sind Ringnetze, Sekantennetze und vermaschte Netze.

Elektrische Straßenbahnen werden in der Regel mit einer Gleichspannung zwischen DC 500 V und DC 750 V gespeist, wobei der Fahrdraht gemäß **Bild 8.4** den Pluspol und die Schiene den Minuspol bilden. Als Antriebsmotor wurde ähnlich wie bei den elektrischen Eisenbahnen zunächst die Gleichstromreihenschlussmaschine (Universalmotor) eingesetzt. Die Anpassung der Spannungshöhe an die Geschwindigkeit der Bahn wurde damals aus Ermangelung heutiger Stromrichter-

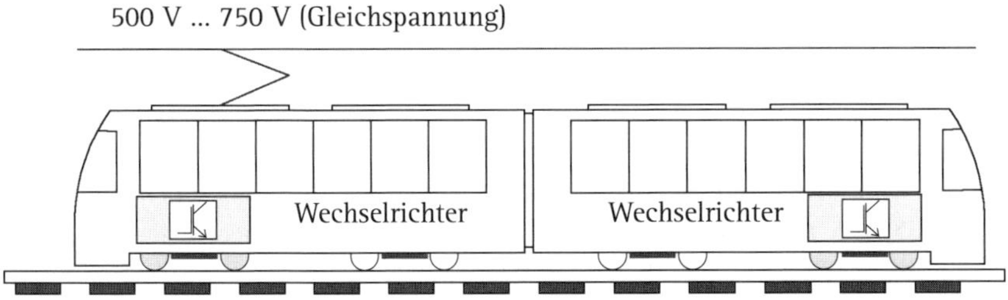

Bild 8.4 Elektrische Straßenbahn

technik noch mit großen Vorwiderständen realisiert. Diese Methode war extrem verlustbehaftet, weshalb die leistungsstarken Vorwiderstände auf dem Dach montiert werden mussten, um die enorme Verlustwärme, insbesondere beim Anfahren und Beschleunigen, an die Umgebungsluft abführen zu können.

Moderne Straßenbahnzüge werden ausschließlich mit robusten Drehstrommaschinen (etwa 300 kW) angetrieben, die aus einem sogenannten Wechselrichter gespeist werden. Diese selbstgeführten Transistor-Stromrichter sind in der Lage, aus einem starren Gleichspannungssystem ein synthetisches Drehspannungssystem variabler Amplitude und Frequenz zu erzeugen (vgl. Kapitel 6). Die einzelnen Wageneinheiten sind bis zu 40 m lang und werden als ein- und mehrgliedrige Straßenbahnzüge ohne Durchgangsverbindungen eingesetzt.

Die Schwellen des Gleisbetts von Straßenbahnsystemen und Untergrundbahnen bestehen aus Stahl oder Beton. Diese halten die Spurweite der Schienen und liegen meist in einem Schotterbett. Aber auch Betonfahrbahnen sind üblich, auf welche die Gleise festgeschraubt werden. Die Schienen sind längere Stahlprofile, die fortlaufend an den Enden miteinander verschweißt werden.

8.3.3 Magnetschwebebahnen

Verknüpft man das Prinzip des Linearmotors gemäß Abschnitt 5.5 mit der Möglichkeit des magnetischen Schwebens durch geregelte Elektromagnete, so werden radlose Hochgeschwindigkeits-Magnetschwebebahnen (Maglev) möglich, die Höchstgeschwindigkeiten von über 500 km/h problemlos bewältigen können. Das macht lineargetriebene Magnetschwebebahnen uneingeschränkt zu den schnellsten Verkehrsmitteln unter den landgebundenen Transportsystemen. Hochgeschwindigkeits-Magnetschwebebahnen sind spurgebundene Elektrofahrzeuge, welche ohne Fahrdrahteinspeisung auskommen, da die elektrische Energie direkt und kontaktlos in die ausgedehnte Drehstromwicklung des Schienensystems eingespeist wird.

Dadurch lassen sich die Geschwindigkeitsgrenzen der herkömmlichen Rad-Schiene-Systeme mit Stromabnehmern deutlich steigern und die Geschwindigkeitslücke zwischen Landverkehr mit Bahnen und Autos sowie Luftverkehr mit Flugzeugen schließen. In **Bild 8.5** ist der Aufbau einer berührungslosen Magnetschwebebahn etwas genauer aufgezeichnet. Die fahrzeugfesten Tragmagnete sind das bewegliche Teil des Linearmotors (Läufer) und müssen vom Fahrzeug aus zur Einhaltung des Luftspalts mit elektrischem Gleichstrom zum Aufbau eines magnetischen Gleichfelds versorgt werden.

Die geregelten Elektromagnete heben das spurgeführte Fahrzeug an und halten es mit einem Luftspalt von ungefähr einem Zentimeter im Schwebezustand. Daraus resultiert für den gesamten Elektroantrieb das Verhalten eines synchronen Langstator-Linearmotors, dessen typische Querkräfte zwischen Ständer und Läufer das Anheben des Fahrzeugs mit unterstützen, wodurch die in klassischen Linearmotoranwendungen äußerst störenden Anziehungskräfte hier positiv genutzt werden können. Die seitlichen Führungsmagnete sind ebenfalls geregelt und halten das Fahrzeug auch bei höchsten Geschwindigkeiten sicher in der Spur, sodass ingesamt ein Entgleisen dieses den Fahrweg umschließenden Transportmittels nicht möglich ist.

Aufgrund des berührungslosen Direktantriebs zeichnen sich Magnetschwebebahnen durch beste Traktionseigenschaften aus, da die Kraftübertragung ohne irgendeine mechanische Zwischenstufe zur Umwandlung von Rotation in Translation über Räder und damit direkt erfolgt. Da die volle Zuglänge als Antriebsmotor genutzt wird, ergibt sich darüber hinaus eine deutlich bessere Steigungsfähigkeit als bei Rad-Schiene-Systemen. Dies bringt erhebliche Vorteile bei der Trassenführung mit sich, da teure Tunnelbauten meistens vermieden werden können. Durch den vollständigen Wegfall von Rädern sind Magnetschwebebahnen extrem leise, weil sie keine störenden Rollgeräusche verursachen.

Der Energieverbrauch einer Magnetschwebebahn hängt, wie bei allen Transportmitteln, entscheidend von der Endgeschwindigkeit ab und liegt mit 4 kWh pro Person auf 100 km bei einer Geschwindigkeit von 300 km/h bzw. 6 kWh pro Person auf 100 km bei einer Geschwindigkeit von 400 km/h gemäß Kapitel 2 in einem günstigen Bereich. Allerdings bei Höchstgeschwindigkeiten über 500 km/h nähert sich der Energieverbrauch von Magnetschwebebahnen dem von Flugzeugen an.

Prinzipiell können Magnetschwebebahnen führerlos betrieben werden, da die über dem Fahrweg ausgebreitete Langstatorwicklung von außen segmentweise zugeschaltet wird, weshalb unkontrollierte Betriebszustände und Positionsfehler vonseiten der schwebenden Bahn ausgeschlossen sind. Auch die Geschwindigkeit des Linearzugs wird von außen über die Frequenz der Statorspannungen vorgegeben.

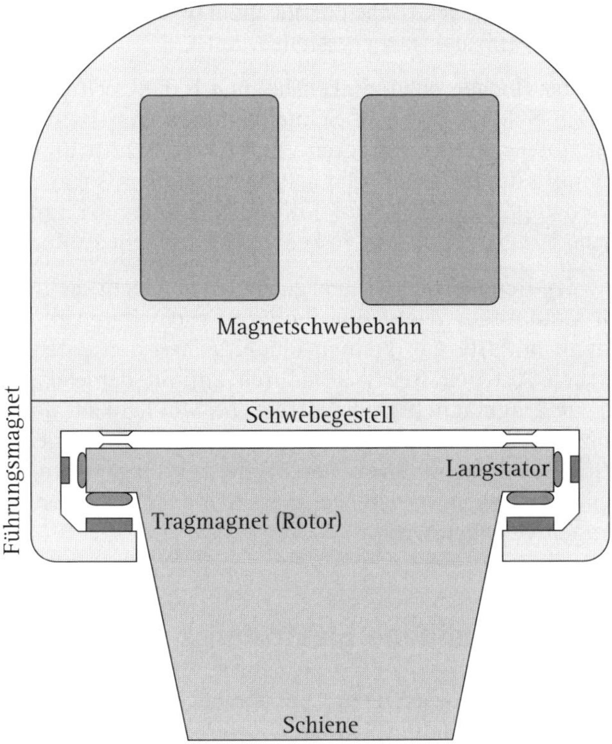

Bild 8.5 Hochgeschwindigkeits-Magnetschwebebahn mit Langstator-Linearantrieb

Durch die Abwicklung des Stators über der gesamten Fahrstrecke (Langstatorprinzip) sind Magnetschwebebahnen im Vergleich zu konventionellen Bahnen sehr materialintensiv, weil neben den Kupferwicklungen für die elektrischen Statorströme auch die Eisenkreise für den magnetischen Rückschluss über den gesamten Fahrweg vorhanden sein müssen. Hinzu kommt, dass der frei liegende Langstator im Fahrweg den wechselnden Witterungsverhältnissen permanent ausgesetzt ist und deshalb durch einen geeigneten Lackanstrich vor Korrosion geschützt werden muss.

Bei kleineren Geschwindigkeiten und im Stillstand wird das Magnetfeld für das Anheben des Fahrzeugs ausschließlich aus dem bordeigenen Batteriesystem versorgt, sodass ein längeres Stehenbleiben zum Entleeren der Batterie und damit zum Betriebsausfall der Magnetschwebebahn durch Aufsitzen führt. Erst ab dem Bereich mittlerer Geschwindigkeiten können über einen Lineartransformator im

Gleisbett die erforderliche elektrische Energie induktiv auf das Fahrzeug übertragen und der gesamte Eigenbedarf sichergestellt werden.

Einsatzgebiete der Hochgeschwindigkeitsbahnen finden sich im Schnellverkehr zwischen großen Städten sowie in Schnellverbindungen zwischen Flughäfen, um den energieintensiven Kurzstrecken-Flugverkehr Schritt für Schritt zu substituieren. Zukunftsstudien sehen Magnetschwebebahnen sogar mit mehrfacher Überschallgeschwindigkeit in Vakuumröhren tief unter der Erdoberfläche als Alternative zum Langstrecken-Flugverkehr von Kontinent zu Kontinent rasen.

Auch gibt es Studien, die den lineargetriebenen Hochgeschwindigkeitszug zunächst mit Gummirädern auf eine höhere Geschwindigkeit beschleunigen lassen und dann mithilfe von kleinen Flügelflächen den Luftspalt durch den aerodynamischen Auftrieb steuern. Dadurch entfällt der elektromagnetische Aufwand für die Tragmagnete und eröffnet die Möglichkeit, den Linearmotor nach dem robusten Prinzip der Asynchronmaschine auszulegen. Selbst klassische Rad-Schiene-Systeme können mithilfe des Linearmotorprinzips ohne Oberleitungen angetrieben werden, wenn das Schienensystem entsprechend mit Statorwicklungen versehen wird.

8.4 Spurungebundene Elektrofahrzeuge

Im Gegensatz zu den Elektrofahrzeugen auf Schienen lassen sich Straßenfahrzeuge ohne eine starre Spurbindung bewegen, sofern man von der Einschränkung durch die Straßenführung einmal absieht. Dadurch bieten Personenkraftwagen dem Benutzer die größtmögliche, individuelle Bewegungsfreiheit auf Straßen, Pfaden, Wegen bis hin zu freiem Gelände und auf dem Wasser. Durch den Wegfall der engen Schienenführung ist allerdings eine Energieversorgung aus einem gemeinsamen Stromnetz durch den Aufbau einer elektrischen Infrastruktur in diesen Fällen prinzipiell nicht möglich.

Deshalb muss jedes spurfreie Elektrofahrzeug einen mobilen Energiespeicher mit sich führen, dessen Kapazität für den gewünschten Aktionsradius des Fahrers ausreichen sollte. Wie bereits in Kapitel 4 ausführlich erläutert wurde, ist die Speicherung elektrischer Energie auf Fahrzeugen nur mit vergleichsweise geringen Energiedichten oder verbunden mit hohem Aufwand möglich, zum Beispiel in mechanischen Schwungradspeichern, elektrochemischen Batterien, elektrostatischen Ultrakapazitäten oder Brennstoffzellen plus Wasserstoffspeicher.

Dies ist noch immer ein gravierender Nachteil gegenüber den Fahrzeugen mit Verbrennungsmotor, wobei eine unbefriedigend kurze Haltbarkeitsdauer und hohe Anschaffungskosten für die Akkumulatorfahrzeuge hinzukommen. Weitere

Einschränkungen ergeben sich in der starken Temperaturabhängigkeit und der geringen Reichweite der elektrochemischen Speicher. Daraus resultieren automatisch geringe Höchstgeschwindigkeiten und wenig Komfort, um den Energieinhalt der Batterien nicht zu verschwenden. Insbesondere bei Bleiakkumulatoren, die immer noch vorwiegend in spurungebundenen Elektrofahrzeugen zu finden sind, kommen die extrem langen Ladezeiten beim Auftanken erschwerend hinzu.

Solange Elektrofahrzeuge aber nicht dieselben Reichweiten und Anschaffungskosten wie Verbrennungsfahrzeuge aufweisen, werden sie sich auch weiterhin am freien Markt nicht durchsetzen und allenfalls in Anwendungsnischen oder in Flottenverbänden Anwendungsmöglichkeiten finden. Diesem einzigen und in naher Zukunft lösbaren Speicherproblem elektrischer Straßenfahrzeuge stehen enorme Vorteile gegenüber, wie der absoluten Emissionsfreiheit während des Betriebs, hohe Energieausbeute auf dem Fahrzeug, geräuscharmer Betrieb der Elektroantriebe, Energierückspeisung beim Abbremsen sowie Wartungsarmut und geringere Unterhaltskosten.

Alles in allem wird also die Substitution von Verbrennungsmotoren durch Elektromotoren entscheidend von der Verfügbarkeit und Traktionstauglichkeit preiswerter Großspeicher, wie Brennstoffzellen, abhängen, insbesondere, wenn es gelingt, den erforderlichen Wasserstoff-Treibstoff im Vergleich zu Benzin kostengünstig und vor allem umweltneutral zu erzeugen. Durch die besseren Traktionseigenschaften der abgasfreien Elektrofahrzeuge wird dann automatisch ein Verdrängungswettbewerb gegenüber den umweltschädlicheren Verbrennungsfahrzeugen einsetzen. Für diesen Fall der Gleichwertigkeit zu Verbrennungsantrieben kämen dann überhaupt erst die eher geringfügigen Unterschiede innerhalb der Elektrotraktion zum Vorschein, was zu Elektrofahrzeugen mit Gleichstrom-, Drehstrom- und Linearantrieben führen wird.

8.4.1 Elektro-Vierradfahrzeuge

Bezogen auf den gesamten vierrädrigen Straßenverkehr führen Elektroautos immer noch ein absolutes Schattendasein, denn ihr prozentualer Anteil liegt in Deutschland gerade mal bei 0,014 %. In absoluten Zahlen heißt das, dass von den rund 45 000 000 Autos, die im Jahre 2004 auf deutschen Straßen unterwegs waren, lediglich 6 400 Fahrzeuge elektrisch betrieben wurden. Diese nüchternen Zahlen sind seit Jahrzehnten praktisch unverändert und machen deutlich, welche enormen Kraftanstrengungen erforderlich sind, um das Elektroauto als Alternative zum Verbrennungsauto für die von Motorleistung, Ausstattungskomfort und Reichweiten verwöhnten Käufer attraktiv zu machen.

Selbstverständlich ist langfristig auch der umgekehrte Weg denkbar, dass nämlich aufgrund steigender Energiepreise sich die Leistungsmerkmale von Verbrennungsfahrzeugen wieder zurückentwickeln und so den bescheideneren Elektrofahrzeugen entgegenkommen. Höchstwahrscheinlich werden beide Trends parallel verlaufen und sich beide Antriebsformen in ihrer Rentabilität und Umweltverträglichkeit aufeinander zu bewegen. Auch ist nicht auszuschließen, dass es im Spektrum der zukünftigen Wasserstoffwirtschaft auch Verbrennungsfahrzeuge geben wird, die direkt mit Wasserstoff betrieben und als umweltfreundliche Fahrzeuge den Elektrofahrzeugen weiterhin starke Konkurrenz machen werden.

Als Beispiel eines umweltfreundlichen Sparmobils zeigt **Bild 8.6** ein allradgetriebenes Dreiliter-Elektroauto, wobei jedes Fahrzeugrad berührungslos von einer asynchronen 2,5-kW-Vollstator-Linearmaschine berührungslos angetrieben bzw. gebremst wird (vgl. Kapitel 5). Damit steht eine Antriebsleistung von 10 kW zur Verfügung, was einer Gesamtschubkraft von 1,1 kN entspricht. Unter Berücksich-

Bild 8.6 LineCar – Elektroauto mit linearem Allradantrieb

tigung der Reibung und des Luftwiderstands kann diese Schubkraft ein „ultra light city-car“ mit 500 kg Gesamtmasse gemäß Gl. (3.11) je nach Zuladung in zehn bis fünfzehn Sekunden von null auf 60 km/h beschleunigen. Pro Fahrzeugseite ist zur Speisung der Motoren mit Drehstrom ein dreiphasiger Wechselrichter (WR) vorgesehen, sodass durch unterschiedliche Geschwindigkeiten eine Unterstützung der mechanischen Lenkung bzw. deren Wegfall erreicht werden kann.

Selbstverständlich können auch alle vier Antriebsmotoren aus einem einzigen Wechselrichter gespeist werden. Über die Frequenz des Drehstromsystems sind dann alle Maschinen an dieselbe Synchrondrehzahl gebunden. Dadurch ist ein Durchdrehen einzelner Räder beim Beschleunigen oder auf glatter Fahrbahn ebenso ausgeschlossen wie das Blockieren eines Rads beim generatorischen Bremsen, weshalb man auch von einer elektrischen Welle zwischen den Antriebsmaschinen spricht.

Somit sind Allradantrieb (4 WD) und Antiblockiersystem (ABS) in diesem Antriebskonzept automatisch enthalten. Diese Möglichkeit ist allerdings nur bei asynchronen Vollstator-Linearmaschinen zulässig, da unterschiedliche Drehzahlen der einzelnen Räder über den Schlupf der Maschinen ausgeglichen werden können. Im Falle von synchronen Varianten würden entweder einzelne Maschinen aus dem Synchronismus gerissen werden, und/oder es würde ein verstärkter Abrieb der Reifen auftreten; enge Kurven wären prinzipiell nicht möglich.

Für kleine und langsame Fahrzeuge ist es bereits ausreichend, die beiden Vorder- oder Hinterräder je mit einer Vollstator-Asynchronlinearmaschine zu bestücken und aus einem gemeinsamen Wechselrichter zu speisen. Durch den verschleiß-

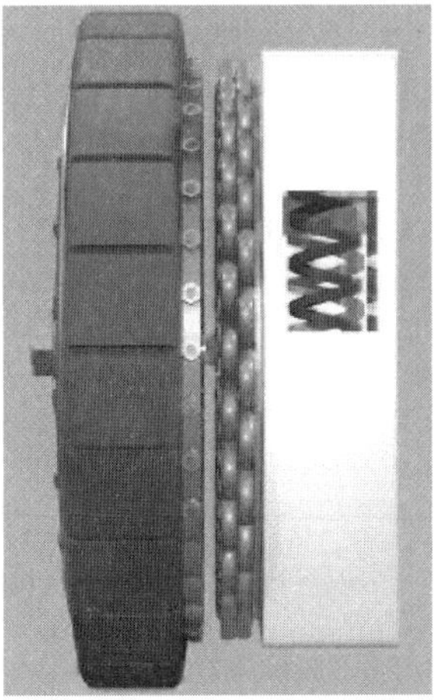

Bild 8.7 Mechanisch entkoppelter Vollstator-Linearantrieb

freien Linearantrieb lassen sich so besonders einfache und preiswerte Elektrofahrzeuge herstellen und aufgrund der schwachen Motorisierung entsprechend umweltfreundlich einsetzen. Die mit der Substitution mechanischer Komponenten verbundene Gewichtseinsparung erniedrigt in Elektrofahrzeugen mit Vollstator-Asynchronlinearantrieben den Energieverbrauch entsprechend. Investiert man die Gewichtseinsparung in einen größeren Energiespeicher, so vergrößert sich der Aktionsradius des Fahrzeugs.

Zu den vielen positiven Eigenschaften, wie Kompaktheit, Robustheit und Wartungsfreiheit, kommt gemäß **Bild 8.7** ein konstruktiver Vorteil hinzu, der in der radialen Luftspaltführung der Vollstatormaschine begründet liegt.

Im Gegensatz zu rotierenden Elektromotoren, die beim direkten Einbau an den Rädern die ungedämpften Massen entsprechend erhöhen, kann die asynchrone Vollstator-Linearmaschine problemlos am Fahrzeugrahmen starr befestigt werden. Die parallele Bewegung der gefederten Fahrzeugräder in radialer Richtung zum Stator hat keinen Einfluss auf den Luftspalt der Maschine. Lediglich der Federweg muss durch eine Verbreiterung des radfesten Läuferrings ausgeglichen werden.

Abgesehen von der Befestigung des Vollstators am Fahrzeugrahmen und des Läuferrings an der Radfelge sind keine besonderen Eingriffe in einen konventionellen Fahrzeugaufbau erforderlich, sodass insbesondere die Montage und Demontage der Fahrzeugräder in der gewohnten Weise geschehen kann. Da die Kraftkopplung elektromagnetisch erfolgt, treten sämtliche Verschleißerscheinungen durch mechanische Abnutzungen nicht auf. Um den Vollstator-Linearantrieb vor Korrosion und Beschädigung durch Steinschlag zu schützen, sind entsprechende Vorkehrungen zu treffen. Die Alternative, sämtliche Räder mit konventionellen, rotierenden Elektromotoren über Kardanwellen anzutreiben, wäre deutlich aufwendiger.

8.4.2 Lenkradlose Elektrofahrzeuge

Mechanische Lenksysteme wirken üblicherweise auf die Vorderräder des Fahrzeugs, sodass eine Abweichung vom geraden Lauf durch Verdrehen der Vorderräder aus der Senkrechten zur Hinterachse erfolgt. Der Lenkeinschlagwinkel wird über das Lenkrad vorgegeben und bestimmt den Radius der gefahrenen Krümmung. Um den Abrieb der Reifen beim Kurvenfahren minimal zu halten, muss die Spur der Vorderräder parallel verlaufen. Das Fahrzeug wird somit über die Vorderachse in die gewünschte Bahn gelenkt.

Ähnlich wie bei Krankenrollstühlen kann eine Kurvenfahrt auch dadurch erreicht werden, dass die Hinterräder mit unterschiedlichen Drehzahlen angetrieben werden. **Bild 8.8** zeigt das regelungstechnische Strukturbild einer lenkradlosen Fahrzeugführung, welches der Übersichtlichkeit halber in das Fahrzeug mit ein-

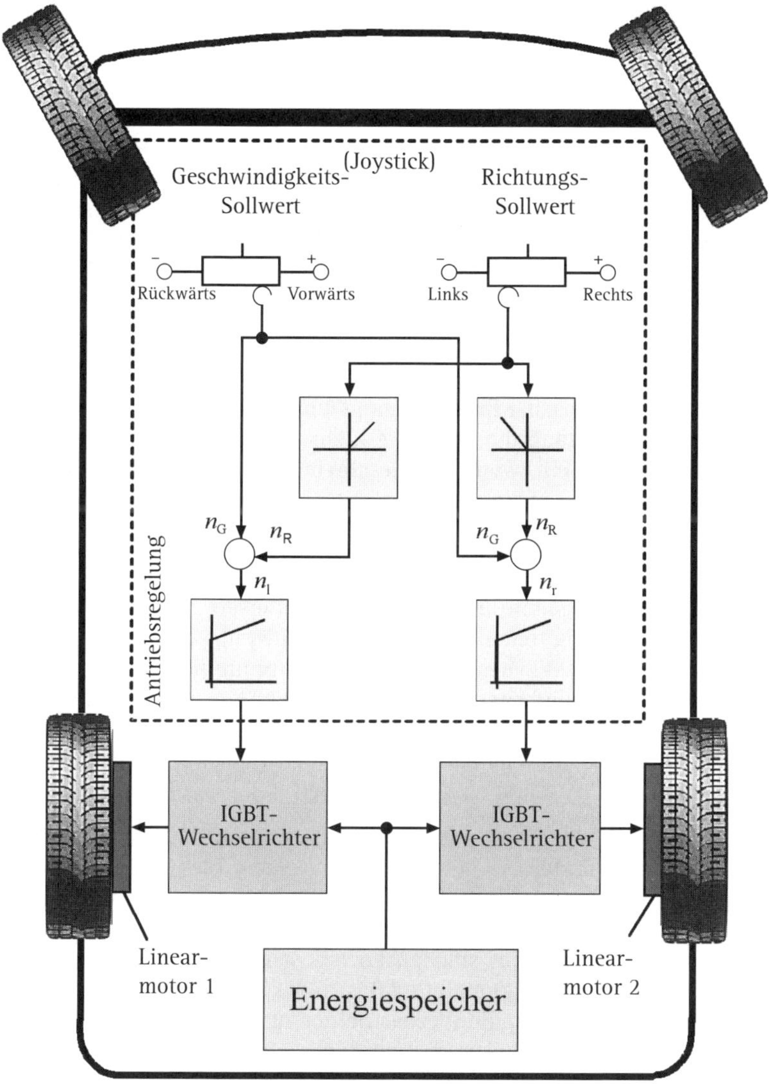

Bild 8.8 Lenkradloses Elektromobil mit linearem Direktantrieb

gezeichnet wurde. Die beiden Hinterräder werden jeweils von einem Drehstrommotor plus zugehörigem Wechselrichter angetrieben, damit Drehzahl und Drehmoment an beiden Rädern getrennt vorgegeben werden können. Die Vorderräder sind frei beweglich montiert, sodass sich ein Lenkeinschlagwinkel entsprechend den Kräfteverhältnissen an den Hinterrädern einstellen kann. Auch wenn die Antriebsmaschinen aus getrennten Stromrichtern gespeist werden, bleibt dennoch die elektrische Welle über die Regelung erhalten.

Beim Geradeausbetrieb des Fahrzeugs erhalten beide Drehzahlregler denselben Sollwert, der von einem Geschwindigkeitsgeber (elektronisches Gaspedal) vorgegeben wird. Soll das Fahrzeug eine Kurve fahren, so wird von einem Richtungsgeber (elektronisches Lenkrad) entweder dem Drehzahlregler 1 für Rechtskurven oder dem Drehzahlregler 2 für Linkskurven ein zusätzlicher Drehzahlsollwert aufgeschaltet. Beide Sollwertpotentiometer können sowohl per Hand als auch per Fuß bedient werden.

Selbst eine Fernbedienung der Funktionen Geschwindigkeit und Lenkung ist denkbar. Ein generatorischer Bremsvorgang wird automatisch eingeleitet, sobald am Drehzahlreglereingang die Sollwerte kleiner als die Istwerte werden. Dieser Fall tritt immer dann ein, wenn die Geschwindigkeit des Fahrzeugs verringert werden soll bzw. die Geschwindigkeit infolge abfallender Fahrbahn schneller als der Sollwert werden möchte.

Um den Rollwiderstand des Fahrzeugs zu senken, können die beiden Vorderräder auch durch ein einziges, mittig angeordnetes Rad ersetzt werden. Durch die frei bewegliche Aufhängung treten bei größeren Geschwindigkeiten allerdings Eigenschwingungen auf, weshalb das lenkradlose Konzept nur für Elektrofahrzeuge mit geringen Endgeschwindigkeiten geeignet ist. Neben Krankenrollstühlen, Minicars in Flughäfen, Kurparks und auf Golfplätzen sowie Senioren- und Freizeitfahrzeugen kann die elektronische Lenkung über die Hinterräder auch in kompakten Kleinstfahrzeugen (City-Cars) eingesetzt werden.

Verbindet man die Forderung nach geringem Energieverbrauch mit den Vorteilen linearer Antriebsvarianten, so kommt man zu einem Elektrofahrzeug, das sich durch ein äußerst geringes Gewicht, niedrige Endgeschwindigkeit, kleinste geometrische Abmessungen sowie einem wartungsfreien Betrieb auszeichnet. **Bild 8.9** zeigt die Grundstruktur eines solchen Low-Cost-Linearmobils. Das eigentliche Fahrzeug besteht aus einem kompletten Basisblock, in den die beiden Ständer der Vollstator-Linearmaschinen, die Wechselrichter zu deren Speisung und Lenkung sowie der Energiespeicher (Batterien) untergebracht sind.

Da sich im Fahrzeugblock keine bewegten Teile befinden, kann dieser durch Vergießen hermetisch verschlossen werden, was ihn besonders unempfindlich gegen äußere Einflüsse und damit absolut wartungsfrei macht. An den rechts und links hervorstehenden Achsen werden die Antriebsräder, die je einen kreisförmigen Kurzschlussläufer tragen, mit einem möglichst kleinen Luftspalt befestigt. Je nach Anwendungsfall müssen vorn ein oder zwei bewegliche Räder zur Abstützung und Führung vorgesehen werden.

Die geometrischen Abmessungen hängen von den Anforderungen im Betrieb ab und können von der Größe eines Skateboards bis zu der eines kleinen Stadtmobils und darüber hinaus variieren. Entsprechendes gilt für den Fahrzeugaufbau. Sollen nur Waren, Güter und Gepäckstücke transportiert werden, ist kein besonderer Aufbau erforderlich. Für den Transport von Personen reicht die Palette der Möglichkeiten von einem einfachen Fahrradsattel bis hin zur Sitzbank und einer geschlossenen Kunststoff-Überdachung gegen Witterungseinflüsse.

Solche Low-Cost-Linearmobile zeichnen sich durch einen Energieverbrauch pro Person und Kilometer aus, der in der Größenordnung von Elektrofahrrädern liegt, sodass mit kleinen Batterien bereits beachtliche Radien erzielt werden können. Sie sind wesentlich kürzer als Zweiräder, können überall leicht verstaut und auch in Gebäuden benutzt werden. Durch die Freilaufeigenschaften der Linearmotoren ist im abgeschalteten Zustand oder bei leeren Batterien ein Transport des Fahrzeugs ohne Eingriffe problemlos durch Schieben möglich.

Stellt man all die Möglichkeiten und Chancen, die das Elektrofahrzeug dem Benutzer und der Umwelt bietet, noch einmal in Relation zu den bestehenden

Bild 8.9 Ein-Liter-Elektrofahrzeug (Ökomobil)

Verhältnissen mit Benzinfahrzeugen, so müssen zwei Entwicklungen einsetzen, um den Elektromobilen den erforderlichen Stellenwert zu sichern. Erstens müssen die Leistungsmerkmale im Bereich der elektrischen Energiespeicher deutlich verbessert werden, und zweitens muss ein energieorientiertes Umdenken der Fahrzeugbenutzer hin zu kleineren Fahrzeugleistungen erfolgen. Diese Optionen führen das Elektromobil in Zukunft automatisch zu höheren Stückzahlen und damit zu niedrigeren Produktionskosten.

Inwieweit diese überdachten Leichtgewichte allerdings auf das Interesse der mobilen Käuferschicht stoßen, bleibt abzuwarten. Denn mit einem Energieverbrauch von 3 kWh auf 100 km, das entspricht nach Gl. (2.2) ungefähr dem Verbrauch von einem Liter Benzin, lassen sich nur allergeringste Ansprüche bezüglich Geschwindigkeit und Komfort befriedigen. Alles darüber hinaus kostet ein Vielfaches mehr an Energie, egal ob es sich um elektrische oder fossile Energieträger handelt.

8.4.3 Elektro-Zweiradfahrzeuge

Bezogen auf den gesamten Bestand an zweirädrigen Krafträdern sind Elektrokrafträder eine absolute Ausnahme, denn ihr prozentualer Anteil beträgt in Deutschland gerade mal 0,067 Promille. Damit liegt die elektrische Motorisierung im Zweiradsektor noch weit hinter der im Pkw-Bereich. In absoluten Zahlen heißt das, dass von den 3 745 000 Krafträdern, die im Jahre 2004 auf deutschen Straßen unterwegs waren, lediglich 250 Zweiradfahrzeuge elektrisch betrieben wurden.

Dies ist um so erstaunlicher, weil Zweiräder für den Einsatz von Elektroantrieben besonders gut geeignet sind. Durch ihr geringes Gewicht und den bescheidenen Komfort weisen sie einen sehr geringen Energieverbrauch auf und können darüber hinaus beim Ausfall des Antriebs oder zur Schonung der Batterie mit Muskelkraft weiterbewegt werden. Aufgrund der Lenkungsbesonderheiten bei Zweirädern ist ein Allradantrieb mit einem zentralen Verbrennungsmotor praktisch unmöglich, da die Mechanik zur Kraftübertragung auf die Gabel des Vorderrads äußerst problematisch ist. Im Falle von elektrischen Maschinen ist der echte Allradantrieb eine Selbstverständlichkeit, weil der Kraftschluss zwischen einem Vorderradmotor und einem Hinterradmotor über elektrische Leitungen erfolgt. Als Antriebsaggregate kommen, wie bei den vierrädrigen Elektroautos, sowohl Gleichstrom- und Drehstrommaschinen als auch Linearmaschinen in Betracht.

Bild 8.10 zeigt ein Elektrofahrrad mit einem berührungslosen Felgenantrieb (Kurzstator-Linearmotor) am Vorderrad. Auch das Hinterrad wird durch einen eigenen Kurzstator-Linearmotor angetrieben, sodass ein Elektrozweirad mit Allradantrieb vorliegt, was sich durch beste Traktionseigenschaften beim Beschleunigen und Bremsen auszeichnet. Die gekrümmten Drehstrom-Linearmaschinen werden aus einer kleinen Traktionsbatterie mit elektrischer Energie versorgt.

Bild 8.10 Elektrofahrrad mit linearem Allradantrieb

Die Umwandlung der konstanten 24-V-Batteriespannung in ein Drehstromsystem variabler Spannung (0 V bis 11 V) und Frequenz (0 Hz bis 50 Hz) übernimmt ein selbstgeführter Wechselrichter in Abhängigkeit von den gewünschten Fahrbedingungen.

Einen Einblick in die technischen Daten solch kleiner Kurzstatormaschinen gibt das folgende Dimensionierungsbeispiel in Ergänzung zu Abschnitt 5.5.2. Aus den Radien R_{Rad} = 23 cm und R_m = 18 cm eines kleinen 18-Zoll-Demonstrationsfahrrads sowie einer maximalen Geschwindigkeit v = 12 km/h errechnet sich für einen Nennschlupf von 13 % die synchrone Geschwindigkeit des Wanderfelds nach Gl. (5.62) zu v_W = 10,8 km/h. Mithilfe von Gl. (5.95) folgt für eine Nennfrequenz von 50 Hz die Polteilung der gekrümmten Linearmaschine zu τ_p = 3 cm. Verwendet man einen fünfpoligen Kurzstator (N_S = 15, τ_N = 1 cm), so ergibt sich für den Läuferring nach Gl. (5.73) eine Nutzahl von N_R = 84.

Wegen der großen Radien bei Fahrrädern muss die Felge eine hohe Steifigkeit aufweisen, damit ein Luftspalt unter zwei Millimetern nicht zu Berührungen infolge der Querkräfte führt. Für eine angesetzte Luftspaltinduktion von 0,5 T und eine Breite des Statorblechpakets von 35 mm errechnet sich nach Gl. (5.70) ein Luftspaltfluss von 0,5 mVs. Das erfordert gemäß Gl. (5.69) eine Windungszahl von w_1 = 100 pro Strang. Aufgrund des größeren Luftspalts wird die Hauptreaktanz im Ersatzschaltbild (vgl. Bild 5.15) relativ klein, sodass der Nennstrom einen hohen Magnetisierungsanteil aufweist, was auf einen schlechten Leistungsfaktor führt.

Im vorliegenden Beispiel beträgt der Nennstrom des Linearmotors 10 A, bei einem Phasenwinkel von 80° el. gegenüber der Strangspannung. Daraus errechnet sich eine aufgenommene Wirkleistung pro Antriebsmaschine von 57 W. Dem steht eine Schubkraft von 4,5 N gegenüber, was mittels Gl. (3.8) auf eine abgegebene mechanische Leistung von 15 W führt. Damit liegt der Wirkungsgrad lediglich bei 26 %, was natürlich hauptsächlich dem großen Luftspalt zuzuschreiben ist.

Dieses Beispiel einer gekrümmten Kurzstator-Linearmaschine für Elektro-Zweiräder zeigt, dass ein solch kurzes Antriebsaggregat für den praktischen Einsatz kaum zu gebrauchen ist. Zumal bei diesem schlechten Wirkungsgrad beim Bremsen gerade noch 7 % der ursprünglichen Beschleunigungsenergie in die Batterie zurückgespeist werden können. Abhilfe schaffen hier nur die Verlängerung des Stators und die Verringerung des Luftspalts. Die Verformung der Felge infolge der enormen Querkräfte kann durch einen Doppelstator weitgehend verhindert werden, sodass ein Luftspalt unter 1 mm eingestellt werden kann. Mit der Anordnung zweier gegenüberliegender Statoren pro Rad verdoppelt sich außerdem die Antriebsleistung.

Selbstverständlich lassen sich alle vorgestellten Straßen- und Schienenfahrzeuge sowohl mit linearen als auch mit konventionellen Elektromotoren antreiben. Aus energietechnischer Sicht gibt es keine Unterschiede, sofern die Wirkungsgrade gleich groß sind. Die Unterschiede liegen im Detail und werden zurzeit noch von den Speicherproblemen auf Elektrofahrzeugen überdeckt. Ein Fahrzeug, das mit besonders wenig Energie auskommt, ist das Elektro-Einrad, welches in Kapitel 2 bereits erwähnt wurde und im Folgenden etwas ausführlicher behandelt werden soll.

8.4.4 Elektro-Einradfahrzeuge

Die aus Zirkusmanegen und vom Radsport bekannten Einräder sind äußerst schwierig zu benutzen, da sie in alle Bewegungsrichtungen instabiles Verhalten aufweisen. Um jedoch aus einem muskelbetriebenen Einrad ein gebrauchsfreundliches Einrad-Fahrzeug für jedermann zu machen, sind gemäß **Bild 8.11** zwei wichtige Modifikationen erforderlich. Zum einen muss ein extra breites Rad mit Luftfüllung vorgesehen werden, das für ausreichende Querstabilität bei guter Manövrierbarkeit sorgt. Bei einer Gewichtsverlagerung des Fahrers nach links oder rechts ergeben sich durch die elastische Verformbarkeit des weichen Luftreifens unterschiedliche Innen- und Außenradien, sodass eine gute Lenkfähigkeit während des Fahrbetriebs gewährleistet ist.

Eine zweite Modifikation auf dem Weg vom Muskeleinrad zum selbstbalancierenden Einradfahrzeug macht den Einbau eines hochdynamischen Elektromotors erforderlich, damit das Umkippen in Vorwärts- oder Rückwärtsrichtung sicher verhindert werden kann. Die zugehörige Gravitationsregelung des elektrischen Stellantriebs arbeitet nach dem Prinzip eines inversen Pendels und hält den Gesamtschwerpunkt permanent über der Radachse. Diese Positionierung des Schwerpunkts erfolgt im Reversierbetrieb etwa 100 Mal pro Sekunde. Dadurch kann das

Bild 8.11 Vergleich von konventionellen Einrädern und elektrischen Einrädern

elektrische Einrad wie von Geisterhand allein stehen und darüber hinaus Personen und Gegenstände ohne deren Mithilfe selbsttätig ausbalancieren.

Die Vorwärts- oder Rückwärtsfahrt ist durch eine leichte Schwerpunktverlagerung des Fahrers nach vorn oder hinten ohne irgendwelche Bedienelemente oder Steuerbefehle möglich. Joysticks, Drehgriffe, Pedale oder Schalter sind bei einem Elektro-Einrad nicht erforderlich, weil diese Innovation auf einem Rad ausschließlich durch die Körpersprache des Benutzers gefahren, gelenkt und gebremst wird. Anwendungen für elektrische Einräder finden sich vor allem im Freizeit- und Spaßbereich für junge Menschen, „trendy people“ und „creative workers“. Wegen der kleinen geometrischen Abmessungen kann das einrädrige Gefährt praktisch überallhin mitgenommen und in Gebäuden, Hallen, Supermärkten, Airports oder Innenstädten vorteilhaft eingesetzt werden. Der Energieverbrauch dieses innovativen und umweltfreundlichen Fortbewegungsmittels ist extrem niedrig und liegt deutlich unter dem eines vergleichbaren Fußmarsches.

8.4.4.1 Elektrisches Einrad als inverses Pendel

Konventionelle Einräder sind ein seltener Anblick auf den öffentlichen Straßen und Wegen, denn sie können nur von Personen mit großem Geschick und viel Übung benutzt werden. Infolge der langsamen Reaktionszeiten des menschlichen Muskelapparats ist eine einigermaßen ruhige und stabile Betriebsweise selbst mit Artisten nicht machbar. Ganz anders liegen die Dinge, wenn das Ausbalancieren von einer reaktionsschnellen, elektronischen Antriebsregelung übernommen wird. Damit kann das Einrad wie von Geisterhand absolut ruhig und allein stehen bleiben, wodurch das Einradfahren zum Kinderspiel wird. Die Vorwärts- oder Rückwärtsfahrt ist ohne irgendwelche Bedienelemente oder Steuerbefehle möglich, denn diese Innovation auf einem Rad wird zwar wie das klassische Einrad ausschließlich durch die Körpersprache des Benutzers gesteuert, aber Dank der antriebstechnischen Unterstützung wesentlich einfacher.

Die physikalischen Zusammenhänge und Abhängigkeiten bei Einrädern können **Bild 8.12** entnommen werden. Im aufgerichteten Zustand ist der Neigungswinkel aus der Senkrechten gleich null ($\gamma = 0$). Je mehr das Einrad jedoch nach vorn oder hinten kippt, desto größer wird der Neigungswinkel. Auslösende Momente für eine Winkelveränderung sind entweder eine Geschwindigkeit v_F, mit welcher der Fahrer seinen Körper und damit den Sitz nach vorn bzw. hinten neigt, oder eine Geschwindigkeit v_R, mit welcher sich das Rad in Vorwärtsrichtung bzw. in Rückwärtsrichtung bewegt, oder natürlich eine Überlagerung beider Geschwindigkeitskomponenten. Sind die beiden Geschwindigkeiten gleich und haben gleiches Vorzeichen, ändert sich der Neigungswinkel nicht, das heißt, das Einrad fährt in aufrechter Stellung. Für kleine Winkel (γ) gilt in guter Näherung:

$$\tan\gamma = \frac{s}{l_{\text{Sensor}}} \approx \gamma. \tag{8.1}$$

Dabei ist der Abstand des Sensors (l_{Sensor}) von der Radachse als Auflösungsfaktor zu berücksichtigen. Die Auslenkungsstrecke (s) des Einradsitzes aus der Senkrechten hängt integral von der Geschwindigkeitsdifferenz zwischen dem Fahrersitz (v_F) und dem drehenden Rad ($v_R = 2\pi\ R\ n$) ab, weshalb für den Auslenkungswinkel folgt:

$$\tan\gamma = \frac{1}{l}\int(\Delta v)\,\mathrm{d}t = \frac{1}{l}\int\left(v_F - v_R\right)\mathrm{d}t = \frac{1}{l}\int\left(v_F - 2\pi\cdot R\cdot n\right)\mathrm{d}t. \tag{8.2}$$

Diese Beziehung bestätigt die Vermutung, dass es sich bei der Neigungswinkelregelung von Einrädern formal um eine gewöhnliche Lageregelung handelt, bei der ebenfalls über das Weg-Zeit-Gesetz ein integraler Zusammenhang zwischen Position und Geschwindigkeit besteht. Bei der automatisierten Stabilisierung von Einrädern durch die exakte Positionierung des Schwerpunkts kommt der schnellen und genauen Messung des Neigungswinkels eine ganz besondere Bedeutung zu.

Eine regelungstechnische Stabilisierung des Einrads in Fahrtrichtung setzt einen hochdynamischen Vierquadranten-Stellantrieb auf dem Einrad voraus, der im Millisekundenbereich von Vorwärtsfahrt auf Rückwärtsfahrt umschalten kann. Wegen dieser kurzen Reaktionszeiten von wenigen Millisekunden scheiden Verbrennungsmotoren oder Luftmotoren für diese zeitkritische Anwendung von vornherein aus. Solch hohe Anforderungen an Stabilität und Dynamik lassen sich

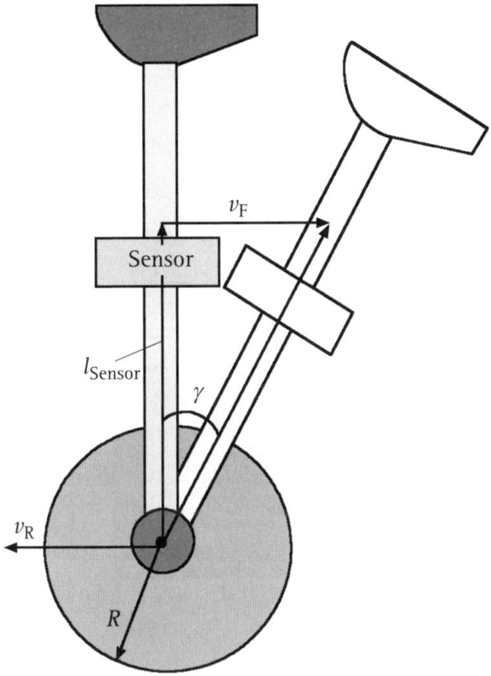

Bild 8.12 Seitenansicht eines Einrad-Fahrzeugs

nur mit elektrischen Servoantrieben erreichen, da diese eine schnelle und getrennte Verstellung von Drehzahl und Drehmoment erlauben.

Bild 8.13 zeigt den mechanischen Aufbau eines elektrischen Einrad-Fahrzeugs, das sich aus einem gabelförmigen Rahmen (A), einem drehend gelagerten Rad (B) und einem geregelten Elektroantrieb (C) einschließlich Festgetriebe und Zahnriemenübersetzung (D) zusammensetzt. Bei einer einseitigen Radlagerung würde bereits eine halbe Rahmengabel ausreichen, was den Materialaufwand für ein vollwertiges Fortbewegungsmittel absolut minimal werden lässt. Der Elektromotor und das Festgetriebe sind zum besseren Verständnis der Gesamtfunktion zunächst noch außerhalb der Felge eingezeichnet.

Die Leistungselektronik plus deren Regelungsteil (E) treiben den Elektromotor vorwärts und rückwärts so an, dass der Schwerpunkt des Fahrzeugs einschließlich Fahrer immer senkrecht über der Radachse steht und ein Kippen sicher vermieden wird. Dazu ist eine Neigungswinkelerfassung (F) vorgesehen, welche die Abweichung des Schwerpunkts aus der Senkrechten bestimmt und dem Schwerpunkt-

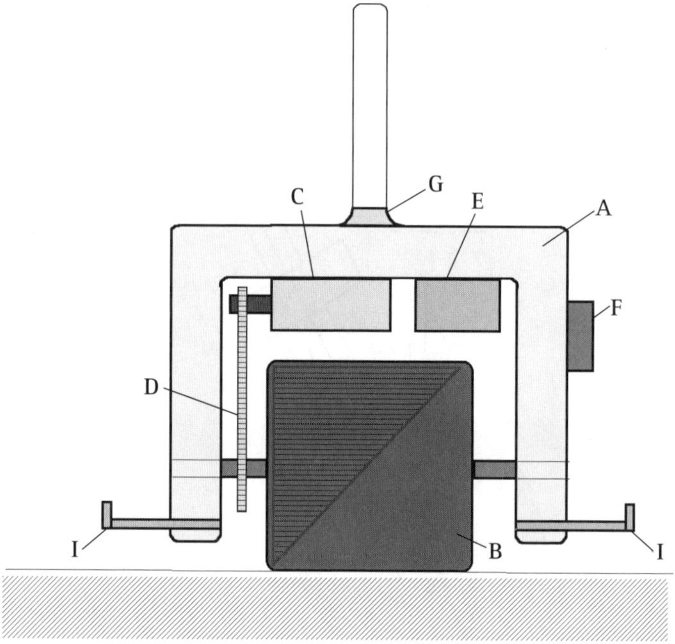

Bild 8.13 Vorderansicht eines elektrischen Einrad-Fahrzeugs

bzw. Neigungswinkelregler als Lage-Istwert zuführt. Im stationären Zustand bleibt das Einrad mit kleinsten alternierenden Auslenkungen auf der Stelle stehen.

Für einen sicheren Stand des Benutzers sorgen Trittflächen (I), die rechts und links unterhalb der Achse angebracht sind. In den zentralen Verbindungspunkt (G) kann eine Haltestange montiert werden, die den Fahrkomfort erhöht und gleichzeitig die Batterien für die Energiespeicherung aufnehmen kann. Selbstverständlich kann auf der Haltestange auch eine einfache Sitzgelegenheit, ein Schirmdach oder eine Plastikumhüllung gegen Witterungseinflüsse angebracht werden.

Eine gute Querstabilität und Manövrierfähigkeit des Einrad-Fahrzeugs sind garantiert, wenn der Reifen eine Breite von mindestens 25 cm hat. Dann sorgen die elastische Verformbarkeit des Luftrads sowie die Anfasung an den Außenrändern des Gummireifens bei einer Gewichtsverlagerung des Fahrers nach rechts oder links für eine ausreichende Lenkfähigkeit des Einrads. Durch eine elastische Lagerung der Radachse am Gabelrahmen kann der Lenkeffekt weiter verbessert werden, da bei einer Schwerpunktverlagerung des Fahrers die Radachse aus der momentanen Fahrtrichtung verdreht wird.

Der zentrale Verbindungspunkt (G) kann darüber hinaus der Realisierung komplexerer Fahrzeugsysteme dienen, wie einem Doppeleinrad-Fahrzeug, das durch zwei Einräder plus beweglichem Verbindungselement entsteht. Bei solchen flexiblen Einachs-Fahrzeugen sind keine besonderen Maßnahmen für die Querstabilität mehr erforderlich, sodass die Einzelräder deutlich schmaler sein dürfen als bei reinen Einrad-Fahrzeugen. Selbstverständlich lassen sich auch zwei im Abstand auf der Achse angeordnete Räder einsetzen, wobei durch jeweils getrennte Antriebsmotoren die Lenkfähigkeit solcher starrer Einachsen-Fahrzeuge sogar im Stillstand gegeben ist.

Eine weitere Reduzierung des mechanischen Aufwands ist beim Einrad-Fahrzeug dadurch möglich, dass der Elektromotor als sogenannter Außenläufer realisiert wird und samt der Leistungselektronik in das Rad eingebaut wird. Durch den Wegfall des Getriebes und der Zahnriemenübertragung lassen sich mit solchen elektrischen Direktantrieben erhebliche Gewichtseinsparungen und eine Verbesserung der Gesamtschwerpunktlage sowie der Regelgüte erzielen, da die Totzeiten infolge Getriebespiel entfallen.

8.4.4.2 Regelungstechnische Stabilisierung des Einrads

Eine effektvolle Methode zur automatisierten Stabilisierung von Einrädern zeigt Bild 8.14 als regelungstechnisches Blockschaltbild. Der Vierquadranten-Elektroantrieb besteht aus einer elektrischen Maschine und einem 4Q-Stromrichter, der seine elektrische Energie aus einer Batterie bezieht. Als Regelkonzept bietet sich die klassische Kaskadenstruktur an, wobei der innere Stromregelkreis für das Drehmoment und ein mittlerer Drehzahlregelkreis für Schutzfunktionen zuständig ist und beide im Block der Leistungsregelung mit untergebracht sind. Der äußere Neigungswinkelregelkreis gibt einen Momentensollwert vor, der vom Stromregler verzögerungsfrei ausgeregelt wird, solange eine zulässige Höchstdrehzahl und damit Höchstgeschwindigkeit des Einrads nicht überschritten wird.

Die Aufgabe des Neigungswinkelreglers besteht nun darin, die Neigung (Schräglage) des Einrads durch permanentes Umschalten des Drehmoments auf null zu halten, sodass das Einrad nicht umfällt. Mit einem kleinen Sollwert (Offset) können Unebenheiten in der Fahrbahn und Messfehler kompensiert und ein absolut ruhiger Stillstand des Einradfahrzeugs einjustiert werden. Überschreitet der Neigungswinkel einen bestimmten Höchstbetrag, nimmt der Drehzahlregelkreis den Momentensollwert auf null zurück, da das Einrad zum Beispiel infolge eines Bedienfehlers umgefallen sein muss und sonst unkontrolliert in waagrechter Position gefährlich über die Fahrbahn rasen würde.

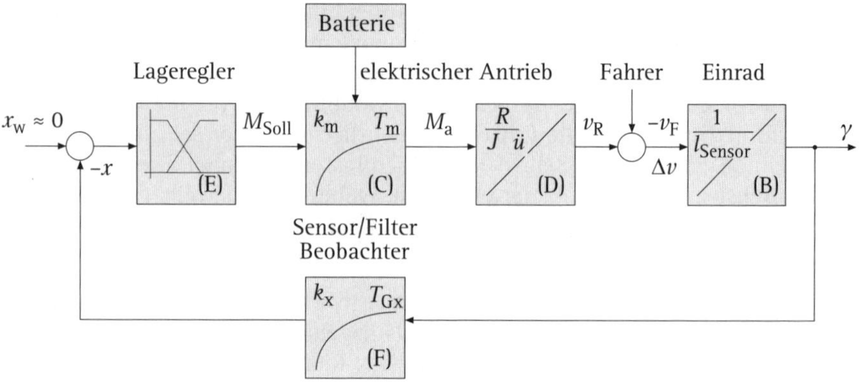

Bild 8.14 Regelstruktur eines elektrischen Einrad-Fahrzeugs

Dieser Neigungswinkelregelung mit unterlagerter Drehmomentregelung plus Drehzahlüberwachung ist der Benutzer des Einrads sozusagen als Leitregler überlagert. Das heißt, der Fahrer greift gemäß Bild 8.13 so lange als Störgröße in den Regelkreis ein, bis das Einrad die gewünschte Geschwindigkeit oder Position erreicht hat. Denn bei einem leichten Nach-vorn-Beugen bringt er das Einrad aus seiner stabilen Position und zwingt somit die Neigungswinkelregelung zu reagieren. Um ein Umfallen des Einrads zu verhindern, muss der Antrieb folglich so lange nach vorn beschleunigen, bis die Regelabweichung des Neigungswinkelreglers wieder ausgeglichen ist.

Die Drehzahl des Motors und damit die Geschwindigkeit des Einrads stellt sich frei ein, je nachdem, wie weit sich der Fahrer nach vorn beugt und den Fahrzeugantrieb zur Beschleunigung zwingt. Die erforderliche Überwachung der Drehzahl sollte bei Erreichen einer Geschwindigkeitsgrenze allerdings nicht direkt in die Regelung eingreifen, da sonst das Einrad sich nicht mehr von allein stabilisieren kann und in voller Fahrt umkippt. Ein akustisches Signal muss den Fahrer auf das Erreichen der zulässigen Endgeschwindigkeit hinweisen. Wird dieser Grenzwert auf 6 km/h eingestellt, so gilt das Elektro-Einrad verkehrstechnisch noch als Spielzeug und darf uneingeschränkt in Fußgängerzonen oder Gebäuden eingesetzt werden.

Da die Neigungswinkelregelung im Prinzip einer Positionsregelung entspricht, können bereits mit einem Proportionalregler befriedigende Ergebnisse erzielt werden (vgl. Kapitel 7). Durch die bleibende Regelabweichung eines P-Reglers hat das Einrad im Fahrbetrieb allerdings immer eine leichte Schräglage. Bessere Fahreigenschaften lassen sich durch den Einsatz eines Fuzzyreglers erreichen, der weitere Einflussgrößen zur Ermittlung des Momentensollwerts berücksichtigen kann.

Infolge der kurzen Abtastzeiten von unter 10 ms muss die Erfassung des Neigungswinkels praktisch verzögerungsfrei und mit hoher Auflösung erfolgen. Die einfachste Methode besteht in der Messung des Winkels von Fahrzeuggabel zur Erdoberfläche mittels eines Messpotentiometers. Dieses sogenannte Sensorpotentiometer wird fest mit der Gabel des Einrads verbunden, und über einen Bügel tastet die Drehachse des Potentiometers den Winkel zur Fahrbahn ab. Diese berührungsbehaftete Messmethode hat drei Vorteile: Sie ist besonders kostengünstig, sie hat eine sehr hohe Auflösung, und sie misst absolut verzögerungsfrei. Ein gravierender Nachteil allerdings ist, dass sie nur bei glatten Fahrbahnen anwendbar ist und dass Steigungen und Gefälle damit nicht zu bewältigen sind.

Alternativen bieten die berührungslosen Messmethoden des Neigungswinkels mittels sogenannter Gravitations- und Crash-Sensoren, wie sie in Kraftfahrzeugen zur elektronischen Fahrzeugstabilisierung und Airbag-Auslösung eingesetzt werden. Die exakte Erfassung des Neigungswinkels ist nur in Verbindung mit rechenintensiven Filter- und Beobachtermodellen möglich, weil alle Gravitations-Sensoren massebehaftet sind und damit nicht nur auf die vertikale Erdbeschleunigung (Gravitation $g = 9{,}81\ \mathrm{m/s^2}$), sondern auch auf die horizontale Längsbeschleunigung ($a = \mathrm{d}v/\mathrm{d}t$) im Fahrbetrieb reagieren. Dadurch sind die Messergebnisse im dynamischen Betrieb erheblich fehlerbehaftet und somit für die Neigungswinkelregelung eines Einrads völlig unbrauchbar. Die typischen Reaktionszeiten von Gravitations-Sensorchips, wie Thermosensoren, Flüssigkeitssensoren oder Crash-Sensoren, liegen bei 0,4 s, was für eine Stabilisierung von Einrädern um den Faktor 100 zu langsam ist.

Einen Ausweg aus dieser Messproblematik liefern Kreiselsensoren auf Chipgröße, wie Piezokreisel oder Federmassekreisel, die schnelle Winkeländerungen exakt erfassen können. Allerdings muss in diesem Falle der für die Regelung erforderliche Neigungswinkel aus seiner Änderungsgeschwindigkeit durch Integration gewonnen werden. Um eine stationäre Genauigkeit des errechneten Winkels zu erlangen, muss diese mathematische Modellbildung über einen Schätzfehler korrigiert werden. Solche Modellalgorithmen nennt man Beobachter, die in der Regelungstechnik aus den verschiedensten Gründen weitverbreitet sind. So steht zum Beispiel in der Low-Cost-Automatisierungstechnik die Einsparung teurer Sensorhardware durch einfache und preiswerte Beobachter-Software im Vordergrund. In vielen chemischen Anlagen kommen Beobachter zum Einsatz, weil sich einzelne Prozessgrößen nur sehr schwierig und aufwendig oder überhaupt nicht messen lassen.

Beim Elektro-Einrad macht die Trägheit der Sensormassen einen Gravitationsbeobachter erforderlich, um mit der nötigen Schnelligkeit Messwerte generieren zu können. Grundlage für den Entwurf von Beobachteralgorithmen zur Implementierung in Mikrocontrollersysteme ist in allen Fällen die mathematische Beschrei-

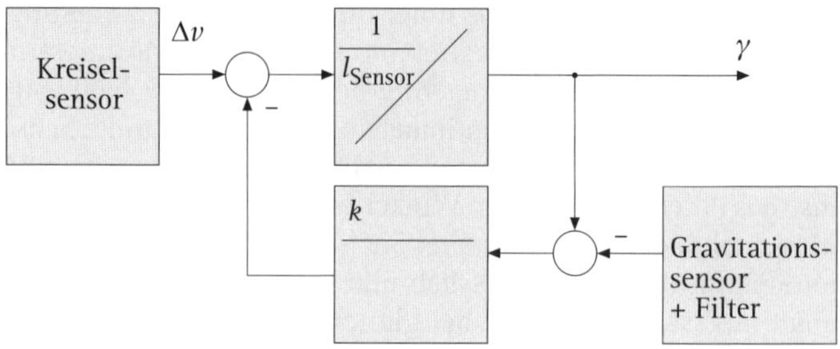

Bild 8.15 Beobachterstruktur zur Schätzung der Gravitation

bung der zu beobachtenden Regelstrecke. Bild 8.15 zeigt den einfachen Aufbau eines Gravitationsbeobachters erster Ordnung. Der Kreiselsensor misst die Änderungsgeschwindigkeit des Neigungswinkels, die entweder durch eine Bewegung des Fahrers oder des Rads oder als Überlagerung von beidem hervorgerufen wird.

Gemäß Gl. (8.2) bildet daraus ein gewichteter Integrator den Neigungswinkel. Für stationäre Genauigkeit sorgt die Rückführung des Schätzfehlers mit der Korrekturverstärkung (k), der als Differenz aus dem Neigungswinkelschätzwert und dem verzögerten Neigungswinkel-Istwert eines Gravitationssensors gebildet wird.

Da die beiden Sensoren allerdings nicht nur auf Veränderungen in Fahrtrichtung, sondern auch mehr oder weniger stark auf Seitwärtsbewegungen des Einrads reagieren, müssen zur exakten Beobachtung des Neigungswinkels unter Umständen weitere Sensoren in Querrichtung angeordnet werden, um diese Schätzfehler rechentechnisch kompensieren zu können.

8.4.4.3 Fuzzyregelung des Elektro-Einrads

Die mathematische Zustandsbeschreibung eines Einrads als inverses Pendel ist sehr komplex und enthält neben Nichtlinearitäten noch eine Reihe von unbekannten Prozessgrößen, wie die Bodenreibung, die Masse des Fahrers oder das Schaltspiel im Getriebe und im Antriebsstrang. Aus diesem Grund kann die klassische Positionsregelung mit einem Proportionalregler keine optimalen dynamischen Ergebnisse liefern. Solche schwierigen Regelprobleme lassen sich mit einer Fuzzyregelung, auch Fuzzy-Control, Fuzzylogik und Fuzzy-Set-Theory genannt, vorteilhafter lösen, da sich problemlos mehrere Prozessgrößen in die Regelstrategie mit einbeziehen und in den verschiedensten Formen gewichten lassen.

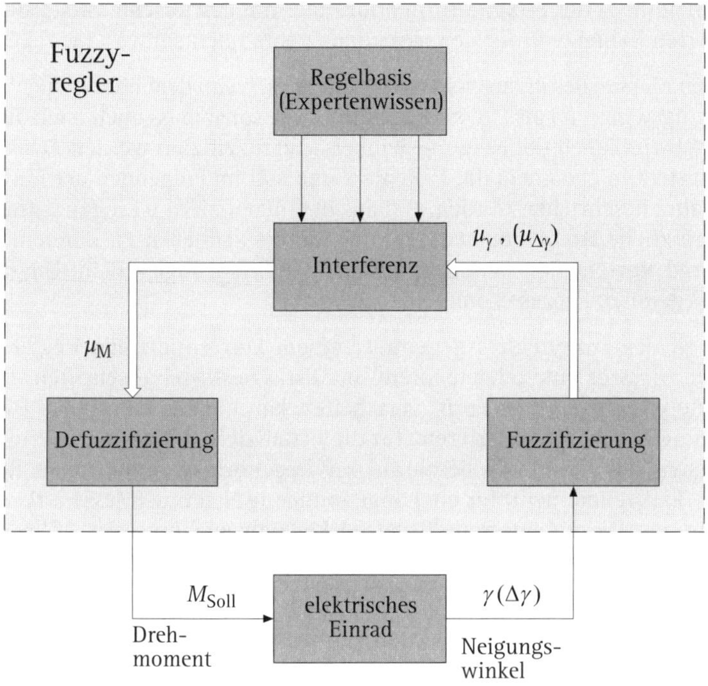

Bild 8.16 Fuzzyregelung eines elektrischen Einrad-Fahrzeugs

Der prinzipielle Aufbau eines Fuzzyreglers zur Stabilisierung eines Einrads ist **Bild 8.16** zu entnehmen. Die Fuzzyregelung läuft in drei Stufen ab. In einer ersten Stufe, der sogenannten Fuzzifizierung, müssen die gemessenen (scharfen) Eingangsgrößen von Soll- und Istwert in entsprechende unscharfe Wahrheitswerte (μ_n, $\mu_{\Delta n}$) linguistischer Variabler umgewandelt werden. Nachdem die Messwerte als unscharfe Mengen (Fuzzy-Sets) vorliegen, kann in einer zweiten Stufe die Abarbeitung und Auswertung (Interferenz) der Regelvorschriften beginnen.

Die Summe der programmierten Regeln nennt man die Regelbasis des Fuzzyreglers, da sie das gesamte Expertenwissen über das Verhalten des zu regelnden Prozesses enthält. Selbstverständlich führt nur eine sinnvolle Strukturierung der Regelbasis auf eine zufriedenstellende Regeldynamik über den gesamten Stellbereich. Insbesondere sich widersprechende Regeln können sehr schnell zur Instabilität der Fuzzyregelung führen. Mit den im Interferenzblock gebildeten unscharfen Wahrheitswerten der Ausgangsgröße (μ_M) kann die Drehmomentregelung noch nicht angesteuert werden. Erst muss in einer dritten Stufe eine Rückübersetzung

(Defuzzifizierung) der Fuzzy-Information über die gewünschte Stellgröße in einen scharfen Zahlenwert für den aktuellen Drehmomentsollwert (M_{Soll}) erfolgen.

Bei großen Massen des inversen Pendels genügt es, wenn dem Fuzzyregler lediglich der Neigungswinkel (ν) als Istwert zugeführt wird, sonst muss auch noch die Änderungsgeschwindigkeit des Neigungswinkels ($\Delta\nu$) fuzzifiziert werden. Der einfache Fall entspricht in etwa dem des P-Reglers und soll im Folgenden der Einfachheit halber näher beschrieben werden. Um aus den fuzzifizierten Eingangsgrößen auf das erforderliche Drehmoment (M_{soll}) des Motors schließen zu können, werden Regeln und Vorschriften benötigt, die aus der Erfahrungswelt im Umgang mit dem zu regelnden Prozess kommen.

Der Vorteil des Fuzzyreglers gegenüber einem konventionellen Regler besteht nun darin, dass er eine oder mehrere linguistische Regelvorschriften der standardisierten WENN-DANN-Form verarbeiten kann, siehe **Bild 8.17**. Die dabei angewandte MAX-MIN-Interferenz für die fuzzifizierten Wahrheitswerte (μ_ν) des Neigungswinkels liefert die beschränkten Zugehörigkeitsfunktionen der Ausgangsgröße (Drehmoment) für eine angenommene Neigung (Messwert) von 1° in Fahrtrichtung. Diese gemessene (scharfe) Regelabweichung von 1° bedeutet in fuzzifizierter (unscharfer) Form, dass das Einrad zu 75 % nach vorn gekippt und zu 25 % nach hinten gekippt ist.

Dabei wird die Zugehörigkeitsfunktion der Regelgröße (Neigungswinkel) auf den Wahrheitswert der momentanen Messgröße begrenzt, auf die in der Regelvorschrift abgefragt wird. Eine Neigung um 1° nach vorn ist gemäß der Zugehörigkeitsfunktion „Nach-vorn-kippen“ zu 75 % erfüllt, weshalb die Zugehörigkeitsfunktion auf diesen Wert begrenzt wird. Gemäß der Schlussfolgerung in der DANN-Anweisung, muss die Zugehörigkeitsfunktion der Drehzahl für „schieben“ ebenfalls auf 75 % begrenzt werden.

Da in der zweiten Regelvorschrift auf „Nach-hinten-kippen“ abgefragt wird, muss die Zugehörigkeitsfunktion auf diesen Wert begrenzt werden. Der angenommene Neigungswinkel von 1° hat gemäß der Zugehörigkeitsfunktion für „Nach-hinten-kippen“ einen Wahrheitsgehalt von 25 %. Gemäß der Schlussfolgerung in der DANN-Anweisung ergibt sich daraus eine Beschränkung der Zugehörigkeitsfunktion für „ziehen“ auf ebenfalls 25 %.

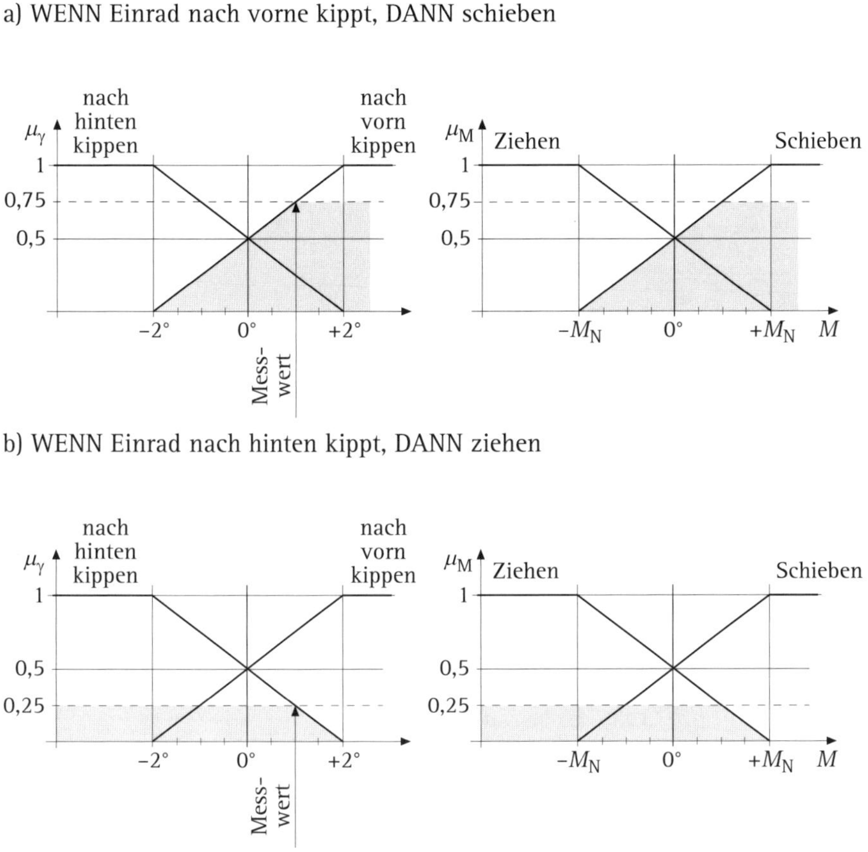

Bild 8.17 Fuzzifizierung der Zustandsgrößen in Einrad-Fahrzeugen

Durch Überlagerung der beiden beschränkten Zugehörigkeitsfunktionen des Drehmoments erhält man schließlich gemäß **Bild 8.18** den fuzzifizierten (unscharfen) Sollwert für das aktuelle Drehmoment zur Stabilisierung des um 1° nach vorn geneigten Einrads. Um für den unterlagerten Momentenregelkreis eine eindeutige (scharfe) Stellgröße zu bekommen, muss noch eine Defuzzifizierung mithilfe der Schwerpunktmethode durchgeführt werden.

Ein Maß für die erforderliche Aussteuerung kann aus dem Schwerpunkt der aufgespannten Fläche im rechtwinkligen Koordinatensystem (x, y bzw. μ_M, M) abgelesen werden. Für den Drehmomentsollwert ist der Abszissenwert des Flächenschwerpunkts zuständig, den man aus der allgemeinen Integralform (x, y) exakt berechnen kann. Um den für einen Mikrocontroller geeigneten Algorithmus zu

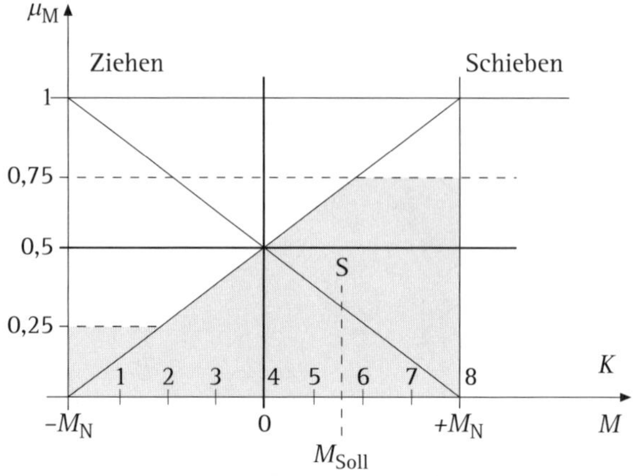

Bild 8.18 Defuzzifizierung des Drehmomentsollwerts

finden, teilt man die Fläche in K Streifen auf und addiert diese Rechtecke einfach. Bei dieser Näherung gilt: Je schmaler die Rechteckstreifen gewählt werden, desto genauer entspricht die Summation der Integration:

$$S_X = \frac{\int_{x_1}^{x_2} x\, y\, dx}{\int_{x_1}^{x_2} y\, dx} = \frac{\sum_{K=1}^{n} x_K y_K}{\sum_{K=1}^{n} y_K} = \frac{\sum_{K=1}^{n} K\, \mu_K}{\sum_{K=1}^{n} \mu_K} \cdot \frac{100\ \%}{n}. \tag{8.3}$$

Dabei ist K der Laufindex, n die Anzahl der gewählten Stützstellen ($K = 1, ..., n$) und μ der Wahrheitswert der beschränkten Zugehörigkeitsfunktionen. Bei $n = 8$ Stützstellen errechnet sich die prozentuale Schwerpunktlage (M/M_N) näherungsweise zu:

$$S_X = \frac{0{,}25 \cdot (1+2) + 0{,}375 \cdot 3 + 0{,}5 \cdot 4 + 0{,}625 \cdot 5 + 0{,}75 \cdot (6+7+8)}{0{,}25 \cdot 2 \ + \ 0{,}375 \ + \ 0{,}5 \ + \ 0{,}625 \ + \ 0{,}75 \cdot 3} \cdot \frac{100}{8}\ \% = 66{,}91\ \%. \tag{8.4}$$

Berücksichtigt man schließlich noch die Verschiebung des Koordinatenursprungs auf der Momentenachse, so gilt für den aktuellen Sollwert des Drehmoments der Ausdruck:

$$M_{\text{Soll}} = 2 \cdot M_{\text{N}} \cdot \left(S_{\text{X}} - \frac{1}{2} \right) = 0{,}33 \cdot M_{\text{N}}. \tag{8.5}$$

Dieser Wert von 33 % des Nennmoments führt über den Elektroantrieb des Einrads zu einer Beschleunigung in Vorwärtsrichtung und damit zu einer Verringerung der positiven Neigung aus der Senkrechten, woraus der Fuzzy-Controller beim nächsten Durchlauf einen neuen (kleineren) Sollwert des Drehmoments errechnen wird. Um den vollen Drehmomentbereich aussteuern zu können, müssen die Schwerpunkte der äußeren Fuzzy-Sets über dem maximalen ($+M_{\text{N}}$) bzw. minimalen ($-M_{\text{N}}$) Stellwert liegen. Durch eine modifizierte Schwerpunktberechnung über die Abbildungsvorschrift:

$$M^{*}_{\text{Soll}} = \frac{3}{2} \cdot M_{\text{Soll}} = \frac{1}{2} \cdot M_{\text{N}} \tag{8.6}$$

kann schließlich der gesamte Stellbereich ausgenutzt werden und der Elektroantrieb seinen vollen Leistungsbereich durchlaufen. Die Bearbeitungszeit (Abtastzeit) der Fuzzyregelung durch einen Mikrocontroller darf maximal nur einige Millisekunden betragen, da sonst der Gesamtregelkreis instabil wird. Dies muss insbesondere dann beachtet werden, wenn weitere Zugehörigkeitsfunktionen zur verfeinerten Beschreibung des Regelablaufs mit aufgenommen werden. Da im Gegensatz zur konventionellen Regelungstechnik beim Entwurf einer Fuzzyregelung keine mathematischen Beschreibungsfunktionen in Form von Differenzialgleichungssystemen vorhanden sein müssen, können auch keine Vorhersagen über die Stabilität und Dynamik des geschlossenen Regelkreises gemacht werden.

Instabilitäten liegen meistens in falschen Schlussfolgerungen der Regelvorschriften (Expertenwissen) begründet und können durch eine Plausibilitätsprüfung sowie durch Schließen von Beschreibungslücken schnell beseitigt werden. Arbeitet die Fuzzyregelung schließlich stabil, muss durch Variation der Wahrscheinlichkeitsverteilung der gewählten Zugehörigkeitsfunktionen oder durch Modifikation der Anzahl der Zugehörigkeitsfunktionen eine Optimierungsphase durchgeführt werden. So kann man bei einem Einrad weitere Kriterien, wie die Zugehörigkeitsfunktionen für das Kippen in Abhängigkeit von der Masse des Fahrers, adaptiv nachführen oder Zugehörigkeitsfunktionen für die Änderungsgeschwindigkeit des Neigungswinkels als Regelvorschriften mit einbeziehen und die Regeldynamik dadurch robust gegenüber Parameterschwankungen machen.

Hinweis: Ein Elektro-Einrad kann selbstverständlich nur so lange durch seine Antriebsregelung erfolgreich stabilisiert werden, wie der Reifen frei beweglich ist und der Neigungswinkelregler über den Elektroantrieb die Regelabweichungen ausgleichen kann. Fährt das Einrad zum Beispiel gegen eine Kante oder Stufe, ist dies nicht mehr der Fall, und der nach vorn oder hinten gebeugte Fahrer stürzt zwangsläufig zu Boden. Diesen Ausfall der elektronischen Stabilisierung muss der Einradbenutzer verhindern, indem er Gegenständen auf der Fahrbahn ausweicht. Ähnlich gefährlich ist die Situation, wenn der Energiespeicher des Einrads zur Neige geht und die elektronische Stabilisierung ausfällt. Vor diesem Gesamtausfall des elektrischen Antriebs muss der Fahrer rechtzeitig über ein akustisches Signal gewarnt und zum Beenden der Fahrt aufgefordert werden, da sonst akute Sturzgefahr besteht.

8.4.4.4 Elektro-Einrad mit integriertem Felgenmotor

Der mechanische Antriebsstrang des elektrischen Einrad-Fahrzeugs kann erheblich vereinfacht werden, wenn der Elektromotor und das Festgetriebe in die Felge des Rads integriert werden. Einen Blick in den aufgeschnittenen Fahrzeugreifen zeigt **Bild 8.19**. Die permanenterregte Gleichstrommaschine und das Übersetzungsgetriebe sind fest mit dem Fahrzeugrahmen verbunden und übertragen ihre Drehzahl und Kraft über einen Zahnkranz auf die Radfelge.

Die technischen Daten des kompletten Elektroantriebs für ein kleines City-Einrad mit einem leichten Fahrer liegen in der Größenordnung von Fahrradantrieben und sind im Einzelnen: a) permanenterregte Gleichstrommaschine, 150 W, 3 000 min^{-1}, b) Festgetriebe ($\ddot{u}$ = 1:5) plus Innenzahnkranz ($\ddot{u}$ = 1:8), c) Luftreifenradius = 135 mm, Breite = 250 mm, d) leistungselektronischer 4Q-Chopper, 50 V, 3 A, 18 kHz, e) Energiespeicher aus 40 NiCd-Batterieblock, 48 V, 50 Wh, f) Regelungsstruktur in Form einer Gravitation-Drehmoment-Kaskade, T_{AB} = 10 ms, g) Bedienelemente nicht erforderlich, h) Gesamtgewicht = 13 kg.

Bild 8.19 Integrierter Vierquadrant-Felgenantrieb

Unter Berücksichtigung der Gesamtübersetzung der Getriebestufen und der maximalen Motordrehzahl liegt die Endgeschwindigkeit bei knapp 20 km/h. Diese Geschwindigkeit ist absolut ausreichend für die Einsatzbereiche von Elektro-Einrädern, zum Beispiel zwischen Haus, Parkplatz, Büro und Schule. Allerdings muss dabei beachtet werden, dass Fahrzeuge mit Geschwindigkeiten über 6 km/h nach der Straßenverkehrsordnung generell nicht mehr als Spielzeuge gelten und daher nur auf bestimmten Fahrwegen verkehren dürfen bzw. unter Umständen sogar eine behördliche Zulassung benötigen.

Aufgrund ihrer niedrigen Geschwindigkeit, ihres geringen Gewichts und ihrer spartanischen Betriebsweise sind Elektro-Einräder besonders energiesparsame und umweltfreundliche Fortbewegungsmittel. Der Energieverbrauch mit einem Einrad liegt deutlich unter dem eines vergleichbaren Fußmarsches (vgl. Kapitel 2). Eine elektrische Batterieladung von 50 Wh, die einem Energieäquivalent von wenigen Tropfen Benzin entspricht, reicht immerhin auf einer glatten Fahrbahnoberfläche ohne Gegenwind und mit einem leichten Fahrer für einen Aktionsradius von einigen Kilometern aus.

Die kompletten Traktionskomponenten, wie sie praktisch in allen spurungebundenen Elektrofahrzeugen erforderlich sind, zeigt **Bild 8.20** am Beispiel des elektrischen Einrad-Antriebs. Dazu gehören der Energiespeicher, der Elektromotor

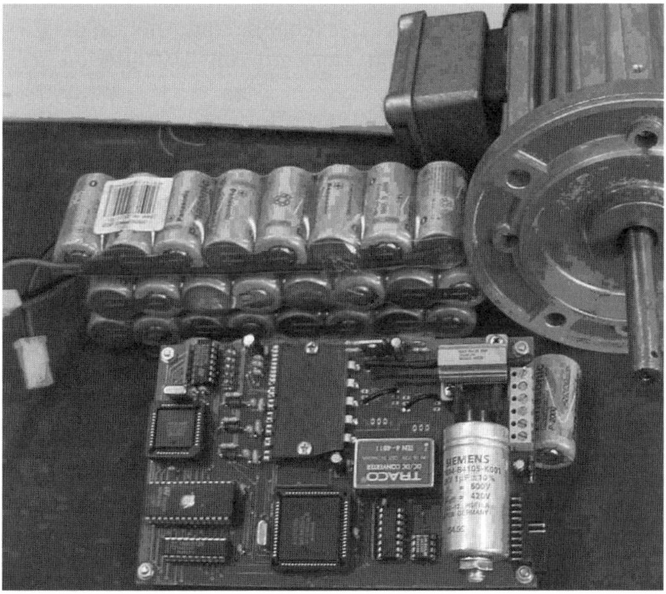

Bild 8.20 Antriebskomponenten für die Elektrotraktion

und die leistungselektronische Motorsteuerung. Die Batterieladung der vierundzwanzig in Reihe geschalteten NiCd-Akkumulatoren beträgt lediglich 50 Wh.

Dass sparsame Elektrofahrzeuge dennoch attraktive und interessante Fortbewegungsmittel und Spaßmobile sein können, zeigt **Bild 8.21** am Beispiel einiger Designstudien für das Einrad. Alle Varianten sind mit einem elektrischen Felgenmotor ausgestattet, sodass lediglich die Batterie und die Steuereinheit in einem externen Behältnis untergebracht werden müssen. Während bei der klassischen Gabelausführung (Bild 8.21, links) bereits relativ dünne Rohre für eine hohe Stabilität sorgen, muss bei der Einschwingenausführung (Bild 8.21, rechts) ein relativ dickes Rohr verwendet werden, um Verwindungen durch das Gewicht des Fahrers zu vermeiden.

Einsatzfelder für dieses umweltfreundliche Fortbewegungsmittel finden sich deshalb im Freizeit- und Spaßbereich genauso wie im Büro-, Verwaltungs-, Produktions- und Einkaufsbereich. Das heißt, kurze Entfernungen von der Wohnung bis zum Auto, vom Parkplatz bis zum Supermarkt, von der Straßenbahnhaltestelle bis zum Arbeitsplatz, von der U-Bahn bis zum Abflugschalter etc. lassen sich mit dem Elektro-Einrad bequem sitzend zurücklegen. Wegen der kleinen geometrischen Abmessungen, dem einfachen mechanischen Aufbau und dem geringen Energieverbrauch sind elektrische Einrad-Fahrzeuge kostengünstige Transportmittel mit einem völlig neuartigen Fahrgefühl.

Durch Verlängern der Sitzstange auf Deckenhöhe und Anbringen eines Stromabnehmers am oberen Ende der Stange kann auf Antriebsbatterien verzichtet und

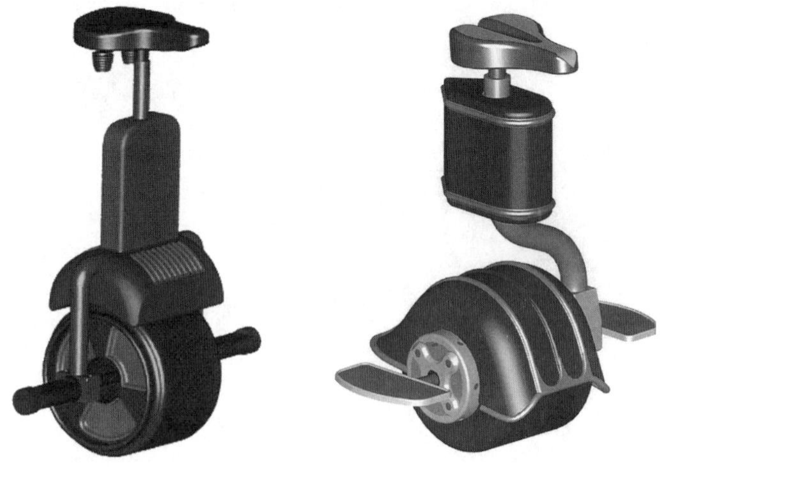

Bild 8.21 Designstudien für elektrische Einrad-Fahrzeuge

in einrädrigen Autoscootern ein vollkommen neuer Fahrspaß vermittelt werden. Auch der Einsatz eines Schleppkabels ist bei kleineren Wegstrecken denkbar. Der Transport von Gütern, Waren und Gegenständen auf einem Rad war bisher prinzipiell nicht möglich. Mit der automatisierten Stabilisierung des Schwerpunkts erschließen sich dem Einrad vollkommen neue Anwendungsfelder in allen Bereichen der industriellen Automatisierungstechnik und des täglichen Lebens. Außerdem lassen sich Felgenmotoren gemäß Bild 8.18 nicht nur in Einrädern, sondern auch in Elektrofahrzeugen mit mehr als einem Rad vorteilhaft als Mehrmotorensystem einsetzen und so allradgetriebene Zweiräder, Dreiräder und Vierradfahrzeuge mit besten Traktionseigenschaften realisieren.

Wie bei allen Elektrofahrzeugen wird die Verfügbarkeit von kostengünstigen Brennstoffzellen auch den Elektro-Einrädern in den nächsten Jahren einen gewaltigen Impuls verleihen und diese sparsamen Fahrzeuge zu wahren Dauerläufern auf Kurzstrecken machen. Elektro-Einräder sind Nischenfahrzeuge und können daher all die Arbeitsbereiche und Lebensräume erobern, die einer mobilen Bewegung mit anderen Fahrzeugtypen verschlossen sind.

9 Dreiliterauto/ökologischer Fußabdruck

Obwohl sich jeder Verkehrsteilnehmer gerne als umweltfreundlich bezeichnet, wissen doch die Allerwenigsten, wo genau die Grenzlinie zwischen umweltfreundlich und umweltschädlich verläuft. Diese wichtige Umweltmesslatte soll im Folgenden aus zwei unterschiedlichen Blickwinkeln hergeleitet und exakt beziffert werden. Das geschieht zum einen über den personenbezogenen Energieverbrauch der unterschiedlichen Transportmittel im Alltag sowie zum anderen über den ökologischen Fußabdruck, den jeder Mensch im Laufe seines Lebens auf unserer Erde hinterlässt.

Um die Umweltfreundlichkeit eines bestimmten Fahrzeugtyps bewerten zu können, müssen die bezogenen Energieverbrauchswerte der gängigen Transportsysteme einander gegenüberstellt werden. Daraus lässt sich dann eine Verbrauchsformel ableiten, die durch unsere mobilen Alltagserfahrungen bestätigt wird. Denn, je langsamer, leichter und spartanischer ein Fahrzeug ist, desto umweltfreundlicher sind seine Herstellung und sein Betrieb. Neben diesen reinen Verbrauchsgrößen zeigt auch der ökologische Fußabdruck, dass die meisten unserer Fortbewegungsmittel als schlimme Energieverschwender eingestuft werden müssen.

Elektrische Fahrräder, Roller und Einrad-Fahrzeuge zeichnen sich durch einen extrem sparsamen Umgang mit dem Rohstoff Energie aus. Da sie verhältnismäßig langsam, leicht und spartanisch sind, liegt ihr Energieverbrauch noch unter dem

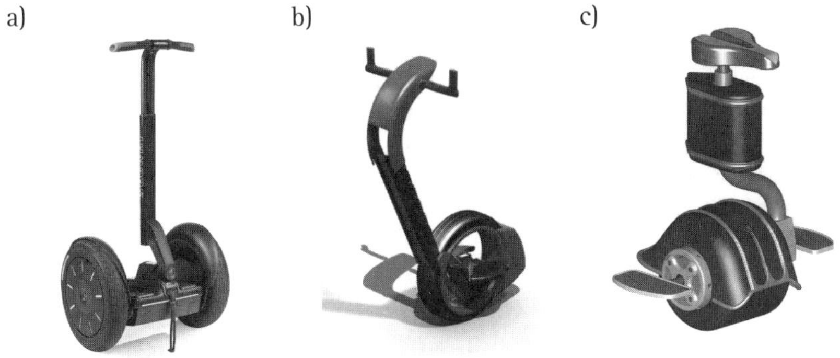

Bild 9.1 Elektrofahrzeuge mit zwei Rädern bzw. einem Rad auf einer Achse (Quelle Bild 9.1a: Segway Inc., Bedford, New Hampshire/USA)

eines vergleichbaren Fußmarsches. Im Freizeitbereich gibt es inzwischen weltweit eine Vielzahl dieser aufrecht stehenden Elektrofahrzeuge mit nur einem Rad bzw. mit zwei Rädern auf einer Achse (**Bild 9.1**).

Solche innovativen Spaßmobile sind kinderleicht zu bedienen und vermitteln seinem Benutzer ein vollkommen neuartiges Fahrgefühl. Das Ausbalancieren des Schwerpunkts wird nämlich von einem hochdynamischen Elektroantrieb mit Gravitationsregelung ausgeführt, was mit Verbrennungsmotoren oder anderen Antriebsformen nicht möglich ist. Typische Einsatzgebiete für umweltfreundliche Elektro-Einräder finden sich insbesondere auf großen Parkflächen, Innenstädten, Flughäfen, Supermärkten, Büros und im Freizeitbereich.

9.1 Energieverbrauch unterschiedlicher Transportsysteme

Für den Energieverbrauch eines Transportsystems sind gemäß Kapitel 2 in erster Linie die Reisegeschwindigkeit, danach das Fahrzeuggewicht und schließlich an dritter Stelle die Ausstattung und der Fahrstil verantwortlich. Wie bereits erwähnt, ist es dabei vollkommen nebensächlich, von welchem Antriebsaggregat und Energieträger das Fahrzeug angetrieben wird, denn eine Umrechnung und ein Vergleich der einzelnen Energieformen lassen sich sehr einfach mittels der SI-Einheiten vornehmen.

Auch die gewaltige Energiemenge, der riesige Abfallberg von 14 t und der Verbrauch von 300 000 l Trinkwasser, die bei der Produktion eines einzigen Pkw anfallen, müssen in einer Gesamtbilanz berücksichtigt werden. Und weil unsere Straßenfahrzeuge sehr schwer, sehr schnell und sehr komfortabel sind, kann von Umweltfreundlichkeit keine Rede sein. Im Gegenteil, es handelt sich meist um übermotorisierte Prestigeobjekte, die häufig nur den Fahrer transportieren.

In **Bild 9.2** sind die Verbrauchswerte für einige gut besetzte Transportsysteme unseres mobilen Alltags, bezogen auf 100 Personenkilometer, nochmals übersichtlich aufgetragen. Dabei ist zu beachten, dass es sich um personenbezogene Verbrauchsangaben handelt. Das heißt, der Gesamtverbrauch des betreffenden Transportmittels liegt um die Anzahl der Insassen höher. Bei einem Auto ergibt das für vier Personen und 200 km/h ungefähr 13 l Gesamtverbrauch auf 100 km. Andersherum bedeutet dies für Autos mit nur einem Insassen eine Vervierfachung der personenbezogenen Balkenlänge in Bild 9.2.

Innerhalb der aufgeführten Transportmittel nimmt der Fußmarsch eine Schlüsselstellung ein. Das ist nicht verwunderlich, da die Natur diese Art der Fortbewegung für uns Menschen evolutionär vorgesehen hat. Betrachtet man den täglichen

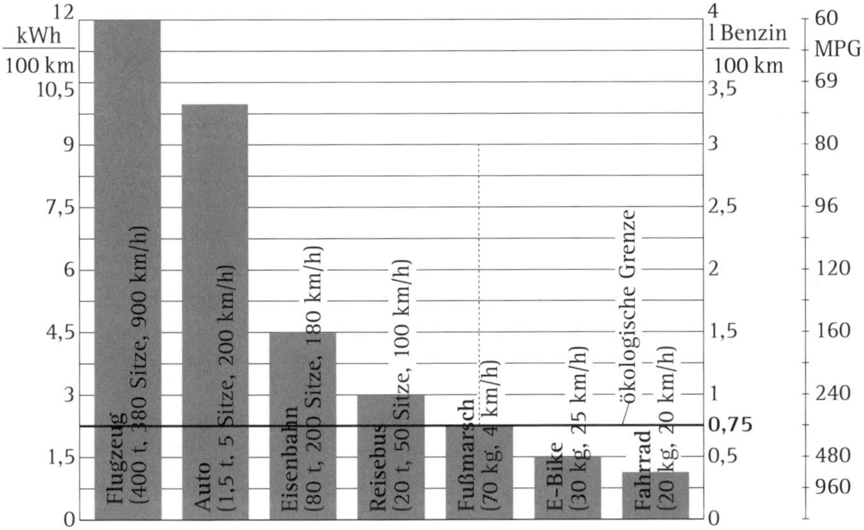

Bild 9.2 Ökologische Grenze zwischen umweltfreundlicher und umweltschädlicher Mobilität

Kalorienbedarf eines Menschen in Höhe von ungefähr 2 500 kcal, dann entspricht das ca. 3 kWh thermischer Energie (1 Ws = 0,239 cal), die man auch aus 0,3 l Benzin gewinnen könnte. Unterstellt man, dass ein Mensch mit seiner Tagesration eine Strecke von 40 km unter optimalen Bedingungen zurücklegen kann, errechnet sich so ein äquivalenter Energieverbrauch von 0,75 l Benzin auf 100 km.

Dieser natürliche Verbrauchswert erscheint auf den ersten Blick etwas niedrig, man muss aber bedenken, dass die Evolution sowohl uns menschliche Wesen als auch unsere tierischen Vorfahren für einen möglichst geringen Verbrauch optimiert hat. Andersherum ausgedrückt: Würden wir uns ausschließlich nach diesen evolutionären Vorgaben fortbewegen, hätte die Umwelt keinerlei Probleme mit einer mobilen Gesellschaft. Und deshalb wurde in Bild 9.2 die ökologische Messlatte zwischen umweltfreundlich und umweltschädlich in einer Größenordnung von 0,75 l Benzin auf 100 km angesetzt. Dieses ernüchternde und etwas unangenehme Ergebnis wird vom ökologischen Fußabdruck in Kapitel 9.3 aber exakt bestätigt.

Ermittelt man aus Bild 9.2 den Verbrauch einer Fußgängergruppe zu vier Personen gemäß der gestrichelten Linie, so ergibt sich ein Gesamtverbrauch der Gruppe von 3 l. Dieser Verbrauchswert ist insofern von Bedeutung, da er bei der Abschätzung der Eigenschaften und Leistungsmerkmale eines Dreiliterautos in Kapitel 9.2 den Grundstock darstellt.

Dass es neben der umweltfreundlichen Fortbewegung zu Fuß noch umweltfreundlichere und weniger beschwerliche Transportmöglichkeiten gibt, kann Bild 9.2 ebenfalls entnommen werden. Zum einen sind dies normale Fahrräder, deren Energie- und Kalorienbedarf bei ca. der Hälfte eines Fußmarsches liegt. Bei den reinen Elektrofahrrädern (E-Bikes) und den schubunterstützten Hybridrädern (Pedelecs) liegen die Verbrauchswerte bedingt durch das höhere Fahrzeuggewicht irgendwo zwischen Fußmarsch und Fahrrad.

Alle anderen Fortbewegungsmittel jedoch sind mäßig bis extrem umweltschädlich. So kommt ein luxuriöser Geländewagen (SUV) mit 1 l Benzin lediglich 1,5 km weit, was einem Verbrauch bei Höchstgeschwindigkeit von 65 l/100 km entspricht. Auch ein Mittelklassewagen schafft mit 1 l nur 11 km (9 l/100 km). Ganz am unteren Ende der Verbrauchsskala steht der Weltrekord im Spritsparen bei sage und schreibe 3 800 km mit 1 l und wurde im Jahr 2011 beim 27. Shell Eco Marathon auf dem Lausitzring aufgestellt. Um sich diesen extrem geringen Verbrauch von 0,027 l auf 100 km vorstellen zu können, muss man beispielsweise mit einer Geschwindigkeit von 10 km/h über 380 h unterwegs sein. Berücksichtigt man dabei den Energieinhalt 1 l Benzin von ca. 3 kWh bis 4 kWh mechanischer Leistung, so darf man während der Fahrt nur ca. 10 W an Antriebsleistung einsetzen.

Warum das viel diskutierte Dreiliterauto seine Insassen umweltfreundlich befördert, soll im Folgenden näher betrachtet werden. Doch welche Leistungsmerkmale und Annehmlichkeiten kann ein solch sparsames Vehikel überhaupt aufweisen?

9.2 Das Dreiliterauto oder 80-MPG-Car

Gemäß Kapitel 9.1 verläuft die ökologische Grenze zwischen einer umweltfreundlichen Fortbewegung und einer umweltschädlichen Mobilität bei 2,2 kWh pro 100 Personenkilometer, was wiederum 0,75 l pro 100 km und Person entspricht. In **Bild 9.3** ist diese ökologische Grenzlinie nochmals aufgetragen. Ermittelt man mit dieser Darstellung den Verbrauch von vier Fußgängern auf 100 km, so kommt man, wie bereits erwähnt, auf einen Gesamtwert von 3 l. Umgekehrt folgt für ein Fahrzeug mit einem Verbrauch von 3 l auf 100 km, dass es für jeden Fahrgast nur 0,75 l auf dieser Strecke verbrauchen darf. Das wiederum bedeutet, dass ein echtes Dreiliterauto nur so viel Energie verbraucht, als wenn die Insassen zu Fuß gehen würden.

Der personenbezogene Verbrauch des Dreiliterautos in Bild 9.3 entspricht somit exakt dem des Fußmarsches. Betrachtet man die Leistungsmerkmale eines wahren Dreiliterautos unter diesen eingeschränkten Randbedingungen, dann wird schnell klar, dass es sich auf keinen Fall um eine Luxuskarosse handeln kann. Denn aus 3 l Benzin lassen sich gemäß Gl. (2.2) maximal 30 kWh thermische Energie ge-

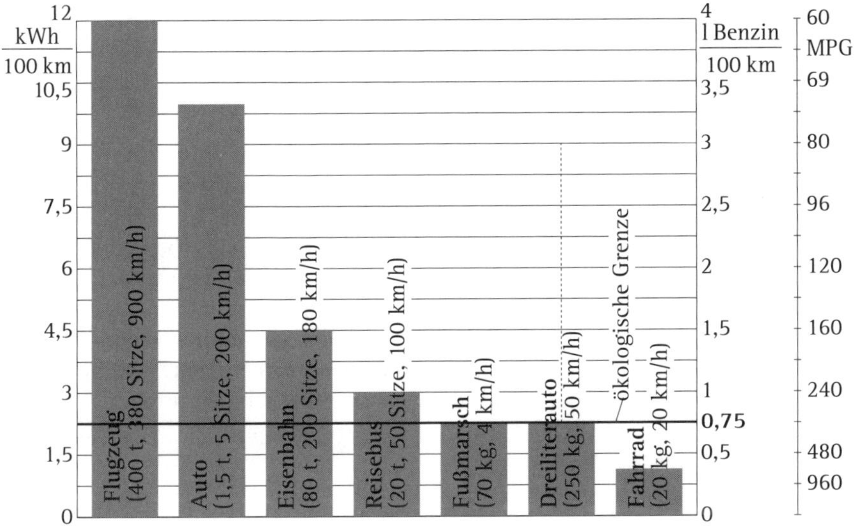

Bild 9.3 Dreiliterauto und Fußmarsch im Vergleich zu den anderen Transportmitteln

winnen. Aufgrund des Wirkungsgrads bei der weiteren Energieumwandlung (Carnot-Kreisprozess) von allerhöchstens 30 % bleiben lediglich 10 kWh mechanische Energie für den Antrieb eines Fahrzeugs übrig. Verglichen damit weist der biologische Muskelantrieb beim Fußmarsch einen noch geringeren Wirkungsgrad von lediglich 16 % auf.

Bezogen auf den Zusammenhang zwischen Energie = Arbeit = Work (W) und Leistung = Power (P) bzw. der Zugkraft = Force (F) und der zurückgelegten Strecke (s)

$$W = P \cdot t = F \cdot s = 10 \text{ kWh}$$

ergeben sich für die relativ bescheidenen Leistungsmerkmale des Dreiliterautos:

$P = W/t = 10$ kW (für $t = 1$ h) oder **5 kW für 2 h** oder 2,5 kW für 4 h etc.

Mit der jeweiligen Leistung muss ein Dreiliterauto vier Personen eine Strecke von $s = 100$ km weit transportieren. Berücksichtigt man ferner den Zusammenhang zwischen der Geschwindigkeit = Velocity (v), der Zugkraft (F) und der Leistung (P)

$$P = W/t = F \cdot v,$$

so errechnen sich für die Geschwindigkeit eines sparsamen Dreiliterfahrzeugs die Wertepaare von Geschwindigkeit und zur Verfügung stehender Leistung:

$v = s/t =$ 100 km/h (bei 10 kW) = **50 km/h (bei 5 kW)** = 25 km/h (bei 2,5 kW) etc.

Berücksichtigt man letztendlich noch die allgemeinen Abhängigkeiten des Energieverbrauchs eines Fahrzeugs bezüglich Reibung und Luftwiderstand gemäß Gl. (1.3), so wird es in der Praxis nicht möglich sein, mit einer Motorleistung von 10 kW vier Personen 100 km/h schnell zu transportieren. Selbst bei einer Motorleistung von 5 kW und einer Geschwindigkeit von 50 km/h ist es noch äußerst schwierig, vier Personen in zwei Stunden 100 km weit zu befördern. Unter diesen rigorosen Umweltbedingungen darf ein Dreiliterfahrzeug, ähnlich wie in **Bild 9.4** dargestellt, keinerlei Luxus und Komfort bieten. Ein überdachtes Moped also, auf keinen Fall mehr. Verglichen mit den Leistungsmerkmalen unserer heutigen Straßenfahrzeuge wird schnell klar, dass ein solch spartanisches Vehikel keinerlei Chancen auf dem Markt hat.

Bild 9.4 Ökomobil mit Linearmotor

Die umweltschädliche Fortbewegung mit Pkw und SUV zugunsten einer umweltfreundlichen Fortbewegung mit Fußmarsch, Dreiliterauto und Fahrrad lässt sich daher nur durch einen persönlichen Verzicht auf Geschwindigkeit, Gewicht und Luxus erreichen. Diese bittere Erkenntnis wird sowohl von den Autofahrern als auch von den Flugreisenden kategorisch bestritten bzw. einfach verdrängt. Dass wir für unser ungerechtfertigtes Anspruchsdenken und unsere übersteigerten Lebensgewohnheiten einen Ressourcen- und Energieverbrauch benötigen, der unseren Planeten und Lebensraum hemmungslos ruiniert, lässt sich auch anhand des ökologischen Fußabdrucks ebenfalls eindrucksvoll belegen.

9.3 Der ökologische Fußabdruck

Für die Befriedigung und Erfüllung aller Bedürfnisse und Ansprüche eines Menschen nach Rohstoffen und Energie ist eine bestimmte Anbaufläche erforderlich. Bezieht man diese wohlstandsabhängige Biokapazität auf die tatsächlich vorhandene Leistungsfähigkeit der Naturflächen, erhält man einen umweltrelevanten Gewichtungsfaktor, den sogenannten ökologischen Fußabdruck (Wackernagel, Rees). Dieser wird in der Einheit „Erden“ gemessen und gibt seit dem Jahr 1994 an, ob das durchschnittliche Konsumverhalten einer Nation umweltverträglich ist oder nicht.

Der statistische Mittelwert des ökologischen Fußabdrucks eines Franzosen beträgt danach 2,0 Erden, eines Deutschen 2,6 Erden, eines Engländers 3,0 Erden und eines US-Amerikaners 5,0 Erden. Das heißt, für den lebenslangen Energieverbrauch eines durchschnittlichen Wohlstandsbürgers in Europa plus dessen Bedarf an Rohstoffen und Nahrungsmitteln wären nicht eine Erde, sondern gemäß **Bild 9.5** ungefähr drei Erden erforderlich. Damit verbrauchen wir Europäer zwei Drittel mehr an Rohstoffen und Energie, als uns die Natur zugesteht. Das führt uns Jahr für Jahr der offizielle Waldzustandsbericht unmissverständlich vor Augen, wonach mehr als zwei Drittel unserer Bäume und Wälder krank sind. Weil es aber nur eine Erde gibt, zerstören Gesellschaften mit einem Fußabdruck größer eins massiv die Natur und Umwelt. Diese traurige Konsequenz einer grenzenlosen Mobilität kann man an den Unwettern, Klimakatastrophen, Gletscherschmelzen, am Artensterben und Ozonloch sowie an der Verdreckung der Weltmeere und Naturparadiese deutlich erkennen.

Wir Europäer verbrauchen zwei Drittel (67 %) mehr an Rohstoffen und Energie als die Natur uns zugesteht, die USA 80 % und die Vereinigten Arabischen Emirate 95 %.

Bild 9.5 Definition des ökologischen Fußabdrucks und seine Aussagen zur Mobilität

Da sich die Berechnung des ökologischen Fußabdrucks auf das gesamte Lebensumfeld der Menschen bezieht, enthält dieser natürlich auch die typischen Gewohnheiten bezüglich des Ressourcen- und Energieverbrauchs im Bereich der Mobilität. Das bedeutet, wenn ein Radfahrer seinen spartanischen Mobilitätsverbrauch auch konsequent in seinem Wohnumfeld und Lebensstil praktiziert, ist er mit einem ökologischen Fußabdruck gemäß Bild 9.5 von einer halben Erde ein absolutes Vorbild, was Umweltfreundlichkeit und Nachhaltigkeit angeht. Überträgt man das Energieniveau des Fußmarsches und des Dreiliterautos auch auf die restlichen Lebensgewohnheiten eines Menschen, dann befindet man sich gerade an der ökologischen Grenze von einer Erde und verhält sich umweltneutral.

Alles, was über eine Erde hinausgeht, trägt massiv zur Schädigung unseres Klimas und Planeten bei. Dies gilt umso mehr für unsere grenzenlose Mobilität. So liegt der mittlere Spritverbrauch bei europäischen Autos in der Größenordnung von 9 l auf 100 km und damit weit im umweltschädlichen Bereich. Bezogen auf unseren ökologischen Fußabdruck von drei Erden müssten wir den Verbrauch um zwei Drittel senken, was wiederum exakt auf das Dreiliterauto führt. Für die wesentlich hubraumstärkeren Autofahrer in den USA mit ihrem ökologischen Fußabdruck von fünf Erden bedeutet „umweltfreundlich" gemäß Bild 9.5 sogar eine Reduktion des heutigen US-Verbrauchs auf ein Fünftel. Auch dieser klimapolitisch längst überfällige Schnitt führt zwangsläufig auf das Dreiliterauto oder 80-MPG-Car. Doch damit nicht genug: Der ökologische Fußabdruck der Einwohner in den Vereinigten Arabischen Emiraten und Ölstaaten beträgt im Durchschnitt sogar 22 Erden und muss als absoluter Umweltfrevel bezeichnet werden.

Ernüchternd und erschwerend kommt bei ökologischen Betrachtungen noch hinzu, dass die Zeitverzögerungen in der Natur enorm groß sind, weshalb sich die heutigen Umweltsünden erst in ca. 50 Jahren mit voller Wucht bemerkbar machen. Das heißt, die dramatische Klimaerwärmung und die zunehmenden Naturkatastrophen unserer Tage sind die Folgen der Umweltsünden aus den 1960er- und 1970er-Jahren. Die einzig vernünftige Konsequenz zur Rettung und Stabilisierung der Umwelt müsste daher schon seit vielen Jahrzehnten ein drastischer **Konsum- und Mobilitätsverzicht** in den Wohlstandsstaaten sein.

Doch aller menschlicher Vernunft zum Trotz, werden weiterhin neue Straßen und Airports geplant und gebaut, damit sich das Verkehrsaufkommen zu Wasser, Lande und in der Luft in den nächsten zehn Jahren verdoppeln kann. Und damit nicht genug, denn zu unserem westlichen Mobilitätswahn kommen die dramatisch wachsenden Verkehrsströme in den sogenannten BRICS-Staaten (Brasilien, Russland, Indien, China, Südamerika) noch hinzu, was eine globale Kehrtwende und ein kontrolliertes Umsteuern praktisch unmöglich macht.

CARPE RATIONEM TUAM
Benutze deinen Verstand und erkenne die Wahrheit.

Summa summarum bleibt festzustellen: Autofahren in der heutigen Form ist ein brutaler Frevel an der Umwelt und Natur, denn unsere maßlose Energie- und Ressourcenverschwendung geht weit über das hinaus, was unser Planet verkraften kann. Die Umweltbelastung eines Autos kann man ganz leicht am eigenen Leib erleben, wenn man nämlich ein Fahrzeug über eine größere Strecke mit Muskelkraft schiebt. Doch den tatsächlichen Raubbau eines Autos an der Umwelt könnte man nur erfahren, wenn man ein Auto mit hoher Geschwindigkeit schieben würde. Dass das nicht geht, zeigt wiederum sehr anschaulich das bescheidene Energieniveau, das die Natur uns Menschen zugesteht.

Aus dem Blickwinkel der Ökologie ist es außerdem vollkommen nebensächlich, ob ein Fahrzeug chemisch, elektrisch, biologisch oder sonst wie angetrieben wird. Und so sind Elektrofahrzeuge und Hybridfahrzeuge nicht umweltfreundlicher als Benzinfahrzeuge, solange sie genauso schnell, schwer und komfortabel sind wie diese. Das spartanische Dreiliterauto ist ohne Wenn und Aber die alleinige Messlatte für eine umweltfreundliche Mobilität der Gegenwart und Zukunft, egal ob mit Benzin oder Strom.

10 Dimensionierungsbeispiele aus der Elektrotraktion

Die im Folgenden ausgeführten Aufgabenstellungen sind eine kleine Auswahl aus dem weiten Anwendungsfeld der Elektrotraktion. Damit der Leser sich eine konkrete Vorstellung vom Zusammenspiel der einzelnen Antriebskomponenten machen kann, sind die Lösungswege vollständig mit angegeben.

10.1 Traktionsantrieb für ein Elektrofahrzeug

Ein Fahrzeug mit der Masse von einer Tonne (m = 1 000 kg) soll in 15 s von null auf 100 km/h beschleunigt werden. Das Drehmoment des Motors wird über ein Festgetriebe mit dem Übersetzungsverhältnis $ü$ = 12 und einem Wirkungsgrad von η = 0,95 auf die beiden Hinterräder des Fahrzeugs geführt. Die Reifen sind auf 14-Zoll-Felgen montiert und haben einen Laufflächenradius von 27 cm. Das Widerstandsmoment des Fahrzeugs wird in erster Linie von der Rollreibung und dem Luftwiderstand bestimmt. Der Einfachheit halber soll der relative Widerstandsfaktor unabhängig von der Geschwindigkeit mit k_W = 0,122 angesetzt werden.

1. *Skizzieren Sie den antriebstechnischen Aufbau des Fahrzeugs!*

Obwohl sich das Drehmoment des Motors über das Getriebe zu gleichen Teilen auf die beiden Räder verteilt, genügt es, wenn im Folgenden immer nur das Summenmoment betrachtet wird. Dasselbe gilt auch für das Massenträgheitsmoment, das von der Masse des Fahrzeugs über die Straße, die Räder und das Getriebe auf die Motorwelle übertragen wird.

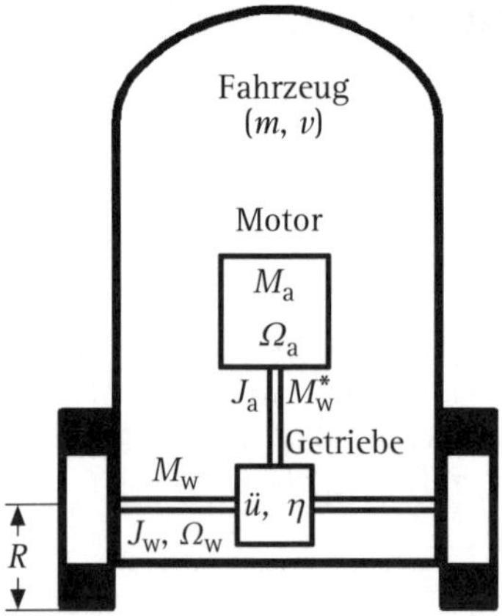

$$1\ \text{N} = 1\frac{\text{Ws}}{\text{m}} = 1\ \text{kg}\frac{\text{m}}{\text{s}^2} \quad \text{Kraft,}$$

$$1\ \text{Nm} = 1\ \text{Ws} = 1\ \text{kg}\frac{\text{m}^2}{\text{s}^2} \quad \text{Energie,}$$

$$M_\text{b} = M_\text{a} - M_\text{W} = J\frac{\text{d}\Omega}{\text{d}t} \quad \text{Beschleunigung,}$$

$$G = m \cdot g \quad \text{Gewicht,}$$

$$g = 9{,}81\frac{\text{m}}{\text{s}^2} \quad \text{Gravitation}$$

2. *Wie stellen sich die Masse des Fahrzeugs und die Widerstandskraft resultierend auf der Getriebeausgangsseite (Radachse) dar?*

Die Widerstandskraft ist die Kraft, die man bräuchte, um das Fahrzeug mit konstanter Geschwindigkeit zu ziehen. Widerstandskraft mal Radius ergibt das an der Radwelle erforderliche Widerstandsmoment. Zusätzlich muss die Masse eines Fahrzeugs bei Beschleunigungsvorgängen berücksichtigt werden. Die Fahrzeugmasse erscheint an der Radachse als Massenträgheitsmoment, dessen Betrag von der Masse selbst und dem Quadrat des Radius abhängt.

$$F_\text{W} = m \cdot g \cdot k_\text{W} = 1000\ \text{kg} \cdot 9{,}81\frac{\text{m}}{\text{s}^2} \cdot 0{,}122 = 1{,}2\ \text{kN},$$

$$M_\text{W} = F_\text{W} \cdot R = 1{,}2\ \text{kN} \cdot 0{,}27\ \text{m} = 324\ \text{Nm},$$

$$J_\text{W} = m \cdot R^2 = 1000\ \text{kg}\ (0{,}27\ \text{m})^2 = 73\ \text{kgm}^2 = 73\ \text{Ws}^3.$$

3. *Rechnen Sie das Widerstandsmoment, das Massenträgheitsmoment und die Geschwindigkeit auf die Motorseite um!*

Das Widerstandsmoment an den Rädern ist für Motorverhältnisse sehr groß, weshalb eine Wandlung auf kleinere Werte mit einem Getriebe sinnvoll ist. In dem Maße, wie das Drehmoment reduziert wird, erhöht sich die Drehzahl auf der Motorseite, sodass die mechanische Leistung erhalten bleibt.

$$M_\text{W}^* = \frac{1}{ü\,\eta} M_\text{W} = \frac{324\ \text{Nm}}{12 \cdot 0{,}95} = 28{,}4\ \text{Nm},$$

$$\ddot{u} = \frac{\Omega_\mathrm{a}}{\Omega_\mathrm{W}} = \frac{n_\mathrm{a}}{n_\mathrm{W}} \quad \text{mit} \quad \Omega_\mathrm{W} = \frac{v}{R} = \frac{100\ \mathrm{km/h}}{0{,}27\ \mathrm{m}} = 102{,}8\ \mathrm{s}^{-1},$$

$$\Omega_\mathrm{W} = 2\pi \cdot n_\mathrm{W} \Rightarrow n_\mathrm{W} = 974\ \mathrm{min}^{-1} \Rightarrow n_\mathrm{a} = 12\, n_\mathrm{W} = 11790\ \mathrm{min}^{-1},$$

$$J_\mathrm{a} = \frac{1}{\ddot{u}^2} J_\mathrm{W} = \frac{73\ \mathrm{Ws}^3}{144} = 0{,}51\ \mathrm{Ws}^3.$$

4. *Geben Sie das stationäre Motormoment im Stillstand und im Nennpunkt an!*

Da der Widerstandsbeiwert als konstant angesetzt werden darf, ist sowohl im Stillstand als auch im Nennpunkt dasselbe Antriebsmoment erforderlich:

$$M_\mathrm{a} = M_\mathrm{W}^{*} = \mathrm{const.}$$

Selbstverständlich sind bei genauerer Betrachtung sowohl die Reibung als auch der Luftwiderstand von der Geschwindigkeit abhängig. Insbesondere bei sehr kleinen Geschwindigkeiten, beim Übergang von der Haft- zur Rollreibung und bei höheren Geschwindigkeiten, wenn der Luftwiderstand quadratisch zunimmt, ist obige Näherung nicht mehr zulässig.

5. *Wie groß ist die Motorleistung in diesen beiden Betriebspunkten?*

Die Leistung ist eine reine Rechengröße, die aus dem Produkt zweier physikalischer Größen hervorgeht. Dies gilt sowohl für elektrische Leistungen ($P = UI$) als auch für mechanische Leistungen ($P = M \cdot \Omega$).

Stillstand ($\Omega = 0$): $P_\mathrm{mech} = 0,$

Nennpunkt $(n_\mathrm{a})_\mathrm{N}$: $P_\mathrm{mechN} = M_\mathrm{a} \cdot \Omega_\mathrm{a} = 28{,}4\ \mathrm{Nm} \cdot 2\pi \dfrac{11\,790\ \mathrm{min}^{-1}}{60\ \mathrm{s}} = 35\ \mathrm{kW}.$

6. *Welche Spitzenleistung muss der Motor aufbringen, um bis zur Nenndrehzahl mit Nennmoment beschleunigen zu können?*

Wegen des konstanten Widerstandsmoments und Nennmoments ist das Beschleunigungsmoment ebenfalls konstant, sodass der Differenzialquotient in der Bewegungsgleichung durch einen Differenzenquotienten ersetzt werden darf. Für einen linearen Hochlauf gilt:

$$M_b = J\frac{d\Omega}{dt} = 2\pi \cdot J\frac{\Delta n_a}{\Delta t} = 2\pi \cdot 0{,}51\ \text{Ws}^3\,\frac{11\,790\ \text{min}^{-1}}{15\ \text{s}\cdot 60\ \text{s}} = 42\ \text{Ws} = 42\ \text{Nm},$$

$$\left(M_a\right)_{max} = M_b + M_W^* = (42 + 28{,}4)\ \text{Nm} = 70{,}4\ \text{Nm},$$

$$\left(P_{mech}\right)_{max} = M_{amax}\cdot \Omega_a = 70{,}4\ \text{Nm}\cdot 2\pi \cdot 11\,790\ \text{min}^{-1} = 86{,}9\ \text{kW}.$$

Je nachdem wie oft diese Spitzenleistung in einem Fahrdiagramm bzw. Prozessablauf vom Antrieb abverlangt wird, muss gemäß dem gewünschten Schaltspiel nach DIN EN 60034-1 (VDE 0530-1) die endgültige effektive Motorleistung festgelegt oder, wenn nicht möglich, über den Ausdruck:

$$\left(P_{mech}\right)_{eff} = \sqrt{\frac{1}{T}\int P^2(t)\,dt}$$

berechnet werden (35 kW < $(P_{mech})_{eff}$ < 86,9 kW).

7. *Tragen Sie die zeitlichen Verläufe des Drehmoments, der Drehzahl und der Leistung während eines Motorhochlaufs maßstäblich in ein Diagramm ein!*

Ein konstantes Beschleunigungsmoment und Massenträgheitsmoment führen immer auf einen linearen Beschleunigungsvorgang (Hochlauf). Im Einzelnen gilt folgende Abhängigkeit:

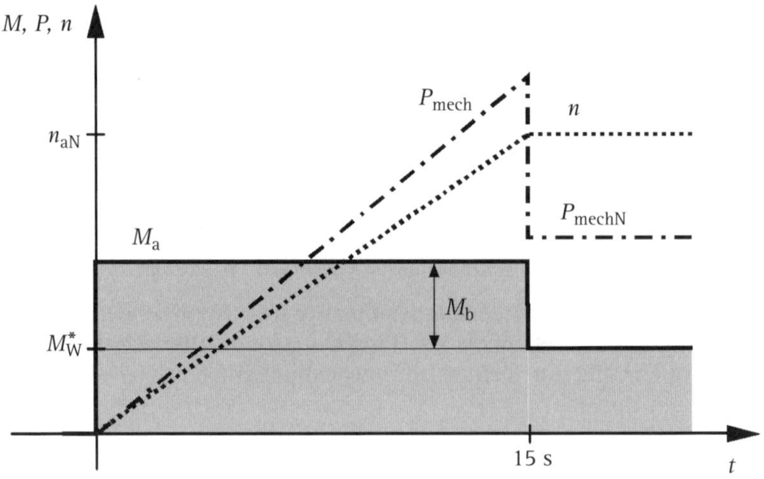

8. *Welche Leistung muss der Motor stationär abgeben, damit das Fahrzeug eine Steigung von m = 7 % mit Nenngeschwindigkeit hochfahren kann?*

Muss ein Fahrzeug einen Berg hochfahren, so kommt zur Widerstandskraft noch die Hangabtriebskraft hinzu. Bei Talfahrt reduziert sich die Widerstandskraft entsprechend.

$$M_a^* \approx (k_W + m)\ M_a = (1{,}12 + 0{,}07)\ M_a = 1{,}19 \cdot M_a$$ (gilt nur für kleine Steigungen),

$$P_{mech}^* = 1{,}19\ P_{mech} = 1{,}19 \cdot 35\ \text{kW} = 41{,}7\ \text{kW}.$$

Wird die Steigung unendlich (senkrechte Bewegung), so bildet sich die Widerstandskraft ausschließlich aus dem Fahrzeuggewicht ($F_W = m \cdot g$). Dieser Extremfall für die Widerstandskraft liegt bei sämtlichen Hebezeugen und Aufzügen vor.

10.2 Fremderregte 40-kW-Gleichstrommaschine für die Traktion

Der Leistungsbereich von Vierquadrant-Gleichstromantrieben reicht bis in den einstelligen Megawatt-Bereich hinein, weshalb Haupteinsatzgebiete sowohl in der Traktion als auch in der Schwerindustrie zu finden sind. Dabei wird meistens die fremderregte Maschine verwendet, bei der Erregerfeld und Ankerkreis getrennt gespeist werden. Auf dem Typenschild einer solchen fremderregten Gleichstrommaschine sind die folgenden Nenngrößen angegeben:

40 kW, 440 V, 100 A, 600 min^{-1}.

Unter Vernachlässigung der Eisen- und Reibungsverluste sind aus diesen Daten die für den praktischen Einsatz relevanten Antriebsparameter der Reihe nach zu bestimmen.

1. *Zeichnen Sie das elektrische Ersatzschaltbild!*

Im Klemmenkasten der Gleichstrommaschine finden sich vier Anschlüsse, wobei an C1–C2 die Ankerwicklung und an F1–F2 die Erregerwicklung angeschlossen sind.

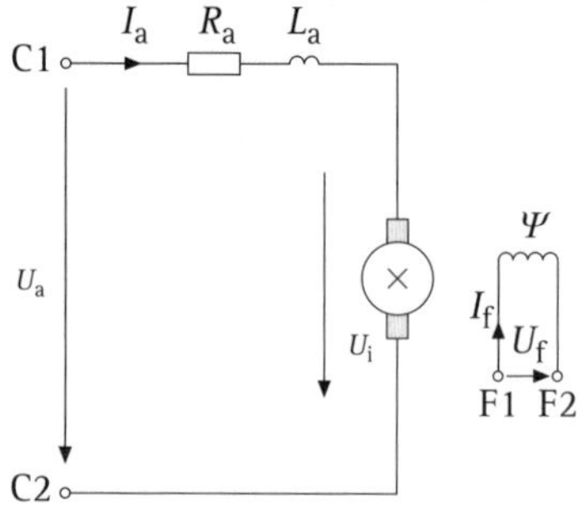

2. *Wie groß ist die induzierte Spannung (EMK) im Nennbetriebspunkt?*

Üblicherweise wird die induzierte Spannung über den Verkettungsfluss berechnet. In diesem Falle aber ist es einfacher, über die Leistung zu gehen.

$$U_{iN} = \Psi_N \cdot \Omega_N = \frac{P_{mechN}}{I_{aN}} = \frac{40\ \text{kW}}{100\ \text{A}} = 400\ \text{V}.$$

3. *Welchen Wert hat der Ankerwiderstand?*

Mithilfe der induzierten Spannung und der Ankerspannungsgleichung folgt für den Ankerwiderstand sofort der Wert:

$$R_a = \frac{U_{aN} - U_{iN}}{I_{aN}} = \frac{440\ \text{V} - 400\ \text{V}}{100\ \text{A}} = 0{,}4\ \Omega = 400\ \text{m}\Omega.$$

4. *Geben Sie die Leerlaufdrehzahl bei Nennspannung an!*

Da im Leerlauf die induzierte Spannung gleich der Ankerspannung ist, kann zunächst der Verkettungsfluss explizit bestimmt werden und daraus die zugehörige Leerlaufdrehzahl errechnet werden.

$$\Omega_{0N} = \frac{U_{aN}}{\Psi_{0N}}, \qquad \Omega_{0N} = 2\pi\, n_{0N}$$

$$\Rightarrow n_{0N} = 660\ \text{min}^{-1}$$

$$\Psi_N = \frac{U_{aN}}{\Omega_{0N}} = \frac{U_{iN}}{\Omega_N} = \frac{400\ \text{V}}{2\pi \cdot 600\ \text{min}^{-1}} = 6{,}37\ \text{Vs}.$$

5. Welches Nennmoment kann die Maschine an der Welle abgeben?

Bei Gleichstrommaschinen ist die Verknüpfung von Strom und Fluss sehr einfach, sodass sich das Nennmoment für diesen Motor wie folgt errechnet:

$$M_{\mathrm{N}} = \Psi_{\mathrm{N}} I_{\mathrm{aN}} = 6{,}37\ \mathrm{Vs} \cdot 100\ \mathrm{A} = 637\ \mathrm{Ws} = 637\ \mathrm{Nm}.$$

Dieser Wert erscheint auf den ersten Blick für einen 40-kW-Motor sehr hoch. Dabei muss man aber bedenken, dass es sich um eine langsam laufende Maschine handelt, die ihre Leistung über das Drehmoment und nicht über die Drehzahl macht.

6. Wie kann man den Wirkungsgrad der Maschine im Nennpunkt bestimmen?

Das Verhältnis aus mechanisch abgegebener Leistung zu elektrisch aufgenommener Leistung entspricht dem Wirkungsgrad im Motorbetrieb. Dieser errechnet sich zu:

$$\eta_{\mathrm{N}} = \frac{P_{\mathrm{mechN}}}{U_{\mathrm{aN}} I_{\mathrm{aN}}} = \frac{n_{\mathrm{N}}}{n_{0\mathrm{N}}} = 0{,}9 = 90\ \%,$$

wobei 90 % im Bereich elektrischer Maschinen einem sehr guten Wert entspricht. Standardmotoren kommen in der Regel nur auf 70 % bis 80 %.

7. Zeichnen Sie die Drehzahl-Drehmoment-Kennlinie für Nennankerspannung und Nennerregung maßstäblich auf!

Die Drehzahl-Drehmomenten-Kennlinie der fremderregten Gleichstrommaschine entspricht einer schwach abfallenden Geraden mit negativer Steigung.

$$n = \frac{U_{\mathrm{a}}}{2\pi\Psi} - \frac{R_{\mathrm{a}}}{2\pi(\Psi)^2} M = n_0 - c \cdot M, \text{ mit } c = \text{const.},$$

$$n = 660\,\mathrm{min}^{-1} - 0{,}0941 \frac{\mathrm{min}^{-1}}{\mathrm{Nm}} \cdot M.$$

Der erste Term (Achsenabschnitt) dieser Gleichung markiert die Leerlaufdrehzahl, die sowohl von der angelegten Spannung als auch vom Erregerfluss in den Hauptpolen abhängt. Über die Ankerspannung kann diese Gerade parallel verschoben werden. Dadurch lassen sich nicht nur der dargestellte erste Quadrant, sondern alle vier Quadranten der Drehzahl-Drehmoment-Ebene abdecken.

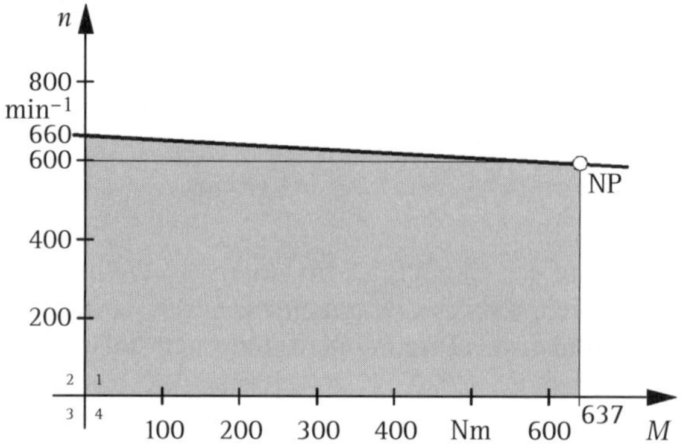

8. *Mit welchen Maßnahmen lassen sich die folgenden Arbeitspunkte verlustarm einstellen?*

Unterhalb der Nenndrehzahl wird eine gewünschte Drehzahl durch Verändern der Ankerspannung eingestellt (Grunddrehzahlbereich) bei Nennerregung und oberhalb durch Verkleinern des Erregerstroms (Feldschwächung) bei Nennankerspannung.

8.1 $M = 500$ Nm und $n = 500\ \text{min}^{-1}$

Ankerspannungsverstellung: $U_a < U_{aN}$ und $\Psi = \Psi_N$

8.2 $M = 0$ Nm und $n = 800\ \text{min}^{-1}$

Feldstromverstellung: $\Psi < \Psi_N$ und $U_a = U_{aN}$.

9. *Tragen Sie diese beiden Arbeitspunkte in das Diagramm gemäß Punkt 6 maßstäblich ein.*

Um im Leerlauf eine Drehzahl von 800 min^{-1} bei diesem Motor einstellen zu können, muss das Feld der Maschine bei konstanter Ankernennspannung geschwächt werden (Feldschwächbetrieb). Eine Absenkung der Drehzahl unter deren Nennwert wird durch Verkleinern der Ankerspannung und bei konstanter Nennerregung vorgenommen (Grunddrehzahlbetrieb).

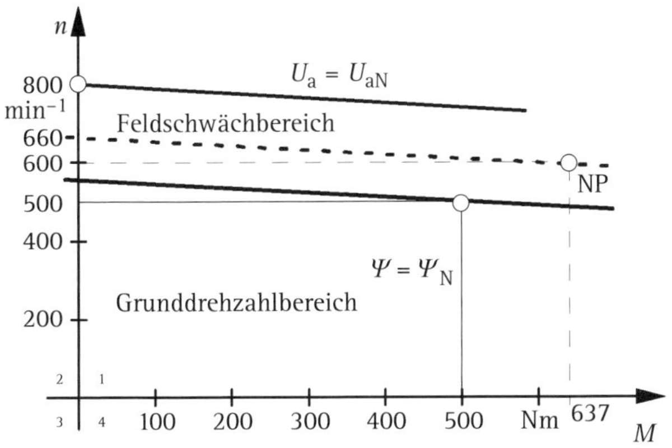

9.1 Auf welche Werte müssen die Ankerspannung, der Ankerstrom und der Fluss gemäß Unterpunkt 8.1 eingestellt werden?

Für die Bestimmung dieser Einstellgrößen genügt die Ankerspannungsgleichung und Momentengleichung. Dadurch wird die *M*, *n*-Kennlinie so lange parallel nach unten verschoben, bis sie durch den Punkt 500 Nm, 500 min^{-1} geht.

$$\Psi_N = 6{,}37 \text{ Vs},$$

$$I_a = \frac{M}{\Psi_N} = \frac{500 \text{ Nm}}{6{,}37 \text{ Vs}} = \frac{500 \text{ Ws}}{6{,}37 \text{ Vs}} = 78{,}5 \text{ A},$$

$$U_a = R_a I_a + \Psi_N 2\pi\, n = 0{,}4 \cdot 78{,}5 \text{ V} + 6{,}37 \text{ Vs} \cdot 2\pi \frac{500}{60 \text{ s}} = 365 \text{ V}.$$

9.2 Auf welche Werte müssen die Ankerspannung, der Ankerstrom und der Fluss gemäß Unterpunkt 8.2 eingestellt werden?

Im Falle der Feldschwächung wird die *M*, *n*-Kennlinie nach oben verschoben. Allerdings nicht parallel, da der Fluss sowohl im Achsenabschnitt (Leerlaufdrehzahl) als auch in der Steigung dieser Geraden steht. Mit zunehmender Feldschwächung wird die Steigung negativer.

$$U_{aN} = 440 \text{ V},$$

$$I_a \approx 0 \text{ A} \quad \text{(Leerlauf)},$$

$$\Psi = \frac{n_{0N}}{n_0} \Psi_N = \frac{660}{800} 6{,}37 \text{ Vs} = 5{,}26 \text{ Vs}.$$

10. Was bedeutet die Bezeichnung Nebenschlussverhalten?

Werden die Anker- und die Feldwicklung der Gleichstrommaschine aus einer gemeinsamen Gleichspannungsquelle gespeist, so spricht man vom sogenannten Nebenschluss. Die Drehzahl-Drehmoment-Kennlinie ist im Nebenschluss ebenso wie bei der Fremderregung eine schwach abfallende Gerade, das typische Nebenschlussverhalten. Auch bei Asynchronmaschinen spricht man im Bereich zwischen Leerlauf und Nennpunkt vom Nebenschlussverhalten.

11. Welche Gefahr besteht beim plötzlichen Ausfall des Erregerfelds, und was kann man dagegen tun?

Bei Ausfall der Erregung (zum Beispiel durch Defekt des Feldgleichrichters oder durch Drahtbruch) geht der Verkettungsfluss in der Maschine auf einen sehr kleinen Restwert infolge der Remanenz zurück. Dies entspricht einer extremen Feldschwächung, weshalb die Drehzahl gefährlich hohe Werte annehmen kann; insbesondere wenn an der Welle kein Widerstandsmoment anliegt. Abhilfe schafft man in der Praxis dadurch, dass in den Feldkreis ein Relais eingeschleift wird, das im stromlosen Zustand eine Fehlermeldung abgibt.

12 Wann darf der Spannungsfall an der Ankerinduktivität vernachlässigt werden?

Betrachtet man das stationäre Verhalten fremderregter Gleichstrommaschinen, so fließt ein konstanter Gleichstrom im Ankerkreis. Handelt es sich um einen vollkommen glatten (idealen) Ankerstrom, kann wegen des Induktionsgesetzes keine Spannung an der Induktivität abfallen. Man spricht in diesem Falle von stationären Betriebspunkten. Dies gilt allerdings nicht mehr im dynamischen Betrieb der Maschine und bei welligen Gleichströmen infolge Stromrichterspeisung.

10.3 Reihenschlussmotor einer Straßenbahn

In leistungsstarken Fahrantrieben für Elektrolokomotiven, Straßenbahnen und Elektrokarren wird die Erregerwicklung der Gleichstrommaschine meist im Reihenschluss ausgeführt (Universalmotor). Mehrere solcher Gleichstromreihenschlussmotoren sollen eine Straßenbahn antreiben, die über den elektrischen Fahrdraht mit einer Gleichspannung versorgt wird. Jede dieser Reihenschlussmaschinen weist folgende Nenndaten auf:

$U_{aN} = 600$ V, $I_{aN} = 200$ A, $n_N = 1\,600$ min^{-1}

Der ohmsche Widerstand aller in Reihe geschalteten Motorwicklungen beträgt 0,06 Ω. Alle anderen Verluste des Motors dürfen vernachlässigt werden. Die Magnetisierungskennlinie entspricht in guter Näherung einer Parabel: $I_f/I_{fN} = (\Psi/\Psi_N)^2$, wobei Ψ der vom Feldstrom I_f erregte Verkettungsfluss ist.

1. Zeichnen Sie das elektrische Schaltbild eines Reihenschlussmotors!

Bei Reihenschlussmaschinen ist die Ankerwicklung (C1–C2) meist fest mit der Feldwicklung (D1–D2) im Klemmenkasten verdrahtet. Reihenschlussmaschinen zeichnen sich durch ein hohes Anfahrmoment aus, was insbesondere bei Fahrantrieben vorteilhaft ausgenutzt werden kann.

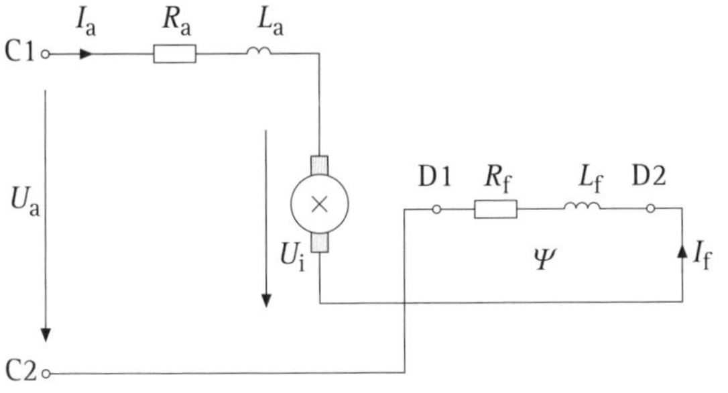

$$R = R_a + R_f$$

$$I_f = I_a$$

2. Berechnen Sie den Nennwert des Verkettungsflusses für diese Maschine!

Der Nennfluss kann über die Ankerspannungsgleichung bestimmt werden, da neben den Nenngrößen vom Typenschild zusätzlich der Ankerwiderstand bekannt ist.

$$U_a = R\,I_a + \Psi\,\Omega \quad \Rightarrow \quad \Psi_N = \frac{U_{aN} - R\,I_{aN}}{2\pi\,n_N} = \frac{600\text{ V} - 0{,}06\ \Omega \cdot 200\text{ A}}{2\pi \cdot 1\,600\text{ min}^{-1}} = 3{,}51\text{ Vs.}$$

3. Bestimmen Sie für verschiedene Ankerströme (20 A, 40 A, 60 A, ..., 200 A) den zugehörigen Verkettungsfluss, das Drehmoment und die Drehzahl in Form einer Tabelle!

Die Herleitung einer Drehzahl-Drehmoment-Kennlinie ist bei Reihenschlussmaschinen sehr schwierig und unübersichtlich, da der Fluss mehrfach in die Systemgleichungen eingeht und darüber hinaus stromabhängig ist. Durch Berechnung einer Wertetabelle lässt sich hingegen sehr schnell ein Überblick über die einzelnen Verläufe gewinnen.

$$\Psi = \Psi_N \sqrt{\frac{I_a}{I_{aN}}}; \quad M = \Psi I_a; \quad n = \frac{U}{2\pi\ \Psi} - \frac{R}{2\pi\ \Psi} I_a .$$

Wertetabelle:

I_a/A	20	40	60	80	100	120	140	160	180	200
Ψ/Vs	1,11	1,57	1,92	2,22	2,48	2,72	2,94	3,14	3,33	3,51
M/Nm	22	63	115	178	248	326	412	502	599	702
n/min^{-1}	5 151	3 635	2 966	2 560	2 310	2 106	1 922	1 796	1 690	1 600

4. *Zeichnen Sie die Drehzahl-Drehmomenten-Kennlinie und die Magnetisierungskennlinie für diese Gleichstromreihenschlussmaschine maßstäblich auf!*

Durch spaltenweise Auswertung der Tabelle kann die Abhängigkeit der Motordrehzahl vom Drehmoment und die des Verkettungsflusses vom Ankerstrom gewonnen werden.

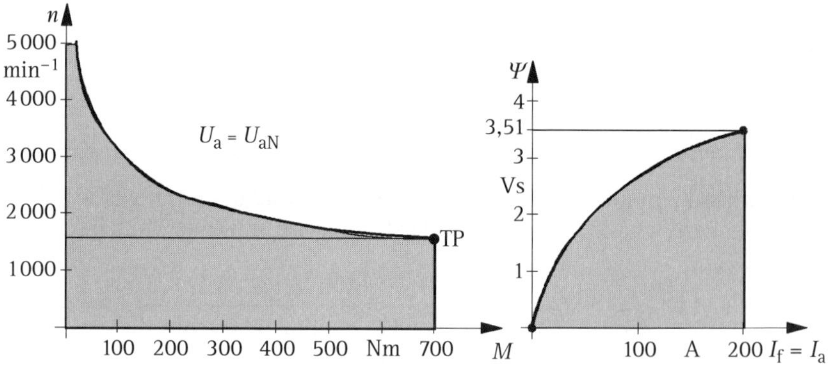

Drehzahl-Drehmoment-Kennlinie Magnetisierungskennlinie

5. *Wie groß sind die mechanische Leistung und der Wirkungsgrad bei Nennbetrieb?*

Die mechanische Leistung im Nennpunkt oder Typenpunkt (TP) ist die Leistung, die eine Maschine im Dauerbetrieb abgeben kann.

$$P_{\text{mechN}} = M_N \Omega_N = 702\ \text{Nm} \cdot 2\pi \cdot 1\,600\ \text{min}^{-1} = 117{,}6\ \text{kW},$$

$$\eta_N = \frac{P_{\text{mechN}}}{P_{\text{elN}}} = \frac{P_{\text{mechN}}}{U_{\text{aN}} I_{\text{aN}}} = \frac{117{,}6\ \text{kW}}{600\ \text{V} \cdot 200\ \text{A}} = 0{,}98.$$

6. *Berechnen Sie die Drehzahl des Motors bei Belastung mit 75 % des Nennmoments und einer Spannung von 350 V (Begründung und Skizze)!*

Tendenziell bewirken ein kleineres Drehmoment eine starke Erhöhung der Drehzahl und eine geringere Ankerspannung eine Verringerung der Drehzahl. Dies macht die Berechnung wesentlich schwieriger als bei Nebenschlussmaschinen.

$$\frac{M}{M_N} = \frac{\Psi}{\Psi_N} \cdot \frac{I_a}{I_{aN}} = \left(\frac{I_a}{I_{aN}}\right)^{\frac{3}{2}} \Rightarrow \frac{I_a}{I_{aN}} = \left(\frac{M}{M_N}\right)^{\frac{2}{3}}$$

$$\Rightarrow I_a = I_{aN}\left(\frac{M}{M_N}\right)^{\frac{2}{3}} = 200\ \text{A}\ (0{,}75)^{\frac{2}{3}} = 165\ \text{A},$$

$$\Psi = \Psi_N \sqrt{\frac{I_a}{I_{aN}}} = 3{,}51\ \text{Vs}\sqrt{\frac{165}{200}} = 3{,}19\ \text{Vs},$$

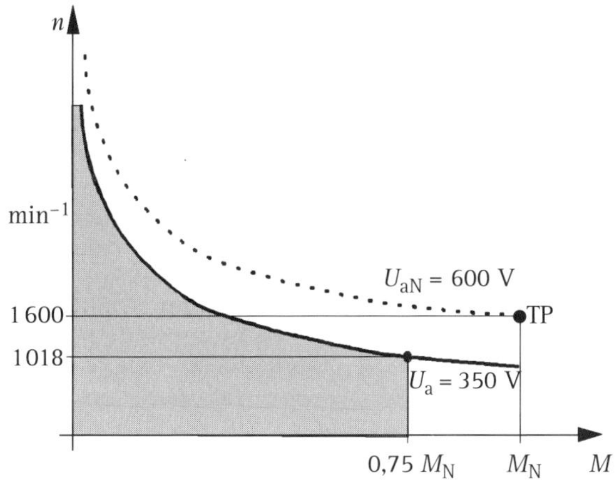

$$n = \frac{U}{2\pi\Psi} - \frac{R}{2\pi\Psi} I_a = \frac{350\ \text{V}}{2\pi \cdot 3{,}19\ \text{Vs}} - \frac{0{,}06\ \Omega}{2\pi \cdot 3{,}19\ \text{Vs}} 165\ \text{A} = 1\,018\ \text{min}^{-1}.$$

7. *Welche Gefahr besteht bei einer plötzlichen Entlastung an der Welle?*

Bei einer plötzlichen Entlastung an der Welle gehen das Drehmoment und der Strom auf null zurück. Damit verschwindet aber auch der Erregerfluss in der Maschine, weshalb die Drehzahl extrem hohe Werte annimmt und in der Regel mechanisch zerstört wird. Man spricht deshalb auch vom Durchgehen des Motors. In der Praxis kann eine vollständige Entlastung dadurch sicher vermieden werden, dass ein kleiner Lüfter auf der Welle angebracht wird.

8. *Wie reagiert die Reihenschlussmaschine, wenn die Spannung umgepolt wird?*

Ein Vorzeichenwechsel der Ankerspannung bewirkt automatisch einen Vorzeichenwechsel im Ankerstrom und damit auch im Verkettungsfluss, sodass das Drehmoment seine Richtung beibehält. Die Drehrichtung der Reihenschlussmaschine ist somit unabhängig von der Polarität der angelegten Spannung, weshalb dieser Motortyp sowohl mit Gleichspannung als auch mit Wechselspannung betrieben werden darf. Man bezeichnet ihn deshalb auch als Universalmotor.

9. *Kann die Drehrichtung der Gleichstromreihenschlussmaschine dennoch umgekehrt werden und wenn ja, wie?*

Die Drehrichtung des Gleichstromreihenschlussmotors kann dadurch umgekehrt werden, dass entweder die Anschlüsse der Ankerwicklung oder die der Feldwicklung vertauscht werden. Auf keinen Fall beide Wicklungen gleichzeitig, da sich sonst keine Änderung ergibt. Das Umpolen beider Wicklungen entspricht physikalisch einem Vorzeichenwechsel der Motorspannung.

10. *Wie viele Quadranten lassen sich maximal mit dem Reihenschlussmotor abdecken?*

Prinzipiell kann die Reihenschlussmaschine nur motorisch im ersten oder dritten Quadranten arbeiten. Ein Generatorbetrieb wäre nur mit einer separaten Nebenschlusswicklung möglich.

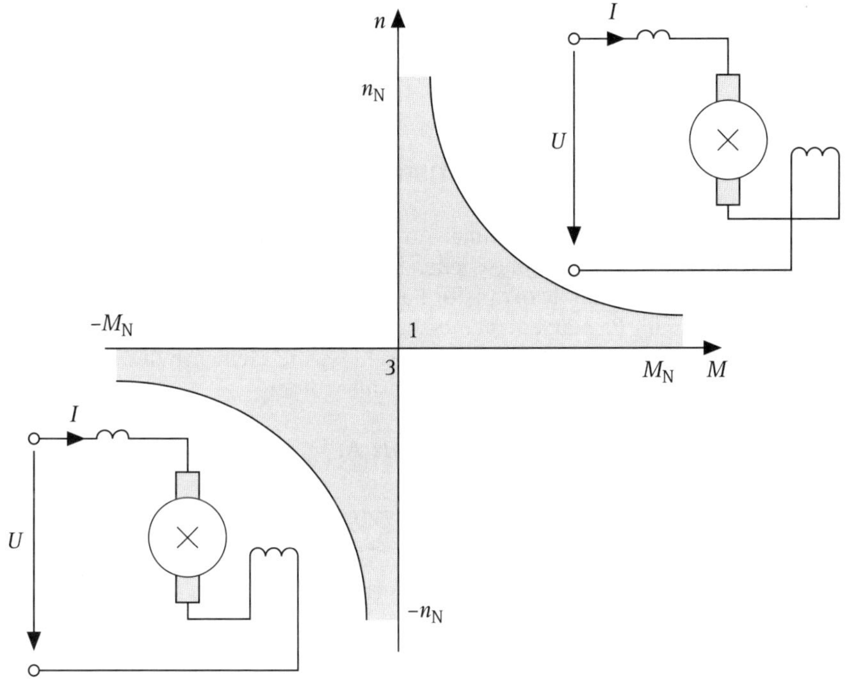

11. Welche Besonderheit muss beim Betrieb mit Wechselspannung beachtet werden?

Während es beim Betrieb an Gleichspannung genügt, wenn der Anker (Läufer) zur Reduzierung von Wirbelströmen geblecht (laminiert) ist, muss beim Betrieb an Wechselspannung auch das Ständerblechpaket laminiert werden. Hinzu kommt, dass beim Betrieb an Wechselspannung generell Spannungsfälle ($U = XI$) an den Induktivitäten ($X = \omega L$) auftreten, die bei der Berechnung zu berücksichtigen sind.

12. Wo wird der Gleichstromreihenschlussmotor hauptsächlich eingesetzt?

Das Haupteinsatzgebiet des Reihenschlussmotors liegt im Bereich der Hobby- und Haushaltsgeräte, wie Bohrmaschinen, Schleifscheiben, Haarföhn, Staubsauger, Waschmaschinen am öffentlichen Wechselstromnetz, aber auch beim Antrieb von Anlassern und Scheibenwischern an Autobatterien als sogenannter Universalmotor. Dabei wird die leichte Drehzahlverstellung der Gleichstrommaschine über die angelegte Spannung ausgenutzt, gepaart mit dem leistungselektronischen Vorteil, dass sich eine variable Wechselspannung sehr einfach mit einem

Wechselstromsteller (Dimmer) erzeugen lässt. Der Bereich Heizungspumpen und Lüfter scheidet wegen der Forderung nach Dauerbetrieb für diesen kommutatorbehafteten Motortyp aus.

10.4 Nenndaten eines Drehstromtransformators

Ein Drehstromtransformator ist primär und sekundär im Stern geschaltet (Yy0), sodass zwischen beiden Spannungsebenen keine Phasenverschiebung auftritt. Zur Bestimmung der Parameter des Transformators wurden im Prüffeld die folgenden Stranggrößen auf der Primärseite gemessen. Dabei sind im Leerlauf die Elemente des Längszweigs (R_K und X_K) und im Kurzschluss die Elemente des Querzweigs (R_{Fe} und X_{1h}) in guter Näherung vernachlässigt worden.

Leerlaufversuch: $\underline{I}_{10} = 0{,}016\ \text{A} + \text{j}\ 0{,}071\ \text{A}$, mit $U_{1N} = 20\ \text{kV}$

Kurzschlussversuch: $U_{RK} = 350\ \text{V}$, $U_{XK} = 720\ \text{V}$, mit $I_{1N} = 1{,}67\ \text{A}$

Darüber hinaus wurde das Übersetzungsverhältnis zwischen der Primär- und Sekundärwicklung mit $ü = 52{,}6$ ermittelt.

1. Zeichnen Sie das vereinfachte, einphasige Ersatzschaltbild!

Mithilfe der Leerlaufmessung und Kurzschlussmessung kann das allgemeine T-Ersatzschaltbild nicht angegeben werden, da es sechs Unbekannte enthält. Diese beiden Messungen führen lediglich auf ein vereinfachtes Ersatzschaltbild, bei dem der Querzweig zur Eingangsseite hin verschoben ist. Dadurch können die Elemente des Längszweigs zusammengefasst werden, und es bleiben nur noch vier unbekannte Elemente übrig.

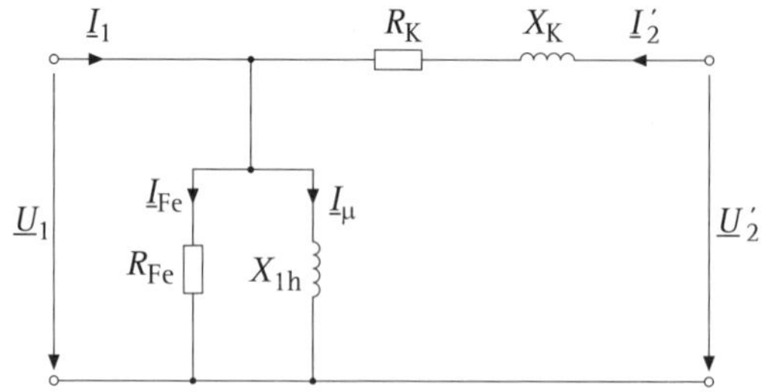

2. *Welche Bedeutung und welche Zahlenwerte haben die Kenngrößen des Querzweigs?*

Der Querzweig besteht aus der Parallelschaltung eines ohmschen und induktiven Widerstands. Dabei repräsentiert der ohmsche Anteil die Eisenverluste (Ummagnetisierung und Wirbelströme), die den Transformator erwärmen (Index Fe = Ferrum = Eisen), und der induktive Anteil steht für den Aufbau des Magnetfelds im Eisenkreis (Index μ = griechisches m = magnetisch). Die Kenndaten werden im sekundärseitigen Leerlauf (Index 0) und bei primärer Nennspannung ermittelt, wobei bei dieser Messung die Elemente des Längszweigs in guter Näherung vernachlässigt werden dürfen.

$$\underline{I}_{10} = \underline{I}_{\mathrm{Fe}} + \underline{I}_{\mu} = 0{,}016\ \mathrm{A} + \mathrm{j}\,0{,}071\ \mathrm{A}$$

$$\Rightarrow I_{\mathrm{Fe}} = 0{,}016\ \mathrm{A}, \qquad I_{\mu} = 0{,}071\ \mathrm{A},$$

$$\Rightarrow R_{\mathrm{Fe}} = \frac{U_{1\mathrm{N}}}{I_{\mathrm{Fe}}} = \frac{20\ \mathrm{kV}}{0{,}016\ \mathrm{A}} = 1{,}25\ \mathrm{M\Omega}, \qquad X_{1\mathrm{h}} = \frac{U_{1\mathrm{N}}}{I_{\mu}} = \frac{20\ \mathrm{kV}}{0{,}071\ \mathrm{A}} = 81{,}72\ \mathrm{k\Omega}.$$

3. *Welche Bedeutung und welche Zahlenwerte hat der Längszweig des Transformators?*

Der Längszweig besteht aus der Reihenschaltung eines ohmschen und induktiven Widerstands. Dabei steht der ohmsche Anteil für die Kupferverluste der Primär- und Sekundärwicklung $\left(R_K = R_1 + R_2'\right)$ die den Transformator im Betrieb erwärmen, sowie dem induktiven Anteil, der die magnetischen Streufelder der beiden Spulen berücksichtigt. Die Kenndaten werden bei sekundärem Kurzschluss (Index K) und stark reduzierter Primärspannung ermittelt, wobei bei dieser Messung der Querzweig in guter Näherung unberücksichtigt bleiben darf.

$$U_{\mathrm{R_K}} = 350\ \mathrm{V}, \qquad U_{\mathrm{X_K}} = 720\ \mathrm{V} \Rightarrow$$

$$R_{\mathrm{K}} = \frac{U_{\mathrm{R_K}}}{I_{1\mathrm{N}}} = \frac{350\ \mathrm{V}}{1{,}67\ \mathrm{A}} = 209{,}6\ \Omega,$$

$$X_{\mathrm{K}} = \frac{U_{\mathrm{X_K}}}{I_{1\mathrm{N}}} = \frac{720\ \mathrm{V}}{1{,}67\ \mathrm{A}} = 431{,}1\ \Omega.$$

4. *Geben Sie die Nennscheinleistung des Transformators an!*

Unter Verwendung der Stranggrößen ist die Leistung eines Drehstromverbrauchers immer das Dreifache der Strangleistung. Dies gilt für die Schein-, Wirk- und Blindleistung gleichermaßen.

$$S_{1N} = 3U_{1N}I_{1N} = 3 \cdot 20\ \text{kV} \cdot 1{,}67\ \text{A} = 100{,}2\ \text{kVA}.$$

5. *Berechnen Sie die relative Kurzschlussspannung sowie den Leistungsfaktor im Kurzschlussfall!*

Die Kurzschlussspannung ist der Wert der Primärspannung, bei dem im sekundären Kurzschluss Nennstrom fließt. Bezieht man diesen Wert auf die Nennspannung, erhält man die relative (bezogene) Kurzschlussspannung. Dies ist eine charakteristische Kenngröße eines Transformators, die bei harten Transformatoren im Bereich von einigen Prozenten liegt und bei weichen Transformatoren (Klingeltransformator) bis 100 % reichen kann.

$$U_{1K} = \sqrt{U_{R_K}^2 + U_{X_K}^2} = \sqrt{350^2 + 720^2}\ \text{V} = 800{,}6\ \text{V} \Rightarrow$$

$$u_K = \frac{U_{1K}}{U_{1N}} = \frac{800{,}6\ \text{V}}{20\,000\ \text{V}} = 4\ \%\ \text{und}$$

$$\lambda = \frac{P}{S} = \frac{R_K}{Z_K} = \frac{R_K}{\sqrt{R_K{}^2 + X_K{}^2}} = \frac{209{,}6\ \Omega}{479{,}35\ \Omega} = 0{,}437.$$

6. *Wie groß ist die Verlustleistung des Transformators im Nennbetrieb?*

Die Verlustleistung ist eine Wirkleistung (Wärme) und muss deshalb im Ersatzschaltbild aus den Wirkwiderständen berechnet werden.

$$P_V = 3R_{Fe}I_{Fe}^2 + 3R_K I_{1N}^2 = 3 \cdot 1{,}25 \cdot 10^6\ \Omega \left(16 \cdot 10^{-3}\right)^2\ \text{A}^2 + 3 \cdot 209{,}6\ \Omega\ (1{,}67)^2\ \text{A}^2,$$

$$P_V = 960\ \text{W} + 1\,753{,}66\ \text{W} = 2{,}714\ \text{kW}.$$

7. *Bestimmen Sie die Ausgangsspannung (U_2) an den Klemmen der Sekundärwicklung des Transformators für eine rein ohmsche Last ($\varphi_b = 0$) und bei Nennstrom!*

Zeichnet man das Zeigerdiagramm eines Transformators für beliebige Belastungen, so kann über das sogenannte Kapp'sche Dreieck der Spannungsfall im Transformator in Abhängigkeit vom Belastungswinkel des Verbrauchers angegeben werden. Nach dem Zeigerdiagramm gilt allgemein:

$$\Delta U_2' = \ddot{u}\, \Delta U_2 = R_K I_{1N} \cos\varphi_b + X_K I_{1N} \sin\varphi_b = 350 \text{ V bzw.}$$
$$U_2' = U_1 - \Delta U_2' = 19{,}65 \text{ kV.}$$

Da im Ersatzschaltbild keine galvanische Trennung vorhanden ist, müssen dessen Ausgangsgrößen über das Übersetzungsverhältnis wieder auf die Sekundärseite umgerechnet werden.

$$\Delta U_2' = 350 \text{ V} \Rightarrow \Delta U_2 = \frac{R_K I_{1N}}{\ddot{u}} = 6{,}65 \text{ V} \Rightarrow U_2 = U_{20} - \Delta U_2$$
$$= \frac{U_{1N}}{\ddot{u}} - \Delta U_2 = 373{,}6 \text{ V.}$$

8. *Welches Leistungsgewicht haben Transformatoren?*

Das Leistungsgewicht von Transformatoren liegt je nach Ausführungsform bei etwa 0,5 kW/kg; anders herum formuliert heißt das, dass ein Transformator mit einer Leistung von 1 kW ungefähr 2 kg wiegt.

10.5 Stromortskurve einer Asynchronmaschine

In zwei Dritteln aller elektrischen Antriebe kommt die Asynchronmaschine, auch Induktionsmaschine genannt, wegen ihrer Betriebssicherheit, Robustheit und Wartungsarmut zur Anwendung. Das Leistungsspektrum reicht von 1 W bis in den zweistelligen Megawatt-Bereich hinein, wobei das Leistungsgewicht mit bis zu 0,5 kW/kg deutlich größer als bei Gleichstrommaschinen ist. Im Leistungsbereich bis ein, zwei Kilowatt verwendet man die einphasige Asynchronmaschine mit Hilfskondensator und darüber hinaus die Drehstrom-Asynchronmaschine. Selbstverständlich kann die Drehstrom-Asynchronmaschine in allen vier Quadranten der Drehzahl-Drehmoment-Ebene arbeiten, das heißt, in beiden Drehrichtungen als Motor antreiben oder als Generator bremsen. Von einer zweipoligen

Drehstrom-Asynchronmaschine (p = 1) mit Kurzschlussläufer sind die Parameter des Ersatzschaltbilds bekannt. Die Eisen- und Reibungsverluste dürfen näherungsweise vernachlässigt werden. Im Einzelnen kann dem Datenblatt der Maschine entnommen werden:

U_1	= 230 V/50 Hz	Strangspannung,
$X_{1\sigma}$	$= X'_{2\sigma} = 0{,}5\ \Omega$	Streureaktanzen,
R'_2	$= 0{,}5\ \Omega$	Läuferwiderstand,
X_{1h}	$= 25{,}5\ \Omega$	Hauptreaktanz,
R_1	$= 0{,}25\ \Omega$	Ständerwiderstand.

1. *Zeichnen Sie das zugehörige einphasige Ersatzschaltbild!*

Bei Vernachlässigung der Eisenverluste tritt der Widerstand R_{Fe} im allgemeinen T-Ersatzschaltbild nicht auf, sodass der Leerlaufstrom im Wesentlichen dem Magnetisierungsstrom entspricht, der das Drehfeld im Luftspalt der Maschine aufbaut.

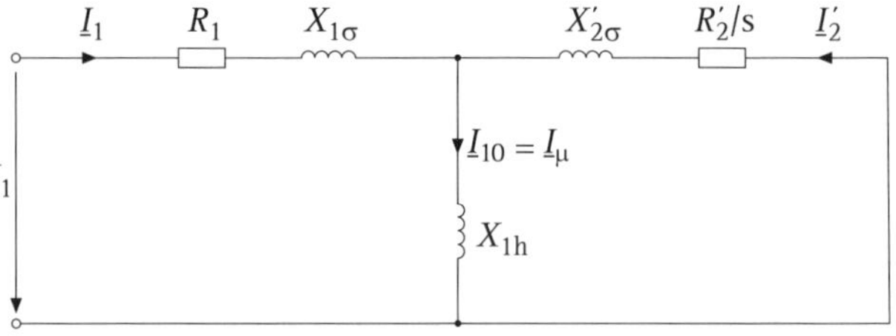

2. *Bestimmen Sie den Leerlaufstrom nach Betrag und Phase!*

Im Leerlauf dreht die Maschine mit der synchronen Drehzahl ($n = n_d$); das heißt, zwischen Läufer und Drehfeld ist kein Schlupf vorhanden (s = 0). Der Leerlaufstrom dient praktisch nur dem Aufbau des Drehfelds und ist deshalb (rein) induktiv. Der kleine ohmsche Anteil steht für die vernachlässigbaren Leerlaufwirkverluste im Ständerwiderstand.

$$\underline{I}_{10} = \frac{\underline{U}_1}{\underline{Z}_0} = \frac{\underline{U}_1}{R_1 + \mathrm{j}\left(X_{1\sigma} + X_{1h}\right)} = \underline{U}_1\left(\frac{R_1}{R_1^2 + X^2} - \mathrm{j}\frac{X}{R_1^2 + X^2}\right) = 0{,}17\ \mathrm{A} - \mathrm{j}\ 8{,}8\ \mathrm{A}.$$

Daraus errechnet sich ein Phasenwinkel von: $\varphi_0 = \arctan(X / R) = 89{,}4°$

und ein Effektivwert (Betrag) von: $I_{10} = \dfrac{U_1}{\sqrt{R^2 + X^2}} = 8{,}8$ A.

3. *Ermitteln Sie den Stromzeiger für den Stillstand!*

Bei stillstehendem Läufer ist der Schlupf zwischen Drehfeld und Läuferspule gleich 1 ($s = 1$). In diesem Zustand entspricht die Maschine einem sekundärseitig kurzgeschlossenen Transformator, weshalb man bei festgebremsten Asynchronmaschinen auch vom Kurzschlussbetrieb spricht.

$$\underline{Z}_1 = R_1 + \mathrm{j}X_{1\sigma} + \frac{\mathrm{j}X_{1\mathrm{h}}\left(\mathrm{j}X'_{2\sigma} + R'_2\right)}{\mathrm{j}X_{1\mathrm{h}} + \mathrm{j}X'_{2\sigma} + R'_2} = \left[0{,}25 + \mathrm{j}\,0{,}5 + \frac{\mathrm{j}\,25{,}5\left(\mathrm{j}\,0{,}5 + 0{,}5\right)}{\mathrm{j}\,25{,}5 + 0{,}5}\right]\Omega,$$

$$\underline{Z}_1 = 0{,}75\ \Omega + \mathrm{j}1\ \Omega,$$

$$\underline{I}_{1\mathrm{K}} = 110\ \mathrm{A} - \mathrm{j}147\ \mathrm{A}.$$

Daraus errechnet sich ein Phasenwinkel von: $\varphi_K = \arctan(X / R) = 53{,}2°$

und ein Effektivwert (Betrag) von: $I_{1\mathrm{K}} = \dfrac{U_1}{\sqrt{R^2 + X^2}} = 183$ A.

4. *Tragen Sie die Stromortskurve dieser Maschine in eine komplexe Ebene ein!*

Der schlupfabhängige Widerstand im Läuferkreis repräsentiert eine Wirkleistung (Läuferverluste plus mechanische Leistung an der Welle). Er variiert, je nach Belastung (Schlupf), zwischen null und unendlich, was die resultierende Impedanz der Maschine erheblich verändert, sodass der Ständerstromzeiger ebenfalls stark schlupfabhängig ist. Alle Zeigerspitzen liegen auf einem Kreis, der sogenannten Stromortskurve.

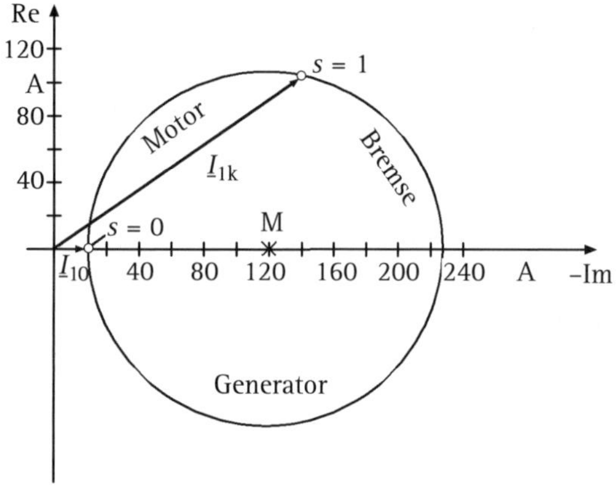

Liegt der Stromzeiger in der oberen Hälfte (positiver Wirkanteil), nimmt die Maschine Leistung aus dem Netz auf (im Bereich $0 < s < 1$ als Motor, sonst als Gegenstrombremse), liegt er unterhalb, gibt sie Leistung ans Netz ab (Generator).

5. *Zeichnen Sie die Momentenlinie in die Stromortskurve ein!*

Die Momentenlinie ist die Verbindungsgerade zwischen den Punkten $s = 0$ und $s = \infty$. Dazu muss zunächst der zugehörige Stromzeiger über die entsprechende Impedanz berechnet werden.

$$s = \infty \;\Rightarrow\; Z_\infty = R_1 + \mathrm{j}X_{1\sigma} + \frac{\mathrm{j}X_{1\mathrm{h}}\mathrm{j}X'_{2\sigma}}{\mathrm{j}\left(X_{1\mathrm{h}} + X'_{2\sigma}\right)} = \left[0{,}25 + \mathrm{j}\,0{,}5 + \frac{-12{,}75}{\mathrm{j}26}\right]\Omega$$

$$= 0{,}25\ \Omega + \mathrm{j}\,1\ \Omega$$

$$\Rightarrow \underline{I}_{1\infty} = 230\ \mathrm{V}\left(\frac{0{,}25}{0{,}25^2+1} - \mathrm{j}\frac{1}{0{,}25^2+1}\right)\frac{1}{\Omega} = 51{,}8\ \mathrm{A} - \mathrm{j}\,207\ \mathrm{A}.$$

Daraus errechnet sich ein Phasenwinkel von: $\varphi_\infty = \arctan\left(X/R\right) = 76°$

und ein Stromeffektivwert (Betrag) von: $I_{1\infty} = \mathrm{U}_1/\mathrm{Z}_\infty = 213{,}4\ \mathrm{A}.$

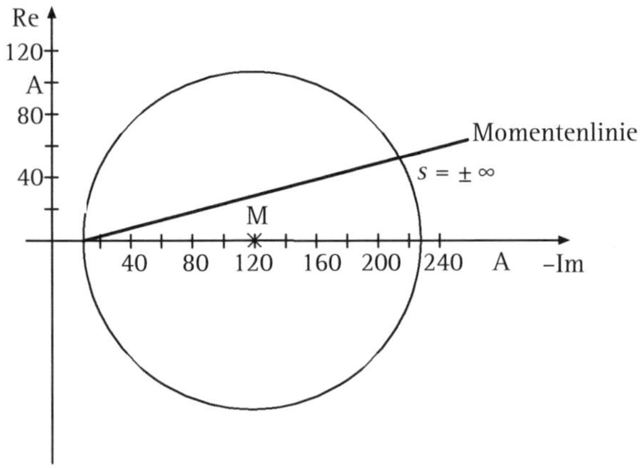

Fällt man das Lot auf die imaginäre Achse, so entspricht der Abstand vom Kreis zur Momentenlinie dem Drehmoment der Maschine. Die zugehörige Drehzahl (Schlupf) kann allerdings noch nicht abgelesen werden, da die Teilung auf dem Kreis extrem nichtlinear ist. Dazu bedarf es einer sogenannten Schlupfgeraden.

6. *Kennzeichnen Sie an der Ortskurve den Kipppunkt im Motor- und Generatorbetrieb, und ermitteln Sie die zugehörigen Schlupfwerte mithilfe einer Schlupfgeraden!*

Die Senkrechte auf die Momentenlinie und durch den Kreismittelpunkt schneidet den Kreis in den Kippschlupfpunkten s_K und s'_K. Auffallend ist, dass die Schlupfteilung auf dem Kreis extrem nichtlinear ist, weshalb eine lineare Abbildung auf eine Schlupfgerade erforderlich wird. Dazu wählt man einen beliebigen Bezugspunkt (P_B) auf der Peripherie des Kreises und erhält die Schlupfgerade als Parallele zur Strecke $\overline{P_B P_\infty}$. Die Abbildung der Schlupfwerte des Kreises auf die Schlupfgerade erfolgt durch Verbinden der Kreispunkte mit P_B, wobei der Schnittpunkt auf der Schlupfgeraden dem Schlupfwert auf dem Kreis entspricht.

Bildet man zwei Punkte, zum Beispiel $s = 0$ und $s = 1$, gemäß dieser Vorschrift auf die Gerade ab, so können alle anderen Werte durch lineare Teilung eingetragen werden. Selbstverständlich kann auch jeder Schlupfwert auf der Schlupfgeraden entsprechend obiger Abbildungsvorschrift wieder auf den Kreis übertragen werden.

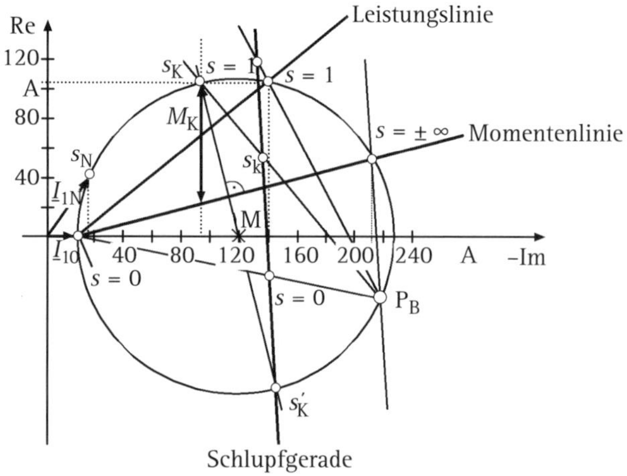

Für den Kippschlupf im Motorbetrieb liest man ab: $s_K = 55\ \%$

und im Generatorbetrieb: $s_K' = -53\ \%$.

Im Bereich $0 \leq s \leq 1$ arbeitet die Asynchronmaschine im Motorbetrieb (Realteil des Ständerstroms positiv), im Bereich $0 \leq s \leq -\infty$ im Generatorbetrieb (Realanteil negativ) und im Bereich $1 \leq s \leq +\infty$ im Gegenstrom-Bremsbetrieb. Die Gegenstrombremse ist eine reine Verlustbremsung, da die Maschine hierbei Wirkleistung sowohl aus dem Netz als auch an der Welle aufnimmt und im Läufer in Wärme umsetzt, sodass dieser Betriebszustand möglichst zu vermeiden ist.

7. *Warum sollte der Nennstromzeiger möglichst die Tangente an die Stromortskurve sein?*

Da der Stromzeiger, der die Tangente an den Kreis bildet, die geringste Phasenverschiebung zur Netzspannung und damit den größten (besten) Leistungsfaktor aufweist.

8. *Welchen Wirkungsgrad und Leistungsfaktor hat diese Maschine im Motornennbetrieb?*

Die Phasenverschiebung im Nennpunkt kann mit $\varphi = 35°$ abgelesen werden. Daraus errechnet sich ein Verschiebungsfaktor von $\cos\varphi = 0{,}82$. Da es sich um sinusförmige Ständergrößen handelt, entspricht der Verschiebungsfaktor dem Leistungsfaktor:

$$\lambda = \cos\varphi = 0{,}82.$$

Der Wirkungsgrad kann entweder über die Leistungslinie, das ist die Verbindung zwischen $s = 0$ und $s = 1$, oder indirekt über die Herleitung der einzelnen Leistungen aus anderen ablesbaren Größen ($P_{\text{mechN}} = M_{\text{N}}\Omega_{\text{N}}$, mit $\Omega_{\text{N}} = 2\pi n_{\text{N}}$, $n_{\text{N}} = (1 - s_{\text{N}})n_{\text{d}}$ sowie $P_{\text{elN}} = U_{1\text{N}}\, I_{1\text{N}} \cos \varphi_{\text{N}}$) ermittelt werden. Fällt man das Lot vom Nennschlupf (s_{N}) auf die imaginäre Achse, so entspricht die Strecke vom Kreis bis auf die Leistungslinie der mechanischen Leistung und vom Kreis bis auf die imaginäre Achse der elektrisch aufgenommenen Wirkleistung. Aus den Streckenlängen folgt:

$$\eta = \frac{P_{\text{mech}}}{P_{\text{el}}} = \frac{0{,}63\ \text{cm}}{0{,}78\ \text{cm}} = 0{,}8 = 80\ \%.$$

9. Kann man aus der Stromortskurve den Drehzahl-Drehmoment-Verlauf ableiten?

Ja, über die Momentenlinie. Da das Drehmoment eine Wirkgröße ist, muss es aus dem Wirkanteil des Ständerstroms abgeleitet werden. Der Abstand zwischen dem Kreis und der Momentenlinie auf einer Senkrechten zur imaginären Achse entspricht dem Drehmoment für den entsprechenden Schlupfwert. An der Stelle $s = s_{\text{N}}$ folgt das eingezeichnete Nennmoment (M_{N}). Meistens kann aus den Typenschilddaten das Nennmoment berechnet werden, sodass mit der Länge von M_{N} ein Drehmomentenmaßstab (Nm/cm) gebildet werden kann.

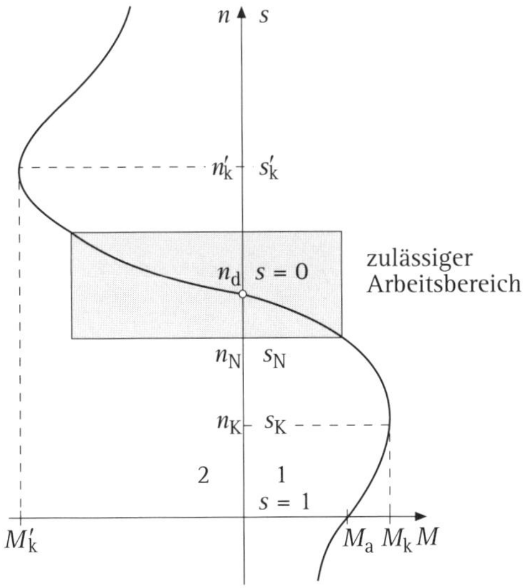

10. Worauf muss beim Einsatz von Drehstrommaschinen im Ausland (USA, Japan) prinzipiell geachtet werden?

Neben unterschiedlichen Spannungseffektivwerten sind besonders die unterschiedlichen Frequenzen (zum Beispiel 60 Hz) zu beachten. Da die Frequenz sowohl in die Drehfelddrehzahl ($n_d = f/p$) als auch in die Reaktanzen ($X = \omega L$) eingeht, ändern sich gegenüber dem 50-Hz-Betrieb sowohl die mechanischen als auch die elektrischen Größen. Generell muss beim Anschluss auf die richtige Phasenfolge geachtet werden, damit der Rotor die gewünschte Drehrichtung aufweist.

10.6 Hochlauf eines Umkehrstromrichterantriebs

Ein fremderregter Gleichstromantrieb wird über einen netzgeführten Stromrichter in Antiparallelschaltung aus dem einphasigen Wechselstromnetz (230 V, 50 Hz) mit elektrischer Energie versorgt. Der Stromrichter wird kreisstromfrei betrieben. Lück- und Kommutierungseinflüsse dürfen unberücksichtigt bleiben.

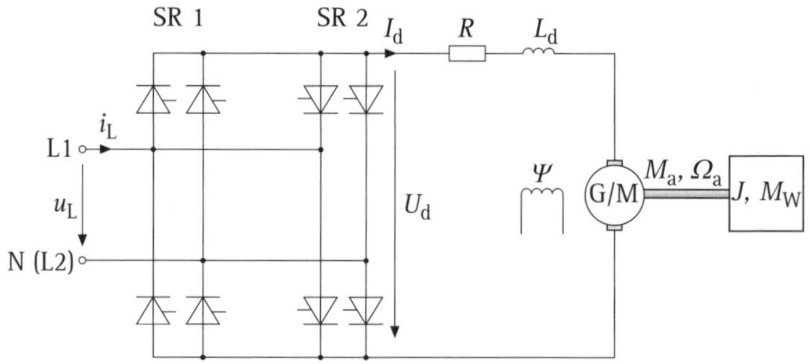

Die weiteren Daten des Antriebs sind:

Nennankerstrom $I_{dN} = 12$ A,

Ankerwiderstand $R = 0{,}5\ \Omega$,

Nenndrehzahl $n_N = 1\,500\ \text{min}^{-1}$,

Massenträgheitsmoment $J = 0{,}1\ \text{Ws}^3$,

Mechanische Leistung $P_{mech} = 2$ kW.

1. *Wie bezeichnet man diese Stromrichterschaltung, und worauf muss bei der Ansteuerung der acht Thyristoren geachtet werden? (Begründung)*

Es handelt sich um einen kreisstromfreien Umkehrstromrichter. Um dauerhafte Netzkurzschlüsse zu vermeiden, darf immer nur einer der beiden Teilstromrichter angesteuert werden. Dadurch entstehen beim Umschalten prinzipiell strom- und momentenfreie Pausen, die allerdings bei modernen Umkehrstromrichtersteuerungen kaum länger als die Freiwerdezeiten der Thyristoren sind (≈ 0,2 ms). Beim Anschluss zwischen zwei Strängen (L1, L2) erhöht sich lediglich die Eingangsspannung von 230 V auf 400 V, und entsprechend kann die Leistungsabgabe des einphasigen Stromrichters gesteigert werden.

2. *Wie viele Quadranten deckt dieser Antrieb ab? Nennen Sie einige Anwendungsbeispiele!*

Der Umkehrstromrichter deckt alle Punkte der Vierquadrantebene ab und kann Gleichstrommaschinen in beiden Drehrichtungen sowohl motorisch antreiben als auch generatorisch bremsen. Hauptsächliches Anwendungsgebiet sind die Fahr- und Positionierantriebe.

3. *Zeichnen Sie die Drehzahl-Drehmoment-Ebene, und tragen Sie die Betriebszustände der Maschine und der beiden Teilstromrichter (SR 1, SR 2) in die einzelnen Quadranten ein!*

Teilstromrichter SR 1 deckt den 1. und 4. Quadranten ab und SR 2 den 2. und 3. Quadranten. Die Antiparallelschaltung der Einzelstromrichter kommt durch die unterschiedlichen Spannungsvorzeichen von GR 1 und GR 2 sowie WR 1 und WR 2 zum Ausdruck. Die einfache Proportionalität zwischen Spannung und Drehzahl sowie Strom und Drehmoment gilt nur bei Gleichstrommaschinen. Bei Drehstrommotoren sind die Verhältnisse wesentlich komplizierter und schwieriger.

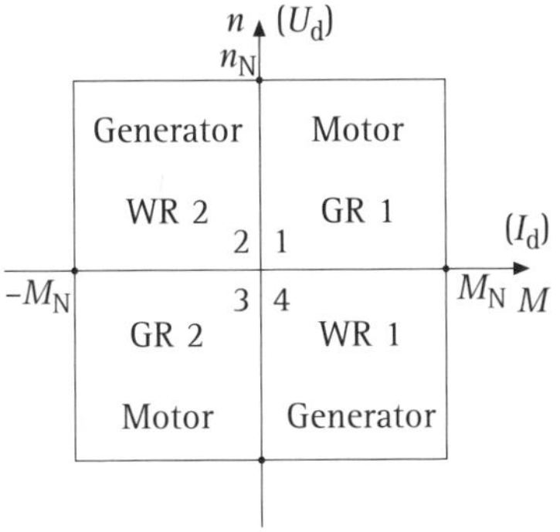

Im 1. Quadranten wird die Welle rechtsdrehend motorisch angetrieben. Dazu muss SR 1 im Gleichrichterbetrieb ($0 \le \alpha \le \pi/2$) ausgesteuert werden. Um im 2. Quadranten rechtsdrehend generatorisch abbremsen zu können, muss auf SR 2 umgeschaltet und dieser im Wechselrichterbetrieb ($\pi/2 \le \alpha \le \pi$) ausgesteuert werden. Entsprechendes gilt bei Linkslauf in den Quadranten 3 (Antreiben) und 4 (Bremsen).

4. *Berechnen Sie das Nennmoment, den Nennfluss und den stationären Steuerwinkel im Nennpunkt des ersten Quadranten!*

Im ersten Quadranten treibt Teilstromrichter SRI im Gleichrichterbetrieb ($0 \le \alpha \le \pi/2$) die Gleichstrommaschine motorisch mit Nennleistung an. Die Steuerimpulse des zweiten Teilstromrichters bleiben gesperrt. Aus den Daten des Typenschilds (Nennleistung und Nenndrehzahl) kann das Nennmoment bestimmt werden.

$$P_{\mathrm{mech_N}} = M_{\mathrm{aN}} \Omega_{\mathrm{aN}} = 2\pi M_{\mathrm{aN}} n_{\mathrm{aN}} \qquad \Rightarrow$$

$$M_{\mathrm{aN}} = \frac{P_{\mathrm{mech_N}}}{2\pi\, n_{\mathrm{aN}}} = \frac{2\ \mathrm{kW} \cdot 60\ \mathrm{s}}{2\pi \cdot 1\,500} = 12{,}73\ \mathrm{Nm}.$$

Der Proportionalitätsfaktor zwischen dem Drehmoment und dem Ankerstrom ist der Verkettungsfluss der Gleichstrommaschine.

$$M_{\mathrm{aN}} = \Psi_{\mathrm{N}} I_{\mathrm{dN}} \qquad \Rightarrow \qquad \Psi_{\mathrm{N}} = \frac{M_{\mathrm{aN}}}{I_{\mathrm{dN}}} = \frac{12{,}73\ \mathrm{Ws}}{12\ \mathrm{A}} = 1{,}06\ \mathrm{Vs}.$$

Um den stationären Steuerwinkel ausrechnen zu können, muss zunächst über die Ankerspannungsgleichung die erforderliche Stromrichterausgangsspannung ermittelt werden.

$$U_{\mathrm{dN}} = R\, I_{\mathrm{dN}} + \Psi_{\mathrm{N}} \Omega_{\mathrm{aN}} = 0{,}5\ \Omega \cdot 12\ \mathrm{A} + 1{,}06\ \mathrm{Vs} \cdot 2\pi \cdot \frac{1\,500}{60\ \mathrm{s}},$$

$$U_{\mathrm{dN}} = 6\ \mathrm{V} + 166{,}6\ \mathrm{V} = 172{,}6\ \mathrm{V},$$

$$\alpha = \arccos \frac{U_{\mathrm{dN}}}{U_{\mathrm{di}}} = \arccos \frac{172{,}6}{207} = 33{,}5°.$$

5. *Wie heißt die mechanische Bewegungsgleichung, wenn das Massenträgheitsmoment und das Widerstandsmoment konstant sind?*

Das Beschleunigungsmoment ist der Änderung der Drehzahl direkt proportional. Im Proportionalitätsfaktor steckt das Massenträgheitsmoment (J).

$$M_\mathrm{b} = M_\mathrm{a} - M_\mathrm{W} = J\frac{\mathrm{d}\Omega}{\mathrm{d}t} = 2\pi J\frac{\mathrm{d}n}{\mathrm{d}t}.$$

Um ein bestimmtes Beschleunigungsmoment an die Welle abzugeben, muss der Motor das Moment $M_\mathrm{a} = M_\mathrm{b} + M_\mathrm{W}$ aufbringen.

6. *Für einen optimalen Hochlauf von null auf Nenndrehzahl sind die zeitlichen Verläufe der Drehzahl, des Antriebsmoments und des Widerstandsmoments (M_W = 5 Nm) aufzuzeichnen!*

Ein optimaler Hochlauf liegt vor, wenn das Beschleunigungsmoment während des Hochlaufs maximal und konstant war. Daraus resultiert dann eine konstante Drehzahländerung und damit ein linearer Hochlauf, vorausgesetzt das Massenträgheitsmoment und das Widerstandsmoment verändern sich nicht.

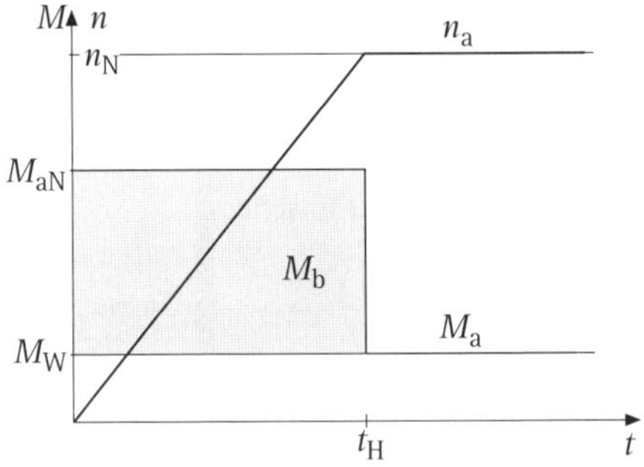

7. *Welche Hochlaufzeit stellt sich im vorliegenden Anwendungsfall ein?*

Bei einem linearen Hochlauf darf der Differenzialquotient in der Bewegungsgleichung durch einen Differenzenquotienten ersetzt werden,

$$M_\mathrm{b} = 2\pi J\frac{\Delta n_\mathrm{a}}{\Delta t} = 2\pi J\frac{n_\mathrm{aN}}{t_\mathrm{H}} \qquad \Rightarrow$$

sodass die Hochlaufzeit aus der Bewegungsgleichung freigestellt werden kann:

$$t_{\mathrm{H}} = \frac{2\pi\, J\, n_{\mathrm{aN}}}{M_{\mathrm{aN}} - M_{\mathrm{W}}} = \frac{2\pi \cdot 0{,}1\ \mathrm{Ws}^3 \cdot 1\,500}{(12{,}73 - 5)\ \mathrm{Ws} \cdot 60\ \mathrm{s}} = 2{,}03\ \mathrm{s}.$$

8. *Kann dieser Drehzahlverlauf von einer klassischen Kaskadenregelung erreicht werden?*

Die klassische Regelungstechnik arbeitet mit linearen Übertragungsgliedern und Reglern, sodass ein Knick (Nichtlinearität) im Verlauf einer Regelgröße prinzipiell nicht möglich ist. Je nach Reglerabgleich wird deshalb immer ein mehr oder weniger starkes Überschwingen oder Unterschwingen vorhanden sein.

10.7 Elektronische Lichtmaschine für die Traktion

In einem Elektroauto wird die kleine und leichte 12-V-Hilfsbatterie der Nebenaggregate (Licht, Blinker, Radio etc.) über eine elektronische Lichtmaschine aus der großen und schweren Traktionsbatterie (160 V) des Elektroantriebs nachgeladen. Zur Glättung des Ladestroms (I_{d} = 5 A) ist eine Induktivität (L) vorgesehen. Sämtliche Verluste dürfen bei den folgenden Betrachtungen vernachlässigt werden.

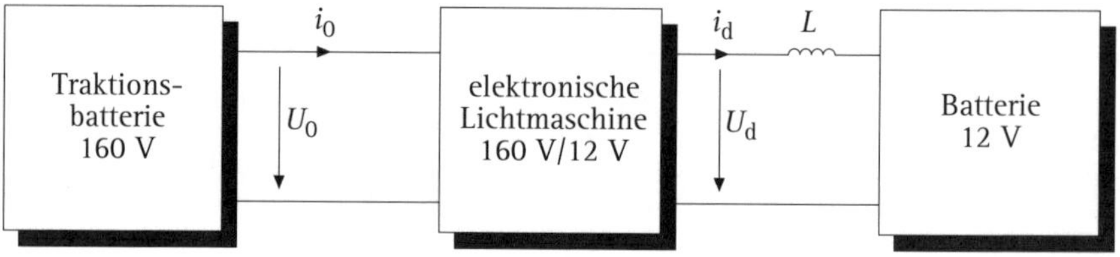

1. *Welcher Stromrichter kommt zum Einsatz, und wie viele Quadranten der U_d-I_d-Ebene muss er abdecken?*

Um mit der hohen Spannung von 160 V des Energiespeichers die 12-V-Batterie der Nebenaggregate nachladen zu können, muss ein sogenannter Tiefsetzsteller eingesetzt werden. Dabei handelt es sich um einen Gleichstromsteller (Chopper), der im 1. Quadranten arbeitet. Der Energiefluss ist nur in einer Richtung möglich, nämlich von der hohen Spannung der Eingangsseite zu der niedrigen Spannung der Ausgangsseite. Eine mechanische Lichtmaschine (Generator) ist bei Elektroautos generell nicht einsetzbar, da bei Stillstand des Fahrzeugs der Antriebsmotor abgeschaltet wird und dadurch keine Ladung mehr erfolgen würde.

2. *Geben Sie das Schaltbild des Stromrichters an, wenn als Schalter ein IGBT verwendet wird!*

Typisch für einen Tiefsetzsteller ist der Freilaufzweig, der beim Abschalten des Leistungstransistors verhindert, dass gefährliche Induktionsspannungen entstehen können.

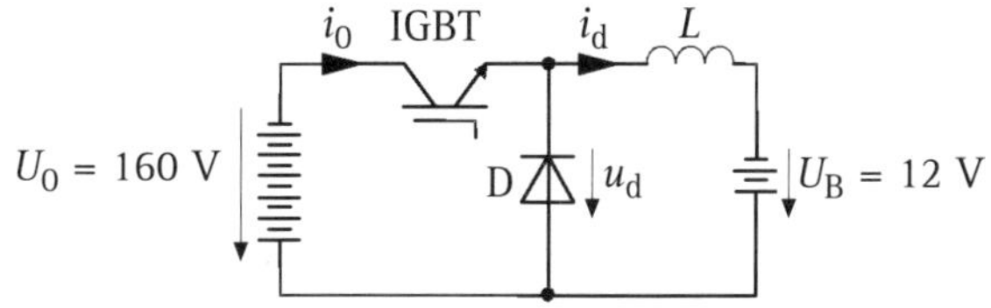

3. *Zeichnen Sie die zeitlichen Verläufe der Ausgangsgrößen (u_d, i_d) sowie die Leitphasen der Ventile in ein Diagramm ein!*

Durch den geringen Gleichanteil der Ausgangsspannung ergibt sich eine sehr kurze Einschaltzeit für den Transistor. Der Wechselanteil in der pulsierenden Gleichspannung fällt an der Induktivität ab. Der Stromverlauf wird von der Induktivität im Lastkreis bestimmt und besteht aus ansteigenden und abfallenden Geradenstücken. Bei einem nennenswerten ohmschen Anteil im Lastkreis gehen die Geradenstücke in Ausschnitte von Exponentialfunktionen über. Durch die hohe Pulsfrequenz des Choppers ergeben sich bereits bei kleinen Induktivitätswerten relativ glatte Gleichströme.

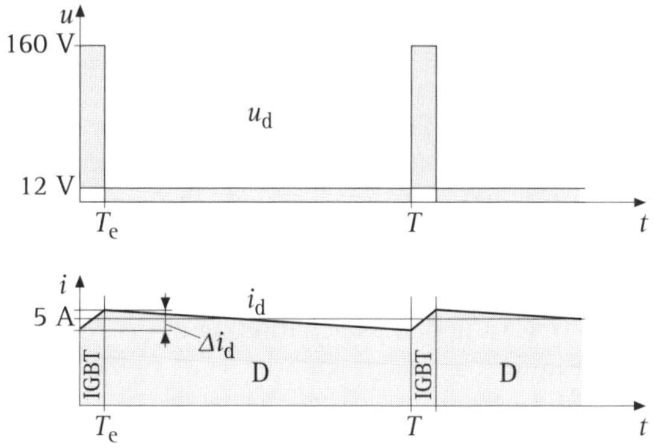

4. *Welches Tastverhältnis muss am Stromrichter eingestellt werden? Wie groß ist die Einschaltzeit des Transistors, wenn mit f_p = 20 kHz getaktet wird?*

Als Tastverhältnis bezeichnet man das Verhältnis von Einschaltzeit zur Periodendauer, die bei dieser hohen Taktfrequenz bereits weit im Mikrosekundenbereich liegt.

$$U_\mathrm{d} = U_0 \frac{T_\mathrm{e}}{T} \quad \Rightarrow \quad \frac{T_\mathrm{e}}{T} = \frac{U_\mathrm{d}}{U_0} = \frac{12\ \mathrm{V}}{160\ \mathrm{V}} = 0{,}075 = 7{,}5\ \%,$$

$$f_\mathrm{p} = 20\ \mathrm{kHz} \quad \Rightarrow \quad T = \frac{1}{f_\mathrm{p}} = \frac{1\ \mathrm{s}}{20\,000} = 50\ \mu\mathrm{s},$$

$$T_\mathrm{e} = 0{,}075 \cdot T = 0{,}075 \cdot 50\ \mu\mathrm{s} = 3{,}75\ \mu\mathrm{s}.$$

5. *Dimensionieren Sie die Glättungsinduktivität so, dass der Ausgangsstrom bei diesem Tastverhältnis eine Stromschwankung von 1 A aufweist!*

Die Berechnung der Stromschwankungsbreite erfolgt am einfachsten über das Induktionsgesetz, das den Zusammenhang zwischen dem Strom und der Spannung an einer Induktivität beschreibt. Wegen des linearen Stromverlaufs darf der Differenzialquotient durch den Differenzenquotienten ersetzt werden.

$$U_\mathrm{L} = L \frac{\mathrm{d}i_\mathrm{d}}{\mathrm{d}t} = L \frac{\Delta i_\mathrm{d}}{\Delta t} \quad \Rightarrow$$

$$L = U_\mathrm{L} \frac{\Delta t}{\Delta i_\mathrm{d}} = \left(U_0 - U_\mathrm{B}\right) \frac{T_\mathrm{e}}{\Delta i_\mathrm{d}} = (160\ \mathrm{V} - 12\ \mathrm{V})\, \frac{3{,}75\ \mu\mathrm{s}}{1\ \mathrm{A}} = 0{,}555\ \mathrm{mH}.$$

Dabei ist zu beachten, dass die Glättungsinduktivität linear mit der Einschaltzeit anwächst und bei einem Tastverhältnis von 0,5 ihren maximalen Wert annimmt.

6. *Tragen Sie den zeitlichen Verlauf des Eingangsstroms in ein Diagramm ein!*

Bei einer Stromschwankungsbreite von 1 A variiert der zeitliche Verlauf des Eingangsstroms mit ± 0,5 A um den Gleichanteil von 5 A. Während des Freilaufs ist der Eingangsstrom null.

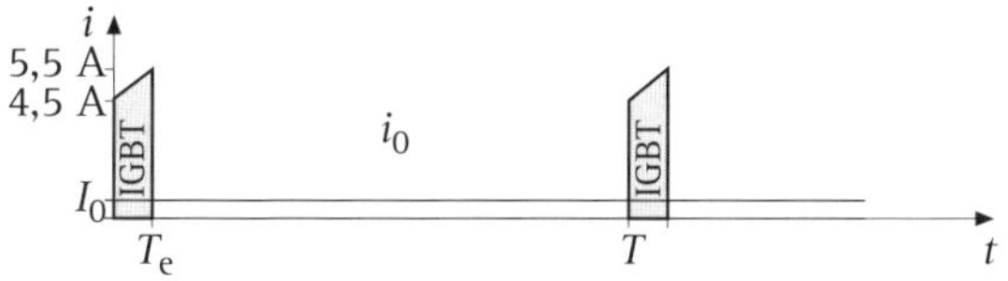

7. Welchen arithmetischen Mittelwert hat der Eingangsstrom?

Zur Bestimmung des arithmetischen Mittelwerts muss die vorhandene Strom-Zeitfläche (Trapez) über der Periodendauer gleichmäßig verteilt werden. Mithilfe der Achsenabschnittsform einer Geraden folgt für den Gleichanteil:

$$I_0 = \frac{1}{T}\int_0^{T_e} i_0(t)\,\mathrm{d}t = \frac{1}{T}\int_0^{T_e}\left(4{,}5\text{ A} + \frac{1\text{ A}}{T_e}t\right)\mathrm{d}t,$$

$$I_0 = \frac{1}{T}\left(4{,}5\text{ A}\cdot t + \frac{1\text{ A}}{T_e}\cdot\frac{t^2}{2}\right)_0^{T_e} = \frac{1\text{ A}}{T}\left(4{,}5\cdot T_e + \frac{T_e}{2}\right) = \frac{T_e}{T}\cdot 5\text{ A},$$

$$I_0 = 0{,}075\cdot 5\text{ A} = 0{,}375\text{ A}.$$

8. Welche Wirkleistung wird der Traktionsbatterie entnommen?

Da die gesamte Anordnung näherungsweise ohne Verluste (η = 1) arbeiten soll, muss die zugeführte Wirkleistung gleich der abgeführten Wirkleistung sein.

$$P = U_\mathrm{d} I_\mathrm{d} = U_0 I_0 = 12\text{ V}\cdot 5\text{ A} = 160\text{ V}\cdot 0{,}375\text{ A} = 60\text{ W}.$$

9. Berechnen Sie den Effektivwert des Eingangsstroms sowie den Leistungsfaktor!

Den effektiven Mittelwert erhält man durch den allgemeinen, quadratischen Ansatz:

$$I_\mathrm{0eff} = \sqrt{\frac{1}{T}\int_0^{T_e} i_0^2(t)\,\mathrm{d}t} = \sqrt{\frac{1\text{ A}^2}{T}\int_0^{T_e}\left(4{,}5 + \frac{t}{T_e}\right)^2\mathrm{d}t},$$

$$I_{0\mathrm{eff}} = \sqrt{\frac{1\ \mathrm{A}^2}{T}\left[20{,}25 \cdot T_\mathrm{e} + 4{,}5 \cdot T_\mathrm{e} + \frac{1}{3} T_\mathrm{e}\right]} = \sqrt{25{,}083\ \mathrm{A}^2 \frac{T_\mathrm{e}}{T}},$$

$$I_{0\mathrm{eff}} = \sqrt{25{,}083\ \mathrm{A}^2 \frac{3{,}75\ \mu\mathrm{s}}{50\ \mu\mathrm{s}}} = 1{,}37\ \mathrm{A}.$$

Der Leistungsfaktor ist das Verhältnis von Wirkleistung zu Scheinleistung; dies gilt auch immer dann in Gleichstromkreisen, wenn pulsierende (nichtideale) Gleichgrößen vorliegen.

$$\lambda = \frac{P}{S} = \frac{U_0\, I_0}{U_0\, I_{0\mathrm{eff}}} = \frac{60\ \mathrm{W}}{219{,}5\ \mathrm{VA}} = 0{,}273 = 27{,}3\ \%.$$

Dieser Leistungsfaktor besagt, dass nur 27,3 % der ausgetauschten (Schein-) Leistung in Wirkleistung umgesetzt werden.

10. Wäre es auch möglich, mit der 12-V-Batterie die 160-V-Traktionsbatterie zu laden?

Ja, allerdings benötigt man dann einen Gleichstromsteller (Chopper), der im 2. Quadranten, als sogenannter Hochsetzsteller, arbeiten kann.

10.1 Geben Sie den zugehörigen Schaltungsaufbau an!

Der Hochsetzsteller entsteht dadurch, dass in der Schaltung des Tiefsetzstellers die Diode und der Transistor vertauscht werden. Im Ruhezustand der Schaltung liegt an der Diode eine negative Sperrspannung von U_d = –(160 V–12 V) = –148 V an. Ein Energiefluss ist deshalb nur in Verbindung mit einer Induktivität im Gleichstromkreis möglich.

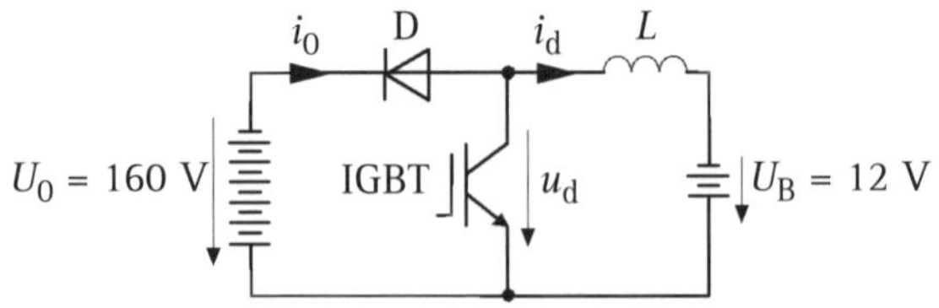

10.2 Zeichnen Sie die zeitlichen Verläufe von Spannung und Strom auf der 12-V-Seite!

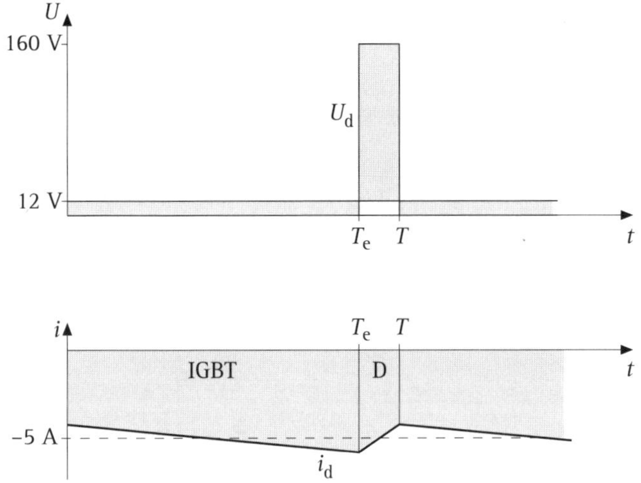

Während der Einschaltzeit des Transistors wird jetzt die 12-V-Batterie kurzgeschlossen ($u_d = 0$), sodass der Batteriestrom in negativer Richtung linear anwächst. Wird der Transistor abgeschaltet, muss die Induktivität durch Änderung des Stromanstiegs ($u_L = -L\, di/dt$) eine Spannung induzieren, die so groß ist, dass die Durchlassspannung der Diode überschritten wird ($u_d \approx 160$ V + 1 V = 161 V). Das Laden der Traktionsbatterie geht immer nur portionsweise, indem eine kleine Energiemenge von der 12-V-Batterie auf die Induktivität gebracht und dann von dort in den 160-V-Kreis gespeist wird.

Dieser Fall, dass Energie auf kleinem Spannungsniveau in einen elektrischen Speicher mit hohem Spannungsniveau gespeist werden muss, liegt auch bei einem langsam fahrenden Elektroauto mit Gleichstromantrieb vor, das generatorisch abgebremst werden soll.

10.8 Frequenzumrichtergespeister Drehstromantrieb

Ein dreiphasiger Pulswechselrichter mit Spannungseinprägung wird über eine ungesteuerte B6-Schaltung aus dem öffentlichen Drehstromnetz (230/400 V, 50 Hz) gespeist, wobei die Zwischenkreisspannung 93 % der ideellen Leerlaufgleichspannung U_{di} entspricht. Um die Gleichspannungsquelle nicht mit Blindleistung zu belasten, erfolgt die Spannungsversorgung des maschinenseitigen Stromrichters über einen *LC*-Filter. Die Last des Transistor-Wechselrichters ist eine Drehstrom-Asynchronmaschine in Sternschaltung, deren Nennpunkt bei 50 Hz liegt. Sämtliche Leistungshalbleiter sollen ideale Eigenschaften aufweisen. Der 300-Hz-wellige Gleichstrom im Zwischenkreis hat bei Nennbetrieb einen Gleichanteil von 20 A und einen Wechselanteil von 10 A.

1. Zeichnen Sie ein symbolisches Schaltbild!

Drehzahlveränderbare Drehstromantriebe benötigen ein variables Drehstromsystem, dessen Amplitude und Frequenz frei eingestellt werden können. Zur Entkopplung der beiden unterschiedlichen Drehstromsysteme auf der Netzseite und der Maschinenseite dient ein sogenannter Gleichspannungs-Zwischenkreis. Dieser enthält ein *LC*-Glied, das die Gleichspannung glättet und außerdem die Blindleistung für die Magnetisierung der Asynchronmaschine liefert.

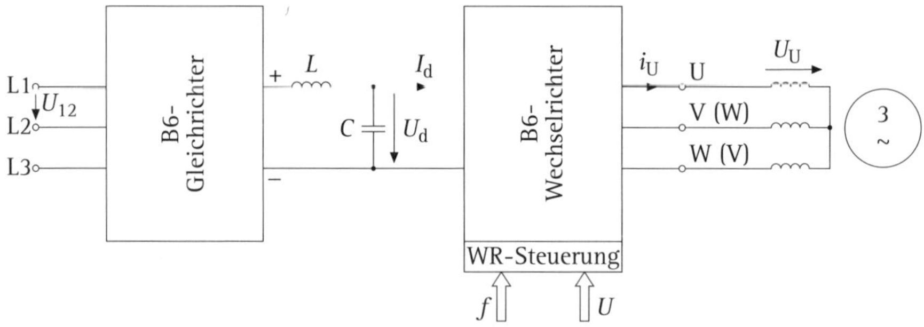

2. Wie nennt man die gesamte Stromrichteranordnung? (Begründung)

Die Reihenschaltung eines netzgeführten Gleichrichters und eines selbstgeführten Wechselrichters nennt man Frequenzumformer oder Frequenzumrichter. Der Ausdruck Umrichter kommt daher, dass aus einer festen Wechselgröße eine variable Wechselgröße erzeugt wird. Wegen der konstanten Spannung im Zwischenkreis spricht man auch von einem Frequenzumrichter mit Spannungseinprägung. Diese Frequenzumrichter können nicht nur die Effektivwerte und die Frequenzen der Ausgangsgrößen beliebig verändern, sondern bei Bedarf auch mehrere Motoren gleichzeitig im Parallelbetrieb speisen.

3. *Welchen maximalen Effektivwert kann die Grundschwingung der Strangspannung annehmen?*

Die maximalen Spannungseffektivwerte treten immer bei Volltaktung auf, da hierbei die vollen Spannungszeitflächen durchgeschaltet werden.

$$U_{\mathrm{d}} = 0{,}93 \cdot U_{\mathrm{di}} = 0{,}93 \cdot 1{,}35 \cdot U_{12} = 0{,}93 \cdot 1{,}35 \cdot 400\ \mathrm{V} = 502\ \mathrm{V},$$

$$U_{\mathrm{U}} = \frac{\sqrt{2}}{3} U_{\mathrm{d}} = 236{,}7\ \mathrm{V} \quad \text{und} \quad U_{\mathrm{U1}} = \frac{\sqrt{2}}{\pi} U_{\mathrm{d}} = \frac{3}{\pi} U_{\mathrm{U}} = 225\ \mathrm{V}.$$

4. *Wie viele Quadranten der Drehzahl-Drehmoment-Ebene deckt dieser Stromrichterantrieb ab?*

In dieser Konfiguration kann der Antrieb nur motorisch antreiben. Das heißt, er deckt zwei Quadranten ab, nämlich den ersten im Vorwärtslauf (rechtsdrehende Phasenfolge U, V, W) und den dritten im Rückwärtslauf (links drehende Strangfolge U, W, V).

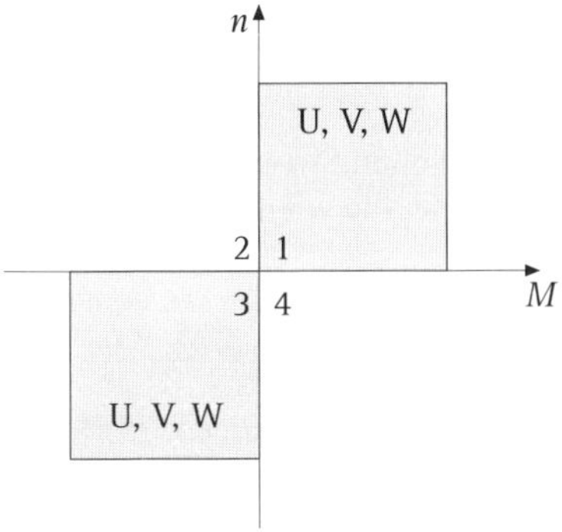

Achtung: Speist die Maschine Energie in den Zwischenkreis, führt dies sofort zu einem gefährlichen Spannungsanstieg, da der Gleichrichter die Energie nicht ins Netz zurückspeisen kann.

5. *Worin besteht der Unterschied zwischen dem Betrieb im 1. und 3. Quadranten?*

Um vom 1. Quadranten (Vorwärts antreiben) in den 3. Quadranten (Rückwärts antreiben) zu kommen, muss die Wechselrichtersteuerung lediglich softwaremäßig zwei Stränge (Zündkanäle) vertauschen. Im Zwischenkreis tritt keine Änderung ein, da in beiden Fällen Wirkleistung an den Wechselrichter abgegeben wird.

6. Durch welche Maßnahmen wäre ein Vierquadrant-Betrieb möglich?

Damit der Zwischenkreis Energie aufnehmen kann, muss bei Frequenzumrichtern mit Spannungseinprägung auf der Netzseite ein Umkehrstromrichter vorgesehen werden. Auch eine Batterie oder ein UltraCap im Zwischenkreis macht eine Nutzbremsung (Energierückspeisung) möglich. Die schlechteste Variante ist ein Bremswiderstand plus Chopper im Zwischenkreis, da hierbei die Bremsenergie in Wärme (Verlustbremsung) umgewandelt wird.

7. Geben Sie die zeitlichen Verläufe der Stranggrößen im Nennbetrieb an!

Im Nennbetrieb folgt der Stromverlauf abschnittsweise Exponentialfunktionen, und es stellt sich eine Phasenverschiebung ein, die allerdings nur ungefähr der natürlichen Phasenverschiebung (φ_N) bei Betrieb an sinusförmiger Spannung entspricht.

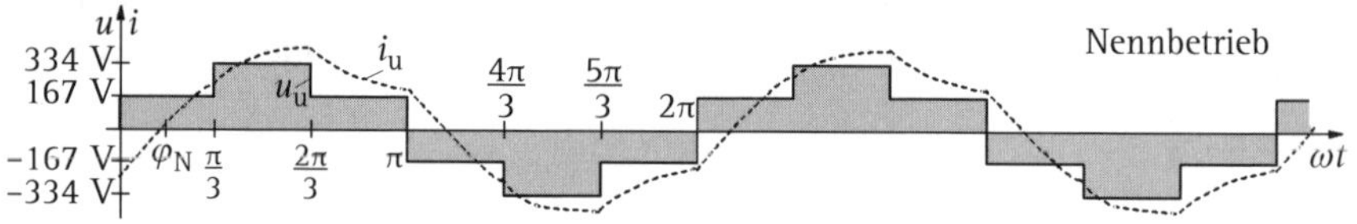

In der Phasenverschiebung zwischen Strom und Spannung steckt die Magnetisierungsblindleistung der Maschine, die wiederum vom Zwischenkreis bereitgestellt werden muss.

8. Wie verändern sich die Verläufe im Leerlauf der Maschine?

Der Leerlaufstrom einer Asynchronmaschine ist ein reiner Magnetisierungsstrom, der eine Phasenverschiebung von ungefähr 90° gegenüber der Spannung aufweist. Wegen der nichtlinearen Magnetisierungskennlinie (Hysterese) weicht der zeitliche Verlauf infolge sogenannter Stromspitzen (Spikes) erheblich vom Betrieb mit Nennstrom ab. Der Effektivwert des Leerlaufstroms liegt je nach Maschine bei 30 % bis 60 % des Nennstromeffektivwerts.

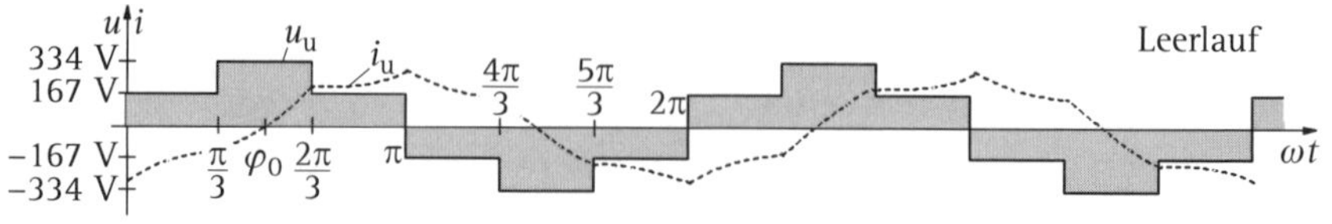

Bei Betrieb des Wechselrichters mit Zwischentaktung sind die zeitlichen Verläufe sowohl im Leerlauf als auch im Nennbetrieb wesentlich sinusförmiger.

9. *Warum muss der Wechselrichter den Effektivwert und die Frequenz der Ausgangsspannung variieren können?*

Um die Drehzahl einer Drehstrommaschine verstellen zu können, muss die Frequenz der Statorgrößen variabel sein ($n_d \sim f$). Da sich jedoch auch die Reaktanzen (Blindwiderstände) der Motorwicklungen in Abhängigkeit von der Statorfrequenz verändern ($X = \omega L$), lassen sich die Motorströme nur dann gezielt beeinflussen, wenn neben der Frequenz auch der Effektivwert der Statorspannungen verändert werden kann.

10. *Dimensionieren Sie den Kondensator im Zwischenkreis so, dass die Gleichspannungsquelle annähernd frei von Blindleistung bleibt!*

Eine überschlägige Berechnung lässt sich schnell durchführen, wenn man näherungsweise von einem sinusförmigen Wechselanteil des Zwischenkreisstroms ausgeht oder aber sich auf die Grundschwingung beschränkt. Eine Aufteilung der gesamten Scheinleistung im Zwischenkreis liefert:

$$S \approx \sqrt{P^2 + Q^2} = U_\mathrm{d} \cdot I_\mathrm{deff} = U_\mathrm{d}\sqrt{I_\mathrm{d0}^2 + I_\mathrm{dW}^2} = 502\ \mathrm{V}\sqrt{(20\ \mathrm{A})^2 + (10\ \mathrm{A})^2}$$
$$= 502\ \mathrm{V} \cdot 22{,}36\ \mathrm{A},$$

$$S \approx 11{,}225\ \mathrm{kVA},$$

$$P = S\cos\varphi_\mathrm{N} = P_\mathrm{mech}/\eta \approx U_\mathrm{d} \cdot I_\mathrm{d0} = 502\ \mathrm{V} \cdot 20\ \mathrm{A} = 10{,}04\ \mathrm{kW},$$

$$Q = S\sin\varphi_\mathrm{N} \approx U_\mathrm{d} \cdot I_\mathrm{dW} = 502\ \mathrm{V} \cdot 10\ \mathrm{A} = 5{,}02\ \mathrm{kvar},$$

$$\varphi_\mathrm{N} \approx \arccos\frac{P}{S} = \arccos\frac{10{,}04}{11{,}225} = 26{,}5°.$$

Soll die gesamte Blindleistung vom Kondensator geliefert werden, so gilt für seine Kapazität näherungsweise der Zusammenhang:

$$Q \approx X_\mathrm{C} \cdot I_\mathrm{dW}^2 = \frac{I_\mathrm{dW}^2}{\omega \cdot C} = \frac{I_\mathrm{dW}^2}{2\pi \cdot f \cdot C} \Rightarrow$$

$$C \approx \frac{I_\mathrm{dW}^2}{2\pi \cdot f \cdot Q} = \frac{(10\ \mathrm{A})^2}{2\pi \cdot 300\frac{1}{\mathrm{s}} \cdot 5{,}02\ \mathrm{kVA}} = \frac{100\ \mathrm{A^2 s}}{9{,}462 \cdot 10^6\ \mathrm{VA}} = 10{,}57\ \mu\mathrm{F}.$$

11. Berechnen Sie näherungsweise die Induktivität im Gleichspannungszwischenkreis!

Geht man der Einfachheit halber von einem sinusförmigen Spannungsfall an der Induktivität aus, so folgt näherungsweise die Abhängigkeit:

$$U_\mathrm{L} \approx \frac{\hat{u} - U_\mathrm{di}}{\sqrt{2}} = \frac{\sqrt{2} \cdot 400\ \mathrm{V} - 1{,}35 \cdot 400\ \mathrm{V}}{\sqrt{2}} = 18{,}16\ \mathrm{V},$$

$$U_\mathrm{L} \approx X_\mathrm{L} \cdot I_\mathrm{dW} = \omega \cdot L \cdot I_\mathrm{dW} \Rightarrow$$

$$L \approx \frac{U_\mathrm{L}}{\omega \cdot I_\mathrm{dW}} = \frac{U_\mathrm{L}}{2\pi \cdot f \cdot I_\mathrm{dW}} = \frac{18{,}16\ \mathrm{V}}{2\pi \cdot 300 \frac{1}{\mathrm{s}} \cdot 10\ \mathrm{A}} = 0{,}96\ \mathrm{mH}.$$

12. Zeichnen Sie die M, n-Ebene, und tragen Sie die zugehörige Betriebsweise der Maschine und des selbstgeführten Stromrichters mit ein!

Was die Betriebsweise der Asynchronmaschine in den einzelnen Quadranten angeht, gibt es keinen Unterschied zu Gleich- und Synchronmaschinen. Lediglich die Umwandlungsmerkmale des Stromrichters sind gegenüber Gleichstromantrieben unterschiedlich. Während bei diesen eine Drehrichtungsumkehr durch Polaritätswechsel der Gleichspannung erfolgt, müssen bei Drehstromantrieben zwei Stränge vertauscht werden.

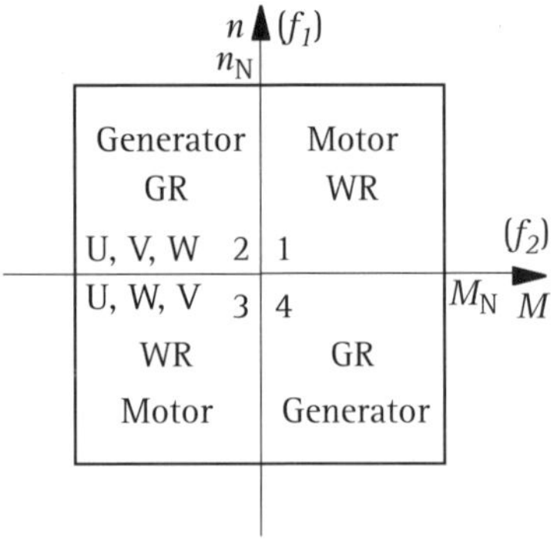

13. *Wer gibt der Wechselrichtersteuerung die erforderlichen Sollwerte für den Spannungseffektivwert und die Frequenz vor?*

Um die Drehzahl und das Drehmoment einer Drehstrommaschine gezielt beeinflussen zu können, müssen die Sollwerte für die WR-Steuerung (Mikroprozessor 1) von einer geeigneten Regelstruktur (Mikroprozessor 2) in Abhängigkeit vom Zustand des Antriebs ständig neu ermittelt werden. Optimale dynamische Ergebnisse lassen sich mit der sogenannten feldorientierten Regelung erzielen.

10.9 Laden einer Traktionsbatterie aus einem Solarpanel

Die Traktionsbatterie eines Elektrofahrzeugs wird aus einer kleinen Photovoltaikanlage (PV) aufgeladen. Dazu muss mit einem selbstgeführten Stromrichter die niedrige Gleichspannung (U_1 = 24 V) der Solarzellen auf die höhere Gleichspannung (U_2 = 96 V) der Batterie transformiert werden. Der arithmetische Mittelwert des solaren Ladestroms (i_d) soll konstant sein und 5 A betragen.

1. *Mit welcher Stromrichterschaltung kann diese Aufgabe gelöst werden?*

Das vorliegende Umwandlungsmerkmal ist eine DC/DC-Aufgabe, die prinzipiell mit einem Gleichstromsteller gelöst werden muss. Da die Eingangsspannung kleiner als die Ausgangsspannung ist, kommt hierbei die Hochsetzstellerschaltung zum Einsatz.

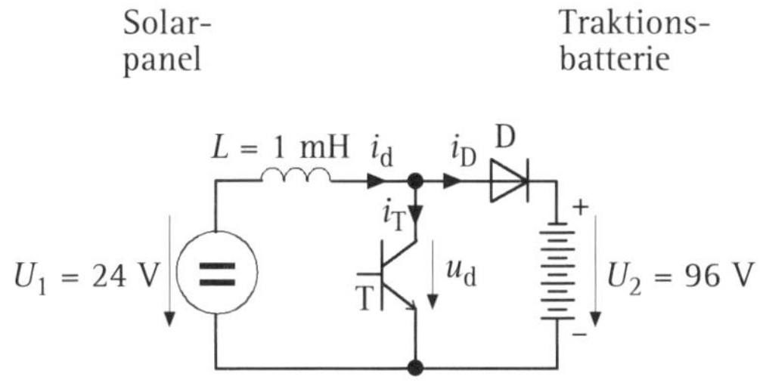

Durch kurzzeitiges Kurzschließen der 24-V-Quelle wird eine kleine Portion Energie vom Solarpanel auf die Induktivität gebracht, die dann in die 96-V-Traktionsbatterie eingespeist wird, bevor erneut die Induktivität aufgeladen wird. Die Energieeinspeisung findet somit portionsweise statt und wäre ohne die Induktivität nicht möglich.

2. *Berechnen Sie die erforderliche Einschaltzeit (T_e) des Transistors, wenn der Stromrichter mit einer Pulsfrequenz von 10 kHz getaktet wird!*

Für den Hochsetzbetrieb im 2. Quadranten errechnet sich bei einer Periodendauer von $T = 0{,}1$ ms = 100 µs die erforderliche Einschaltzeit des Transistors zu:

$$U_1 = \left(1 - \frac{T_e}{T}\right) \cdot U_2 \;\Rightarrow\; T_e = \left(1 - \frac{U_1}{U_2}\right) \cdot T = \left(1 - \frac{24\text{ V}}{96\text{ V}}\right) \cdot 0{,}1\text{ ms} = 0{,}075\text{ ms} = 75\ \mu\text{s}.$$

3. *Geben Sie die zeitlichen Verläufe der Gleichspannung (u_d), der Spannung an der Induktivität (u_L) sowie des Gleichstroms (i_d) an!*

Die pulsierende Gleichspannung teilt sich auf in einen arithmetischen Mittelwert, der am Solargenerator ansteht, und einen überlagerten Wechselanteil, der an der Induktivität abfällt.

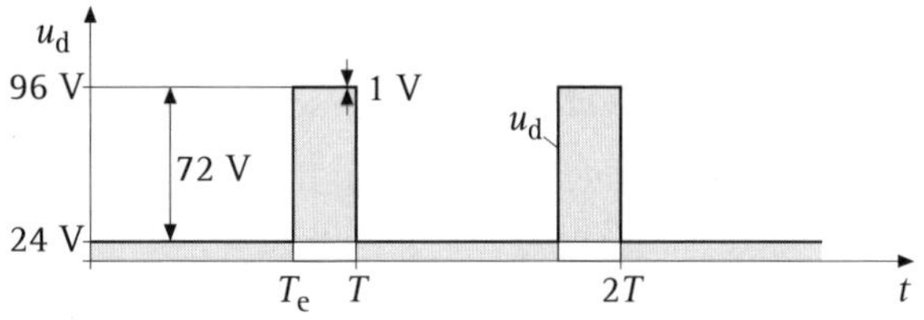

Die nicht sinusförmige Wechselspannung an der Induktivität ($u_L = U_1 - u_d$) hat einen positiven Spitzenwert von +24 V und einen negativen Spitzenwert von −72 V.

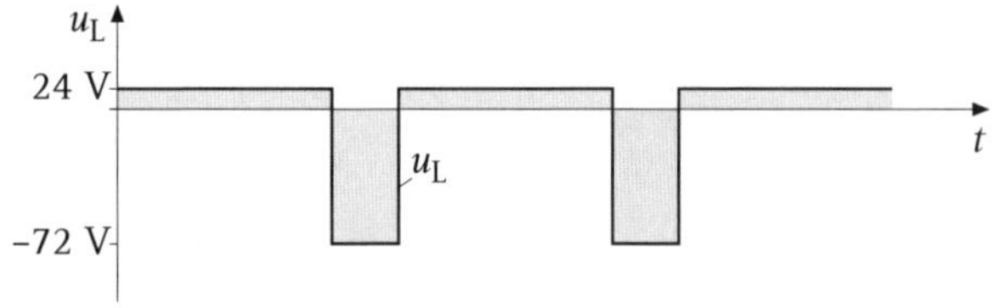

Da keine nennenswerten ohmschen Verluste vorhanden sind, setzt sich der Verlauf des Gleichstroms aus Geradenstücken zusammen.

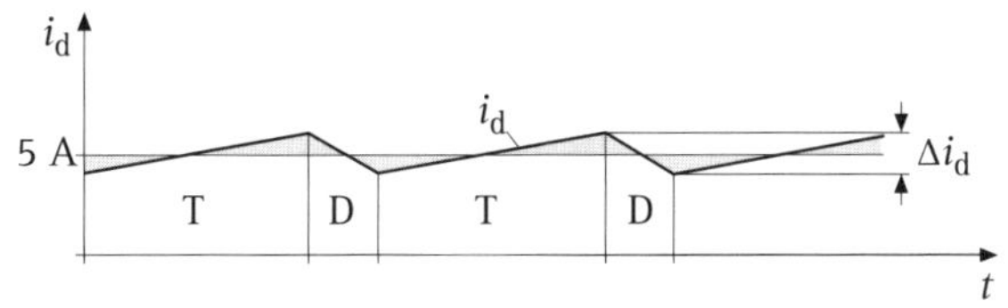

4. *Ordnen Sie die Bezeichnungen „wellig, pulsierend, nicht sinusförmig" diesen drei elektrischen Größen zu!*

Bedingt durch den Schaltbetrieb der Leistungshalbleiter sind sämtliche Ausgangsgrößen nichtideal, das heißt, weder exakt glatt noch rein sinusförmig. Im Einzelnen gilt:

u_d pulsierende Gleichspannung,

u_L nicht sinusförmige Wechselspannung,

i_d welliger Gleichstrom.

5. *Erklären Sie ausführlich, warum nach jedem Abschalten des Transistors die Diode leitend wird!*

Bei jedem Abschalten des Transistors muss sich die Induktivität einen neuen Strompfad suchen, da ihr momentaner Stromwert nicht nach null springen kann. Um aber die Diode in den leitenden (niederohmigen) Zustand zu versetzen, muss die Induktivität durch Ändern der Stromsteigung ($\mathrm{d}i/\mathrm{d}t$) eine Spannung induzieren, die um die Durchlassspannung der Diode ($\approx$ 1 V) größer ist als die 96 V der Traktionsbatterie. Beim Einschalten des Transistors erhält die Diode wieder eine negative Spannung zwischen Anode und Kathode, sodass sie hochohmig wird und sperrt.

6. *Berechnen Sie mithilfe des Induktionsgesetzes die Stromschwankungsbreite (Δi_d)!*

Bei einem linearen Stromverlauf kann die Stromschwankungsbreite direkt angeschrieben und ausgerechnet werden, da die Steigung (Ableitung) konstant ist.

$$U_L = L \cdot \frac{\mathrm{d}i}{\mathrm{d}t} = L \cdot \frac{\Delta i_d}{T_e} = U_1 \quad \Rightarrow$$

$$\Delta i_d = \frac{U_1 \cdot T_e}{L} = \frac{24\ \mathrm{V} \cdot 0{,}075\ \mathrm{ms}}{1\ \dfrac{\mathrm{mVs}}{\mathrm{A}}} = 1{,}8\ \mathrm{A}.$$

10.10 Energiemanagement für ein kleines City-Car

Ein ultraleichtes, zweisitziges Elektrofahrzeug für den Stadtbereich (City-Car) wird von einer im Stern geschalteten Drehstrommaschine (4 kW) angetrieben. Als Energiespeicher steht ein 50 kg schwerer Lithium-Akkumulator mit einer Kapazität von 10 kWh bei einer Spannung von 160 V zur Verfügung. Als Stromrichterstellglied kommt ein selbstgeführter Pulswechselrichter mit Eingangsfilter zum Einsatz.

1. *Zeichnen Sie das Schaltbild des vollständigen Wechselrichters plus den drei Motorsträngen. Welche Schaltbedingungen sind einzuhalten, damit am Ausgang ein symmetrisches Drehstromsystem entsteht?*

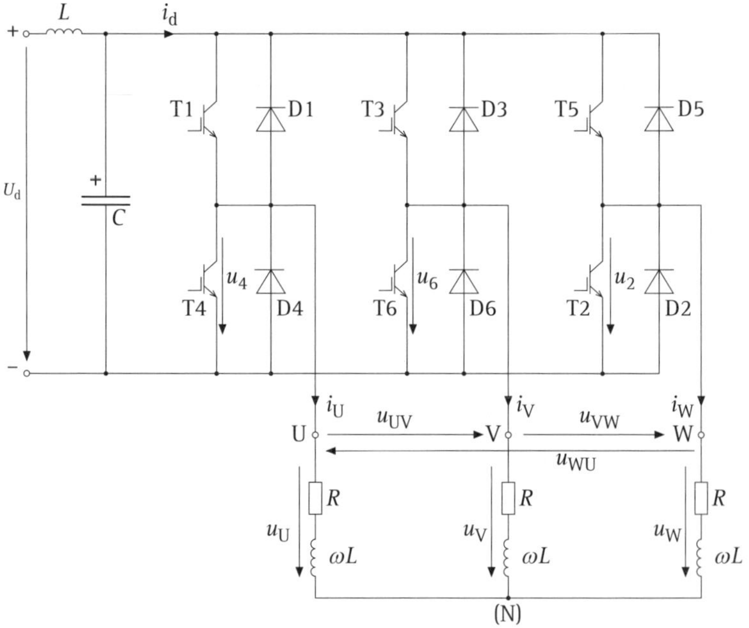

Ein symmetrisches Drehstromsystem liegt vor, wenn die Summe der drei Strangströme zu jedem Augenblick null ergibt und so über den Sternpunkt kein Strom abfließt. Um ein symmetrisches Drehstromsystem leistungselektronisch erzeugen zu können, muss zu jedem Augenblick ein Stromfluss in jedem Strang möglich sein, weshalb in jedem Strang stets ein Leistungstransistor für 180° angesteuert sein muss. Darüber hinaus muss zu den anderen Strängen ein Phasenversatz von 120° eingehalten werden. Daraus resultiert weiter, dass Schaltkombinationen mit mehr oder weniger als drei gezündeten Transistoren ausscheiden. Damit ergeben sich sechs zyklische Schaltzustände (Zündmuster) und zwei Nullzustände für die Ansteuerung der sechs Transistoren des dreiphasigen Wechselrichters.

2. *Für Vollaussteuerung (kein Pulsbetrieb) sind die zeitlichen Verläufe einer Sperrspannung, Leiterspannung und Strangspannung zu skizzieren. Tragen Sie die Grundschwingungen mit ein!*

Vollaussteuerung liegt immer dann vor, wenn die Nullzustände nicht angesteuert werden. Das heißt, wenn nur die sechs zyklischen Schaltzustände für jeweils ein Sechstel der Periodendauer durchgeschaltet werden. Bei Vollaussteuerung ist der Effektivwert der Ausgangsspannung maximal. Die Sperrspannung an den Ventilen ist eine pulsierende Gleichspannung.

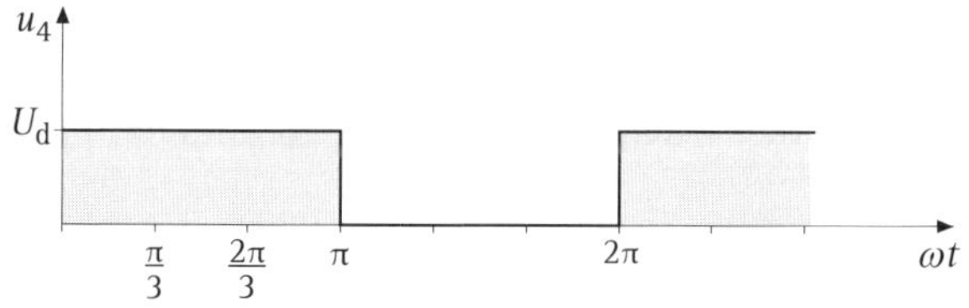

Die drei verketteten Leiterspannungen sind nicht sinusförmige Wechselspannungen, bestehend aus 120°-Rechteckblöcken und 60°-Pausen. Der Nulldurchgang der zugehörigen Grundschwingungen liegt in der Mitte der Spannungspausen.

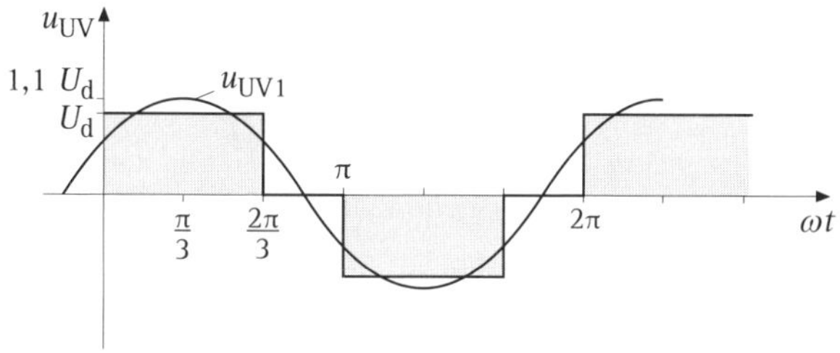

Die Strangspannungen sind ebenfalls nicht sinusförmige Wechselspannungen, allerdings ohne Pausen, weshalb die Nulldurchgänge der zugehörigen Grundschwingungen mit den Nulldurchgängen der Strangspannungen zusammenfallen.

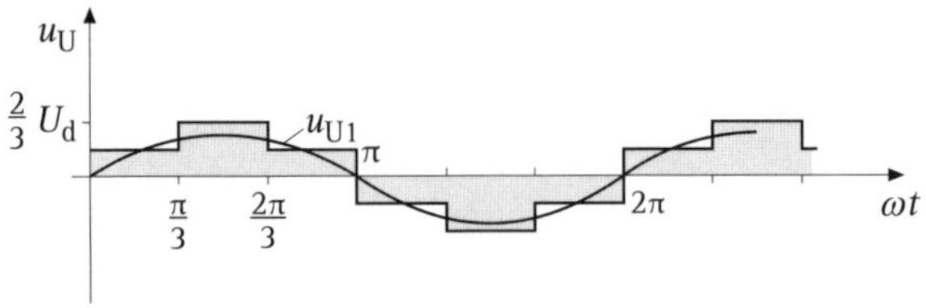

Interessant dabei ist, dass die Grundschwingung der Leiterspannung zur Grundschwingung der Strangspannung eine Phasenverschiebung von 30° aufweist. Dies entspricht exakt den Verhältnissen im öffentlichen Drehstromnetz.

3. *Ermitteln Sie den arithmetischen Mittelwert, den Formfaktor und die Welligkeit der Sperrspannung!*

Die Sperrspannung an einer Transistor/Dioden-Kombination ist eine pulsierende Gleichspannung mit einem Tastverhältnis von 0,5. Daraus resultieren einfache Ausdrücke für den arithmetischen Mittelwert, den Formfaktor (F) und die Welligkeit (w).

$$U_{av} = \frac{1}{2\pi} U_d \cdot \pi = \frac{160\ \text{V}}{2} = 80\ \text{V},$$

$$F = \sqrt{\frac{T}{T_e}} = \sqrt{2} = 1{,}41 = 141\ \%,$$

$$w = \sqrt{F^2 - 1} = \sqrt{2-1} = 1 = 100\ \%.$$

4. *Berechnen Sie den gesamten Effektivwert, den Grundschwingungseffektivwert und den Grundschwingungsgehalt der verketteten Leiterspannung!*

Die Leiterspannung ist eine nicht sinusförmige Wechselspannung, deren rechteckförmiger Verlauf Lücken aufweist. Gemäß Abschnitt 6.2.2 können die Ergebnisse der Fourier-Transformation für den Effektivwert (U_{UV}), die Grundschwingung (U_{UV1}) und den Grundschwingungsgehalt (g_{UV}) direkt übertragen werden.

$$U_{UV} = \sqrt{\frac{2}{3}} \cdot U_d = \sqrt{\frac{2}{3}} \cdot 160\ \text{V} = 131\ \text{V},$$

$$U_{UV1} = \frac{\sqrt{6}}{\pi} \cdot U_d = \frac{\sqrt{6}}{\pi} \cdot 160\ \text{V} = 124{,}75\ \text{V} \quad \text{bzw.}$$

$$\hat{u}_{UV1} = \sqrt{2} \cdot U_{UV} = \frac{\sqrt{12}}{\pi} \cdot 160\ \text{V} = 176{,}4\ \text{V},$$

$$g_{UV} = \frac{U_{UV1}}{U_{UV}} = \frac{\frac{\sqrt{6}}{\pi} \cdot U_d}{\sqrt{\frac{2}{3}} \cdot U_d} = \frac{124{,}75\ \text{V}}{131\ \text{V}} \approx 0{,}955 = 95{,}5\ \%.$$

5. *Berechnen Sie den gesamten Effektivwert, den Grundschwingungseffektivwert und den Grundschwingungsgehalt der Strangspannung!*

Die Strangspannung ist eine nicht sinusförmige Wechselspannung, deren Verlauf treppenförmig ist. Gemäß Abschnitt 6.2.2 können die Ergebnisse der Fourier-Transformation für den Effektivwert (U_U), die Grundschwingung (U_{U1}) und den Grundschwingungsgehalt (g_U) ebenfalls direkt übertragen werden.

$$U_U = \frac{U_{UV}}{\sqrt{3}} = \frac{\sqrt{2}}{3} \cdot U_d = \frac{\sqrt{2}}{3} \cdot 160\ \text{V} = 75\ \text{V},$$

$$U_{U1} = \frac{\sqrt{2}}{\pi} \cdot U_d = \frac{U_{UV1}}{\sqrt{3}} = \frac{124{,}75\ \text{V}}{\sqrt{3}} = 72{,}02\ \text{V} \quad \text{bzw.}$$

$$\hat{u}_{U1} = \sqrt{2} \cdot U_{U1} = \sqrt{2} \cdot 72{,}02\ \text{V} = 101{,}86\ \text{V},$$

$$g_U = \frac{U_{U1}}{U_U} = \frac{72{,}02\ \text{V}}{75\ \text{V}} \approx 0{,}955 = 95{,}5\ \%.$$

Zwischen der Leiterspannung und der Strangspannung gilt der für Drehstromsysteme typische Wert $\sqrt{3}$. Da die Effektivwerte aber weit entfernt von den üblichen 230/400 V liegen, benötigt der Drehstrommotor eine Sonderwicklung.

6. Wie groß sind die Batterieströme im Motorbetrieb und Generatorbetrieb, wenn der Elektroantrieb einen Gesamtwirkungsgrad von 70 % hat?

Im Motorbetrieb arbeitet der Antrieb im 1. Quadranten, wobei die von der Batterie abgegebene Gleichstromleistung (P_d) größer ist als die an den Rädern zugeführte mechanische Leistung.

$$P_d = \frac{P_{mech}}{\eta} = \frac{4\ \text{kW}}{0{,}7} = 5{,}714\ \text{kW},$$

$$P_d = U_d \cdot I_d \quad \Rightarrow \quad I_d = \frac{P_d}{U_d} = \frac{5714\ \text{W}}{160\ \text{V}} = 35{,}7\ \text{A} \quad \text{Fahrstrom.}$$

Im Generatorbetrieb arbeitet der Antrieb im 2. Quadranten, wobei die der Batterie zugeführte Gleichstromleistung (P_d) kleiner ist als die an den Rädern zugeführte mechanische Leistung, die aus der kinetischen Energie des Fahrzeugs resultiert.

$$P_d = -\eta \cdot P_{mech} = -0{,}7 \cdot 4\ \text{kW} = -2{,}8\ \text{kW},$$

$$P_d = U_d \cdot I_d \quad \Rightarrow \quad I_d = \frac{P_d}{U_d} = \frac{-2800\ \text{W}}{160\ \text{V}} = -17{,}5\ \text{A} \quad \text{Bremsstrom.}$$

Dieses Ergebnis besagt, dass bei einem Wirkungsgrad von 70 % nur der halbe Strom und damit die halbe Leistung wieder zurückgeführt werden können.

7. Welcher Anteil der zugeführten mechanischen Energie kann wieder zurückgespeist werden?

Selbstverständlich kann nur die Beschleunigungsenergie wieder zurückgespeist werden, da nur diese in Form von kinetischer Energie in der Masse des Fahrzeugs gespeichert ist. Den Löwenanteil des Energieverbrauchs eines Fahrzeugs benötigt man allerdings zur Überwindung der Reibung und des Luftwiderstands während der Fahrt. Dieser gewaltige Anteil wird in Reibungswärme umgewandelt, die den Straßenbelag und die Umgebung erwärmt, und kann nicht mehr zurückgewonnen werden.

8. Um wie viele Prozentpunkte vergrößert sich der Aktionsradius (Reichweite) eines Elektrofahrzeugs mit Energierückspeisung?

Die Vergrößerung der Reichweite infolge der Energierückspeisung in die Batterie, auch Rekuperation genannt, hängt entscheidend von der Anzahl der Beschleunigungs- und Bremsvorgänge ab. Man rechnet bei einem üblichen Fahrmix (Stadt, Landstraße, Autobahn) von einer Zunahme der Fahrstrecke um 10 % bis 15 %.

9. Zeichnen Sie den qualitativen Verlauf des Strangstroms für einen Verschiebungsfaktor von 0,7 in obiges Diagramm der Strangspannung ein!

Bei einem Verschiebungsfaktor von $\cos\varphi = 0{,}7$ eilt der Strom der Spannung um $\varphi = 45°$ nach. Dies gilt exakt natürlich nur bei sinusförmigen Wechselgrößen. Bei nicht sinusförmigen Größen bezieht man diese Angabe auf die Grundschwingungen von Spannung und Strom. Der Grundschwingungsgehalt des Strangstroms liegt bei etwa 99 % und ist aus antriebstechnischer Sicht immer noch als schlecht zu bezeichnen.

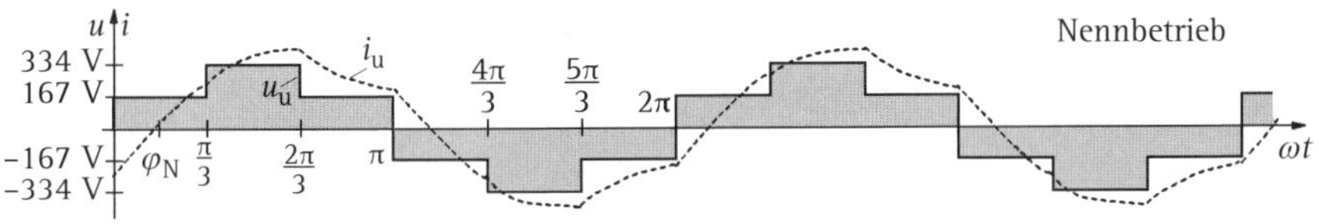

10. Welche Auswirkungen hat der schlechte Grundschwingungsgehalt des Stroms, und durch welche Maßnahme kann er verbessert werden?

Ein Grundschwingungsgehalt des Motorstroms, der kleiner als 99,9 % ist, kommt für den Einsatz in Elektrofahrzeugen nicht infrage, da die damit verbundenen Momentenpulsationen zu einer starken Geräuschbildung führen und die Motorlager schneller verschleißen. Abhilfe schafft ein intelligentes Modulationsverfahren für die Wechselrichtersteuerung, zum Beispiel die Spannungs-Raumzeigermodulation.

11. Warum muss der Wechselrichter mit Zwischentaktung (Modulation) betrieben werden?

Zum einen zur Verbesserung der Stromform (vgl. Punkt 10), aber zum anderen auch, um den Effektivwert der Motorspannungen variieren zu können. Nur mit einem synthetischen Drehstromsystem variabler Spannung und Frequenz können Drehzahl und Drehmoment einer Drehstrommaschine optimal geführt werden.

12. Welche Strecke kann bei konstanter Geschwindigkeit mit voller Batterie zurückgelegt werden, wenn eine Entladung bis auf 20 % zulässig ist und das Fahrzeug bei Nennleistung 60 km/h schnell ist?

Da der Lithium-Akkumulator nur bis auf 20 % entladen werden darf, reduziert sich die entnehmbare Energiemenge (Arbeit) auf 80 % der Gesamtenergie:

$$W_{\text{Batt}} = 0{,}8 \cdot 10\ \text{kWh} = 8\,000\ \text{Wh}.$$

Bei konstanter Geschwindigkeit kann in diesem Anwendungsbeispiel von einer ebenfalls konstanten Leistungsentnahme ausgegangen werden.

$$W_{\text{Batt}} = \int P_{\text{d}} \cdot \text{d}t = P_{\text{d}} \cdot t = \frac{P_{\text{mech}}}{\eta} \cdot t.$$

Die Verbindung zur zurückgelegten Wegstrecke bekommt man über die Definition der Geschwindigkeit als dem Quotienten aus Weg und Zeit:

$$v = \frac{s}{t} \Rightarrow t = \frac{s}{v} = \frac{W_{\text{Batt}}}{P_{\text{d}}} \Rightarrow s = \frac{W_{\text{Batt}} \cdot v \cdot \eta}{P_{\text{mech}}} = \frac{8000 \text{ Wh} \cdot 60 \frac{\text{km}}{\text{h}} \cdot 0{,}7}{4000 \text{ W}} = 84 \text{ km}.$$

Infolge der Energierückspeisung beim Bremsen (Rekuperation) erhöht sich die Reichweite statistisch um etwa 10 % auf ungefähr 95 km.

13. Welche Energiedichte hat der Lithium-Akkumulator?

Die Energiedichte eines Speichermediums ist das Verhältnis von Gesamtenergiemenge und zugehöriger Masse (Gewicht). Die Energiedichte des Lithium-Akkumulators liegt mit 10 kWh/50 kg = 200 Wh/kg etwa zehnmal höher als die der Bleibatterie, bleibt aber immer noch um den Faktor 25 unter der Energiedichte von fossilen Energieträgern wie Benzin.

11 Testfragen zur Elektrotraktion

Die nachfolgenden Fragestellungen entstammen dem umfangreichen Themenfeld von Energie und Mobilität bis hin zu den ökologischen und antriebstechnischen Besonderheiten der Elektrotraktion. Die angeführten Antworten sollen in erster Linie der Verfestigung des interdisziplinären Fachwissens dienen; sie können darüber hinaus aber auch zur Vorbereitung auf entsprechende Tests und Diskussionsrunden vorteilhaft benutzt werden.

1. *Erklären Sie die Begriffe Traktion und Elektrotraktion!*

Unter Traktion versteht man den Kraftschluss zwischen Fahrzeugrädern und Straßenbelägen bzw. Eisenrädern und Schienenwegen. Die Traktionseigenschaften eines Fahrsystems beschreiben die Qualität des Bodenkontakts bei unterschiedlichen Betriebsbedingungen. Verschlechtert sich die Traktion (Bodenhaftung) durch übermäßige Brems- oder Beschleunigungsvorgänge, so entsteht ein Schlupf zwischen den Rädern und dem Straßenbelag, der zu unkontrollierten Fahrzuständen führen kann. Bei blockierten Rädern bzw. bei rutschigen und glatten Straßenverhältnissen geht mit der Bodenhaftung (Traktion) automatisch auch die Lenkfähigkeit des Fahrzeugs verloren. Diese physikalischen Traktionsmerkmale gelten unabhängig von der gewählten Antriebsform. Der erweiterte Begriff der Elektrotraktion beinhaltet allerdings nur Fahrzeuge auf Rädern oder Schienen, die von einem oder mehreren Elektromotoren angetrieben werden. Typische Beispiele aus der Elektrotraktion sind Gabelstapler, Elektrokarren, Elektrofahrräder, Elektroroller und Elektroautos ebenso wie Elektrobusse, Straßenbahnen, Eisenbahnen, Hochgeschwindigkeitszüge und Magnetschwebebahnen.

2. *Welche grundlegenden Vorteile lassen sich für die Elektrotraktion anführen?*

Ein entscheidender Vorteil der Elektrofahrzeuge besteht darin, dass man die für den Betrieb erforderliche elektrische Energie regenerativ (erneuerbar) aus Wasser-, Wind- und Sonnenkraft erzeugen kann, was bei fossilen Treibstoffen nicht möglich ist. Ein Problem der Elektrotraktion besteht allerdings in der Speicherung elektrischer Energie für den mobilen Einsatz in Straßenfahrzeugen. In Ermangelung geeigneter „Batterie-Stromspeicher" muss die regenerative Energie in Form von flüssigem Wasserstoff zwischenspeichert werden, wobei daraus wiederum mithilfe von Brennstoffzellen durch eine kalte Verbrennung elektrischer Strom für die Fahrmotoren gewonnen werden kann. Als Restprodukt bleibt nur das flüssige

Wasser, das ursprünglich durch Elektrolyse mit regenerativem Strom in seine beiden Gase Wasserstoff und Sauerstoff zerlegt worden ist. Fossile Energieträger (Erdöl) hingegen sind endlich und fallen daher in langfristigen Energieplanungen als Treibstoff aus. Man muss allerdings sehen, dass auch Verbrennungsfahrzeuge direkt mit Wasserstoff quasi abgasfrei betrieben werden können, allerdings mit einem wesentlich schlechteren Wirkungsgrad (≈ 15 %) als der von Brennstoffzellen (≈ 60 %). Somit bleiben neben einer höheren Effizienz vor allem die deutlich besseren Traktionseigenschaften elektrischer Mehrmotorenantriebssysteme, die einen echten Allradantrieb mit Einzelradmotoren überhaupt erst möglich machen. Diese Eigenschaften sprechen eindeutig zugunsten der Elektrotraktion im Straßenverkehr, sobald das Energiespeicherproblem mobiler Systeme kostengünstig gelöst ist. Bei Schienenfahrzeugen ist dieser Übergang von den Verbrennungsantrieben, wie Dampfmaschinen und Dieselmotoren, zu den elektrischen Antrieben längst vollzogen, da hier elektrische Energie in unbegrenzten Mengen über den Fahrdraht zur Verfügung steht.

3. *Nennen Sie die drei Faktoren, welche den Energieverbrauch eines Fahrzeugs hauptsächlich bestimmen!*

Für den Energieverbrauch eines Personen- oder Warentransportmittels gilt die ökologische Formel: Je sparsamer ein Fahrzeug sein soll, desto langsamer, leichter und spartanischer muss es sein. Diese Zusammenhänge gelten unabhängig von der gewählten Antriebsform, das heißt, um ein bestimmtes Fahrzeug mit einer bestimmten Geschwindigkeit anzutreiben, braucht man eine bestimmte Antriebsleistung (kW), die über der Zeit auf die verbrauchte Energiemenge (kWh) führt. Dabei ist es vollkommen egal, ob das Fahrzeug mit Benzin, Strom oder Muskelkraft bewegt wird. Um zum Beispiel ein Auto mit Schrittgeschwindigkeit zu schieben, genügen die 50 W bis 100 W des menschlichen Körpers. Selbstverständlich muss auch ein Verbrennungs- oder Elektromotor bei Schritttempo nur diese geringe Leistung an die Räder des Fahrzeugs abgeben. An der Spitze der energieintensiven Fortbewegungsmittel stehen mit 15 kWh/100 Personen-km die Flugzeuge, weil sie sehr schnell, schwer und komfortabel sind, während am anderen Ende der Skala mit weniger als 0,75 kWh/100 Personen-km die Elektro-Einräder, weil langsam, leicht und spartanisch, als besonders energiesparsame Fortbewegungsmittel zu nennen sind. Der Fußmarsch verlangt vom Biomotor (Körper) etwa 2,25 kWh auf 100 km. Dieser Wert liegt immerhin schon in der Größenordnung des personenbezogenen Energieverbrauchs bei einem voll besetzten Dreiliterauto. Überschall-Passagierflugzeuge bringen es wegen ihrer extrem hohen Geschwindigkeit auf einen gigantischen Energieverbrauch von über 50 kWh pro Person auf 100 km, was umgerechnet immerhin 18 Liter Treibstoff (Kerosin) pro 100 Personen-km entspricht.

4. Was versteht man unter einer ökologischen Fahrweise?

Wer sich mit einem Minimum an Energie- und Materialeinsatz von A nach B bewegt, belastet die Umwelt (Ökologie) entsprechend wenig mit Schadstoffen und Ressourcenverbrauch; vorausgesetzt natürlich, die Fahrt war überhaupt erforderlich. Man sollte bei Autofahrten immer bedenken, dass in erster Linie die Fahrzeugmasse von rund einer Tonne bewegt werden muss; ob dabei ein Fahrer im Fahrzeug sitzt oder nicht, ist für den Energieverbrauch eher nebensächlich. Eine ökologische Fahrweise zeichnet sich deshalb durch ein defensives Fahrverhalten ohne Bleifuß aus sowie durch den Verzicht auf energiefressende Nebenaggregate, wie Klimaanlagen, Servosysteme und wattstarke Soundsysteme oder Stand- und Scheibenheizungen, durch die Vermeidung sinnloser Energieverschwendung, wie das Mitführen von überflüssigem Ballast, durch das Ausschalten der Scheinwerfer bei Sonnenschein, durch das rechtzeitige Gaswegnehmen und Ausrollenlassen vor roten Ampeln, durch das Nichtbremsen und Nichtbeschleunigen bei Bergauffahrten sowie durch den generellen Verzicht auf überflüssige Autofahrten oder Mobilität aus „Just for Fun“. Leider wird diese ökologische Vernunft von den allermeisten Autofahrern konsequent und pausenlos auf den Kopf gestellt und alles andere als vorausschauend und umweltbewusst gefahren. Natürlich wäre der freiwillige Verzicht auf das Automobil zugunsten öffentlicher Verkehrsmittel oder die Benutzung eines Fahrrads die beste ökologische Fahrweise. Denn man kann es drehen und wenden wie man will, Verbrennungsmotoren erzeugen große Mengen tödlicher Abgase, Feinstaub und Ruße, weshalb ihr hemmungsloser Gebrauch ein Verbrechen an der Gesundheit der Mitmenschen und der gesamten Umwelt ist. Diese kollektive Mobilitätsgier schlägt sich direkt an der hohen Zahl abgasbedingter Krebserkrankungen sowie im ernüchternden Waldzustandsbericht nieder, wonach regional zwischen 50 % und 90 % des europäischen Walds schon krank sind.

5. Was sind die prinzipiellen Vorzüge elektrischer Antriebe gegenüber anderen Antriebsformen, zum Beispiel Muskelantrieben, Verbrennungsmotoren und hydraulischen Antrieben?

Elektrische Antriebe sind die einzigen Antriebssysteme, die in allen vier Quadranten der Drehzahl-Drehmoment-Ebene arbeiten können. Insbesondere das generatorische Bremsen ist ein Privileg der elektrischen Antriebstechnik. Elektrische Antriebe decken dabei alle Punkte der einzelnen Quadranten ab, was eine Reihe mechanischer Komponenten überflüssig macht. Dies prädestiniert sie für den Einsatz in Mehrmotorenantrieben, zum Beispiel in der Elektrotraktion und der Automatisierungstechnik. Hinzu kommen beste dynamische Eigenschaften, da sie sich in Drehzahl und Drehmoment sehr exakt und kostengünstig regeln lassen. Dies liegt insbesondere daran, dass eine teure Messung des Drehmoments mit einem Drehmomentenwandler durch eine Strommessung ersetzt werden kann, weil das Drehmoment in elektrischen Maschinen von den Motorströmen gebildet wird. Darüber hinaus sind elektrische Antriebe besonders leise und belasten die unmittelbare Umgebung nicht mit Schadstoffen. Durch die hohen Drehzahlen weisen insbesondere Drehstromantriebe wesentlich größere Leistungsgewichte auf als Verbrennungsmotoren. Auch in der Laufleistung sind Elektromotoren anderen Antriebsformen weit überlegen. Alles in allem sind elektrische Antriebe ein tragender Pfeiler einer industriellen und mobilen Gesellschaft.

6. *Was versteht man unter der Vierquadranten-Ebene, und wie decken elektrische Antriebe diese ab?*

Die Drehzahl (n) und das Drehmoment (M) einer Motorwelle können sowohl positiv als auch negativ sein. Daraus ergeben sich vier mögliche Zustände, die man auch als Betriebsquadranten bezeichnet. Treibt ein Vierquadrant-Antriebssystem zum Beispiel ein Elektrofahrzeug an, bedeutet der 1. Quadrant ($n > 0$, $M > 0$) vorwärts fahren, der 2. Quadrant ($n > 0$, $M < 0$) entspricht vorwärts bremsen, der 3. Quadrant ($n < 0$, $M < 0$) steht für rückwärts fahren, und der 4. Quadrant ($n < 0$, $M > 0$) beschreibt rückwärts bremsen. Elektrische Maschinen sind elektromechanische Wandler, wobei allerdings je nach Motortyp andere Abhängigkeiten zwischen den mechanischen (M, n) und den elektrischen Zustandsgrößen (U, I, f) gelten. Im Falle von Gleichstrommaschinen wird die Drehzahl über die Ankerspannung ($n \sim U_d$) und das Drehmoment über den Ankerstrom ($M \sim I_d$) verstellt. Ganz anders liegt der Fall bei Asynchronmaschinen, bei denen die Drehzahl über die Ständerfrequenz ($n \sim f_1$), das Vorzeichen der Drehzahl durch Vertauschen zweier Stränge und das Drehmoment über den Schlupf ($M \sim s$) verstellt werden. Ähnlich sind die Verhältnisse bei Synchronmaschinen, wobei hierbei das Drehmoment dem Polradwinkel ($M \sim \vartheta$) proportional ist.

7. *In welchem Quadranten arbeitet ein Verbrennungsmotor, und welche Nebenaggregate sind für die anderen Quadranten erforderlich?*

Verbrennungsmotoren decken nur einen schmalen Teil des 1. Quadranten ab. Da Verbrennungsmotoren im Stillstand kein Drehmoment haben, geht ihre Drehzahl-Drehmoment-Kennlinie durch den Ursprung; das heißt, sie können nicht von allein anlaufen. Als Folge müssen Anlasser und Kupplungen diesen Mangel beseitigen. Zur Anpassung des Drehmoments an die Drehzahl sind Schaltgetriebe oder Automatikgetriebe erforderlich, damit der Verbrennungsmotor seine Nennleistung erreichen kann. Für die Rückwärtsfahrt muss ferner ein Rückwärtsgang vorgesehen werden. Diese mechanischen Komponenten sind bei Elektrofahrzeugen nicht erforderlich, weil Elektroantriebe alle vier Quadranten abdecken. Der Bremsbetrieb eines Fahrzeugs erfolgt im 2. oder 4. Quadranten, wofür in Verbrennungsfahrzeugen außerdem noch mechanische Bremsen eingebaut werden müssen. Durch die Möglichkeit des Generatorbetriebs (Nutzbremse) kann ein Elektrofahrzeug ohne mechanische Bremsen zum Stillstand gebracht und die Bremsenergie wieder genutzt werden. Zur Drehzahlanpassung und Gewichtsreduktion besitzen Elektrofahrzeuge generell einen hochtourigen Elektromotor mit Drehzahlen von 12 000 min^{-1} und mehr sowie ein Festgetriebe (Getriebemotor).

8. Erklären Sie den Begriff Rekuperation!

Unter Rekuperation versteht man die Fähigkeit eines Antriebssystems, die kinetische Energie des Fahrzeugs beim Bremsen wieder zurückzugewinnen und in einem schnellen Elektrospeicher bis zur nächsten Beschleunigungsphase zwischenzuspeichern. Diese Energierückspeisung ist dank der elektrischen Antriebstechnik im Generatorbetrieb möglich. Die in elektrischen Strom umgewandelte Bremsenergie muss in UltraCaps zwischengespeichert werden, da elektrochemische Speicher (Batterien) wegen ihrer langsamen Ladevorgänge dazu nicht in der Lage sind. Bei Schienenfahrzeugen wird die Bremsenergie direkt in den Fahrdraht zurückgespeist und dadurch der Gesamtwirkungsgrad der eingesetzten Energie verbessert. Allerdings setzt dies voraus, dass es am Fahrdraht während der Einspeisung Abnehmer für diese Rückspeiseenergie gibt, da sonst die Spannung extrem schnell und gefährlich hoch ansteigen kann. Aus diesem Grund müssen die relativ großen Bremsleistungen von Hochgeschwindigkeitszügen bei der Einfahrt in Bahnhöfe häufig über mechanische Bremssysteme thermisch vernichtet werden. Beim generatorischen Abbremsen kann natürlich nur diejenige Energiemenge zurückgewonnen werden, die beim Beschleunigen als kinetische Energie ($W = mv^2/2$) in die Masse des Fahrzeugs gesteckt wurde. Die während des Fahrbetriebs verbrauchte Energiemenge zur Überwindung der Rollreibung und des Luftwiderstands kann nicht wieder zurückgewonnen werden. Denn dieser Löwenanteil am Energieverbrauch eines Fahrzeugs ist verloren, weil er als Verlustenergie lediglich die Fahrbahn und die Luft erwärmt. Im Falle von batteriebetriebenen Straßenfahrzeugen lassen sich im Stadtverkehr die Aktionsradien mithilfe der Rekuperation (Energierückgewinnung) im Schnitt um 10 % vergrößern.

9. Wovon hängt das Leistungsgewicht eines Antriebssystems ab?

Die Masse und das Gewicht eines Antriebssystem resultieren direkt aus dem Drehmoment bzw. der Kraft der Antriebsmaschine. Das heißt, je größer das Drehmoment an der Motorwelle, desto größer und schwerer fällt der Motor aus. Die Drehzahl geht in dieses natürliche Wachstumsgesetz nicht ein, wohl aber in die Leistung eines Antriebs. Das heißt, je höher die Drehzahl eines Motors gewählt wird, desto kleiner und leichter ist der Motor bei gleicher Leistung. Diese Wachstumsgesetzmäßigkeiten gelten nicht nur für Elektromotoren, sondern für alle anderen Antriebsformen gleichermaßen. So wiegt zum Beispiel ein langsam laufender Dieselmotor (400 PS) in einem Lastkraftwagen wesentlich mehr als ein kompletter hochtouriger Rennwagen (500 kg) in der Formel 1, der darüber hinaus auch noch eine deutlich größere Leistung (800 PS) hat. Aber auch ein Gewichtheber macht seine Leistung als niedertouriger Biomotor über große Kräfte und kurze Wege, was zu starken Muskeln und einem hohen Körpergewicht führt. Ein Marathonläufer hingegen setzt dieselbe Leistung als „hochtouriger“ Biomotor in lange, schnelle Wege um, weshalb seine Kräfte und damit sein Gewicht gering sind. Aus dieser Erkenntnis heraus verwendet man in der elektrischen Antriebstechnik in der Regel sogenannte Getriebemotoren. Das sind komplette Antriebseinheiten, bestehend aus einem hochtourigen Elektromotor mit angeflanschtem Festgetriebe. Diese Antriebskombination wiegt weniger als ein vergleichbarer niedertouriger Direktantrieb, weil das Leistungsgewicht eines hochwertigen Getriebes mit einigen Kilowatt pro Kilogramm deutlich über dem eines Motors liegt.

10. Welche Leistungsgewichte haben Elektro-, Verbrennungs- und Muskelantriebe?

Das Leistungsgewicht bezeichnet das Verhältnis von mechanischer Dauerleistung eines Antriebsystems zu seiner Masse/Gewicht. Bei schnell laufenden Elektroantrieben liegt das Leistungsgewicht in der Größenordnung von 500 W/kg, Verbrennungsmotoren bringen es auf 200 W/kg, und deutlich abgeschlagen rangieren die Muskelantriebe mit 0,5 W/kg auf dem allerletzten Rang der Antriebstechnik. Umgekehrt kann man sagen, dass ein Kilowatt Elektromotor ungefähr zwei Kilogramm, ein Kilowatt Verbrennungsmotor rund fünf Kilogramm und ein Kilowatt Biomotor zwei Tonnen auf die Waage bringt. In diesem Kontext wird auch die Herkunft der Bezeichnung Pferdestärke (1 PS = 0,735 kW) etwas transparenter. Andere Bezeichnungen für den historischen Begriff Pferdestärke sind im englischen Sprachraum horse power (hp) und im französischen Sprachraum cheval vapeur (cv). Spitzenwerte des Leistungsgewichts reichen bei zwangsgekühlten und hochtourigen Synchronmaschinen (40 000 min^{-1}) bis zu 6 kW/kg, das heißt, aus 1 kg Elektromotor können bis zu 6 kW Antriebsleistung entnommen werden. Andersherum ausgedrückt, wiegt in diesem Falle 1 kW Drehstrommotor nur noch 167 g anstelle der 2 t beim Biomotor.

11. Wie kann ein Fahrzeug am schnellsten auf eine vorgegebene Geschwindigkeit gebracht werden?

Die größte Zunahme in der Geschwindigkeit erhält man durch eine Beschleunigung mit maximalem Drehmoment, das während des Beschleunigungsvorgangs konstant gehalten wird. Daraus resultiert über die Bewegungsgleichung ($M_\text{b} = 2\pi \cdot J \cdot \text{d}n/\text{d}t$) ein linearer Hochlauf, weil die Ableitung der Drehzahl nach der Zeit (Steigung) dem Beschleunigungsmoment proportinal ist. Das heißt, ein konstantes Beschleunigungsmoment führt auf einen konstanten Drehzahlanstieg, und den hat nur ein geradliniger Anstieg. Bei Erreichen der gewünschten Geschwindigkeit muss das Beschleunigungsmoment ($M_\text{b} = M_\text{a} - M_\text{W}$) zu null gemacht werden, indem das Antriebsmoment (M_a) bis auf das Widerstandsmoment (M_W) zurückgenommen wird. Kein Beschleunigungsmoment ($M_b = 0$) bedeutet aber auch keinen Drehzahlanstieg mehr und damit einen konstanten Drehzahlverlauf mit der Steigung null. Aus der Bewegungsgleichung kann man ebenfalls sehr schön erkennen, dass eine sprunghafte Drehzahländerung (Steigung unendlich) nicht möglich ist, da dies ein unendlich großes Beschleunigungsmoment und damit einen unendlich großen Motor erfordern würde. Bezogen auf die mechanischen Zeitkonstanten in der Elektrotraktion lassen sich solche dynamischen Beschleunigungsvorgänge problemlos mit geregelten Elektroantrieben in allen vier Quadranten erreichen. Eine Beschleunigung mit konstantem Moment empfindet man darüber hinaus als Fahrer oder Fahrgast als besonders angenehm.

12. Wie errechnet sich die Nennleistung eines Antriebs?

Die auf dem Typenschild von elektrischen Maschinen aufgedruckte Nennleistung ist die mechanische Dauerleistung an der Welle und errechnet sich als Produkt von Nennmoment mal Nenndrehzahl ($P = 2\pi\ M\ n$). Bei der Auslegung hochdynamischer Antriebe muss allerdings berücksichtigt werden, dass das Nennmoment der Maschine zum großen Teil für die Beschleunigung gebraucht wird, sodass der stationäre Leistungsbedarf und der dynamische (kurzzeitige) Leistungsbedarf weit auseinander liegen können. Daher ist bei der Berechnung der effektiven Motorleistung das Schaltspiel gemäß den VDE-Bestimmungen zu berücksichtigen. Im Falle von linearen Bewegungsabläufen kann die Nennleistung des Antriebs als das Produkt aus der Nennschubkraft und der Nenngeschwindigkeit ($P = F\ v$) bestimmt werden. Im Falle eines Straßenfahrzeugs bedeutet dies zum Beispiel, dass die Leistung des Antriebsmotors bei einer Panne vom ziehenden Fahrzeug über das Abschleppseil auf das abzuschleppende Fahrzeug übertragen werden muss. Elektrische Antriebssysteme dürfen in der Regel bis zum zweifachen Nennmoment kurzfristig (Minutenbereich) überlastet werden. Wird in einer elektrischen Maschine das magnetische Feld ($\Psi < \Psi_N$) geschwächt, so erhöht sich ihre Drehzahl ($n \sim 1/\Psi$) über den Nennpunkt hinaus bei gleichzeitiger Reduktion des Drehmoments ($M \sim \Psi$). Während des Feldschwächbetriebs bleibt die abgegebene mechanische Leistung ($P_N = 2\pi \cdot M \cdot n = 2\pi \cdot M_N \cdot n_N$) auf ihren Nennwert begrenzt.

13. Auf welche Werte gehen bei Straßen- und Schienenfahrzeugen das Drehmoment und die Leistung zurück, wenn die Geschwindigkeit halbiert wird?

Wegen der näherungsweise quadratischen Abhängigkeit des luftabhängigen Fahrtwiderstands von der Geschwindigkeit geht das Drehmoment des Antriebsmotors bei halber Nenndrehzahl auf ein Viertel (25 %) des Nennmoments zurück. Aus der Definition für die Leistung folgt, dass die erforderliche Motorleistung bei Fahrzeugen näherungsweise kubisch mit der Drehzahl verknüpft ist, so dass bei halber Nenndrehzahl an der Welle nur noch ein Achtel (12,5 %) der Nennleistung über die Räder dem Fahrzeug zugeführt werden muss. Im Umkehrschluss lässt sich folgern, dass für eine Verdopplung der Fahrzeuggeschwindigkeit eine Verachtfachung der Motorleistung erforderlich ist. Aus diesem Grund hat eine Geschwindigkeitsbegrenzung im Straßenverkehr auf Werte um 90 km/h das höchste Energieeinsparpotenzial, insbesondere, wenn diese Geschwindigkeit möglichst konstant eingehalten werden kann. Denn durch übermäßige Beschleunigungs- und Bremsmanöver kann die eingesparte Energie schnell wieder aufgezehrt werden.

14. Welche prinzipiellen Vorteile haben Drehstromantriebe gegenüber Gleichstromantrieben?

Der Hauptnachteil des Gleichstromantriebs liegt in seinem mechanischen Stromwender (Kommutator) begründet, der einen enormen Verschleiß infolge des Bürstenfeuers verursacht. Demgegenüber sind Drehstromantriebe äußerst robust aufgebaut, weshalb nur mit diesem Maschinentyp ein jahrelanger Dauerbetrieb ohne Wartungsarbeiten möglich ist. Hinzu kommt, dass nur mit Drehstrommotoren Höchstdrehzahlen von bis zu 100 000 min^{-1} erreichbar sind. Durch hohe Betriebssicherheit, Robustheit, Explosionsschutz und Wartungsarmut verdrängen Drehstromantriebe mehr und mehr den klassischen Gleichstromantrieb in allen Anwendungsbereichen. Dieser Trend wird noch verstärkt durch die guten Regeleigenschaften des Drehstrommotors mittels moderner Leistungselektronik. Drehstromantriebe mit Synchronmaschinen werden wegen ihres hohen Leistungsgewichts bevorzugt im Servobereich eingesetzt, wohingegen Drehstromantriebe mit den robusten und preiswerteren Asynchronmaschinen den gesamten Bereich der Automatisierungstechnik und Elektrotraktion abdecken.

15. Was ist ein Linearmotor, und wo liegen seine Probleme und Einsatzgebiete?

Linearmotoren sind elektrische Direktantriebe, deren Läufer sich nicht drehen, sondern geradlinig (linear) bewegen. Das heißt, die mechanische Kraftkopplung zwischen Motor und Arbeitsmaschine über Getriebe, Differenziale, Antriebs- und Gelenkwellen entfällt vollständig. Trotz vieler Vorteile gegenüber rotierenden Elektromotoren blieb der Einsatz des Linearmotors bisher auf wenige industrielle Anwendungsfelder beschränkt. Die Hauptursache für dieses Defizit liegt vor allem darin, dass Linearmaschinen ein offenes, elektromagnetisches System darstellen. Da der Ständer oder Läufer immer integraler Bestandteil des zu bewegenden Anlagenteils ist, sind lineare Antriebe generell Sonderanfertigungen. Prinzipiell unterscheidet man synchrone Linearmaschinen, die sich vor allem in spurgebundenen Bahnsystemen, wie den Hochgeschwindigkeits-Magnetschwebebahnen, durchgesetzt haben, sowie asynchrone Linearmaschinen, die sich vorwiegend in betriebsinternen Transport- und Positioniersystemen etablieren konnten. Durch die Abwicklung eines Motorteils über dem gesamten Fahrweg und die meist geringen Geschwindigkeiten weisen Linearmotoren in der Regel ein sehr schlechtes Leistungsgewicht von weniger als 0,1 kW/kg auf. Eine Ausnahmestellung nehmen die sogenannten Vollstator-Linearmaschinen ein, die speziell für den berührungslosen Antrieb von Fahrzeugrädern geeignet sind.

16. Geben Sie die vier Umwandlungsmerkmale von Stromrichtern an, und nennen Sie jeweils ein praktisches Beispiel!

Es gibt prinzipiell nur zwei elektrische Strom- bzw. Spannungsformen, die die Eingangs- und Ausgangsgrößen von Stromrichtern annehmen können, nämlich Gleichgrößen (DC) oder Wechselgrößen (AC). Daraus resultieren ingesamt vier verschiedene Umwandlungsmerkmale. Die wohl bekannteste Funktion des Gleichrichtens besagt, dass der Stromrichter aus einer Wechselspannung eine Gleichspannung (AC/DC) bildet. Ein typisches Beispiel sind die Netzgleichrichter, wie sie in allen elektronischen Geräten eingesetzt werden. Entsprechend steht die Bezeichnung Wechselrichten allgemein für die Fähigkeit eines Stromrichters, aus einer Gleichspannung eine Wechselspannung (DC/AC) zu erzeugen. Dieser Fall liegt in der Elektrotraktion vor, wenn aus der Gleichspannung einer Batterie oder eines Fahrdrahts über einen B6-Wechselrichter ein dreiphasiges Wechselspannungssystem für die einzelnen Drehstrommotoren an den Rädern erzeugt werden muss. Gleichstromumrichter wandeln ein starres Gleichstromnetz in ein variables Gleichstromnetz (DC/DC) um. Man spricht auch von Gleichstromstellern oder Choppern, mit denen zum Beispiel in der Elektrotraktion die starre Batteriegleichspannung in eine variable Gleichspannung für Gleichstromfahrmotoren umgewandelt wird. Wechselstromumrichter, auch Frequenzumformer oder Frequenzumrichter genannt, formen ein starres Wechselstromnetz in ein veränderbares Wechselstromnetz (AC/AC) um. In elektrischen Eisenbahnen wird mit einem solchen Frequenzumrichter die einphasige Wechselspannung des Fahrdrahts in ein variables Drehstromsystem für die Fahrmotoren in den Drehgestellen umgewandelt. Meistens setzen sich Umrichter aus Gleichrichter- und Wechselrichterschaltungen zusammen, wobei eine Entkopplung von Eingangs- und Ausgangsseite über einen Zwischenkreis erfolgt.

17. Wovon hängt das Umwandlungsmerkmal eines Stromrichters ab?

Die Bezeichnung Stromrichter ist allgemein und steht als Oberbegriff für sämtliche Gleichrichter-, Wechselrichter- und Umrichterschaltungen. Stromrichterschaltungen plus deren Ansteuerelektronik und Regelung fasst man unter dem Begriff Leistungselektronik zusammen. Allen Stromrichterstellgliedern gemeinsam ist, dass die Ausgangsgrößen die netzseitigen Eingangsgrößen in der Regel nicht übersteigen können und der Stromrichterausgang von der Eingangsseite nicht galvanisch getrennt wird. Die Umwandlungsmerkmale „Gleichrichten, Wechselrichten und Umrichten" eines Stromrichters hängen nicht von den verwendeten Leistungshalbleitern ab. Die Einteilung der Leistungshalbleiter in nicht löschfähige Ventile (Thyristoren, Dioden) und löschfähige Ventile (Leistungstransistoren) ist allerdings für die genauere Beschreibung der internen Kommutierungsvorgänge erforderlich. Werden „Netzgleichrichter" mit Thyristoren bestückt, können sie sowohl als Gleichrichter als auch als Wechselrichter (Energierückspeisung) arbeiten. Ebenso können aber auch Drehstrom-Wechselrichter, welche generell mit Leistungstransistoren und schnellen Inversdioden bestückt sind, sowohl im Wechselrichterbetrieb als auch im Gleichrichterbetrieb (Energierückspeisung) arbeiten. Eine Energierückspeisung ist aber in beiden Fällen nur so lange möglich, wie der Maschine über die Welle kinetische Energie zugeführt wird.

18. Wie kann man aus einer Gleichspannung eine Wechselspannung bzw. Drehstrom machen?

Indem man über eine Stromrichter-Brückenschaltung den Pluspol und den Minuspol einer Gleichspannung (DC) periodisch an den Motorklemmen vertauscht. Dadurch entsteht eine rechteckförmige Wechselspannung (AC), deren Frequenz von der Umschaltgeschwindigkeit bestimmt wird. Um den Effektivwert dieser nicht sinusförmigen Wechselspannung verkleinern zu können, wird der rechteckförmige Verlauf durch Zwischentakten immer wieder mit hoher Modulationsrate auf null geschaltet. Geschieht diese Pulsweitenmodulation (PWM) sinusbewertet, stellen sich in den ohmsch-induktiven Wicklungssträngen des Motors praktisch sinusförmige Wechselströme ein, auch wenn die Motorspannung im Interesse hoher Wirkungsgrade weiterhin zwischen Plus und Minus hin und her geschaltet wird. Die hohen Spannungsflanken setzen zwar eine geeignete Lackisolation der Wicklungsdrähte voraus, gehen aber nicht in die Qualität des Drehmoments ein. Hierfür ist einzig und allein der Stromverlauf zuständig. Ist dieser sinusförmig, so gibt die Maschine ein gleichförmiges Drehmoment an der Welle ab. Mit einer dreiphasigen Transistorbrücke (B6-Wechselrichter) lassen sich drei solcher getakteten Wechselspannungen erzeugen, die um 120° el. zueinander phasenverschoben sind und entsprechend drei oberschwingungsarme Ströme (Drehstrom) in den drei Wicklungen einer Drehstrommaschine treiben.

19. Welche Bedingungen sind bei der Erzeugung eines synthetischen Drehstromnetzes mit einem B6-Wechselrichter zu beachten?

Typische Merkmale eines Drehstromsystems sind die Phasenverschiebung der einzelnen Strangspannungen um 120° el. sowie der Faktor $\sqrt{3}$ zwischen den Effektivwerten von Strangspannung und Leiterspannung. Ist außerdem der Mittelpunktleiter (N) nicht angeschlossen oder nicht vorhanden, so muss sich die Summe der drei Leiterströme zu jedem Augenblick zu null addieren. Daraus ergeben sich acht zulässige Schaltkombinationen für die Ansteuerung der sechs Leistungstransistoren des Wechselrichters durch den Mikrocontroller. Durch intelligente Algorithmen (Raumzeigermodulation) lassen sich Motorströme mit einem Grundschwingungsgehalt von besser 0,999 erreichen, was auf ein pulsationsfreies Drehmoment an der Motorwelle führt. Die starre Bindung des öffentlichen Drehstromnetzes bezüglich Spannung und Frequenz besteht bei diesen synthetischen (künstlichen) Drehstromsystemen mit Wechselrichtern nicht. Das ist besonders für den Einsatz in der Elektrotraktion wichtig, denn nur mit variabler Spannungsamplitude und Frequenz können Drehstrommaschinen elektrische Fahrzeuge in allen Arbeitspunkten der M, n-Ebene optimal betreiben. Durch die Möglichkeit der freien Frequenzwahl sind mit Wechselrichtern Frequenzen bis zu 200 Hz und mehr realisierbar, was Drehzahlen von 12 000 min^{-1} und höher mit Drehstrommotoren ermöglicht.

20. Warum muss ein Wechselrichter oder Frequenzumrichter neben der Frequenz auch die Spannungsamplitude verstellen?

Die Drehzahl von Drehstrommaschinen hängt von der Frequenz (f) der Statorspannungen und Statorströme ab, die das rotierende Drehfeld im Luftspalt der Maschine erzeugen. Zur Drehzahlverstellung von Drehstrommaschinen genügt es allerdings nicht, allein nur die Frequenz zu verändern, da sich die Reaktanzen ($X = \omega\ L = 2\pi f \cdot L$) der Motorwicklungen ebenfalls frequenzabhängig verändern. Bei einem konstanten Effektivwert der Motorspannungen würde nämlich für kleine Frequenzen eine kleine Reaktanz zu unzulässig hohen Motorströmen führen. Die Aufgabe der Antriebsregelung besteht deshalb darin, über die Frequenz die gewünschte Drehzahl an der Motorwelle einzustellen und über die Spannung das zugehörige Drehmoment zu liefern. Dazu sind aufwendige mathematische Koordinatentransformationen von der Mikroprozessorsteuerung durchzurechnen, die sich am Läuferfluss der Maschine orientieren, weshalb man bei Drehstromantrieben auch von der feldorientierten Regelung spricht. Dieses Regelverfahren ermöglicht die getrennte Verstellung von Rotorfluss und Drehmoment, wodurch Drehstrommaschinen beste dynamische Eigenschaften (linearer Hochlauf) erreichen.

21. Wofür braucht eine Drehstrom-Asynchronmaschine Blindleistung, und woher kommt diese auf Elektrofahrzeugen?

Drehstrom-Asynchronmaschinen haben im Nennbetrieb einen Leistungsfaktor ($\lambda = P/S$) von ungefähr 0,75. Das heißt, dass nur 75 % der aufgenommenen Scheinleistung ($S^2 = P^2 + Q^2$) in Wirkleistung umgesetzt werden und in Form von mechanischer Leistung an der Welle ankommen. Der Rest von 66 % ist induktive Blindleistung ($Q^2 = S^2[1 - \lambda^2]$), welche die Asynchronmaschine zum Aufbau ihres magnetischen Drehfelds im Luftspalt benötigt. Ohne dieses Drehfeld kann sich eine Asynchronmaschine weder drehen noch ein Drehmoment abgeben. Das gilt selbstverständlich unabhängig vom Einsatzgebiet der Maschine. Während beim Betrieb am öffentlichen Netz die Blindleistung quasi aus der Steckdose kommt, muss diese bei batteriebetriebenen Straßenfahrzeugen über den Wechselrichter aus dem Gleichspannungszwischenkreis zur Verfügung gestellt werden. Um den elektrischen Energiespeicher jedoch von Blindströmen freizuhalten, wird der Batterie ein Kondensator für diese Aufgabe parallel geschaltet. Blindströme sind nämlich elektrische Ströme, die zwischen dem Verbraucher und der Energiequelle hin- und herpendeln, weshalb sie vom Verbraucher nicht in Wirkleistung, wie Wärme, Drehmoment oder Licht, umgesetzt werden können. Dies führt zu einer schwingenden Leistung (Blindleistung), die natürlich sowohl in Wechsel- als auch in Gleichstromkreisen auftreten kann.

22. Welchen Sinn macht die Kaskadenregelung in Elektrofahrzeugen?

Unter einer Kaskadenregelung versteht man die Verschachtelung mehrerer separater Regelschleifen. Die Regelkaskade ist eine der effektvollsten Methoden zur Stabilisierung und Optimierung von Regelkreisen, da sie die physikalischen Gegebenheiten bewegter Systeme exakt nachbildet. Im Falle von Fahrzeugantrieben gilt die mechanische Bewegungsgleichung, die besagt, dass eine Drehzahländerung nur über ein entsprechendes Beschleunigungsmoment ($M_b = J \cdot d\Omega/dt$) vorgenommen werden kann. Um dieser physikalischen Vorgabe gerecht zu werden, muss in einer Kaskadenregelung der innere Regelkreis immer ein Momentenregelkreis sein, der vom überlagerten Drehzahl- bzw. Geschwindigkeitsregler seinen Sollwert bekommt. Da in elektrischen Maschinen das Drehmoment von den Motorströmen erzeugt wird, muss bei Gleichstrommaschinen der Ankerstrom und bei Drehstrommaschinen die momentenbildende Stromkomponente ausgeregelt werden, damit der Stromregler formal einem Momentenregler entspricht (feldorientierte Regelung). In der führerlosen Elektrotraktion (Shuttles, Aufzüge) bekommt der Geschwindigkeitsregler seinen Sollwert wiederum von einer weiteren Regelkaskade, nämlich einem überlagerten Positionsregelkreis. In normalen Straßenfahrzeugen findet keine Regelung statt, weshalb der Fahrer über die Stellgröße am Gaspedal alle drei Regelaufgaben (Beschleunigung, Geschwindigkeit und Position) selbst übernehmen muss.

23. Wie lange dauert es, wenn ein Fahrzeug mit einfacher Erdanziehung (1 g) von null auf 100 km/h beschleunigt werden soll?

Die Erdbeschleunigung ($1\ g = 9{,}81\ m/s^2$) tritt zum Beispiel beim freien Fall eines Gegenstands auf. Wird ein Fahrzeug auf der Straße horizontal mit dieser konstanten Erdbeschleunigung (Gravitation) von null auf 100 km/h angetrieben, dürfen ebenfalls nur $t = v/g = 2{,}8$ s vergehen, bis die Endgeschwindigkeit erreicht ist. Diese kurzen Beschleunigungszeiten sind mit Traktionsantrieben infolge der begrenzten Bodenhaftung nicht mehr zu schaffen. Extreme Speedfahrzeuge für Geschwindigkeitsrekorde können jedoch mit Strahltriebwerken wie bei Düsenjets bis zum Fünffachen der Erdbeschleunigung aufbringen und erreichen dann bereits nach einer einzigen Sekunde $v = 5\ g\ t = 180$ km/h, bzw. sind nach 2,8 s schon 500 km/h schnell. Dabei muss man beachten, dass die enormen Schubkräfte für diese Beschleunigung auch extrem große Motorleistungen ($P = Fv$) erfordern, was den Einsatz im Alltagsbetrieb natürlich unwirtschaftlich macht. Hinzu kommt die hohe körperliche Belastung, die zu kurzen Ohnmachtsanfällen und dergleichen führen kann. Militärische Kampfjets beschleunigen zum Beispiel auf Flugzeugträgern mit bis zum Zehnfachen der Gravitation (10 g), was für die Piloten nur noch in besonderen Druckanzügen gefahrlos zu überstehen ist.

24. Wie groß ist die Lebensdauer von elektrischen Antrieben und die von Verbrennungsantrieben?

Die maximale Betriebsdauer am Stück (Dauerbetrieb) liegt bei Gleichstrommaschinen aufgrund des Kommutatorverschleißes durch Bürstenfeuer zwischen 2 000 und 4 000 Betriebsstunden. Drehstrom-Asynchronmaschinen und permanenterregte Synchronmaschinen liegen mit 100 000 wartungsfreien Betriebsstunden deutlich höher. Gewöhnliche Verbrennungsmotoren in Kraftfahrzeugen werden dagegen lediglich für eine Betriebsdauer von 1 500 bis 2 000 Stunden bei entsprechender Wartung ausgelegt, was mit der hohen Beanspruchung und dem damit verbundenen Verschleiß der mechanischen Teile zusammenhängt. Ein Vergleich zeigt, dass bei einer typischen Laufleistung der Straßenfahrzeuge von etwa $s = 1\,500 \text{ h} \cdot 100 \text{ km/h} = 150\,000 \text{ km}$ die Motoren von Elektrofahrzeugen in ihrer Lebensdauer nicht annähernd von ihrem Fahrer und Besitzer ausgenutzt und mechanisch verbraucht werden können.

25. Ist die Schnellladung einer Traktionsbatterie oder eines UltraCaps an der Steckdose prinzipiell möglich?

Eine Schnellladung im Minutenbereich ist an der häuslichen Steckdose absolut unmöglich. Betrachtet man nämlich die Leistung, die eine mit 16 A abgesicherte 230-V-Steckdose abgeben kann, so sind das maximal $P = U \cdot I = 3{,}6 \text{ kW}$. Mit dieser Leistung lassen sich über einen Ladezeitraum von zehn Stunden der Steckdose $W = P\,t = 36 \text{ kWh}$ elektrische Energie entnehmen und einem Energiespeicher zuführen. Diese Energiemenge entspricht in etwa der Kapazität einer Bleibatterie oder eines Ultrakondensators von einer Tonne. Bei einem Schnellladevorgang, der mit der Tankbefüllung von Verbrennungsfahrzeugen in 2 min vergleichbar wäre, müsste die Steckdose für die Zeitdauer $t = 2 \text{ min} = 120 \text{ s} = 1 \text{ h}/30$ eine Leistung von $P = W/t = 1{,}08 \text{ MW}$ liefern können. Da dies prinzipiell nicht möglich ist, kann eine elektrische Schnellladung nur mittels leistungsstarker Ladestationen am Drehstrom-Mittelspannungsnetz vorgenommen werden.

26. Was sind Hybrid-Fahrzeuge?

Ein wesentliches Merkmal von Hybridfahrzeugen ist das Vorhandensein von unterschiedlichen Antriebssystemen auf dem Fahrzeug. Die Bezeichnung Hybridfahrzeug (hybrid = gemischt) steht in der Elektrotraktion meist für die Kombination eines Verbrennungsmotors als Energielieferant und eines Elektroantriebssystems für die Traktion. Hybridfahrzeuge können aber auch das Zusammenspiel von Muskelkraft und Elektromotor bzw. jede andere sinnvolle Kraftkombination zum Antrieb eines Fahrzeugs sein. Damit sind Hybridfahrzeuge deutlich aufwendiger als reine Verbrennungs- oder Elektrofahrzeuge, da sie aus zwei Kraftmaschinen, einem Verbindungsgetriebe, Leistungselektronik und einem Elektrospeicher plus Elektrogenerator bestehen. Dennoch sind Hybridfahrzeuge eine wichtige Zwischenetappe auf der langen Wegstrecke zum reinen Elektroauto. Der Grundgedanke bei klassischen Hybridantrieben besteht darin, einen Verbrennungsmotor stets in seinem optimalen Arbeitsbereich zu betreiben, um den Schadstoffausstoß und Energieverbrauch möglichst gering zu halten. Mit seiner mechanischen Energie an der Welle treibt der Verbrennungsmotor einen elektrischen Generator an, der permanent eine Traktionsbatterie nachlädt, aus der zum Beispiel die elektrischen Fahrmotoren für die Fahrzeugräder gespeist werden.

27. Was versteht man unter Solar- oder Sonnenautos?

Solarautos sind kleine, sparsame Elektrofahrzeuge, die ihre Betriebsenergie ausschließlich aus der Sonnenstrahlung beziehen. Allerdings muss man dabei beachten, dass für ein reines Solarfahrzeug mit 10 kW Antriebsleistung bereits eine Solarfläche von etwa 100 m^2 erforderlich wäre. Vergleicht man diese große Kollektorfläche mit den zwei bis drei zur Verfügung stehenden Quadratmetern des Fahrzeugdachs plus Motorhaube, so wird klar, dass ein reines optoelektrisches Sonnenauto nicht realisierbar ist. Hinzu kämen ja auch noch Energiereserven für das Aufladen einer Batterie, die die fehlende Strahlungsenergie während der Nachtstunden überbrücken müsste. Man spricht deshalb auch dann noch von Solarfahrzeugen, wenn zum Beispiel Solarmodule auf dem Garagendach den elektrischen Strom für das Laden der Traktionsbatterie liefern oder durch Elektrolyse den Wasserstoff für Brennstoffzellen erzeugen oder der Solarstrom tagsüber im öffentlichen Netz zwischengeparkt wird.

28. Welche Vorteile haben Brennstoffzellen für die Elektrotraktion?

Brennstoffzellen und Wasserstoffspeicher bezeichnet man häufig auch als Wasserstoff-Batterien. Sie sind in der mobilen Elektrotraktion die einzige Möglichkeit, größere Reichweiten an einem Stück zu erreichen. Die Energiedichte von Brennstoffzellen plus Wasserstofftank kann Werte von 500 Wh/kg und mehr erreichen, wodurch Elektrofahrzeuge mit einem vertretbaren Gesamtgewicht eine Fahrstrecke von über 600 km mit nur einer Batterieladung zurücklegen können. Solche Reichweiten in Verbindung mit der Möglichkeit des schnellen Auftankens beheben den bisherigen Langstreckennachteil des Elektroautos gegenüber dem Verbrennungsfahrzeug, sodass mit der Verfügbarkeit von preiswerten Brennstoffzellensystemen einem breiten Einsatz des umweltfreundlichen Elektromobils in naher Zukunft nichts mehr im Wege steht.

29. Vergleichen Sie die Gesamtwirkungsgrade von fossilen und elektrischen Antrieben!

Der Wirkungsgrad eines Automobils mit Verbrennungsmotor liegt zwischen 10 % und 20 %, je nachdem, in welchem Arbeitspunkt und Einsatzmodus der Motor betrieben wird. Für eine Gesamtbilanz müssen selbstverständlich noch die Verluste bei der Förderung des Rohöls mit Bohrtürmen, der Gewinnung des Benzins in Raffinerien und bei der Verteilung an Tankstellen mit Lastkraftwagen berücksichtigt werden. Auf diese Weise kommt sehr schnell ein Gesamtwirkungsgrad in der Größenordnung von ungefähr 5 % zusammen. Im Falle der Elektrofahrzeuge sieht es kaum besser aus. Denn zunächst muss die Kohle in Bergwerken gefördert werden, damit sie verfeuert werden kann. Der Wirkungsgrad großer Kraftwerke liegt bei maximal 40 %, wobei nochmals 10 % beim Stromtransport über Freileitungen und Transformatoren verloren gehen. Wird mit dem Strom eine Batterie aufgeladen, treten Ladeverluste von etwa 20 % auf, die beim Entladen der Batterie während der Fahrt nochmals anfallen. Der Wirkungsgrad des elektrischen Antriebs schlägt mit 70 % bis 80 % zu Buche, sodass insgesamt von der Primärenergie des Energieträgers auch nur ungefähr 10 % an den Rädern des Fahrzeugs ankommen.

30. Was ist ein 80-MPG-Auto?

Solche Verbrennungs-Fahrzeuge können mit einer Gallone (3,8 Liter) Benzin 80 Meilen (1 Meile = 1,6 km) weit bewegt werden, daher die Bezeichnung Miles per Gallon (MPG). Rechnet man diese in den USA gebräuchlichen Verbrauchsangaben auf europäische Verhältnisse um, so kommt man zum sogenannten Dreiliterauto, das nur 3 l Benzin auf 100 km verbraucht. Der personenbezogene Verbrauch bei einem mit vier Personen besetzten 80-MPG-Auto (Dreiliterauto) beträgt sogar nur 0,75 l pro 100 Personen-km und liegt damit unter dem eines vergleichbaren Fußmarsches. Ein solches Fahrzeug könnte maximal mit einer Leistung von 10 kW motorisiert werden und dürfte keinerlei Luxus und Komfort haben. Ein überdachtes Moped ohne Licht und Radio also, auf keinen Fall mehr.

31. Warum lassen sich Hochgeschwindigkeitszüge grenzüberschreitend einsetzen?

Verkehren Hochgeschwindigkeitszüge im internationalen Schienenverkehr, müssen sie mit unterschiedlichen Energiesystemen auf den Fahrdrähten zurechtkommen. Durch die Möglichkeiten der modernen Leistungselektronik lassen sich aus allen landesspezifischen Fahrdrahtspannungen über entsprechende Stromrichtervarianten spannungs- und frequenzvariable Drehstromsysteme für die Fahrmotoren in den Drehgestellen erzeugen. Dadurch ist der ungehinderte Betrieb der Hochgeschwindigkeitszüge kreuz und quer durch Europa ohne Umspannen der Antriebslokomotive an den Grenzen möglich.

32. Lassen sich Passagierflugzeuge elektrisch antreiben, und wie passen sich Flugzeuge in eine Energieversorgung mit Wasserstoff ein?

Prinzipiell könnten Propellerflugzeuge auch mit Elektromotoren angetrieben werden. Aber noch stärker als beim Straßenfahrzeug zählt in der Luft das Gewicht des Antriebssystems. Und deshalb findet man batteriebetriebene Elektroantriebe allenfalls in kleinen Modellflugzeugen. Moderne Passagierflugzeuge fliegen darüber hinaus in großen Höhen, in denen die Luft schon sehr dünn ist. Sie benötigen daher einen vom Luftwiderstand unabhängigen Schub, der in hochtourigen Triebwerken durch explosionsartige Verbrennung erzeugt wird. Aus diesen beiden Gründen sind elektrische Propellerantriebe im Luftverkehr nicht einsetzbar. Ähnlich wie die Zylinder von Verbrennungsmotoren lassen sich auch Triebwerke von Düsenjets mit Wasserstoff betreiben, wobei im Luftverkehr die um das Dreifache größeren Tankvolumina wesentlich problematischer sind als im Straßenverkehr.

33. Wann wird das Elektroauto endlich in den Handel und Verkehr kommen?

Enthusiastische Vorhersagen und breit angelegte Feldversuche, die dem Elektroauto aus seinem hundertjährigen Schattendasein verhelfen sollten, gab es im Laufe der letzten Jahrzehnte schon sehr, sehr viele. Allerdings wurde dabei immer übersehen, dass über den Durchbruch eines Produkts weder die Vernunft noch die Euphorie entscheiden, sondern einzig und allein der freie Markt und damit letztendlich die Interessen der Konsumenten. Das heißt, erst wenn die Elektroautos genauso leistungsfähig und preiswert sind wie die Verbrennungsfahrzeuge, werden sie auf dem anspruchsvollen und verwöhnten Käufermarkt eine Chance haben. Dies wird mit herkömmlichen Batteriesystemen allerdings niemals der Fall sein können, da deren Energiedichte absolut unbefriedigend ist und rein physikalisch auch nicht mehr gesteigert werden kann. Einziger Lichtblick für die Elektrotraktion im Straßenverkehr liefert aus heutiger Sicht nur der Einsatz von Brennstoffzellen, die ihre Energie aus einem Wasserstofftank beziehen, der ähnliche Reichweiten wie mit Verbrennungsantrieben garantiert. Allerdings müssen die Verfügbarkeit und der Preis dieser sogenannten Wasserstoff-Batterien erst einmal konkurrenzfähig werden. Dazu sind aber noch gewaltige Investitionen und Entwicklungsanstrengungen erforderlich.

34. Wie lange reichen die fossilen Energieträger noch aus?

Vergleicht man die in der Erde gelagerten Erdölvorräte mit einem großen Erdtank, so steht die Tanknadel momentan irgendwo zwischen halb und dreiviertel voll.

Legt man den gegenwärtigen Weltverbrauch zugrunde, dürften die bekannten Ölquellen noch etwa vierzig Jahre sprudeln. Für die Erschöpfung der abbaubaren Kohlevorräte rechnet man noch mit zweihundert und mehr Jahren. Dabei muss man allerdings zweierlei bedenken, dass nämlich durch die dynamische Wirtschaftsentwicklung in den bevölkerungsreichen Schwellenländern (China, Indien) die Zahl der energiehungrigen „Erdtankbenutzer" rapide zunimmt und dass die Natur diesen Öltank nur im Laufe der nächsten 30 Millionen Jahre wieder auffüllen kann. Aus diesem Grund wird beim Unterschreiten der magischen Tankmarke „halb voll" ein gnadenloser Kampf um die versiegenden Erdölreserven beginnen, mit unvorhersehbaren Auswirkungen auf den sozialen Frieden in der Welt. Diese schleichende Verknappung des Energierohstoffs wird als Folge die Energiepreise explosionsartig ansteigen lassen und den gewohnten Lebensstandard in vielen Wohlstandsländern gefährden. Aus diesem Grund müssen rechtzeitig alternative Energiekonzepte erforscht und gefördert werden, um dem drohenden Unheil wirkungsvoll begegnen zu können.

35. Wie sieht die Energieversorgung der Zukunft aus?

Sobald die nicht erneuerbaren Erdölvorräte und Gasvorkommen aufgebraucht sind, muss die Primärenergie aus regenerativen (erneuerbaren) Energieträgern, wie Sonne, Wind, Wasserkraft, Erd- und Biowärme, erzeugt werden. Diese umweltfreundlichen Energieformen stehen in unerschöpflichen Mengen zur Verfügung, wobei allein die Sonne in einer Viertel Stunde so viel Wärmeenergie zur Erde schickt, um den Jahresenergiebedarf der gesamten Menschheit decken zu können. Regenerative Energien sind allerdings allesamt nicht speicher- und transportierbar, weshalb der verlustreiche Umweg über den elektrischen Strom hin zur Erzeugung von Wasserstoff durch Elektrolyse gegangen werden muss. Nur in Form von (flüssigem) Wasserstoff lassen sich ähnliche Eigenschaften und Energiedichten wie mit fossilen Energieträgern (Benzin, Kohle, Gas) realisieren. In der Praxis kann der Wasserstoff sowohl in Verbrennungsmotoren und Triebwerken wieder in mechanische Bewegungen umgesetzt als auch in Brennstoffzellen zurück in elektrischen Strom umgewandelt werden. Da es bisher keine vergleichbaren Alternativen gibt, wird die Energieversorgung der Zukunft höchstwahrscheinlich auf der Wasserstoffwirtschaft aufgebaut sein müssen. Dabei muss man aber bedenken, dass auch die regenerativen Energieträger in Mitteleuropa nicht annähernd den Energiebedarf dieser bevölkerungsstarken Region decken können, sodass die Abhängigkeit vom Erdöl in Zukunft durch die Abhängigkeit vom Wasserstoffangebot auf den Weltmärkten abgelöst werden wird.

12 Verzeichnis der Formelzeichen

AC	Wechselspannung
ADC	Analog Digital Converter
AFL	Auflösung, Bitbreite
α	Steuerwinkel, Zündwinkel, Index für statorfest
B_{E}	Energiebedarf
bit	Binary Digit (High/Low, eins/null)
BP	Bezugspotential, Ground, Erde
BT	Bipolartransistor
B2	einphasige Brückenschaltung
B6	dreiphasige Brückenschaltung
β	Index für statorfest
$\cos \varphi$	Verschiebungsfaktor
C	Kondensator, Kapazität
γ	zeitabhängiger Winkel, Phasenreserve
digit	digitale Einheit, digital unit
D, D	Diode, Verzerrungsleistung
DAC	Digital Analog Converter
DAM	Drehstrom-Asynchronmaschine
DC	Gleichspannung
D_{E}	Energiedichte
DSM	Drehstrom-Synchronmaschine
Δ	Differenz, Abweichung

eff	Index für Effektivwert
EMC	Electromagnetic Compatibility
EMK	elektromotorische Kraft
EMV	elektromagnetische Verträglichkeit
η	Wirkungsgrad
ε	Belastungswinkel
f	Frequenz
f_1	Ständerfrequenz
f_2	Läuferfrequenz
f_P	Pulsfrequenz
f_T	Taktfrequenz
F	Kraft, Formfaktor, Funktion
F_a	Antriebskraft
F_b	Beschleunigungskraft
F_W	Widerstandskraft
φ	Phasenverschiebungswinkel, Phasenkennlinie
g	Grundschwingungsgehalt
GND	Ground, Bezugspotential
GR	Gleichrichter
GTO	abschaltbarer Thyristor (stromgesteuert)
γ	Rotationswinkel
Hz	Hertz
i	zeitlicher Stromverlauf, Ordnungszahl
I	Strommittelwert, Integrierglied
I_1	primärer Strangstrom, Grundschwingung (Effektivwert)
I_2	sekundärer Strangstrom, Harmonische (Effektivwert)

I_a	Wechselstrom (Effektivwert)
I_d	Gleichstrom (arithmetischer Mittelwert)
I_f	Erregerstrom, Feldstrom (Gleichgröße)
IGBT	spannungsgesteuerter Leistungstransistor
I_L	Leiterstrom, Netzstrom (Effektivwert)
I_x	flussbildende Stromkomponente (Gleichgröße)
I_y	momentenbildende Stromkomponente (Gleichgröße)
I_μ	Magnetisierungsstrom (Effektivwert)
IC	Integrated Circuit
j	imaginäre Einheit
J	Massenträgheitsmoment
k	Laufindex, Verstärkungsfaktor
k_a	Ankerkreisverstärkung
k_R	Reglerverstärkung
k_{SR}	Stromrichterverstärkung
K, K	diskrete Zeiteinheit, Konstante, Kurzschluss
l	Weg, Position
L	Induktivität
λ	Leistungsfaktor
L_{1h}	Hauptinduktivität
m	Masse, Ordnungszahl
M	Drehmoment
MCT	abschaltbarer Thyristor (spannungsgesteuert)
M_a	Antriebsmoment
M_b	Beschleunigungsmoment
M_K	Kippmoment

MOSFET	Feldeffekttransistor
M_W	Widerstandsmoment
μ	Wahrheitswert
n	Drehzahl (number of resolutions)
n_d	synchrone Drehzahl, Drehfelddrehzahl
n_0	Leerlaufdrehzahl
N	Index für Nenngrößen
0	Index für Gleichanteile
ω	Kreisfrequenz
ω_m	mechanische Kreisfrequenz
ω_1	Kreisfrequenz der Grundschwingung, Netzfrequenz
ω_2	Kreisfrequenz der Läufergrößen
Ω	Kreisfrequenz der Drehzahl, Einheit Ohm
p	Polpaarzahl, Pulsigkeit, Pulszahl
P	Wirkleistung, Proportionalglied
P_{el}	elektrische Wirkleistung
P_{mech}	mechanische Leistung
P_V	Verlustleistung
Ψ	magnetischer Verkettungsfluss
Ψ_{1h}	Hauptfluss (Effektivwert)
Ψ_2'	Rotorfluss (Effektivwert), auf Stator umgerechnet
Q	Blindleistung
Q_1	Grundschwingungsblindleistung
R	ohmscher Widerstand, Ankerwiderstand, Radius
R_1	Ständerwiderstand

R'_2	Läuferwiderstand, auf Stator umgerechnet
R_{Fe}	Eisenverlustwiderstand
s	Weg, Schlupf, Aktionsradius, Sekunde
sign	Signum, Vorzeichen
s_K	Kippschlupf
S	Scheinleistung
S&H	Sample and Hold
σ	Index für Streugrößen
t	Zeit
T	Zeitkonstante, Transistor, Thyristor, Triac, Periodendauer
T_{AB}	Abtastzeit
T_e	Einschaltzeit
T_P	Pulsperiode
T_S	Statorzeitkonstante
T_2	Rotorzeitkonstante
T_t	Stromrichtertotzeit
T_R	Reglernachstellzeit
ϑ	Polradwinkel
u	zeitlicher Spannungsverlauf, Steuergröße, Überlappung
$\hat{u}$	Spitzenwert der Strang- bzw. Leiterspannung
$\ddot{u}$	Übersetzungsverhältnis (Transformator, Getriebe)
U	Strang, Spannungseffektivwert
U_1	primäre Strangspannung, Grundschwingung (Effektivwert)
U_a	Wechselspannung (Effektivwert)
U_d	Gleichspannung (arithmetischer Mittelwert)

U_{di}	Ideelle Leerlaufgleichspannung
U_G, U_0	Gegenspannung, Gleichspannung (Gleichanteil)
U_i	induzierte Spannung (EMK), Quellenspannung, Urspannung
U_L	Leiterspannung, Netzspannung (Effektivwert)
U_P	Polradspannung (Effektivwert)
v	Geschwindigkeit (velocity)
VZ1	Verzögerungsglied erster Ordnung, PT1
w	Welligkeit, Index für Sollwerte
W	Strang, Widerstandskraft, Wirkanteil, Arbeit, Watt
W1	Wechselstromsteller
W3	Drehstromsteller
WR	Wechselrichter
x	Index für flussbildende Komponenten, Weg
x_d	Regeldifferenz, Regelabweichung
X_{1h}	Hauptreaktanz
$X_{1\sigma}$	Ständerstreureaktanz
$X'_{2\sigma}$	Läuferstreureaktanz, auf Stator umgerechnet
X_d	Synchronreaktanz
y	Index für die momentenbildende Stromkomponente
Z	Impedanz

13 Fachausdrücke und ihre Übersetzungen

A

Abtastzeit	sampling time
acceleration torque	Beschleunigungsmoment
a. c. voltage	Wechselspannung
active power	Wirkleistung
actual value	Istwert
adjusting range	Stellbereich
airplane	Flugzeug
air pollution	Luftverschmutzung
air resistance	Luftwiderstand
Allradantrieb	four-wheel drive
alternating current (a. c.)	Wechselstrom (AC)
ammeter	Strommesser, Amperemeter
analog controller	Analogregler
Analogregler	analog controller
angular speed	Kreisdrehzahl
Ankerstrom	armature current
Anlaufstrom	starting current
Antiblockiersystem (ABS)	anti block system
Antrieb	drive
Antriebsmechanik	driving mechanics
Antriebsmoment	driving torque
Antriebsregelung	drive control
Arbeitspunkt	operating point

arithmetic mean, average (av)	arithmetischer Mittelwert
arithmetischer Mittelwert	arithmetic mean, average (av)
armature current	Ankerstrom
Asynchronmaschine	induction machine
Aufbau	construction
Auto	car
automatic control theory	Regelungstechnik
Automobil	automobile
average value (av)	Mittelwert

B

B2-Schaltung	single-phase bridge, H-connection
B6-Schaltung	three-phase bridge
Batterie	battery
battery	Batterie
Benzin	petrol, fuel, gas
Beschleunigungsmoment	acceleration torque
bicycle	Fahrrad
Bleibatterie	lead-acid battery
Blindleistung	reactive power
Blindstrom	reactive current
bodywork, body	Karosserie
braking energy	Bremsenergie
braking torque	Bremsmoment
Bremsenergie	braking energy
Bremsmoment	braking torque
Brennstoffzelle	fuel cell
bridge rectifier	Brückengleichrichter
Brückengleichrichter	bridge rectifier

C

capacitor	Kondensator
car	Auto
cascade control	Kaskadenregelung
Chopper	chopper, Gleichstromsteller, Zerhacker
closed-loop control	Regelung
combustion engine	Verbrennungsmotor
complex power	Scheinleistung
constant component	Gleichanteil, arithmetischer Mittelwert
consumption of energy	Energieverbrauch
control algorithm	Regelvorschrift
controlled variable	Regelgröße
controller	Regler
converter	Stromrichter, Umrichter, Wandler
converterfed drive	Stromrichterantrieb
conveyor belt	Förderband, Transportband
crank shaft	Gelenkwelle
cruising range	Reichweite
current	Strom
current sensor	Stromsensor
cycle time	Periodendauer
cyclo converter	Direktumrichter

D

d. c. chopper	Gleichstromsteller
d. c. machine	Gleichstrommaschine
Dauerbetrieb	permanent operation
Dauermagnet	permanent magnet
dead time	Totzeit

deviation	Regelabweichung
digital control	digitale Regelung
digital-analogue converter (DAC)	Digital-Analog-Wandler
Digital-Analog-Wandler	digital analog converter (DAC)
digitale Regelung	digital control
Digitalisierung	digitalization
diode rectifier	Diodengleichrichter
Diodengleichrichter	diode rectifier
direkt current (d. c.)	Gleichstrom (DC)
Direktumrichter	cyclo converter
disturbance variable	Störgröße
douple-way converter	Umkehrstromrichter
Drehfeld	rotating field
Drehfelddrehzahl	synchronous speed
Drehmoment	torque
Drehstrom	three-phase current
Drehstrom-Asynchronmaschine	three-phase induction machine
Drehstromnetz	three-phase system
Drehstrom-Synchronmaschine	three-phase synchron machine
Drehstromtransformator	three-phase-transformer
Drehzahl	number of revolutions (*n*), speed
Drehzahl-Drehmoment-Kennlinien	speed-torque characteristics
Drehzahlregler	speed controller
Dreiliterauto	eighty miles per gallon (80 MPG) car
drive	Antrieb
drive control	Antriebsregelung
driving mechanics	Antriebsmechanik
driving torque	Antriebsmoment

dynamical behaviour	dynamisches Verhalten
dynamisches Verhalten	dynamical behaviour
dynamo	Lichtmaschine

E

ecology	Umwelt, Ökologie
economy	Wirtschaft, Ökonomie
Effektivwert	root-mean-square (rms)
efficiency	Wirkungsgrad
eighty miles per gallon (80 MPG) car	Dreiliterauto
Einphasenbrückenschaltung	single-phase bridge
Einquadrantbetrieb	one-quadrant operation
Einrad	mono bike, unicycle
Eisenbahn	railway
electric vehicle (EV)	Elektrofahrzeug
electro motor	Elektromotor
electro traction	Elektrotraktion
Elektrofahrzeug	electric vehicle (EV)
Elektromotor	electro motor
Elektrotraktion	electro traction
elevator	Fahrstuhl
Energierückspeisung	energy recovery
Energiespeicher	energy storage
Energietechnik	power engineering
Energieträger	energy source
Energieverbrauch	energy consumption
energy recovery	Energierückspeisung
energy source	Energieträger
energy storage	Energiespeicher

Erregerstrom	field current
excitation	Erregung
Expertenwissen	expertise

F

Fahrrad	bicycle
Fahrstuhl	elevator, lift
fan	Ventilator, Lüfter
feature	Eigenschaft, Merkmal
feedback	Rückführung, Rückkopplung
Feldschwächung	field weakening
Felgenantrieb	rim drive
field oriented control	feldorientierte Regelung
field component	flussbildende Komponente, Feldkomponente
field current	Feldstrom, Erregerstrom
feldorientierte Regelung	field oriented control
field weakening	Feldschwächung
Flugzeug	airplane
Fluss	flux
Flusskomponente	field component
flux	Fluss, Feld
Fußmarsch	walk
force	Kraft
Förderband	conveyor belt
Fotovoltaik	siehe photovoltaics
four-quadrant operation	Vierquadrantenbetrieb
four-wheel drive	Allradantrieb
Fremderregung	separate excitation

frequency converter	Frequenzumrichter
Frequenzumrichter	frequency converter
frictional torque	Reibmoment
fuel, gas, petrol	Benzin, Brennstoff
fuel cell	Brennstoffzelle
Führungsgröße	reference variable
full breaking	Vollbremsung
fuzzy control	unscharfe Regelung
fuzzy sets	unscharfe Mengen
Fuzzyregelung	fuzzy control

G

gas, fuel, petrol	Benzin
gear motor	Getriebemotor
gear transmission	Getriebe
gear wheel	Zahnritzel
Gelenkwelle	crank shaft
generator operation	Generatorbetrieb
Generatorbetrieb	generator operation
Geschwindigkeit	velocity (v)
Getriebe	gear transmission
Getriebemotor	gear motor
Glättungsinduktivität	smoothing reactor
Gleichrichter	rectifier
Gleichspannung	d. c. voltage
Gleichstrom	direct current, d. c.
Gleichstrommaschine	d. c. machine
Gleichstromsteller	d. c. chopper

Gleichstromzwischenkreis	d. c. link
Gravitationsregelung	gravity control
grid	Netz, Netzleitung
gyroscope sensor	Kreiselsensor

H

Handbremse	parking brake
Handhabungsgerät	handling device
handling device	Handhabungsgerät
Hebezeug	lifting gear, hoist
high-speed train	Hochgeschwindigkeitszug
Hochgeschwindigkeitszug	high-speed train
Hochlauf	run-up
hoist	Hebezeug
horse power (hp)	Pferdestärke (PS)
Hybridantrieb	hybrid drive
hydrogen battery	Wasserstoff-Batterie

I

inductance	Induktivität
induction machine	Asynchronmaschine
Induktionsmaschine	induction machine
Induktivität	inductance
Instabilität	instability, runaway
insulated gate bipolar transistor	IGBT-Transistor
integrated circuit (IC)	Schaltkreis
integrator	Integrierglied
Integrierglied	I-element, integrator
international system of units (SI)	SI-Einheitensystem

inverter	Wechselrichter
Istwert	actual value

K

Käfigläufermotor	squirrel-cage motor
Kapazität	capacitor
Karosserie	bodywork, body
Kaskadenregelung	cascade control
Kennlinien	diagram, characteristics
kinetic energy	kinetische Energie
kinetische Energie	kinetic energy
Kraft	force
Kraftwerk	power plant
Kreisdrehzahl	angular speed
Kreiselsensor	gyroscope sensor
Kreisfrequenz	angular frequency
Kurzschlussläufer	squirrel-cage rotor
Kurzschlussstrom	short-circuit current
Kurzstator-Linearmotor	short-stator linear motor

L

Lageregelung	position control
Langstator-Linearmotor	long-stator linear motor
Lastmoment	load torque
Laststoß	load thrust
lathe	Drehbank
Läufer	rotor
lead-acid battery	Bleibatterie
leakage power	Verlustleistung

Leerlauf	no-load operation
Leistungsdichte	power density
Leistungselektronik	power electronics
Leistungsfaktor	power factor
Leistungsgewicht	power-to-weight ratio
Leistungshalbleiter	power semiconductor
Leiterspannung	phase to phase voltage
Lichtmaschine	dynamo
lifting gear	Hebezeug
line voltage	Netzspannung
linear motor	Linearmotor
Linearmotor	linear motor
load	Belastung, Last
load thrust	Laststoß
load torque	Lastmoment
long-stator linear motor	Langstator-Linearmotor
loss breaking	Verlustbremsung
Lüfter	fan, ventilator
Luftverschmutzung	air pollution
Luftwiderstand	air resistance

M

machine	Maschine
machine tool	Werkzeugmaschine
maglev train	Magnetschwebebahn
magnet wheel	Polrad
Magnetisierungsstrom	magnetizing current
magnetizing current	Magnetisierungsstrom
Magnetschwebebahn	magnetic-levitation train (Maglev)

Maschine	machine
mass	Masse
Masse	mass
Massenträgheitsmoment	moment of inertia
mean value (av)	Mittelwert
Mechanik	mechanics
Mehrmotorenantrieb	multi-engined drive
Mittelwert	mean value, average value (av)
Moment	torque
moment of inertia	Massenträgheitsmoment
Momentenkomponente	torque component
mono bike	Einrad
motor operation	Motorbetrieb
Motorbetrieb	motor operation
Motorroller	motor-scooter
Motorwelle	shaft
multi-engined drive	Mehrmotorenantrieb
muscle drive	Muskelantrieb
Muskelantrieb	muscle drive

N

Nebenschlussmaschine	shunt-wound machine
Neigungswinkel	tilt angle
Nennlast	rated load
Nennleistung	power rating
Nennspannung	rated voltage
Nennstrom	rated current
Nennwert	nominal value
Netz	power system, line, grid

Netzspannung	line voltage
no-load operation	Leerlauf
nominal value	Nennwert
Null-Emission	zero emission
number of revolutions (*n*)	Drehzahl
Nutzbremsung	regenerative braking

O

one-quadrant drive	Geradeausantrieb
open-loop control	Steuerung
operation quadrant	Betriebsquadrant
Optimierung	optimization
optimization	Optimierung
over-current protection	Überstromschutz
oxygen	Sauerstoff

P

P-, PI-, PID-Regler	P-, PI-, PID-controller
parking brake	Handbremse
petrol, gas, fuel	Benzin
Pferdestärke (PS)	horse power (hp)
phase to phase voltage	Leiterspannung
phase voltage	Strangspannung, Sternspannung
Phasenlage	phase position
photovoltaics	Photovoltaik, Fotovoltaik
PI-controller	PI-Regler
Polarität	polarity
pollutants	Schadstoffe
Polrad	magnet wheel

position	Weg, Stellung, Lage, Position
Potentiometer	variable resistor
power current	Starkstrom
power density	Leistungsdichte
power electronics	Leistungselektronik
power engineering	Energietechnik, Starkstromtechnik
power factor	Leistungsfaktor
power rating	Nennleistung
power semiconductor	Leistungshalbleiter
power system	Netz
power to weight ratio	Leistungsgewicht
propulsive force	Schubkraft

Q

quadrant	Quadrant, Betriebsquadrant
Quadrant	quadrant

R

Rad	wheel
railway	Eisenbahn
rated current	Nennstrom
rated load	Nennlast
rated operation	Nennbetrieb, Typenpunkt
rated voltage	Nennspannung
Raumzeigerdarstellung	space-vector diagram
reactive power	Blindleistung
Reaktanz (Blindwiderstand)	reactance
rectifier	Gleichrichter
reference value	Sollwert, Bezugsgröße

Regeldifferenz, Regelabweichung	control error, deviation
Regelvorschrift	control algorithm
regenerative braking	Nutzbremsung
Regler	controller
Reibmoment	frictional torque
Reichweite	cruising range
Reifen	tyre
Reihenschlussmaschine	shunt-wound machine
resistance	Widerstand
resistance torque	Widerstandsmoment
Reversierantrieb	reversible drive
reversing drive	Reversierantrieb, Umkehrantrieb
revolution, speed	Drehzahl
rim drive	Felgenantrieb
road vehicle	Straßenfahrzeug
robot	Roboter
Rollantrieb	roller drive
roller drive	Rollantrieb
root-mean-square (rms)	Effektivwert
rotating field	Drehfeld
rotation	Drehbewegung, Rotation
rotor	Läufer, Rotor
Rotor	rotor
rounds per minute (rpm)	Umdrehungen pro Minute (min^{-1})
Rührwerk	mixer
runaway	Instabilität

S

sampling time	Abtastzeit
Sauerstoff	oxygen
Schadstoffe	pollutants
Scheinleistung	complex power
Scheitelwert	peak value
Schlupf	slip
Schubkraft	propulsive force
scooter	Motorroller
sensor signal	Sensorsignal
servo motor	Stellmotor, Servomotor
set-point	Sollwert
shaft	Antriebswelle
short-circuit current	Kurzschlussstrom
short-stator linear motor	Kurzstator-Linearmotor
shunt-wound machine	Nebenschlussmaschine
SI-Einheiten	International system of units (SI)
single-phase bridge, H-bridge	B2-Schaltung, Einphasenbrücke
single-phase induction machine	Wechselstrom-Asynchronmaschine, Kondensatormotor
slip	Schlupf
socket	Steckdose
solar vehicle	Sonnenauto
Solarzelle	solar cell
Sollwert	reference value, set-point
Sonnenauto	solar vehicle
space-vector diagram	Raumzeigerdarstellung
Spannung	voltage

Spannungsquelle	voltage source
speed controller	Drehzahlregler
speed sensor, tacho	Tachogenerator, Tachogeber
speed-torque characteristics	Drehzahl-Drehmomenten-Kennlinie
Sprungantwort	step response
squirrel-cage motor	Kurzschlussläufer, Käfigläufer
Ständer	stator
standstill	Stillstand
star connection	Sternschaltung
Starkstrom	power current
static power converter	Stromrichter
stationärer Betrieb	steady-state operation
stator	Ständer, Stator
steady-state operation	stationärer Betrieb
Steckdose	socket
Stellantrieb	servo drive
Stellbereich	adjusting range
Stellmotor	servo motor
step response	Sprungantwort
Sternschaltung	star connection
Sternspannung	phase voltage
Steuerung	open-loop control
Stillstand	standstill
Störgröße	disturbance variable
Strangspannung	phase voltage
Straßenbahn	tram
Straßenfahrzeug	road vehicle
Strom	current

Strommesser	ammeter
Stromregler	current controller
Stromrichter	static power converter
Stromrichterantrieb	converterfed drive
Stromsensor	current sensor
structure diagram	Strukturbild
Strukturbild	structure diagram
Synchronmaschine	synchronous machine
synchronous machine	Synchronmaschine
synchronous speed	Drehfelddrehzahl, Synchrondrehzahl

T

Tachogenerator	speed sensor, tacho
three-phase a. c. controller	Drehstromsteller
three-phase bridge	B6-Schaltung, Drehstrombrücke
three-phase current	Drehstrom, Starkstrom
three-phase induction machine	Drehstrom-Asynchronmaschine
three-phase synchron machine	Drehstrom-Synchronmaschine
three-phase system	Drehstromnetz
tilt angle	Neigungswinkel
time constant	Zeitkonstante
torque	Moment, Drehmoment
torque component	momentenbildende Komponente
Totzeit	dead time, reaction time
traction	Traktion (Bodenhaftung)
Trägheitsmoment	moment of inertia
Traktion (Bodenhaftung)	traction
tram	Straßenbahn
Transformator	transformer

transformer	Transformator
translation	geradlinige Bewegung, Translation
Transportband, Förderband	conveyor belt
two-quadrant operation	Zweiquadrantenbetrieb
two-way converter	Umkehrstromrichter
type plate	Typenschild
Typenpunkt	rated operation
Typenschild	type plate
tyre	Reifen

U

Überspannung	overvoltage
Umdrehungen pro Minute	rounds per minute (rpm)
Umkehrantrieb	reversing drive
Umkehrstromrichter	two-way converter
Umrichter	converter
Umschaltvorgang	reversing operation
Umwelt, Ökologie	envirement, ecology
undershoot	Unterschwinger, Einbruch
unicycle	Einrad
unit	Einheit, Größe
Universalmotor	universal motor

V

validity	Zuverlässigkeit
value	Wert, Betrag
VDE regulations, VDE standards	VDE-Vorschriften, VDE-Bestimmungen, VDE-Normen
VDE-Vorschriften, VDE-Bestimmungen, VDE-Normen	VDE regulations, VDE standards

vector diagram	Zeigerdiagramm
velocity (*v*)	Geschwindigkeit
Verbrennungsmotor	combustion engine
Verlustbremsung	loss breaking
Verlustleistung	leakage power
Verzögerungszeit	delay time
Vierquadrantenbetrieb	four-quadrant operation
Vollbremsung	full breaking
voltage	Spannung
voltage source	Spannungsquelle

W

walk	Fußmarsch
Wasserstoff-Batterie	hydrogen battery
wanted value (*w*)	Sollwert
Wechselrichter	inverter
Wechselrichterbetrieb	inverter operation
Wechselspannung	a. c. voltage
Wechselstrom	alternating current, a. c.
Weg, Lage	position
Welle	wave, shaft
Werkzeugmaschine	machine tool
wheel	Rad, Reifen
Wicklung	winding
Widerstand	resistance
winding	Wicklung
Winkel	angle
Winkelgeschwindigkeit	angular frequency
Wirkleistung	active power

Wirkungsgrad	efficiency
Wirtschaftlichkeit, Ökonomie	economy

Z

Zahnritzel	gear wheel
Zeigerdiagramm	vector diagram
Zeitkonstante	time constant
Zeitverhalten	time response
Zeitverzögerung	time delay
zero emission	Null-Emission
Zuverlässigkeit	validity
Zweiquadrantbetrieb	two-quadrant operation
Zwischenkreisumrichter	link converter
Zwischentaktung	modulation

14 Literatur

Die in diesem interdisziplinären Werk behandelten Themengebiete und Problemlösungen rund um das innovative Wissensfeld des vernetzten Power Management stützen sich u. a. auf die zahlreichen Fachbücher und Patente des Autors plus zahlreicher Fachbeiträge, die er auf nationalen und internationalen Konferenzen vorgetragen und zur Diskussion gestellt hat. Daneben wurden die gewonnenen Forschungsergebnisse über Presse, Funk und Fernsehen sowie auf Ausstellungen und Messen einer breiten Öffentlichkeit zugänglich und verständlich gemacht. Nicht zuletzt findet auch eine rege Rückkopplung durch Vorträge und Seminare zur Weiterbildung der in der Praxis stehenden Ingenieure, aber auch durch Entwicklung von themenbezogenen Computeranimationen zur Begeisterung junger Menschen für die Ingenieurausbildung statt. Weitere umfangreiche Literaturhinweise auf andere Buchtitel und Fachautoren finden sich selbstverständlich in dem angegebenen Schrifttum und im breit gefächerten Angebotsspektrum des VDE VERLAGs.

14.1 Bücher

[1] *Hofer, K.*: Ein Beitrag zur modernen Regelung stromrichtergespeister Gleichstromantriebe. Fortschritt-Berichte der VDI-Zeitschriften Nr. 79, Reihe 8 Meß-, Steuerungs- und Regelungstechnik. Düsseldorf: VDI-Verlag, 1984. – ISBN 3-18-147908-X, ISSN 0341-1672

[2] *Hofer, K.*: Binäre Beobachter in elektrischen Antrieben. Fortschritt-Berichte VDI Nr. 147, Reihe 8 Meß-, Steuerungs- und Regelungstechnik. Düsseldorf: VDI-Verlag, 1988. – ISBN 3-18-144708-0, ISSN 0178-9546

[3] *Hofer, K.*: Sensorlose Antriebsregelungen. Düsseldorf: VDI-Verlag, 1990. – ISBN 3-18-400947-5

[4] *Hofer, K.*: Drehstrom-Linearantriebe für Fahrzeuge. Berlin · Offenbach: VDE VERLAG, 1993. – ISBN 3-8007-1943-6

[5] *Hofer, K.*: Moderne Leistungselektronik und Antriebe. Berlin · Offenbach: VDE VERLAG, 1995. – ISBN 3-8007-2067-1

[6] *Hofer, K.*: Regelung elektrischer Antriebe. Berlin · Offenbach: VDE VERLAG, 1998. – ISBN 3-8007-2234-8

[7] *Hofer, K.*: Elektrische Antriebstechnik in Zahlen. Berlin · Offenbach: VDE VERLAG, 1999. – ISBN 3-8007-2419-7

[8] *Hofer, K.*: Power Management. Berlin · Offenbach: VDE VERLAG, 2012. – ISBN 978-3-8007-2965-4

[9] *Hofer, K.*: Semilogie. Frankfurt am Main (u. a.): Public-Book-Media-Verlag, 2011. – ISBN 978-3-86369-035-9

[10] *Hofer, K.*: Energie, Materie und Information. Bielefeld: Selbst-Verlag, 2013. – ISBN 978-3-00-041972-0

[11] *Wackernagel, M.*; *Rees, W. E.*: Unser ökologischer Fußabdruck. Berlin (u. a.): Birkhäuser, 1997. – ISBN 3-7643-5660-X

14.2 Patente

[11] *Hofer, K.*: Binärer Ankerstrombeobachter für einen Gleichstromantrieb. DPMA-Patentschrift DE000003708479C2, Veröffentlichungstag der Patenterteilung: 1. Juni 1989

[12] *Hofer, K.*: Binärer Spannungsbeobachter für kommutierungslose Stromrichteranlagen. DPMA-Patentanmeldung/Offenlegungsschrift DE000003806860A1, Offenlegungstag: 4. August 1988

[13] *Hofer, K.*: Binärer Strom- und Spannungsbeobachter für selbstgeführte Stromrichteranlagen. DPMA-Patentanmeldung/Offenlegungsschrift DE000003807305A1, Offenlegungstag: 28. Juli 1988

[14] *Hofer, K.*: Berührungsloser Elektroantrieb für radgebundene Fahrzeuge. DPMA-Patentschrift DE000004027706C2, Veröffentlichungstag der Patenterteilung: 14. Juli 1994

[15] *Hofer, K.*: Elektrisches Einradfahrzeug. DPMA-Patentanmeldung/Offenlegungsschrift DE000010027466A1, Veröffentlichungsdatum 25. Juli 2002

[16] *Hofer, K.*: Elektrisches Einrad-Fahrzeug. Europäische Patentanmeldung EP1174334A2, Veröffentlichungsdatum: 23. Januar 2002

[17] *Hofer, K.*: Multifunktionales Powermodul. Gebrauchsmusteranmeldung, 2009

[18] *Hofer, K.*: Einrädriges Elektrofahrzeug mit breitem Luftreifen. Gebrauchsmusterschrift DE202012008151U1, Bekanntmachung im Patentblatt: 17. Januar 2013

[19] *Hofer, K.*: Drehtonverstärkersystem. Gebrauchsmusteranmeldung DE202013011056U1, Bekanntmachung im Patentblatt: 30. April 2014

14.3 Fachaufsätze

[20] *N. N.*: Vier-Quadranten-Antriebe. S. 181–190 in Handbuch der Antriebstechnik. SEW Eurodrive GmbH & Co. KG (Hrsg.). München · Wien/Österreich: Hanser-Verlag, 1980. - ISBN 3-446-13089-6

[21] *Hofer, K.*: Digital speed control by adaptive computation of firing angle using microprocessors. S. 295–302 in ETG-Fachbericht 11. Vorträge der ETG/GMR-Fachtagung vom 12.10.–14.10.1982 in Darmstadt. Berlin · Offenbach: VDE VERLAG, 1982. - ISBN 3-8007-1278-4, ISSN 0341-3934

[22] *Hofer, K.*: Closed mathematical description of line commutated converter-drives. S. 1–8 in Proceedings of the 3rd IFAC-Symposium on control in power electronics and electrical drives, 12.9.–14.9.1983 in Lausanne/Schweiz. Oxford/England (u. a.): Pergamon Press, 1984. - ISBN 0-08-030536-9

[23] *Hofer, K.*: Speed controlled 4Q-DC-drives without current and speed feedback. S. 36–46 in Proceedings of the seventh international Motor-Con '85 Conference, 22.4.–24.4.1985 in Hannover. Ventura, Kalifornien/USA: Intertech Communications, 1985

[24] *Hofer, K.*: Process-observer for fourquadrant SCR-DC-drives. S. 13–22 in Proceedings of the 5th Power Electronics Conference, 21.10.–25.10.1985 in Budapest/Ungarn. Budapest/Ungarn: MEE MATE, 1985

[25] *Hofer, K.*: Drehzahlvariable Vierquadranten-Gleichstromantriebe. Maschinenbau 15 (1986) S. 19–24

[26] *Hofer, K.*: Sensorlose Drehzahlregelung. Energietechnik 4 (1986) H. 9/10, S. 17–18. - ISSN 0259-675X

[27] *Hofer, K.*: Linearisierung netzgeführter Stromrichter im Lückbereich. etz-Archiv 9 (1987) H. 2, S. 33–37. - ISSN 0170-1703

[28] *Hofer, K.*: Beobachten statt messen. MM Maschinenmarkt 93 (1987) H. 11, S. 94–97. - ISSN 0341-5775

[29] *Hofer, K.*: Sensorless fourquadrant drives. S. 607–615 in Proceedings of the 18th Annual IEEE Power Electronics Specialists Conference (PESC '87), Blacksburgh, Virginia/USA, 21.6.–26.6.1987. Piscataway, New York/USA: IEEE, 1987. - ISSN 0275-9306

[30] *Hofer, K.*: Binary observers in electrical drives. S. 605–610 in Vol. 2 Proceedings of the 2nd European Conference on Power Electronics and Applications (EPE), 22.9.–24.9.1987 in Grenoble/Frankreich. Grenoble/Frankreich: EPE Internat. Committee, 1987

[31] *Hofer, K.*: Binärer Spannungsbeobachter für Universalmotoren. Technica 37 (1988) H. 21, S. 98–99. - ISSN 0040-0866

[32] *Hofer, K.*: A Novel control strategy for electrical drives. S. 761–766 in Vol. 3 Proceedings of the 1988 International Conference on Industrial Electronics (IECON '88), 24.10.–28.10.1988 in Singapur. Piscataway, New York/USA: IEEE, 1988

[33] *Hofer, K.*: Ankerstrombeobachter für Gleichstromantriebe. Technica 38 (1989) H. 13, S. 11–16. – ISSN 0040-0866

[34] *Hofer, K.*: Sensorlose Low-Cost Elektroantriebe. Technica 39 (1990) H. 22, S. 51–54. – ISSN 0040-0866

[35] *Hofer, K.*: Neue Regelstrategie für die Antriebstechnik. Technische Rundschau 83 (1991) H. 16, S. 60–64. – ISSN 0040-148X

[36] *Hofer, K.*: Low-cost control strategy for electrical drives. S. 321–325 in Vol. 2 Proceedings of the 4th European Conference on Power Electronics and Applications (EPE '91), 3.9.–6.9.1991 in Florenz/Italien. Turin/Italien: Litografia GEDA, 1991

[37] *Hofer, K.*: Innovativer Linearantrieb ab Steckdose. Technische Rundschau 84 (1992) H. 19, S. 86–89. – ISSN 0040-148X

[38] *Hofer, K.*: Non contact electric drive for road vehicles. S. 126–137 in Vol. 1 Proceedings of the 11th International Electric Vehicle Symposium (EVS-11), 27.9.–30.9.1992 in Florenz/Italien. Mailand/Italien: EVS-11, CEI-CIVES, 1992

[39] *Hofer, K.*: Redundante Antriebsregelung mit Beobachtern. Technica 41 (1992) H. 10, S. 16–21. – ISSN 0040-0866

[40] *Hofer, K.*: Redundant drive control by observers. S. 330–335 in Vol. 4 Proceedings of the 5th European Conference on Power Electronics and Applications (EPE '93), 13.9.–16.9.1993 in Brighton/England. Conference Publication No. 377. London/England: Institution of Electrical Engineers (IEE), 1993. – ISBN 0-85296-586-9, ISSN 0537-9989

[41] *Hofer, K.*: Linearantrieb für Elektroautos. Technica 43 (1993) H. 18, S. 25–29. – ISSN 0040-0866

[42] *Hofer, K.*: Berührungsloser Elektroantrieb für Straßenfahrzeuge. Solarmobil-Mitteilungen 7 (1993) Nr. 19, S. 27–30. – ISSN 0941-102X

[43] *Hofer, K.*: Linear drive system for road vehicles. S. 255–262 in Proceedings of the 1st International Scientific Colloquium of CAE-Techniques, 12.9.–14.9.1994 in Rzeszów/Polen. Rzeszów/Polen: Politechnika Rzeszowska, 1994. – ISBN 83-902468-3-X

[44] *Hofer, K.*: Einzelradantrieb für Straßenfahrzeuge. Handelsblatt 50 (1994) Nr. 236, S. 27. – ISSN 0017-7296

[45] *Hofer, K.*: LineCar – A linear drive system for road traffic. S. 416–422, Vol. 1 in Proceedings of Conference for Electric Vehicle Research, Development and Operation (EVT '95), 13.11.–15.11.1995 in Paris/Frankreich. Brüssel/Belgien: Avere, 1995

[46] *Hofer, K.*: Innovativer Drehstrom-Linearmotor. Technica 46 (1996) H. 7, S. 36–39. – ISSN 0040-0866

[47] *Hofer, K.*: Linearantrieb mit neuen Eigenschaften. MM Maschinenmarkt 102 (1996) H. 35, S. 42–45. – ISSN 0341-5775

[48] *Hofer, K.*: A Novel fourwheel AC-drive for low-cost EV's. S. 585–592, Vol. 2 in Proceedings of the 13th International Electric Vehicle Symposium (EVS-13), 13.10.–16.10.1996 in Osaka/Japan. Tokyo/Japan: Jeva, 1996

[49] *Schumacher, B.-J.*: Elektrische Energie – Mobilität – Umwelt. S. 251–253 in Hochschule der Praxis – Fachhochschule Bielefeld 25 Jahre. Festschrift. Bielefeld: FH Bielefeld, Presse- und Informationsstelle, 1996. – ISBN 3-00-000996-5

[50] *Hofer, K.*: Energie – Mobilität – Umwelt. etz Elektrotech. + Autom. 117 (1996) H. 17, S. 26–27. – ISSN 0948-7387

[51] *Hofer, K.*: A multi-motor drive-system for ecomobils. S. 25–30, Vol. 4 in Proceedings of the 7th European Conference on Power Electronics and Applications (EPE '97), 8.9.–10.9.1997 in Trondheim/Norwegen. Brüssel/Belgien: EPE Association, 1997. – ISBN 90-75815-02-6

[52] *Hofer, K.*: A multi-motor drive-system for electric vehicles. S. 25–30 in Proceedings of the 1st European Conference on Clean Cars (ECCC-1), 15.5.–18.5.1997 in Athen/Griechenland. Athen/Griechenland: National Technical University of Athens (NTUA), 1997

[53] *Hofer, K.*: Elektrische Direktantriebe bewegen Maschinen und Fahrzeuge. MM Maschinenmarkt 104 (1998) H. 5, S. 44–47. – ISSN 0341-5775

[54] *Hofer, K.*: Smart inverter drive for traction. S. 803–808 in Vol. 2 Proceedings of the International Conference on Power Electronic Drives and Energy Systems for Industrial Growth (PEDES '98), 1.12.–3.12.1998 in Perth/Australien. Piscataway, New York/USA: IEEE Service Center, 1998. – ISBN 0-7803-4879-6

[55] *Hofer, K.*: Electronical steering for low-cost EV's. In: A future for the city, 15th International Electric Vehicle Symposium (EVS-15), 29.9.–3.10.1998 in Brüssel/Belgien. Brüssel/Belgien: AVERE-Conference. – ISBN 90-75815-03-4

[56] *Hofer, K.*: Linearantrieb für Straßenfahrzeuge. S. 63 in A&D-Kompendium. München: Publish-Industry, 1999. – ISBN 978-3-98049475-5

[57] *Hofer, K.*: Beobachtersoftware regelt Elektroantrieb preiswerter als aufwendige Sensorik. MM Maschinenmarkt 105 (1999) H. 7, S. 62–67. – ISSN 0341-5775

[58] *Hofer, K.*: Alternativer Antrieb für Elektroautos. Firmenschrift. tec.News – das Technologiemagazin von Harting 2 (1999) H. 3, S. 20–23. – Online-Dokument unter www.harting.com/aktuelles/kundenzeitschrift-tec-news/tecnews-ausgabe-3

[59] *Hofer, K.*: A smart ecobike with rim-motor. S. 147 in Proceedings of the 16th International Electric Vehicle Symposium (EVS-16), 12.10.–16.10.1999 in Peking/China. Peking/China: Tengtu dianzi chubanshe – ISBN 7-900023-07-0

[60] *Hofer, K.*: Elektroauto mit Linearantrieb. Technische Rundschau 91 (1999) H. 23, S. 13–15. – ISSN 0040-148X

[61] *Hofer, K.*: Electric car goes linear. Global Design News – the international magazine for european product design engineers 3 (1999) S. 65

[62] *Hofer, K.*: Linear motor for cylinders and wheels. S. 233–236, Vol. 1 in Proceedings of the International Conference on Electrical Machines (ICEM 2000), 28.8.–30.8.2000 in Espoo/Finnland. Helsinki/Finnland: Helsinki University of Technology – ISBN 951-22-5097-7

[63] *Hofer, K.*: Elektrische Einradfahrzeuge transportieren Güter und Personen. MM Maschinenmarkt 107 (2001) H. 13, S. 48–50. – ISSN 0341-5775

[64] *Hofer, K.*: Das elektrische Einrad/Fahren auf einem inversen Pendel. Firmenschrift. tec.News – das Technologiemagazin von Harting 4 (2001) H. 7, S. 31–35. – Online-Dokument unter www.harting.com/aktuelles/kundenzeitschrift-tec-news/tecnews-ausgabe-7

[65] *Hofer, K.*: Intelligenter Linearantrieb für die Traktion. In: Tagungsband 11. Tag für Wissenschaft und Wirtschaft, 21. Juni 2001 in Paderborn. Bielefeld: IHK Industrie- und Handelskammer Ostwestfalen zu Bielefeld, 2001

[66] *Hofer, K.*: Elektrisches Einrad-Fahrzeug. A&D Kompendium 4 (2002) S. 82

[67] *Hofer, K.*: Electric unicycle-vehicle. S. 132 in The answere for clean mobility – Abstracts of the 19th International Battery, Hybrid and Fuel Cell Electric Vehicle Symposium and Exhibition (EVS-19), 19.10.–23.10.2002 in Busan/Korea. Seoul/ Korea: KSAE, 2002

[68] *Hofer, K.*: Fahren auf einem Rad/Riding an inverted pendulum. In: Tagungsband Wissenschaftstage NRW in Moskau, 9.6.–11.6.2003 in Moskau/Russland.

[69] *Hofer, K.*: Fernduell auf Rollen. Novum – Innovationen, Ideen, Erfindungen 2 (2003) H. 5, S. 44–46. – ISSN 1611-9835

[70] *Hofer, K.*: A novel drive system for one wheeler. In Powering sustainable transportation – Proceedings of the 20th International Electric Vehicle Symposium and Exposition (EVS-20), 15.11.–19.11.2003 in Long Beach, Kalifornien/USA. Palo Alto, Washington/USA: Electric Drive Transportation Association (EDTA), 2003

[71] *Hofer, K.*: Das computergesteuerte Einrad „Transmagic". NET-Journal 8 (2003) H. 5/6, S. 29. – ISSN 1420-9292

[72] *Hofer, K.*: Electric unicycle vehicle. In: „Urban Sustainable Mobility is possible – now!", Proceedings of the 2004 European ELE-Drive Transportation Conference & Exhibition (EET-2004), 17.3.–20.3.2004 in Lissabon/Portugal. Lissabon/Portugal: Associação Portuguesa do Veículo Eléctrico (APVE), 2004

[73] *Hofer, K.*: Felgenantrieb für Einräder. S. 1167–1182 in Band 2, VDI-Berichte 1892, Tagungsband Mechatronik 2005, 1.6.–2.6.2005 in Wiesloch. Düsseldorf: VDI-Verlag, 2005. – ISBN 3-18-091892-6, ISSN 0083-5560

[74] *Hofer, K.*: Electric vehicle on one wheel. S. 517–521 in Proceedings of the IEEE Conference on Vehicle Power and Propulsion (VPPC), 7.9.–9.9.2005 in Chicago, Illinois/USA. Piscataway, New York/USA: IEEE Operations Center, 2005. – ISBN 0-7803-9280-9

[75] *Hofer, K.*: Stabilization of an IP-vehicle. S. 1103–1108 in Proceedings of the IEEE International Conference on Industrial Technology (ICIT 2005), 14.12.–17.12.2005 in Hongkong/China, 2005. – ISBN 0-7803-9484-4

[76] *Hofer, K.*: Innovationspotential moderner Antriebstechnik. Kundenmagazin SEW-Eurodrive. DriveWorld 5 (2006) H. 1, S. 20–23

[77] *Hofer, K.*: Observer-based drive-control for self balanced vehicles. S. 1658–1663, Vol. 4 in Proceedings of the 32nd annual conference on IEEE Industrial Electronics (IECON 2006), 7.11.–10.11.2006 in Paris/Frankreich. Piscataway, New York/USA: IEEE Service Center, 2006. – ISBN 1-4244-0135-6

[78] *Hofer, K.*: Wasserstoff wird Erdöl ablösen. Leute von Heute. Bielefelder Tageblatt 40 (2006) Nr. 93, S. 3

[79] *Hofer, K.*: Environment-friendly mobility on one wheel. In: Proceedings of the 2nd European Ele-Drive Transportation Conference (EET-2007), 30.5.–1.6.2007 in Brüssel/Belgien. Brüssel/Belgien: AVERE – The European Association for Battery, Hybrid and Fuel Cell Electric Vehicles, 2007

[80] *Hofer, K.*: Die elfte Dimension. S. 125 in Verhandlungen der Deutschen Physikalischen Gesellschaft Reihe 6, Bd. 42,1 – Frühjahrstagung der Fachverbände Gravitation und Relativitätstheorie, Teilchenphysik, theoretische und mathematische Grundlagen der Physik und der Arbeitskreise Philosophie der Physik, Junge DPG, 5.3.–9.3.2007 in Heidelberg. Weinheim: Physik-Verlag, 2007. – ISSN 0420-0195

[81] *Hofer, K.*: Selbst balancierender Stromrichterantrieb für Elektro-Fahrzeuge. S. 431–439 in Tagungsband SPS/IPC/DRIVES 2007 – Elektrische Automatisierung, Systeme und Komponenten – Fachmesse & Kongress, 27.11.–29.11.2007 in Nürnberg. Berlin · Offenbach: VDE VERLAG, 2007. – ISBN 978-3-8007-3069-8

[82] *Klotz, K.*: Spartanisch Mobil. Energy 2.0 Zukunft Energie 1 (2008) Heft April, S. 13. – ISSN 1866-1335

[83] Hochdynamischer Gravitationsbeobachter. Faltblatt zur Hannover-Messe Industrie 2008

[84] *Hofer, K.*: Selbstbalancierender Einradtransporter. In: Tagungsband Mechatronik 2009, Tagung mit Fachausstellung – Komplexität beherrschen, Methoden und Lösungen aus der Praxis für die Praxis, 12.5.–13.5.2009 in Wiesloch. Düsseldorf: VDI-Wissensforum, 2009. – ISBN 978-3-9812624-5-2

[85] *Hofer, K.*: SEMI-Theorie. S. 146 in: Verhandlungen der Deutschen Physikalischen Gesellschaft Reihe 6, Bd. 44,2 – Frühjahrstagung der Fachverbände Gravitation und Relativitätstheorie, Strahlen- und Medizinphysik, Teilchenphysik, Theoretische und Mathematische Grundlagen der Physik und der Arbeitsgruppe Philosophie der Physik, 9.3.–13.3.2009 in München. Bad Honnef: DPG, 2009. – ISSN 0420-0195

[86] *Hofer, K.*: Selbst-balancierender Elektroantrieb für aufrechtstehende Fahrzeuge. S. 221–224 in: VDI-Berichte 2067, Tagungsband Automation 2009. Der Automatisierungskongress in Deutschland. VDI/VDE-Gesellschaft Meß- und Automatisierungstechnik, 16.6.–17.6.2009 in Baden-Baden. Düsseldorf: VDI, 2009. – ISBN 978-3-18-092067-2

[87] Multifunktionales Powermodul. Faltblatt zur Hannover-Messe Industrie 2009

[88] *Hofer, K.*: Lebendige Materie. S. 306 in: Verhandlungen der Deutschen Physikalischen Gesellschaft Reihe 6, Bd. 45,2 – 74. Jahrestagung mit ordentlicher Mitgliederversammlung der DPG und Frühjahrstagung 2010 der DPG mit den Fachverbänden Extraterrestrische Physik, Gravitation und Relativitätstheorie, Hadronen und Kerne, Teilchenphysik, Theoretische und Mathematische Grundlagen der Physik, den Arbeitskreisen Chancengleichheit, Energie, den Arbeitsgruppen, Information, junge DPG, Philosophie der Physik, Physik und Abrüstung, 15.3.–19.3.2010 in Bonn. Bad Honnef: DPG, 2010. – ISSN 0420-0195

[89] *Hofer, K.*: Electric drive system for self-balanced vehicles. S. 790–793 in: 9th IEEE/IAS International Conference on Industry Applications (INDUSCON 2010), 8.11.–10.11.2010 in São Paulo/Brasilien. Piscataway, New York/USA: IEEE, 2010. – ISBN 978-1-424-48008-1

[90] Hochfrequenz-Wechselrichter für die kabellose Energieübertragung. Faltblatt zur Hannover-Messe Industrie 2010

[91] *Hofer, K.*: Relativität des Stofflichen. S. 142 in: Verhandlungen der Deutschen Physikalischen Gesellschaft Reihe 6, Bd. 46,1 – 75th Annual meeting of the DPG and combined DPG spring meeting 2011 of the Condensed Matter Section (SKM) and the Section Atomic, Molecular, Plasma Physics and Quantum Optics (SAMOP), 13.3.–18.3.2011 in Dresden. Bad Honnef: DPG, 2011. – ISSN 0420-0195

[92] *Hofer, K.*: Environment-friendly mobility. S. 1326–1330 in: Vol. 2 Proceedings of the International Electric Vehicle Symposium and Exposition (EVS26), 6.5.–9.5.2012 in Los Angeles, Kalifornien/USA. Electric Drive Transportation Association (EDTA) (Hrsg.). New York/USA: Curran Associates, Inc. – ISBN 978-1-62276-421-1

[93] *Hofer, K.*: Atomares und galaktisches Leben. S. 168 in: Verhandlungen der Deutschen Physikalischen Gesellschaft Reihe 6, Bd. 48,1 – DPG-Frühjahrstagung 2013 der Fachverbände Didaktik der Physik, Extraterrestrische Physik, Geschichte der Physik, Gravitation und Relativitätstheorie (zusammen mit der Astronomischen Gesellschaft), Kurzzeitphysik, Plasmaphysik, Theoretische und Mathematische Grundlagen der Physik, Umweltphysik sowie der Arbeitsgruppe Philosophie der Physik und mit einem Lehrertag, 25.2.–1.3.2013 in Jena. Bad Honnef: DPG, 2013. – ISSN 0420-0195

[94] *Hofer, K.*: Environment-friendly transportation. S. 115–119 in: *Haubrock, J.; Lorenz, C.*: Tagungsband zum Power and Energy Student Summit (PESS), 24.1.–25.1.2013 in Bielefeld. Bielefeld: FH Bielefeld, 2013. – ISBN 978-3-923216-76-5

14.4 Vorträge

A smart electric drive for one wheeler. IEEE Conference AFRICON 2004, Gaborones/ Botswana, 2004

Bits und Bytes der Schöpfung. Maivortrag im Salon, Bielefeld, 2007

Innovative Elektroantriebe für Straßenfahrzeuge. Mobilität der Zukunft, IHK-Symposium, Bielefeld, 2008

14.5 Ausstellungen/Messen

Sensorlose Drehzahlregelung. Hannover-Messe Industrie, 1986

Binärer Spannungsbeobachter für Universalmotoren. Hannover-Messe Industrie, 1987

Low-Cost Antriebstechnik. Hannover-Messe Industrie, 1990

Berührungsloser Elektroantrieb für Straßenfahrzeuge. Hannover-Messe Industrie, 1992

Linearantrieb für Elektroautos. Internationales Forum für Forschung und Wissenschaft. Messegelände Essen, 1993

Tag des Elektroautos. Landesgartenschau (LGS) Schloß Neuhaus, Paderborn. 1994

LineCar-Elektroauto mit Linearantrieb. Hannover-Messe Industrie, 1995

Frauen im Ingenieurberuf am Beispiel eines Elektrofahrzeugs. Hannover-Messe, Cebit-Home, 1996

Ökomobil mit Mehrmotorenantrieb. 25 Jahre Fachhochschulen in NRW, Stadthalle Bielefeld, 1996

Ökomobil mit Hofer-Motor, Hannover-Messe Industrie, 1997

Berührungsloser Elektroantrieb für Fahrzeugräder. Erfindermesse NRW, Detmold, 1997

LineCar-Spitzenleistung aus deutschen Hochschulen Multimedia-Tag, Universität Bielefeld, 1997

LineCar-Eine Innovation aus OWL. Gerry Weber Open, Halle, 1998

Moderne Antriebstechnik/Beobachter contra Sensorik. Hannover-Messe Industrie, 1999

Computer-Animation des Hofer-Motors. 3. Multi-Media-Tag, Bielefeld, 1999

LineCar – das Elektroauto der Zukunft. EXPO 2000 OWL, FH-Bielefeld, 2000

Elektrisches Einrad-Fahrzeug. Hannover-Messe Industrie, 2001

Elektrische Energie-Mobilität-Umwelt. TRAFO – Transferorientierte Forschung in NRW. Audimax, FH-Bielefeld, 2001

Intelligenter Linearantrieb für die Traktion. 11. Tag für Wissenschaft und Wirtschaft, Heinz-Nixdorf-Museum, Paderborn, 2001

Elektrisches Einrad – Zukunftsinnovation. VDE-Kongress, Dresden, 2002

BI-ER/Bielefelder Einrad. Hannover-Messe Industrie, Go for high tech, 2003

MonoCyc/Riding an inverted pendulum. Landespräsentation NRW in Moskau. Moskau/ Russland, 2003

Smart Wheely/Intelligentes Einrad. Internationale Sportausstellung ISPO, Messegelände-München, 2003

One-Wheeler/Sparsamer als ein Fußmarsch. Hannover-Messe Industrie, Go for high tech, 2004

Niederspannungs-Drehstromantrieb für die Traktion. Hannover-Messe Industrie, 2005

Umweltfreundliches Einradfahrzeug. KICK-Kontaktbörse für Ideen, IHK-Siegen, 2006

Hochdynamischer Gravitations-Beobachter für Elektrofahrzeuge. Hannover-Messe Industrie, 2008

Multifunktionales Powermodul für elektrische Antriebe. Hannover-Messe Industrie, 2009

Elektroeinrad für Jedermann. 50 Jahre Ingenieurausbildung in Bielefeld, Festveranstaltung, Stadthalle Bielefeld, 2009

Hochfrequenz-Wechselrichter zur kabellosen Energieübertragung. OWL-Maschinenbau, Hannover-Messe Industrie, 2010

14.6 Fernsehbeiträge/TV-Spots

Das erste lineare Elektrofahrrad der Welt
(RTL-Frühstücksfernsehen, März 1992)

Linearantrieb für Straßenfahrzeuge
(WDR-aktuell, Fernsehmagazin, März 1992)

Transrapid der Straße
(Deutsche Welle, TV-International, Januar 1993)

Wissenschafts-Ministerin Anke Brunn im LineCar
(Fernsehbeitrag in WDR-aktuell, Mai 1994)

LineCar-Elektroauto mit Linearantrieb
(Fernsehbeitrag in HITEC von 3sat, Mai 1995)

Elektroauto der Zukunft mit Linearmotor
(Deutsche Welle, TV-International, September 1995)

Ministerpräsident Johannes Rau zum Bielefelder Ökomobil
(Fernsehbeitrag in WDR-aktuell, November 1996)

Ökomobil mit Hofer-Motor
(Fernsehbeitrag in WDR-aktuell, April 1997)

LineCar-Elektroauto mit Linearantrieb
(MBone-Internet-Konferenz im NRW-WissWeb, November 1997)

Partner der EXPO 2000 OWL
(Fernsehbeitrag in WDR-Bielefeld, Lokalzeit, Dezember 1999)

Elektrisches Einrad/Science-Fiction aus OWL
(Guten Abend-RTL, März 2001)

Weltsensation auf einem Rad
(Fit for fun, VOX, April 2001)

Elektrisches Einrad-Fahrzeug
(MAX TV, Pro Sieben, April 2001)

Elektrisches Einrad-Fahrzeug
(MesseZeit, NORD 3, April 2001)

Elektrisches Einrad-Fahrzeug
(Drehscheibe Deutschland, ZDF, April 2001)

Elektrisches Einrad-Fahrzeug
(Russisches Fernsehen, Sankt Petersburg/Russland, April 2001)

Elektrisches Einrad-Fahrzeug
(N24 Nachrichten, N24, April 2001)

Elektrisches Einrad-Fahrzeug
(nano, 3sat, April 2001)

Elektrisches Einrad-Fahrzeug
(Schaufenster der Welt, ARD, April 2001)

Elektrisches Einrad-Fahrzeug
(nano, SFB B1, April 2001)

Elektrisches Einrad-Fahrzeug
(nano, SWR, April 2001)

Elektrisches Einrad-Fahrzeug
(nano, MDR, April 2001)

Elektrisches Einrad-Fahrzeug
(nano, BRalpha, April 2001)

Elektrisches Einrad-Fahrzeug
(nano, WDR, April 2001)

Bielefelder Einrad-Fahrzeug
(Blitz, SAT1, Juni 2001)

Einrad für Jedermann
(Welt der Wunder, ProSieben, September 2001)

Auf einem Rad im Stadtverkehr
(Das Abendmagazin, NORD 3, November 2001)

Sensation aus OWL
(NRW-Lokalzeit, WDR, März 2002)

Unicycle/Made in Germany
(Französisches Fernsehen, France 2, April 2002)

Sensation auf einem Rad
(Knoff-Hoff-Show, ZDF, September 2002)

TransMagic/Elektroeinrad aus Bielefeld
(Sporttrends von der ISPO in München, Pro7, Juli 2003)

Test des Elektroeinrads in der Fußgängerzone
(NRW-aktuell, SAT1, Dortmund, 2008)

14.7 Auszeichnungen

Verleihung der VDE-Ehrennadel in Silber. VDE Verband der Elektrotechnik Elektronik Informationstechnik e. V., Frankfurt am Main, 2007

Innovationsauszeichnung für das Elektroeinrad. Stahl-Informations-Zentrum, Düsseldorf, 2009

Certification for the presentation of an exellent paper. IEEE/IAS International Conference on Industry Applications (INDUSCON), São Paulo/Brasilien, 2010

Ehrenurkunde der DAHW. Deutsche Lepra- und Tuberkulosehilfe (DAHW), Würzburg, 2012

15 Stichwortverzeichnis

F

G

H

I

J

K

L